Revit

2025

N

Manual Imprescindible

Revit 2025

Salvador Moret Colomer

Manual Imprescindible

Montaje de cubierta: Celia Antón Santos
Diseño de maqueta: Laura Apolonio Guerra
Revisión: Gelsys M. García Lorenzo y Yohana B. Martínez Abreu
Maquetación: Claudia Valdés-Miranda Cros
Responsable editorial: Eugenio Tuya Feijoó

Valentín Beato, 21
28037 Madrid.
www.anayamultimedia.es

PAPEL DE FIBRA CERTIFICADA

Depósito legal: M-30309-2023
ISBN: 978-84-415-4559-5
Printed in Spain

A Majo, por ser mi apoyo constante e incondicional en todos los aspectos de mi vida, y porque gracias a sus ánimos y su empuje empecé este libro.

Salvador Moret Colomer

SOBRE EL AUTOR

Salvador Moret Colomer es arquitecto, consultor BIM y un apasionado de la formación. En los últimos 15 años ha impartido más de 15 000 horas de formación en Autodesk Revit, Revit MEP, Rhinoceros, Lumion, Arquímedes, Presto, Sketchup y AutoCAD, entre otros. Junto con su equipo, realiza implantaciones BIM en empresas, administraciones públicas y estudios de arquitectura e ingeniería referentes dentro del ámbito nacional. También desarrolla y modela proyectos y familias BIM para grandes multinacionales. Como arquitecto, con más de 17 años de experiencia en la profesión, ha diseñado y construido más de 12 000 m^2 de edificación pública y privada (http://www.salvamoret.com).

Desde su fundación en 2008 dirige el centro de formación Ensenyem en Valencia. Ensenyem (http://www.ensenyem.es) es Training Center de Autodesk y socio fundador de la Buildingsmart Spanish Chapter. Desde 2018, se desempeña como instructor de LinkedIn Learning para España y Latinoamérica, con más de 40 cursos publicados en las disciplinas CAD y BIM. Puedes ver todos sus cursos en www.linkedin.com/learning/instructors/salva-moret. Imparte formación especializada tanto en empresas e instituciones públicas como privadas, y es ponente habitual en eventos y congresos del sector. También es instructor de Lumion para Domestika (https://www.domestika.org/es/courses/1438-introduccion-a-lumion/salvamoret).

gracias

Gracias a Anaya Multimedia, especialmente a Eugenio Tuya y su equipo, por volver a darme esta oportunidad, por su ayuda en cada paso y por dar forma a este libro.

Gracias a María Bao Cabezos, por haber gestionado absolutamente todo de principio a fin, por hacer mucho más fácil el trabajo, y porque gracias a su dedicación fue posible llegar a tiempo.

Y gracias a ti, querido lector, por confiar en mí para ayudarte un poco en este camino de aprender Revit.

Índice de contenidos

PARTE 4. Documentación 253

PARTE 5. Representación avanzada 379

Cómo usar este libro

A quién va dirigido y qué es necesario para empezar

Este libro va dirigido tanto a nuevos usuarios de Revit, que quieren empezar a manejar el programa y modelar sus primeros edificios con él, como a usuarios más experimentados, que necesitan tener un libro de cabecera y consulta, o un manual de referencia, donde encontrar respuesta a cuestiones y procedimientos comunes. En Revit es muy importante el orden de los procesos, y algunas veces hay que recordar qué paso se ejecuta antes o qué comando activa el comportamiento deseado.

El libro está enfocado en edificación residencial, aunque es directamente extrapolable a cualquier otro sector, como edificación industrial o terciario. Las imágenes que se incluyen en el volumen hacen referencia, normalmente, a un pequeño proyecto de una vivienda unifamiliar aislada, por tener un ámbito y extensión contenidos, pero más que suficientes para desarrollar y explicar todos los conceptos.

Estructura del libro

Se ha distribuido toda la información en cinco bloques bien diferenciados:

- Parte 1: Introducción a Revit.
- Parte 2: Visualización básica.
- Parte 3: Modelado con Revit.
- Parte 4: Documentación.
- Parte 5: Representación avanzada.

Dentro de cada una de las partes hallarás una serie de capítulos que agrupan los contenidos de forma más ordenada, para que sea mucho más fácil localizar un concepto o un comando concreto. Además, en las últimas páginas se puede consultar un índice de palabras: cuando quieras repasar una orden o procedimiento específico, podrás buscar directamente la palabra deseada sin tener que recordar en qué parte o capítulo del libro se encontraba.

Convenios utilizados en este libro

Para facilitar la comprensión de este manual se han empleado varios formatos especiales:

- Los nombres de comandos, menús, opciones, cuadros de diálogo, enlaces y otros elementos que deben diferenciarse aparecen en un tipo de letra distinta para destacarlos del resto del texto, por ejemplo, el cuadro de diálogo Opciones.
- Las combinaciones de teclas están separadas por un guion, por ejemplo, Ctrl-C.
- Al indicar la secuencia que debe seguirse para ejecutar un comando determinado, es necesario seleccionar una pestaña de la cinta de opciones, a continuación, buscar

un grupo de comandos y, por último, hacer clic en el comando. Se ha decidido abreviar la escritura de esta secuencia presentando las pestañas, los grupos y los comandos en el orden en que deben seleccionarse, separados por el signo «mayor que» (>). Por ejemplo, en lugar de indicar el comando Muro del grupo Construir, de la pestaña Arquitectura, en muchas ocasiones se indica directamente que se ejecutará el comando Arquitectura>Construir>Muro o simplemente Arquitectura>Muro.

- En el libro aparecen con frecuencia elementos destacados sobre el texto normal, cuyos títulos definen su contenido. Son los siguientes:

TRUCO:

Consejos y artimañas para facilitar el trabajo o conseguir mejores resultados.

Información de soporte

Los ejemplos desarrollados en este libro es posible descargarlos de la página web de Anaya Multimedia en la dirección www.anayamultimedia.es. Para descargarte los archivos necesarios, accede a la ficha del libro mediante el buscador del sitio «Buscar libro» y haz clic en el enlace Complementos.

Los archivos de Revit no son compatibles entre versiones; los ejemplos del libro están guardados en la versión Revit 2025 y, por tanto, no podrán ser abiertos con versiones anteriores del programa.

Suscripción

Revit es un programa que se utiliza como un servicio de suscripción (tanto anual como mensual). Cuando tienes una licencia, puedes descargar tanto la versión más actualizada como un par de versiones anteriores, en función de cuál se esté utilizando en tu equipo de trabajo o en un proyecto particular. Este libro recoge las funciones publicadas en Revit 2025. Además, si estás utilizando cualquier versión anterior de Revit (como Revit 2023 o Revit 2024), podrás seguir el libro sin ningún problema; como mucho, alguna función nueva de esta versión no aparecería en tu ordenador.

Finalmente...

Los procesos y utilidades concretas que desarrollo en este libro no son únicos, ya que en Revit hay varios caminos para llegar a un mismo resultado. He tratado de incorporar los itinerarios que, bajo mi criterio, funcionan mejor o más rápido; pero con la práctica es posible que encuentres tus propias rutas para cada procedimiento.

Introducción

Vivimos en constante evolución; y el ámbito laboral no es una excepción. Cada vez queda más atrás la forma de hacer proyectos de arquitectura mediante AutoCAD, donde cada cambio suponía redibujar gran parte de los planos. Con la llegada del BIM podemos actualizar prácticamente en tiempo real nuestro proyecto, modificar espesores de aislamientos o tipos de muro completos, y que las superficies, las mediciones, las secciones y las perspectivas 3D se actualicen al instante.

BIM nos presenta una forma completamente diferente de enfocar el trabajo: conseguir que el modelo 3D sea la fuente de información de todos los planos del proyecto es hacer que BIM trabaje por ti, y no al revés. Por eso, es una revolución en el sector AECO.

Hoy en día, trabajar en BIM todavía puede considerarse una ventaja competitiva, pero ya empieza a ser un requisito fundamental en cualquier despacho o licitación pública; por eso, aprender BIM es una inversión segura. Y entre todos los softwares de modelado BIM, Revit es el más extendido en todo el mundo y uno de los más intuitivos de usar.

Pero recuerda: una vez cruces esa línea, ya no querrás volver atrás. Feliz viaje.

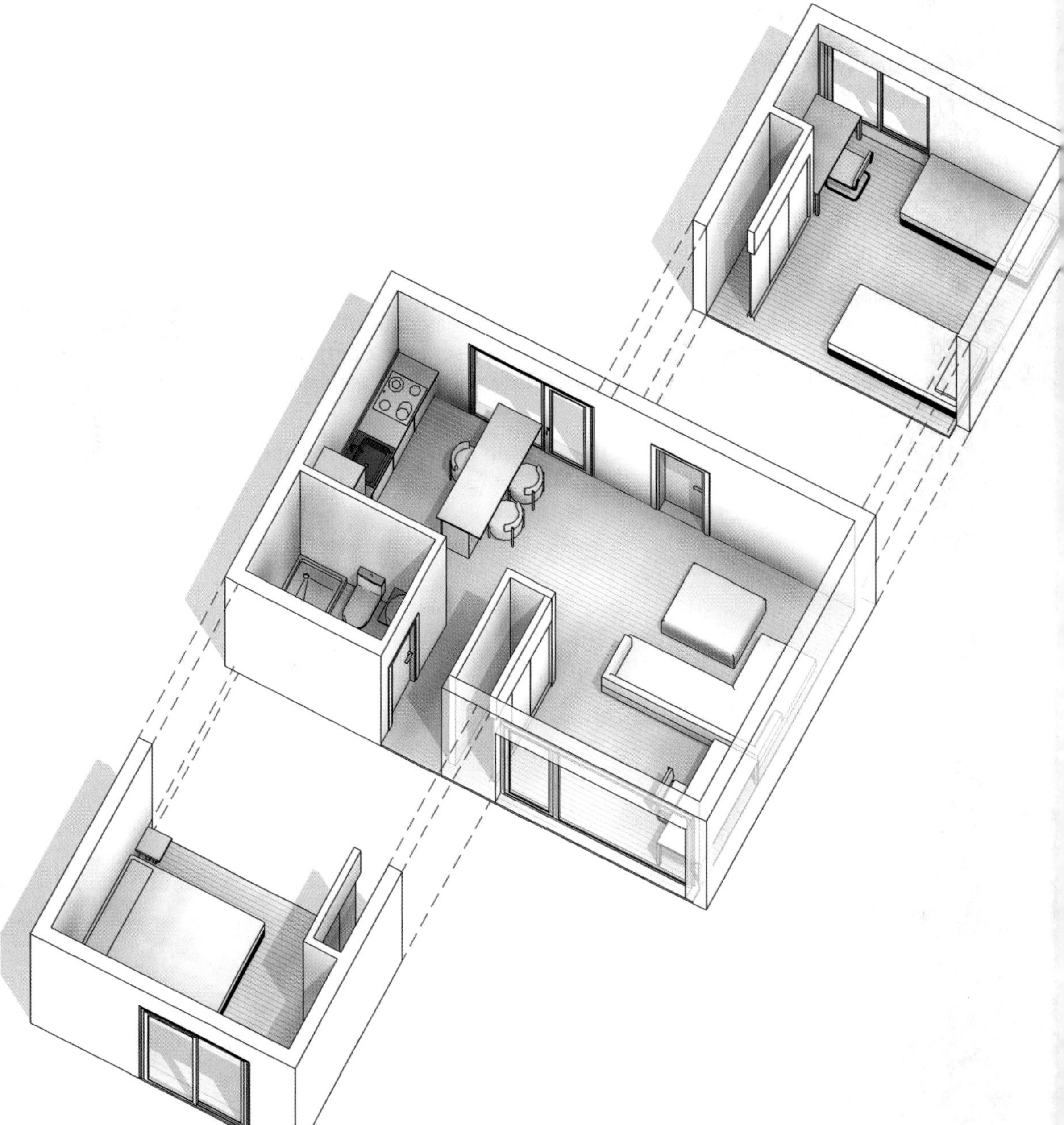

Parte 1

Introducción a Revit

1

Interfaz de Revit

En este capítulo aprenderás a:

- Identificar elementos de la interfaz de usuario.
- Trabajar con la configuración gráfica de la interfaz.
- Reconocer atajos de forzado del cursor y comandos abreviados.
- Identificar elementos de Revit y sus diferencias.
- Trabajar con las categorías y familias de Revit.
- Distinguir entre familia cargable y una de sistema.
- Diferenciar entre parámetro de ejemplar y tipo.
- Identificar los elementos anfitriones y los hospedados.
- Transferir información de un proyecto a otro.

Revit Home

Empezamos en la pantalla de inicio o Revit Home.

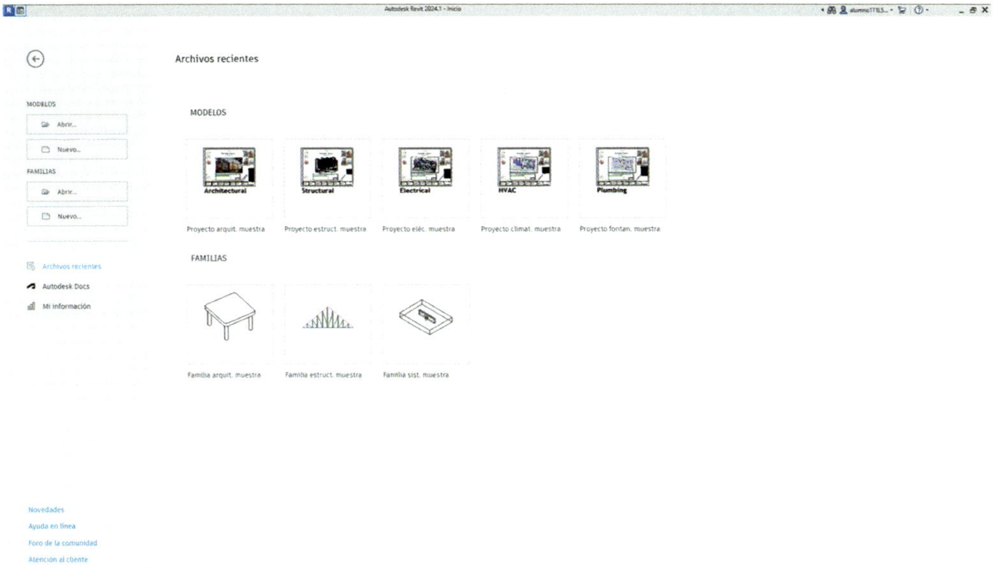

Figura 1.1. Revit Home.

En la pantalla inicial se accede a los modelos recientes (tanto locales como alojados en la nube de Autodesk), los archivos de ejemplo, la ayuda en línea (junto con Mis Insights que muestra sugerencias de Autodesk sobre cómo usas el software y cómo podrías mejorar tu flujo de trabajo) y, por supuesto, es el lugar desde donde empiezas un nuevo proyecto o familia.

Para comentar un proyecto en Revit, es una buena práctica crear un nuevo modelo desde Modelos>Nuevo>Plantilla arquitectónica.

Elementos de la interfaz de Revit

La interfaz es la apariencia del programa ante el usuario. ¿Por qué es importante? Porque la interfaz es el «sitio» donde pasaremos todo el tiempo que estemos trabajando con Revit, así que lo mejor es conocerla bien. Se divide en unas pocas partes bien diferenciadas.

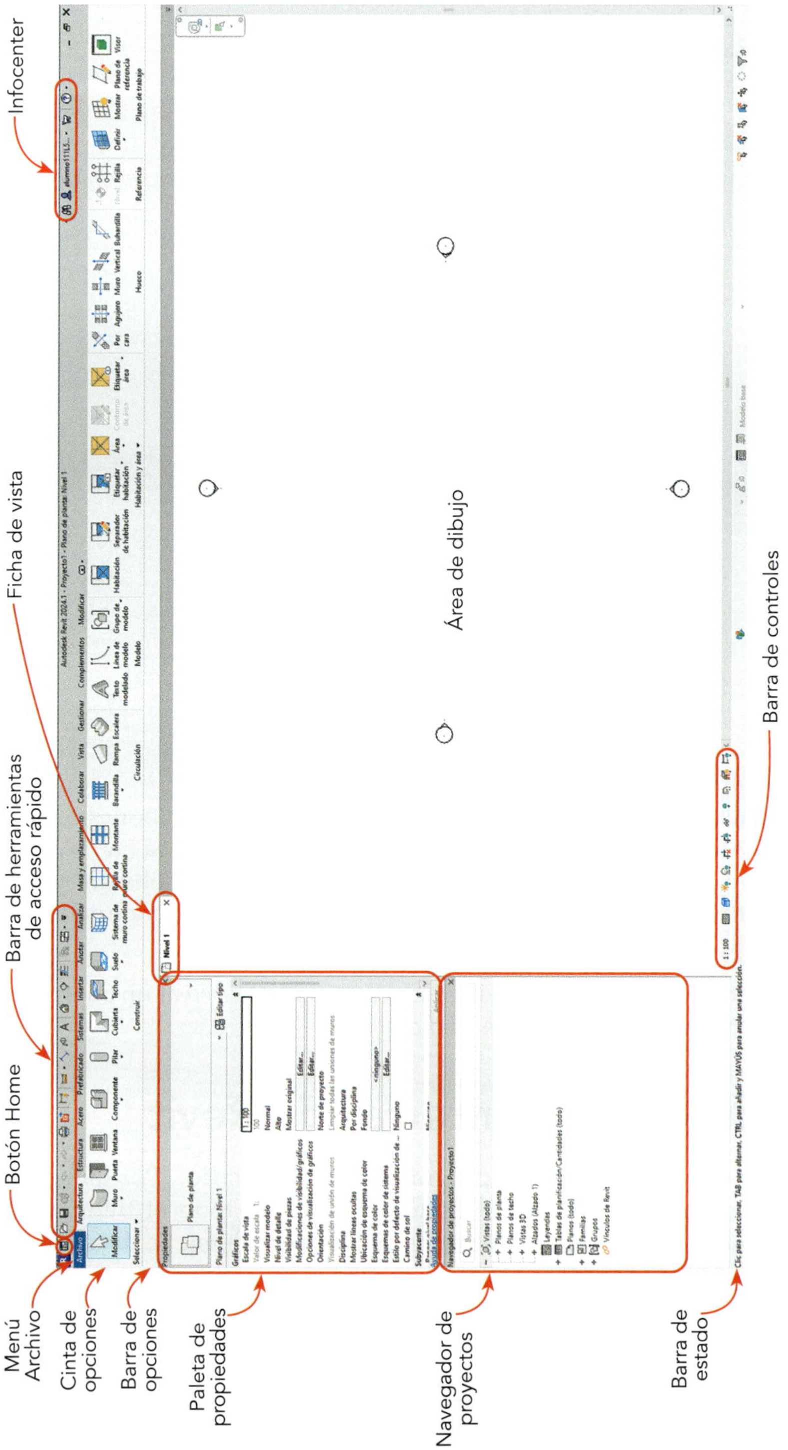

Figura 1.2. Interfaz de usuario.

1. **Menú Archivo.** Este pequeño recuadro sustituye al menú clásico de otros programas como AutoCAD. En Revit se ve todo mediante la Cinta de opciones.

TRUCO:

Las órdenes más importantes de gestión están aquí dentro: Nuevo, Abrir, Imprimir, Exportar y Opciones, entre otros.

2. **Cinta de opciones.** Está organizada por pestañas, que se pueden reordenar u ocultar. Aquí estarán todas las órdenes a nuestro alcance.

Para reordenar las pestañas, hay que mantener pulsado Ctrl mientras arrastramos una de ellas.

TRUCO:

En Archivo>Opciones>Interfaz de usuario, se pueden desactivar ciertas pestañas o fichas que no utilizaremos (por ejemplo, puedes desactivar las pestañas de Sistemas si no vas a trabajar con instalaciones).

TRUCO:

A la derecha de la última pestaña, hay una flechita para ir comprimiendo la Cinta de opciones. Al clicar de forma cíclica conseguiremos volver al tamaño normal, si es que le hemos dado sin querer. También con doble clic sobre el título de una pestaña obtendremos el mismo resultado.

3. **Barra de herramientas de acceso rápido.** Con ella se accede a ciertas órdenes de forma más rápida y es por completo personalizable: para añadir una orden a esta barra, solamente hay que localizarla en la cinta de opciones, hacer clic con el botón derecho en ella y seleccionar Añadir a la barra de herramientas de acceso rápido en el menú emergente. Para quitar una orden de esa barra, damos un clic con el botón derecho en la orden y seleccionaremos Eliminar.

Figura 1.3. Barra de herramientas de acceso rápido.

4. **Infocenter.** Es la zona de ayuda, en la parte superior derecha. Veremos nuestro usuario de Autodesk y los accesos a la ayuda y a la tienda de aplicaciones de Autodesk. Personalmente, para acceder a la ayuda, me parece más práctico apretar F1; se abrirá un navegador de Internet con la ayuda en línea.

Figura 1.4. Infocenter.

5. **Área de dibujo.** Toda la parte central de nuestra pantalla es la zona de dibujo. Lo único recalcable aquí es conocer cómo se controlan los movimientos para desplazarnos por el modelo: zoom, órbita, encuadre y zoom extensión.
   - Zoom (acercar / alejar). Moviendo la rueda del ratón, como en CAD. Hacia arriba acercará el modelo, y hacia abajo lo alejará.
   - Encuadre (desplazar la imagen). Al apretar la rueda del ratón o botón central y arrastrar: también se hace igual que en CAD.
   - Órbita (girar alrededor del modelo solo en vistas 3D). Se hace manteniendo pulsada Shift y, sin soltarla, se pulsa y arrastra con el botón derecho del ratón; o, si lo prefieres, con el botón central del ratón (la rueda).
   - Zoom extensión. Doble clic con la rueda del ratón.
   - Más opciones. Si hacemos clic con el botón derecho del ratón en un espacio vacío, saldrá un menú contextual para elegir entre varias opciones.
6. **Barra de opciones.** Situada justo debajo de la Cinta de opciones, nos permitirá seleccionar opciones adicionales cuando estemos dibujando algo.

TRUCO:

Pulsando clic derecho en la barra de opciones, nos permitirá situarla debajo de la ventana de dibujo.

TRUCO:

Al hacer órbita es posible que nuestro dibujo no se mueva de la forma deseada. Para hacer que nuestro modelo orbite desde un punto concreto, simplemente seleccionamos un objeto y aplicamos Órbita. Desde este momento Revit usará ese elemento como pivote.

7. **ViewCube (solo en vista 3D) y Barra de navegación.** Son dos añadidos en la parte superior derecha del área de dibujo. Completan las funciones de movimiento en vistas 3D. Con el ViewCube llegaremos fácilmente a cualquiera de las vistas isométricas o de alzado, solo con un clic en la parte correspondiente del cubo. Además, si lo mantenemos pulsado y arrastramos, también hará la función de órbita. La barra de navegación tiene algo menos de utilidad porque está pensada más para usuarios de trackpad en vez de ratón. También hace Zoom, encuadre y órbita.

Figura 1.5. ViewCube.

TRUCO:

La visibilidad de estos elementos, entre otros, se gestiona desde Vista>Interfaz de usuario.

8. **Barra de controles de vista.** En la parte inferior del área de dibujo se localizan las opciones de visualización más generales. Algunas de ellas son:

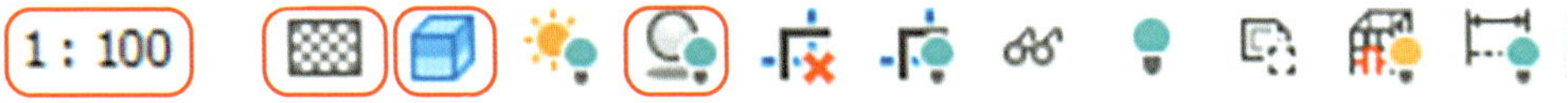

Figura 1.6 Barra de controles de vista.

- **Escala.** Como su nombre indica, especifica la escala a la que se imprimirá la vista.
- **Nivel de detalle.** Controla cuánto detalle muestran los elementos. Por lo general, el nivel medio es meramente testimonial.

TRUCO:

Podemos indicar a qué nivel de detalle se generan por defecto las nuevas vistas, según su escala, desde Gestionar>Configuración adicional>Niveles de detalle.

- **Estilo visual.** Es posible pasar de Estructura alámbrica a Líneas ocultas, Sombreado o Colores coherentes. Realista y Textura tendrán más sentido cuando estemos aprendiendo cómo hacer renders con Revit.

TRUCO:

El modo de visualización de Colores coherentes muestra exactamente el color elegido, sea cual sea el ángulo de visualización. Por ello, es adecuado para ciertos esquemas en 3D y también cuando se pretende hacer una planta en color, antes que la vista Sombreado, que altera los colores según el ángulo.

- **Sombras y Configuración de sol.** Con el primero se activan o desactivan las sombras generales de la vista; el segundo ajustará los valores de soleamiento.

9. **Barra de estado.** Es lo que queda de la barra de texto de CAD donde antes indicaba Comando. Es importante leerla porque aquí Revit nos está desvelando qué espera que hagamos a continuación en cada orden.

TRUCO:

Dentro de la Barra de estado hay una sección que hace referencia a Subproyectos y otra a Opciones de diseño. Estas secciones se pueden desactivar desde Vista>Interfaz de usuario.

En la parte derecha de la barra de estado tenemos:

- Los modificadores de selección.
- El icono de procesos en segundo plano.
- El icono de Filtro de selección.

10. **Paleta de Propiedades.** Muestra las propiedades del elemento seleccionado, de forma similar a como ocurría en CAD. Se activa o desactiva mediante varios métodos:

- Pulsando la tecla Ctrl y, sin soltar, pulsando el número 1.
- Escribiendo en el teclado PP (sin necesidad de pulsar Enter).
- Vista>Interfaz de usuario>Propiedades.
- Botón derecho en un área vacía>menú contextual>Propiedades.

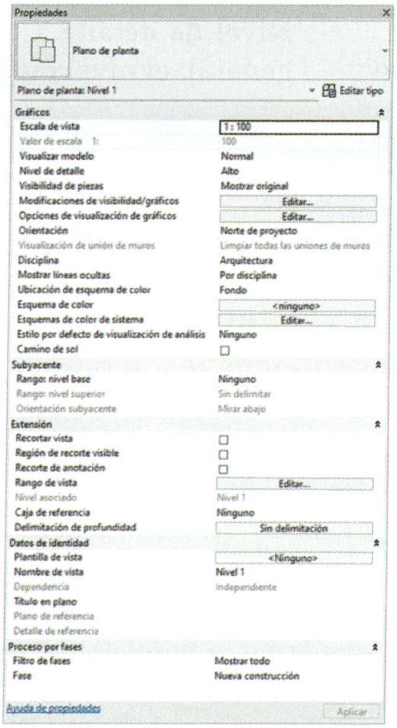

Figura 1.7. Paleta de propiedades.

TRUCO:

Si no hay nada seleccionado, Revit muestra las propiedades de la vista.

TRUCO:

En la paleta de Propiedades haremos modificaciones de los elementos seleccionados. Estos cambios se verán reflejados en el modelo cuando pulsemos el botón Aplicar o al salir con el ratón de la paleta hacia el área de dibujo.

TRUCO:

Si todavía no te has acostumbrado al orden de los parámetros en la ventana de propiedades, puedes dejarlos con su orden predeterminado, pero también en orden alfabético ascendente o descendente.

11. **Navegador de proyectos.** Muestra todas las vistas, planos, tablas y leyendas del proyecto actual. Va creciendo con el proyecto. Es la versión digital y mejorada de la típica hoja donde hemos ido siempre apuntando qué planos hemos hecho y qué falta por terminar. Para visualizarla, utilizaremos cualquiera de los dos últimos métodos del punto anterior.

TRUCO:

En la zona de paleta de Propiedades o de Navegador de Proyectos, se aumenta o disminuye el tamaño de los textos manteniendo pulsado Ctrl y moviendo la rueda del ratón como si estuviéramos haciendo zoom.

TRUCO:

Para cambiar de una vista a otra del proyecto, haremos doble clic sobre el nombre de la vista, dentro del navegador de proyectos.

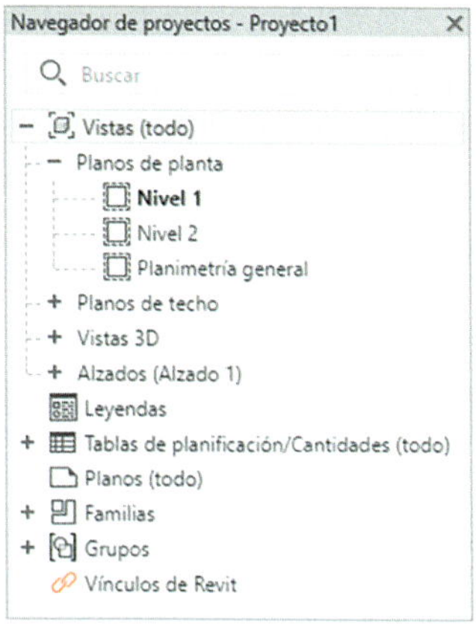

Figura 1.8. Navegador de proyectos.

TRUCO:

Con un clic con el botón derecho aparece un menú desplegable desde el que se expande o contrae tanto todo el navegador como la selección o rama del navegador donde nos encontramos. Además, en la última opción, se activa o desactiva el recuadro blanco/azul que indica si una vista está colocada o no en un plano (blanco significa que no está colocada y azul que sí está insertada en algún plano).

TRUCO:

El apartado de Buscar del Navegador de Proyectos permite encontrar cualquier elemento que contenga las palabras que vayamos escribiendo. Ojo: recuerda borrar el texto que hayas escrito para poder ver todo el navegador completo de nuevo.

12. **Pestañas de vista.** Cada una de las vistas abiertas en nuestra sesión de Revit.

TRUCO:

Con una pestaña activa, sabemos en cuál de los modelos abiertos estamos, localizando el nombre en el título del navegador de proyectos y en la parte superior de la pantalla.

Más operaciones generales desde la interfaz

- **Anclar paletas.** Para anclar las vistas de propiedades o del navegador a algún lado de la pantalla, lo haremos seleccionando la franja superior y arrastrándola contra el borde de la pantalla. Las opciones de anclaje combinado son:
  - **Por pestañas.** Llevando la segunda paleta hacia la franja azul superior de la primera paleta anclada. Personalmente, es el método que menos me gusta porque tengo menos información visible en pantalla.
  - **Partiendo la paleta en vertical para combinar dos.** Llevando la segunda paleta hacia el espacio sin texto en la parte inferior de la primera paleta (entre el texto Ayuda de propiedades y el botón Aplicar).

TRUCO:

Al arrastrar una paleta, es la flecha (y no el entorno que arrastramos) la que controla a dónde irá nuestra paleta.

- **Trabajar con dos pantallas.** Revit nos permite mover las paletas y las fichas de cualquier vista de una pantalla a otra. Pero si lo que queremos es que la ventana de Revit ocupe las dos pantallas, tendremos que estirarla nosotros de manera manual. No lo aconsejo.

Forzados de cursor o referencia a objetos

En AutoCAD son imprescindibles los forzados de cursor o referencia a objetos, como punto final o punto medio. En Revit también existe esta ayuda al dibujo y es configurable.

Lo que echará de menos cualquier usuario de AutoCAD es el comando de activar/desactivar referencias a objetos. Aunque en Revit es posible desactivar los forzados de cursor con la abreviatura SO, no existe un comando directo para reactivarlos.

TRUCO:

Es posible configurar los forzados de cursor, y modificar cuáles están encendidos o no, desde Gestionar>Forzados de cursor. Además, cada uno de ellos tiene un atajo de teclado concreto que hará que, durante una sola designación, solo quede activo uno de ellos.

TRUCO:

Quizá en un principio pueda parecer difícil recordar estos nombres de atajos, pero una vez que nos demos cuenta de que son las iniciales en inglés de «Snap» + «el forzado elegido» ya nos resultará más sencillo de relacionar; «punto final» es «Endpoint», de manera que la abreviatura será SE.

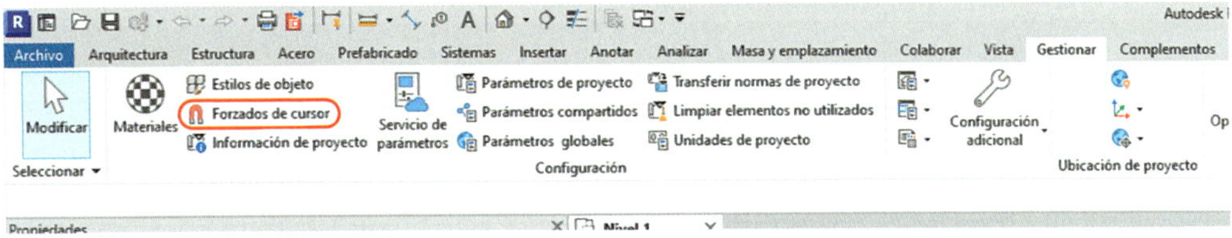

Figura 1.9. Forzados de cursor desde la pestaña Gestionar.

TRUCO:

Mientras estamos dibujando, podemos hacer clic botón derecho del ratón y entrar en el menú Modificaciones de forzar cursor, donde es posible desactivar de forma temporal las teclas de modificación o bien, muy interesante, forzar a una concreta, para que Revit descarte todos los forzados excepto el que hemos seleccionado nosotros.

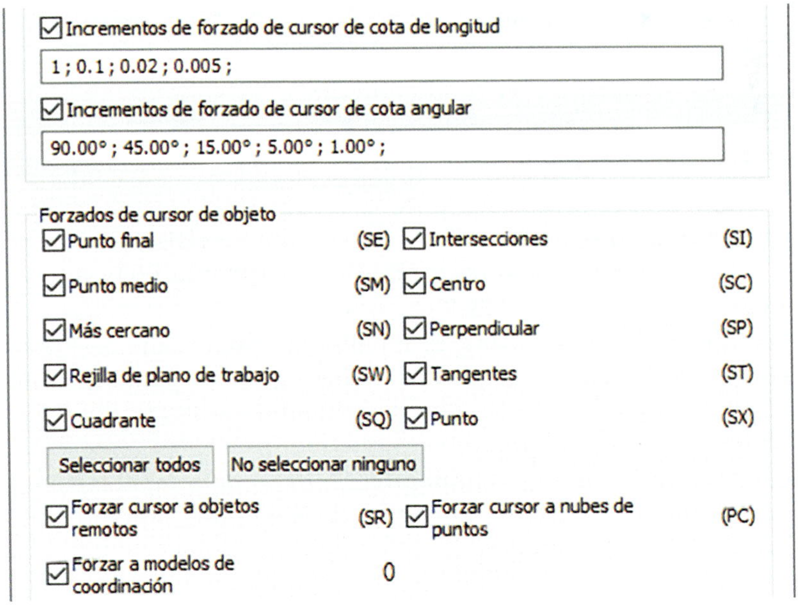

Figura 1.10. Atajos de forzado del cursor.

Configuración gráfica de la interfaz

Desde Archivo>Opciones>Hardware se hacen las siguientes operaciones:

- **Activar o desactivar la aceleración 3D.** Para un ordenador general, la tendremos activada. Si nuestro equipo no lleva incorporada una tarjeta gráfica dedicada o presenta un funcionamiento extraño, puede que dé mejor resultado desactivar esta casilla.

TRUCO:

Si se trabaja en una máquina virtual desde Apple y no se consigue reconocer la tarjeta gráfica real, es posible que los resultados sean más satisfactorios si se desactiva la aceleración 3D.

- **Dibujar solo elementos visibles.** Acelera el comportamiento de los elementos redibujados.

Desde Archivo>Opciones>Gráficos, las operaciones que se hacen son:

- **Permitir la navegación al redibujar.** Interrumpe el dibujo de elementos de modelo para permitir la navegación de vistas (panorámica, órbita y zoom).

TRUCO:

Si se trabaja con modelos grandes, esta opción mejora el rendimiento.

TRUCO:

Si modificas esta opción con modelos abiertos, será necesario volver a abrirlos.

- **Simplificar visualización durante la navegación de vistas.** Reduce el nivel de detalle y la visualización mientras te mueves (por ejemplo, no se ven los patrones de sombreado) para desplazarte más rápido.
- **Suavizar líneas con anti-aliasing.** El antialiasing, o suavizado del efecto dentado en las líneas inclinadas, consume más recursos gráficos, pero mejora el aspecto. Se configura para cada vista (es lo recomendable) o se activa por defecto desde esta ventana.
- **Tamaño de texto de las cotas temporales.** Podrás controlar el tamaño del texto e incluso establecer si el fondo es transparente u opaco.

Comandos abreviados

En Revit, como en CAD, se establecen nuestros comandos preferidos para ir más rápido (sí, se va mucho más rápido que con iconos); incluso podemos extrapolar muchas de las órdenes de edición de CAD aquí. Para editar los comandos abreviados, o atajos de teclado, existen tres opciones:

- Escribimos el comando KS.
- Archivo>Opciones>Interfaz de usuario>Personalizar teclas de acceso rápido.
- Vista>Interfaz de usuario>teclas de acceso rápido.

Trabajo con atajos de teclado

Cuando escribimos un comando, no es necesario pulsar Enter, excepto si existe otra abreviatura que comienza igual que lo que estamos escribiendo. Por ejemplo, si D es Mover y DI es Medir, cuando escribimos D tenemos que pulsar Enter para que Revit sepa que queremos ir a ese comando. Si escribimos DI (y no hay ningún comando de tres letras que empiece por DI), no es necesario pulsar Enter.

Dentro de la ventana de atajos de teclado aparecen todos los comandos de Revit: con la casilla de Buscar encontramos rápidamente el deseado, lo seleccionamos, abajo a la izquierda elegimos el comando nuevo y clicamos en Añadir. Si ese comando ya existe, Revit nos avisa y nos dice a cuál está asignado, así que haremos clic en Cancelar para deshacer la operación o Aceptar para asignarlo (y buscar el comando que tenía ese atajo para eliminarlo). Un comando puede tener varios atajos disponibles, así que la compatibilidad con varios usuarios está más que asegurada.

Si dejamos la misma abreviatura asignada a dos comandos (cosa que no es recomendable), es posible alternar entre uno y otro con las flechas del teclado, para que Revit muestre en la barra de estado cuál va a ejecutar antes de que aceptemos con Enter.

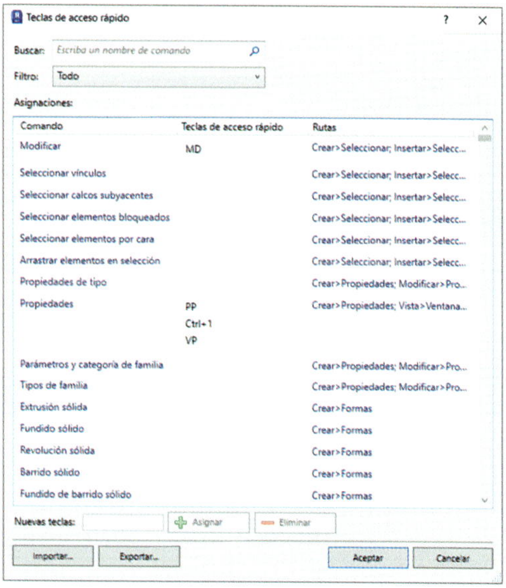

Figura 1.11. Ventana para modificar las teclas de acceso rápido.

Es posible, y muy recomendable, exportar la configuración de atajos con el botón Exportar y guardar en cualquier carpeta (con cualquier nombre), para más adelante hacer clic en Importar. En este caso nos preguntará si queremos combinar o sobrescribir. Mi recomendación es sobrescribir, para que no haya abreviaturas duplicadas que no hemos controlado.

Estos son algunos de los comandos de Revit que podemos modificar (esta es una lista no exhaustiva y, desde luego, muy personal).

Lista propuesta de comandos abreviados

Tabla 1.1. Lista propuesta de comandos abreviados.

ORDEN REVIT	EQUIVALENTE EN CAD	ATAJO	
		PROPUESTO	ORIGINAL
Mover	Desplaza	D	MV
Copiar	Copia	CP	CC - CO
Extender / recortar varios elementos	Alarga / Recorta	AL - RR	-
Recortar / extender a esquina	Chaflán / Empalme	CH - MP	TR
Rotar	Gira	GI	RO
Escalar	Escala	ES	RE
Reflejar – dibujar eje	Simetría	SI	DM
Alinear	Alinea	AA	AL
Matriz	Matriz	MA	AR
Unir geometría	Unión booleana	UU	-
Desfase	Eqdist / Desfase	EQ - DF	OF
Igualar propiedades de tipo	Igualar propiedades	IP	MA
Dividir elemento	Parte	PA	SL
Texto	Texto	T	TX
Crear similar	-	CS	
ÓRDENES DE CONSULTA			
Medir entre dos referencias	Distancia	DI	-
Opciones	Opciones	OP	-
Teclas de acceso rápido	Editar acad.pgp	KS	
Unidades de proyecto	Unidades	UN	
Materiales	-	MM	-
Propiedades	Propiedades	PP - VP - Ctrl-1	
Navegador de proyectos	-	NN	-

<table>
<tr><th rowspan="2">ORDEN REVIT</th><th rowspan="2">EQUIVALENTE EN CAD</th><th colspan="2">ATAJO</th></tr>
<tr><th>PROPUESTO</th><th>ORIGINAL</th></tr>
<tr><th colspan="4">ÓRDENES DE VISUALIZACIÓN</th></tr>
<tr><td>Vista 3D</td><td>-</td><td>3D</td><td>-</td></tr>
<tr><td>Ajustar en ventana</td><td>Zoom extensión</td><td>ZE</td><td>ZE - ZF - ZX</td></tr>
<tr><td>Zoom / encuadre anterior</td><td>Zoom previo</td><td>ZP</td><td>ZP - ZC</td></tr>
<tr><td>Vistas en mosaico</td><td>-</td><td colspan="2">WT</td></tr>
<tr><td>Vistas de ficha</td><td>-</td><td colspan="2">TW</td></tr>
<tr><td>Duplicar vista</td><td>-</td><td>DD</td><td>-</td></tr>
<tr><td>Visibilidad / Gráficos</td><td>-</td><td>VV</td><td>VG - VV</td></tr>
<tr><td>Ocultar elemento</td><td>-</td><td colspan="2">EH</td></tr>
<tr><td>Ocultar temporalmente elemento</td><td></td><td colspan="2">HH</td></tr>
<tr><td>Ocultar categoría</td><td>Ocultar capa</td><td colspan="2">VH</td></tr>
<tr><td>Ocultar temporalmente categoría</td><td></td><td colspan="2">HC</td></tr>
<tr><td>Alternar mostrar elementos ocultos</td><td>-</td><td colspan="2">RH</td></tr>
<tr><td>Mostrar elemento</td><td>-</td><td colspan="2">EU</td></tr>
<tr><td>Mostrar categoría</td><td>Mostrar capa</td><td colspan="2">VU</td></tr>
<tr><td>Aislar temporalmente elemento</td><td>-</td><td colspan="2">HI</td></tr>
<tr><td>Aislar temporalmente categoría</td><td>Aislar capa</td><td colspan="2">IC</td></tr>
<tr><td>Restablecer aislar/ocultar temporalmente</td><td></td><td colspan="2">HR</td></tr>
<tr><td>Rango de vista</td><td>-</td><td colspan="2">VR</td></tr>
<tr><th colspan="4">ÓRDENES DE SELECCIÓN</th></tr>
<tr><td>Seleccionar todos los ejemplares en la vista</td><td>-</td><td>SV</td><td>-</td></tr>
<tr><td>Seleccionar todos los ejemplares en el modelo</td><td>-</td><td colspan="2">SA</td></tr>
<tr><th colspan="4">OTRAS ÓRDENES</th></tr>
<tr><td>Tabla de planificación/cantidades</td><td>-</td><td>TT</td><td>-</td></tr>
<tr><td>Gestionar vínculos</td><td>-</td><td>GG</td><td>-</td></tr>
</table>

Elementos de modelo y de detalle

Revit utiliza una nomenclatura concreta para referirse a sus elementos. Hemos de aprenderla cuanto antes, porque todos los cuadros de diálogo del programa y muchas de las órdenes hacen referencia a esa codificación que, por otra parte, es bastante sencilla.

La primera clasificación agrupa los elementos de Revit en:

- **Elementos de modelo.** A grandes rasgos, son aquellos que se construirán físicamente en nuestro proyecto: muros, puertas, cubiertas, suelos...
- **Elementos de detalle.** Son anotaciones que hacemos nosotros en los planos. No se reflejan en el modelo 3D, sino solamente en la vista donde los hemos dibujado (cotas, textos, sombreados adicionales o etiquetas que identifican cada elemento de modelo).
- **Elementos de referencia.** También llamados *datum*: Rejillas, Niveles o Planos de referencia, entre otros.

Categoría, familia, tipo y ejemplar

Esta es la clasificación estándar de Revit, la que debemos tener bien asimilada:

- **Categoría.** Es la clasificación que indica de qué elemento constructivo se trata, se parece a las capas de CAD. Una categoría es Puertas, otra Muros, otra Pilares y otra Ventanas, por ejemplo. Las categorías no son modificables ni ampliables, pero contamos con la opción de crear subcategorías.
- **Familia.** Dentro de cada categoría hay grupos muy diferenciados. Si nos adentramos en la categoría Ventanas, tendremos ventanas fijas, ventanas abatibles de una hoja, ventanas correderas de dos hojas, y así sucesivamente. Si extrapolamos el ejemplo a Pilares estructurales, tendremos Pilar rectangular de hormigón, Pilar circular de hormigón, Pilar metálico HEB o Pilar metálico IPE, entre otros.
- **Tipo.** Dentro de cada familia hay variaciones dimensionales. Dentro de Ventana corredera de dos hojas estará un tipo de 140 x 120, otro de 180 x 100, etcétera. Siguiendo con los Pilares estructurales, en los pilares de hormigón rectangulares tendremos 30 x 30, 35 x 50, 25 x 40... y dentro de los pilares HEB estarían los HEB140, HEB200, HEB360 y sucesivos.
- **Ejemplar.** Son las «instancias» o «unidades» de cada tipo que hay en el modelo. Si tenemos 3 pilares HEB 140, contamos con 3 «ejemplares» de ese tipo.

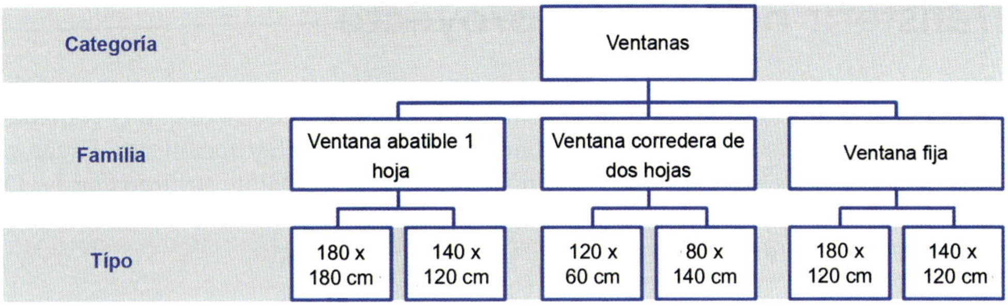

Figura 1.12. Esquema de categoría, familia y tipo.

Familias cargables y familias de sistema

Hay categorías que se importan en Revit desde archivos externos, desarrollados por nosotros o por terceras personas, como pueden ser las puertas, ventanas o mobiliarios, entre otros.

TRUCO:

Las primeras veces que insertemos ciertas familias, nos sorprenderá comprobar que muchas de ellas se llaman «métricas». Esto solamente obedece al sistema métrico de medida, en lugar de al sistema imperial.

Las familias de sistema son los muros, suelos, techos, cubiertas o escaleras, por ejemplo. Son los elementos constructivos «potentes», los que definen la edificación. Las familias de sistema no se cargan: se crean dentro del propio dibujo duplicando los tipos ya existentes (Editar tipo>Duplicar). Tampoco se cargan desde archivos de familia externos.

TRUCO:

Si tienes dos documentos de Revit abiertos, puedes traer familias de sistema de un archivo al otro usando el clásico Ctrl-C y Ctrl-V. Copiarás, por ejemplo, el tipo de muro que hubieras seleccionado, y junto a él también los materiales que lo componen, así como los patrones de sombreado necesarios.

Transferir normas de proyecto

La manera más eficaz de transferir configuraciones de un proyecto a otro (por ejemplo, si queremos importar los grosores de línea de otro proyecto) es mediante el comando Transferir normas de proyecto. Prácticamente cualquier configuración que hayamos personalizado y que sea relevante para nosotros es susceptible de ser transferida. De hecho, también las familias de sistema podemos traerlas de forma masiva utilizando este método. Se hace desde Gestionar>Transferir normas de proyecto.

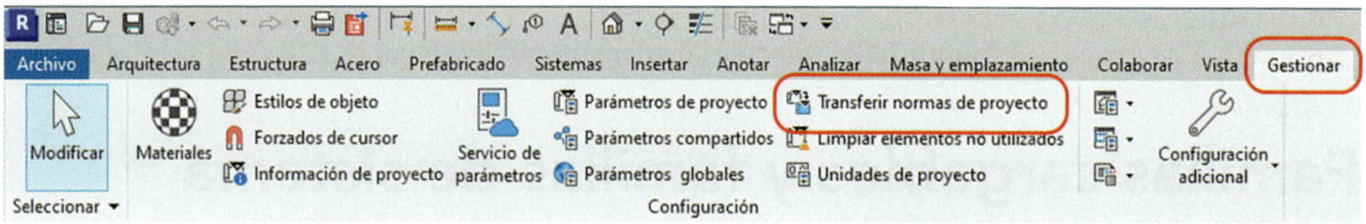

Figura 1.13. Proceso para transferir normas de otro proyecto.

Nos traerá todos los elementos que hayamos marcado. Si ya tenemos algo con el mismo nombre en nuestro dibujo (como un material o cierto tipo de muro), nos preguntará si lo sobrescribimos o mantenemos el nuestro y copiamos solamente los elementos nuevos.

TRUCO:

Es prudente desmarcar todo y seleccionar solo lo que realmente queremos transferir, como tipos de muro o de suelo.

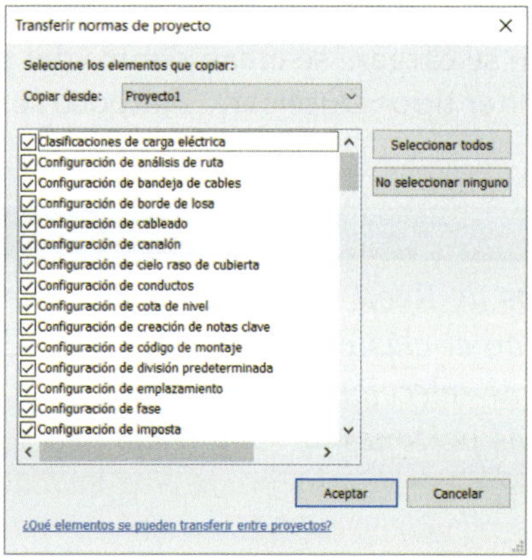

Figura 1.14. Ventana para la elección de elementos a transferir desde otro proyecto.

Elementos anfitriones y elementos hospedados

En Revit, hay elementos de colocación libre, como los muros, los suelos, techos o cubiertas, entre otros. Estos elementos, además, pueden alojar otras piezas dentro de sí. Por ejemplo, un muro «aloja» puertas o ventanas, apliques de luz o sanitarios suspendidos; y un techo aloja, o es el anfitrión de, dispositivos de iluminación anclados a él, como luminarias de techo, lámparas colgantes o rejillas de aire acondicionado.

Estos elementos que alojan otros reciben el nombre de «anfitriones», y los elementos que tienen alojados dependen de ellos. Si un muro que contiene una puerta se borra, la puerta desaparece también; si desplazamos o giramos el muro, la puerta también lo hará.

Los elementos que están basados en un anfitrión no se pueden colocar si no se selecciona el elemento anfitrión primero. Por ejemplo, si tratamos de insertar una puerta, aparecerá un icono de Prohibido mientras no estemos seleccionando un muro.

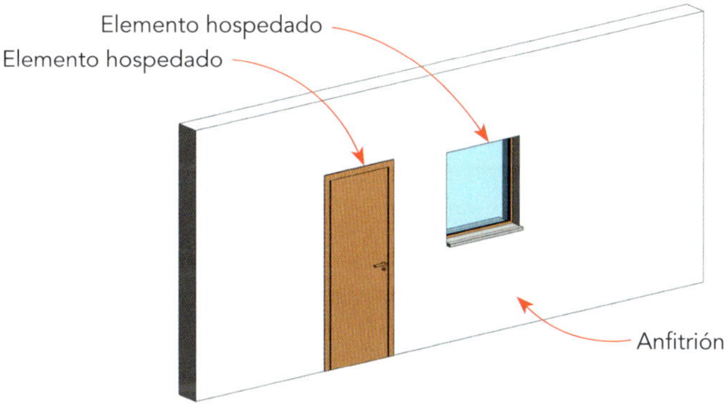

Figura 1.15. Tipos de elementos.

Tema oscuro

El tema oscuro en Revit permite cambiar tanto el fondo del área de trabajo a negro como las barras de herramientas. Para cambiar el tema por defecto de todo el programa, debes ir a Archivo>Opciones>Ficha colores>Tema activo de IU, donde podrás elegir entre «Configuración del sistema», «Claro» y «Oscuro», además de personalizar los colores a tu gusto. Sin embargo, si en una vista, tabla o plano concreto quieres cambiar el color del lienzo o área de trabajo, puedes hacerlo fácilmente desde Vista>Tema del lienzo.

Este cambio es meramente visual; además de recordar a la pantalla de AutoCAD, puede contribuir al descanso de tus ojos e incluso al ahorro de energía de tu equipo informático.

2

Acerca de las familias

En este capítulo aprenderás a:

- Cargar familias en un proyecto.
- Hacer que las familias pesen menos y no sobrecarguen el modelo.
- Generar nuevos tipos, editarlos y suprimirlos.

Cargar familias desde el ordenador o desde Autodesk

Revit permite descargar nuevas familias desde internet para no ocupar espacio innecesariamente en tu disco duro. Para ello, desde Insertar>Cargar familia de Autodesk accederás al servidor de familias de Autodesk y, una vez validen automáticamente tu licencia, podrás marcar y descargar todas las familias que quieras. Además, tendrás la opción de elegir idioma y región. En el caso del idioma español, si eliges la región Internacional, tendrás acceso a familias con conectores MEP que, de otro modo, no aparecen en la región España.

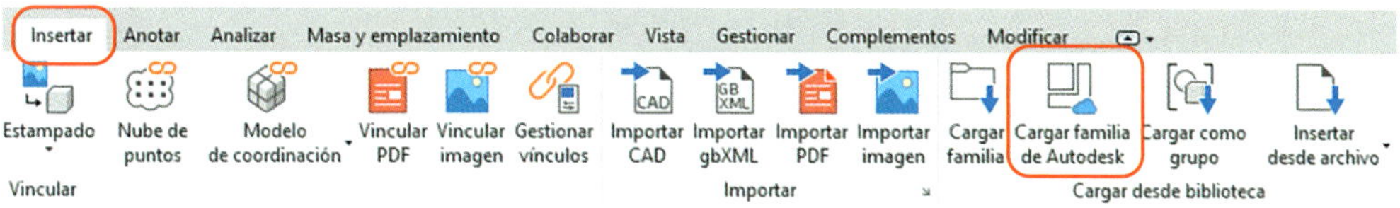

Figura 2.1. Cargar familias desde Autodesk.

Sin embargo, es posible que no siempre tengas acceso a internet o que prefieras tener todo el contenido de familias descargado localmente en tu ordenador. Si ese es tu caso, puedes hacer una búsqueda rápida en tu navegador de internet escribiendo «obtener contenido de Autodesk» o ir, directamente, a la dirección https://www.autodesk.es/support/technical/article/caas/sfdcarticles/sfdcarticles/ESP/Where-to-find-Revit-Content-Libraries-to-download.html. No obstante, es posible que esta dirección cambie, así que el método de la búsqueda en el navegador es muy recomendable.

Revit viene con una colección de familias extensa y perfectamente útil para una aproximación al programa. Es fácil que no tenga exactamente el modelo de sofá o de lámpara que queremos, y para eso es recomendable utilizar Internet.

TRUCO:

No te pongas a descargar familias de Internet sin pensar, porque perderás el tiempo. Primero, dedica un tiempo a descubrir qué hay guardado en las familias de Autodesk: cuando te des cuenta de que tienes disponibles tazas de café, escaleras mecánicas o aparatos de gimnasio, empezarás a comprender que hay mucho por descubrir y que, solamente en caso de que NO esté lo que necesitas, deberás invertir un tiempo en buscar por Internet —o crear tú ese contenido—.

Cargar localmente nuevas familias de una categoría concreta

Para cargar nuevas familias que existan en tu ordenador, podemos hacer clic en la orden correspondiente (Ventana, por ejemplo) y, en la parte derecha de la Cinta de opciones, clicar en el botón Cargar familia. Esto nos llevará directamente a una ventana emergente donde navegaremos entre las carpetas del ordenador hasta encontrar la adecuada.

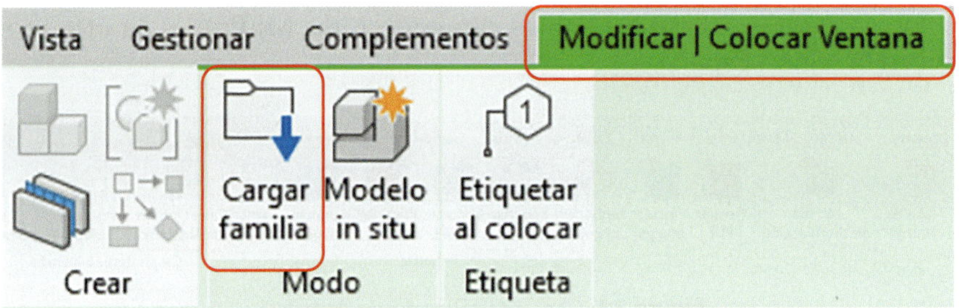

Figura 2.2. Cargar una nueva familia dentro de su categoría (ventanas).

TRUCO:

Cada categoría suele tener una carpeta con su nombre para que sea más fácil de localizar.

Si utilizamos este método, solamente podremos cargar elementos de la categoría que hayamos seleccionado en la orden (en este ejemplo, Ventana); si intentamos cargar algo que no coincida, nos dirá que no es posible.

Cargar localmente nuevas familias de cualquier categoría

Aunque el método Componente>Cargar familia es uno de los más usados, porque permite cargar familias de casi cualquier categoría, no es universal. No podrás cargar puertas, ventanas o paneles de muro cortina, por ejemplo. Por eso, el método universal para cargar familias de cualquier categoría en Revit es Insertar>Cargar familia. Desde aquí puedes cargar familias que estén en tu ordenador, sin importar la categoría, y Revit las guardará automáticamente en tu documento abierto. Recuerda que, con esta orden, no estás «colocando» ningún elemento, sino simplemente cargando información al modelo; para colocar un ejemplar de esa familia, después deberás ir a la orden correspondiente.

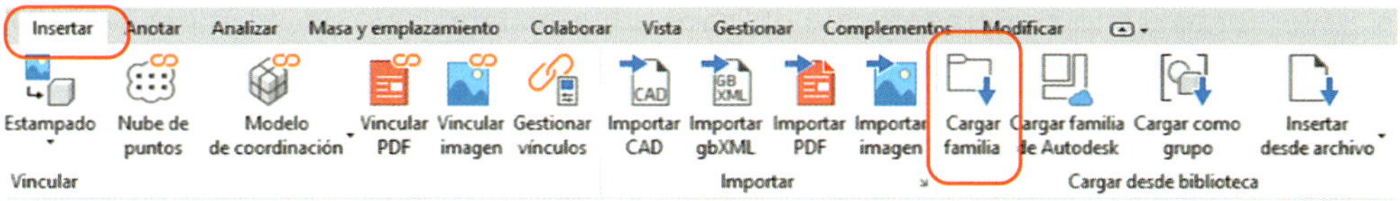

Figura 2.3. Cargar una nueva familia de cualquier categoría.

Descargar desde Internet

Además de las familias que proporciona Autodesk, las páginas para descargar familias de Internet son infinitas, y una búsqueda en Google como «*Revit family download*» nos dirá todo lo que queremos saber. No obstante, una de las páginas más famosas es www.bimobject.com (requiere registro, pero es gratuita). Y, por supuesto, las páginas de los fabricantes. Aunque es pronto para esperar que todas las compañías españolas ya tengan su información en Revit, muchas están empezando a generar las familias para que podamos usarlas y así también prescribir sus productos.

TRUCO:

Descargar familias de fabricantes puede tener un pequeño riesgo, un doble filo. A veces —solo a veces— esas familias vienen muy detalladas, con demasiados parámetros e información; eso puede ralentizar el dibujo. También puede darse el caso de que la representación en planta de ventanas o puertas de diferentes fabricantes no sea homogénea o no coincida con tus criterios. En esas situaciones, si es que se llegan a dar, una alternativa puede ser usar una familia genérica, con menos detalle, pero que disponga de la descripción o el nombre de la familia comercial; o incluso, si tienes conocimientos básicos de edición de familias, utilizar máscaras planas (para las vistas de planta, alzado o perfil) que representen la geometría del componente de marca, aunque siga existiendo un 3D sencillo.

Limpiar nuestro proyecto

Si hemos hecho varias pruebas insertando muchas familias, es posible que nuestro modelo esté saturado de información prescindible. Hay dos métodos para limpiar nuestro archivo y que así ocupe menos y sea más manejable.

- Desde el Navegador de proyectos>Familias, localizar las que no necesitamos y eliminarlas directamente (DEL o botón derecho>Suprimir). Este método es adecuado cuando tenemos localizada una o varias familias (o tipos), que queremos eliminar. Pero no es el más eficaz si disponemos de muchos elementos.

- Gestionar>Limpiar elementos no utilizados. Equivalente a la orden Limpia de CAD, detecta todo aquello que no se está usando en nuestro dibujo.

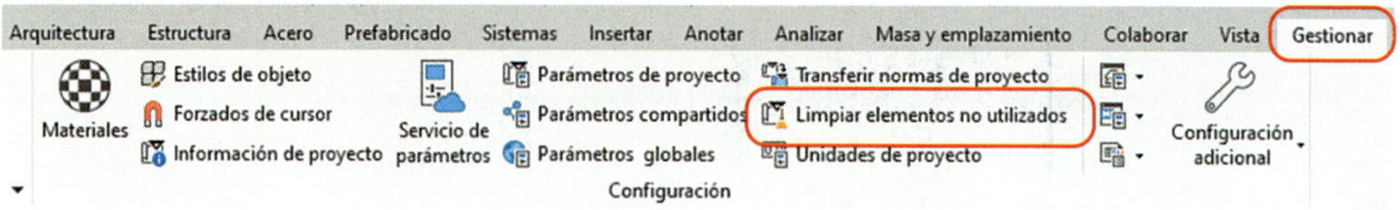

Figura 2.4. Limpiar elementos no utilizados.

Es una orden muy potente pero peligrosa, porque puede eliminar cosas que más adelante queramos usar. Por ello, es recomendable hacer clic en No seleccionar ninguno, de forma manual, y centrarnos solamente en las categorías que queremos vaciar.

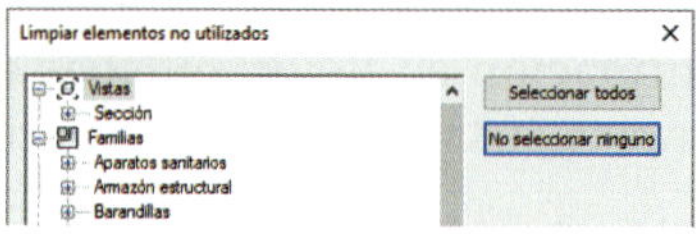

Figura 2.5. Ventana de limpiar elementos no utilizados.

Crear nuevos tipos de familia

Al cargar una familia, esta viene con una serie de tipos concretos. Por ejemplo, si cargamos una ventana de dos hojas abatibles, es posible que incluya los tipos de 160 x 120, 120 x 120 y 210 x 140. Y todas, además, con un material Por categoría. Si queremos generar nuevos tipos, para hacer más variaciones dimensionales, o incluso para cambiar de forma puntual el material de carpintería de algunas de ellas, lo que haremos SIEMPRE es Editar tipo>Duplicar. Esta combinación de comandos la usaremos para todo: familias de sistema (muros, suelos, cubiertas, techos...), familias cargables (puertas, ventanas, componentes...) e incluso etiquetas. Recuerda: el método para crear nuevos tipos será, principalmente, Editar tipo>Duplicar.

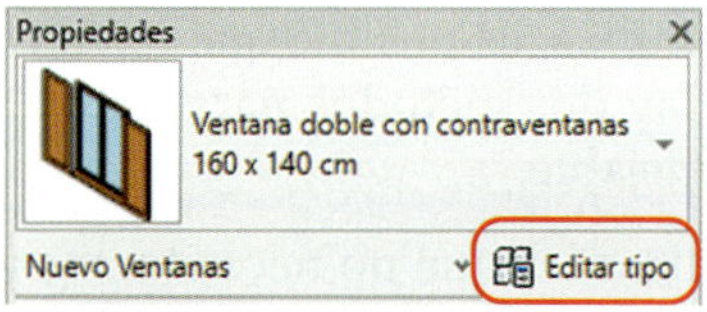

Figura 2.6. Desde la paleta de propiedades, Editar tipo.

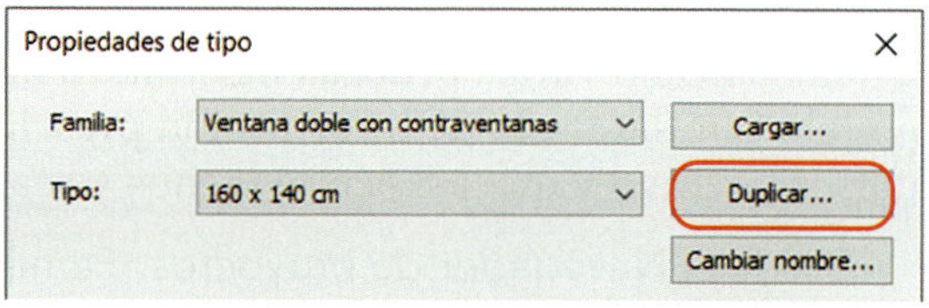

Figura 2.7. En la ventana de propiedades tipo, Duplicar.

Con el Navegador de proyectos: duplicar, editar, suprimir

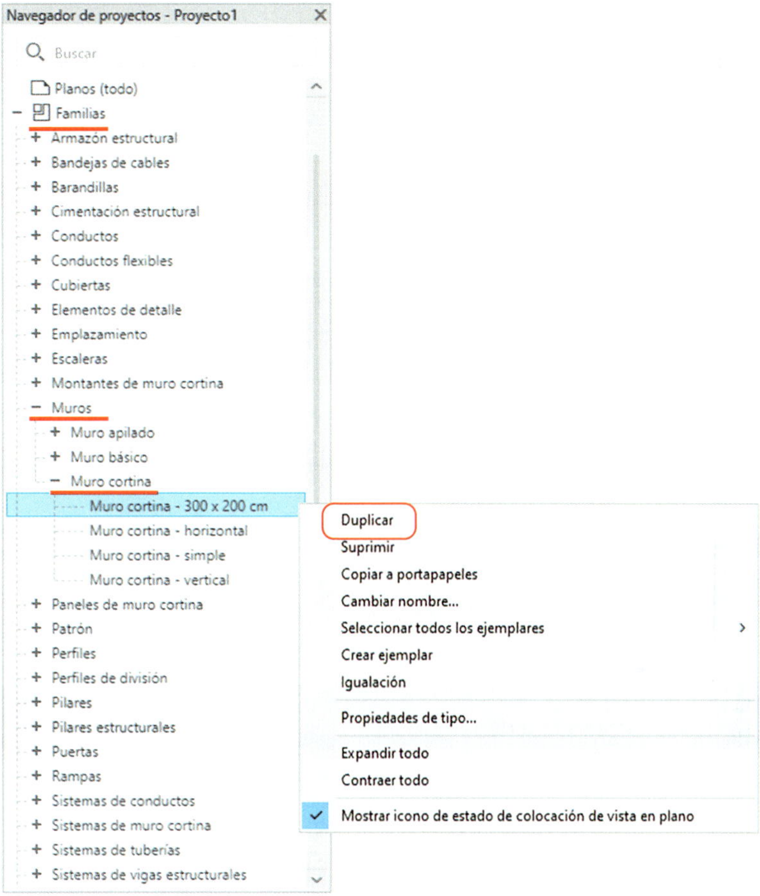

Figura 2.8. Ejemplo para duplicar un muro cortina desde el navegador de proyectos.

Para ciertos tipos de familias, como los títulos de vista o extremos de sección, debemos hacer esta operación desde el Navegador de proyectos. En la parte inferior del Navegador, está el apartado Familias y, al desplegarlo, aparecen, categorizadas, todas las familias cargadas en el dibujo. Desde aquí podremos pulsar el botón derecho, bien sobre la línea de la familia o bien sobre una línea de un tipo, para conseguir:

- Editar cualquier familia o tipo (también funciona pulsando doble clic sobre el tipo).
- Suprimir el tipo o la familia (dependiendo de dónde estemos seleccionando en ese momento); también con la tecla DEL.
- Duplicar para crear nuevos tipos a partir de uno existente.

3

Métodos de selección y uso de las órdenes

En este capítulo aprenderás a:

- Añadir y eliminar elementos a una selección.
- Trabajar con ventanas de selección.
- Visualizar elementos y a ocultarlos.
- Editar y modificar una selección.
- Repetir un comando.
- Salir de una orden.

La selección de elementos en Revit es bien sencilla. Clic sobre un elemento, se selecciona; clic sobre otro, «se suelta» el primero y se selecciona el segundo. No es como en CAD, que se añaden elementos a la selección automáticamente.

Añadir o eliminar

En Revit ha de emplearse un modificador (una tecla) que indique qué quieres hacer con el elemento que vas a seleccionar:

- **Añadir un objeto** a tu selección actual. Mantén pulsado Ctrl. La flecha o cursor de Revit mostrará un (+) al lado.
- **Eliminar un objeto** de tu selección actual. Mantén pulsado Mayús. La flecha tiene un (-).

TRUCO:

Si mantienes pulsadas ambas teclas, alternarás el estado de selección. La flecha tiene un (+/-).

Selección por ventana

También se pueden seleccionar objetos por ventana. Este método funciona igual que en CAD.

- **Ventana de izquierda a derecha.** Se seleccionan los objetos que estén íntegramente dentro de la ventana.
- **Ventana de derecha a izquierda.** También llamada «ventana de captura»: se seleccionan todos los objetos que tengan alguna parte de ellos dentro de la ventana.

TRUCO:

Cuando hay varios elementos seleccionados, en la paleta de Propiedades (y en el icono de embudo Filtro de la esquina inferior derecha) se halla la información de cuántos son y de qué categoría. Si hay varias categorías, pondrá Común; pero nos deja desplegar y ver cuántos son de cada tipo. Incluso existe la opción de modificar las propiedades comunes de cada una de las categorías (todos los tipos de muro o los de ventanas). Es útil también para cambiar información de las habitaciones como, por ejemplo, el Departamento.

Selección previa

En CAD es un procedimiento habitual usar la Selección previa a la hora de repetir un comando o, simplemente, de trabajar sobre un mismo conjunto de selección. En Revit existe la opción de Seleccionar anterior con el menú contextual del botón derecho; pero no tiene la misma funcionalidad si estamos dentro de una orden.

TRUCO:

Es posible utilizar la Selección previa pulsando Ctrl-Flecha izda. Sin embargo, no funcionará si en algún momento has pulsado Escape.

Filtro de selección

Cuando seleccionamos elementos de diferentes categorías, Revit permite «filtrar» qué categorías de elementos queremos mantener seleccionadas. Eso nos ayuda a la hora de hacer una ventana y decidir que solo queremos mantener la selección de los muros o de las puertas o de cualquier otra categoría de la que hayamos seleccionado algún elemento. Para ello, buscamos el comando Filtro y desmarcamos todas las categorías que no nos interesan. Filtro se puede hallar:

- En la pestaña Modificar, que sale automáticamente al seleccionar uno o más elementos.
- En la parte inferior derecha de la pantalla, con un icono pequeño, donde además nos indica cuántos elementos están seleccionados.

Seleccionar todos los ejemplares

Si seleccionamos un elemento (por ejemplo, un muro) y pulsamos el botón derecho, aparece un menú contextual donde, entre otras opciones, nos pregunta si queremos seleccionar «todos los ejemplares» y, dentro de él, nos da dos alternativas:

- **En la vista actual:** Los que son visibles en esta vista (desde una planta, no seleccionará muros de otros niveles, por ejemplo; o desde una sección, no marcará los muros que quedaran por detrás del plano de sección).
- **En todo el proyecto (SA):** Todos los ejemplares del mismo tipo en todo el proyecto, independientemente de que se vean en la vista o no.

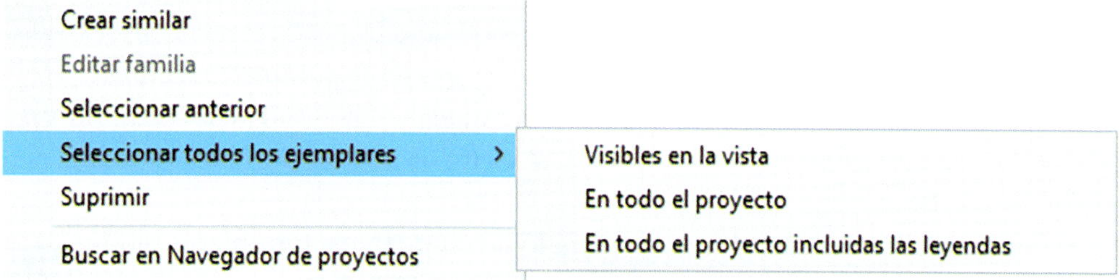

Figura 3.1. Seleccionar todos los ejemplares.

Tecla TAB (tabulador del teclado)

Cuando hay varios elementos superpuestos, o muy cerca de nuestro cursor, es probable que no seleccionemos a la primera el que nosotros queremos. Revit nos permite hacer un «ciclo de selección» mediante la tecla TAB. Por ejemplo, si tenemos un muro adosado a una rejilla y una puerta insertada en el muro, ponemos el cursor, sin pulsar, encima de la puerta y pulsando cada vez TAB podremos alternar entre la puerta, el muro, la cadena de muros que esté conectada y la rejilla. Cuando tengamos el elemento deseado, simplemente hacemos clic con el ratón.

¿Cómo saber cuándo tenemos seleccionado el elemento deseado? Existen dos posibilidades. La primera es que la preselección en azul sea bastante evidente (en el caso de estar entre un muro o una puerta). La segunda es prestar atención a la barra de estado, pues en su parte izquierda vemos qué estamos preseleccionando con TAB en cada momento.

Modificadores de selección

En la parte derecha de la Barra de controles de vista (o desplegando el botón Modificar en la parte izquierda de la Cinta de opciones) aparecen unos modificadores de selección, con la finalidad de ayudarnos en el trabajo común con el programa. Todos estos modificadores tienen dos posiciones: activos (icono normal) o inactivos (con una cruz diagonal roja tapando parte del icono). Cuando están inactivos, se entiende que «NO» se puede seleccionar el tipo de objetos a que hacen referencia.

- **Seleccionar vínculos.** Para seleccionar cualquier tipo de vínculo externo (similar a las referencias externas de CAD).
- **Seleccionar elementos subyacentes.** Para seleccionar y modificar —o no— los elementos que aparezcan como subyacentes en la vista; pero solamente funciona con selección puntual, no por ventana.

TRUCO:

En la paleta de Propiedades de la vista tenemos el grupo de parámetros Subyacente, que controla la visibilidad de los elementos subyacentes desde sus tres valores: Rango: nivel base, Rango: nivel superior y Orientación subyacente.

- **Seleccionar elementos bloqueados.** Si lo desmarcamos, los objetos bloqueados no nos molestarán a la hora de seleccionar otras cosas, y ni siquiera se resaltarán al pasar el ratón sobre ellos.
- **Seleccionar elementos por cara.** Hace que podamos seleccionar un objeto (por ejemplo, un muro) tocando en cualquier parte de la cara, y no necesariamente en las aristas. Es muy cómodo para trabajar en 3D, y facilita la selección de suelos en planta.
- **Arrastrar elementos en selección.** Si está activada, es posible clicar para seleccionar un elemento y, sin soltar el botón del ratón, arrastrarlo. Si no está activada, primero se hace clic y, con un segundo clic sin soltar, ya arrastramos. Es mucho más prudente tenerla desactivada, porque además el modo de arrastre no tiene ninguna precisión de movimiento.

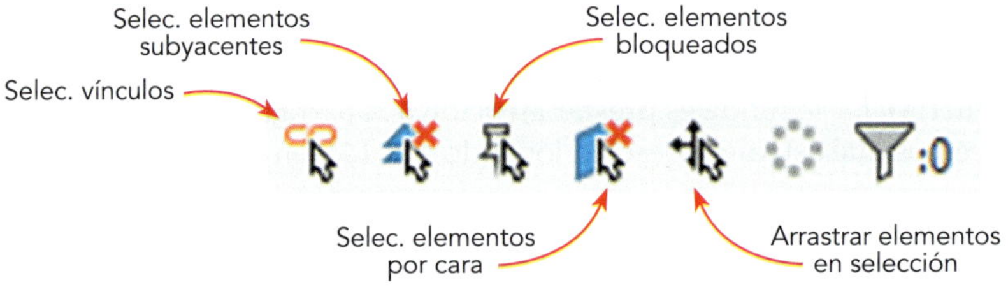

Figura 3.2. Modificadores de selección.

A la derecha de los modificadores de selección hay un icono circular que nos avisa de que Revit está calculando procesos en segundo plano. Y el último icono será siempre el Filtro, que indica cuántos elementos hay seleccionados en ese momento.

Conjuntos de selección

Un conjunto de selección es un grupo de varios elementos seleccionados que Revit guarda en su memoria, con un nombre, para recuperarlo más adelante y ahorrarnos el trabajo de reseleccionar todo el conjunto. Para guardar un conjunto de selección, simplemente seleccionamos los elementos deseados y, en Modificar>Guardar selección, les damos un nombre. Para recuperar el conjunto, desde Gestionar>Cargar selección, elegimos la deseada. Esta herramienta no funciona una vez iniciada una orden, sino que ha de ser previa a ella.

Uso de las órdenes en Revit

Las órdenes en Revit se usan exactamente igual que en CAD. Podemos:

- Seleccionar uno o varios elementos y luego clicar (o escribir) la orden.

TRUCO:

Este método es mi favorito, porque ahorras clics. Se llama Designación Nombre/verbo.

- Seleccionar o escribir la orden, después seleccionar a qué elementos se aplicará y luego apretar ENTER o ESPACIO para indicar a Revit que ya no queremos seleccionar más elementos.

Repetición de comandos

Pulsando la tecla ENTER repetimos un comando. No funciona la tecla ESPACIO (que se usa para otras cosas) y el botón derecho abrirá un menú contextual donde, entre otras opciones, una dice «repetir [orden]», pero no hay forma de configurar que repita la orden directamente. Al principio puede parecer duro, pero te prometo que te acostumbrarás enseguida.

¡No puedo salir de una orden!

Hay ciertas órdenes (como suelos, cubiertas, etc.) que al iniciarlas entras en lo que Revit llama «modo boceto». No es posible salir de esa parte del programa, aunque aprietes ESC varias veces; lo que tienes que hacer es localizar una pestaña de color verde en la Cinta de opciones (normalmente a la derecha del todo) y buscar los símbolos de Aceptar o Finalizar (icono de verificación verde) y Cancelar (cruz diagonal roja). Aprieta este último para salir de la orden si no sabes cómo has entrado (lo más probable es que hayas hecho, sin pretenderlo, doble clic en el elemento).

Terminar una orden

Pulsa dos veces la tecla ESC cuando quieras terminar una orden. La primera vez sirve para Cancelar, por ejemplo, el muro que estás dibujando, y la segunda para indicarle a Revit que ya no quieres hacer más muros de momento.

También es posible cancelar una orden haciendo clic sobre el comando Modificar (MD) que aparece a la izquierda del todo en la Cinta de opciones.

4

Niveles y rejillas

En este capítulo aprenderás a:

- Colocar, mover y editar niveles de diversas formas.
- Crear planos de planta.
- Organizar el navegador de proyectos.
- Generar, desplazar y editar rejillas de formas distintas.

Los niveles son la forma que tiene Revit de estructurar un proyecto en altura. Son planos horizontales infinitos que equivalen a las plantas de un edificio. Los niveles se pueden ver, crear, modificar y eliminar desde cualquier vista de alzado, sección o 3D; obviamente no podrás verlos desde una planta porque son paralelos a ellas. La plantilla arquitectónica por defecto de España crea dos niveles: Nivel 1, a cota 0.00, y Nivel 2, a cota +3.00. Otras plantillas pueden venir con más niveles de base.

Figura 4.1. Ejemplo de niveles vistos desde un alzado.

TRUCO:

Como son planos infinitos, significa que, aunque la línea acabe antes que nuestro modelo, no pasa nada. Es un aspecto visual nada más. Además, cuando seleccionamos un nivel, a veces aparecerá una línea conectándolo con otros niveles y un candado. Significa que, al arrastrar en horizontal el borde del nivel (desde la bolita blanca hueca), se arrastrarán también el resto de los niveles. Si clicamos sobre el candado se desbloquea, y podemos arrastrar horizontalmente el nivel sin que afecte al resto. Yo utilizo esto para hacer que el nivel de cota cero sea más largo que el resto: gráficamente me gusta más y me ayuda a entender mejor mi edificio y el plano de suelo. Esta acción de mover individualmente un nivel es reversible: si arrastras el extremo de nivel en la vertical de otro, aparecerá de nuevo una línea discontinua y, al soltar, se autobloqueará con el resto de los niveles conectados.

Cambiar alturas de niveles

Para cambiar las alturas de un nivel, hay varios métodos, en función de la precisión o las necesidades que tengamos.

- **Arrastrar el nivel.** Nos permite arrastrar arriba o abajo, controlando solamente intervalos de 10 cm. Es el modo más básico. Sirve para cambios generales.

- **Editar el valor.** Si seleccionamos el nivel y después hacemos clic sobre el número de elevación, podremos editarlo. Es la modificación más precisa, sin la limitación de incrementos de 10 cm.
- **Mover el nivel.** Utilizando la orden Mover «D» con el nivel seleccionado. Si necesitamos hacer un incremento de x cm, pero no queremos calcular el nuevo valor del nivel, es posible utilizar este método.
- **Cotas temporales.** Si seleccionamos el nivel que queremos mover, aparecerá una cota temporal que nos indica a qué distancia está del nivel anterior. Haciendo clic sobre el número de la cota, podremos editar el valor. Este sería el método más directo y rápido si sabemos el valor que debe existir entre dos niveles.

Grafismo y nombre de los niveles

Para cambiar el nombre de un nivel, simplemente se hace clic en el nivel y luego en el nombre. Al modificarlo, nos preguntará si queremos variar los nombres de las vistas asociadas. En un principio diremos que sí para que haya una correspondencia, pero al avanzar en un proyecto nos daremos cuenta de que el nombre de la vista no tiene por qué corresponderse al 100 % con el del nivel. No recomiendo marcar la casilla de «No volver a mostrar este mensaje» puesto que no siempre querrás que ocurra.

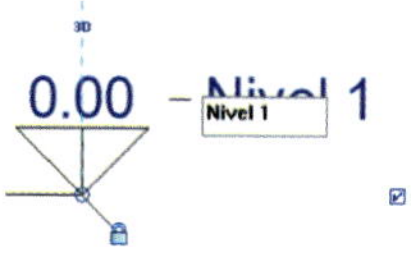

Figura 4.2. Modificar nombre del nivel.

TRUCO:

Si el nombre de una vista corresponde con el del nivel, también existe la opción de cambiarlo desde la vista. Para modificar el nombre de una vista, haz clic con el botón derecho en la vista, dentro del Navegador de proyectos, y selecciona Cambiar nombre. También funciona pulsando F2 o ejecutando con el ratón la serie clic, pausa, clic. Si nos pregunta si queremos modificar el nombre del nivel correspondiente, es nuestra decisión.

Para cambiar el grafismo del nivel, una opción es seleccionarlo y hacer clic en Editar tipo dentro de la paleta de Propiedades. Ahí tendremos ocasión de variar el color y el tipo de línea, así como el símbolo de extremo que aparece.

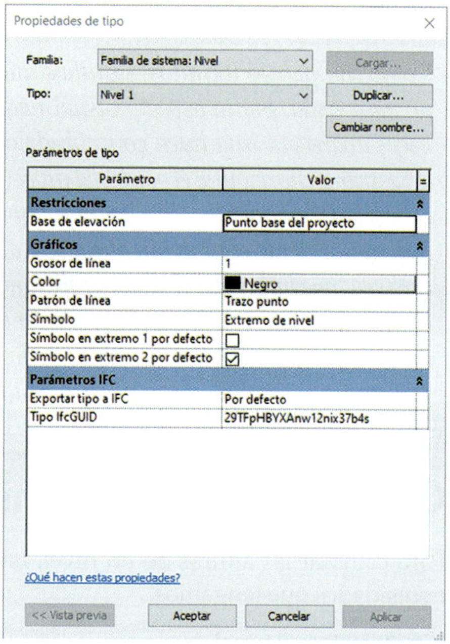

Figura 4.3. Propiedades tipo de los niveles.

Seleccionando un nivel, veremos que en ambos extremos hay una casilla de verificación: si está marcada, aparecerá el símbolo, la cota y el nombre; si está desmarcada, no. No afecta a nada, es meramente visual. En las propiedades de tipo vemos cuáles de los extremos tienen los símbolos habilitados por defecto.

Cuando dos niveles se solapan porque están muy cercanos (planta sótano y planta cimentación, por ejemplo), podemos crear un codo para que no se molesten entre ellos. Con el nivel seleccionado, localizamos el símbolo de discontinuidad al lado del borde del nivel; pulsando en él, aparece un codo que es posible modificar a nuestro antojo (o eliminarlo, simplemente arrastrando el codo hasta la cota original de la línea de nivel).

Crear nuevos niveles

Para crear uno o varios niveles nuevos, disponemos de dos métodos fundamentales.

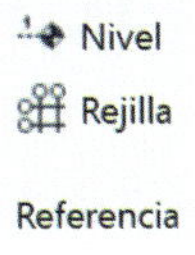

- **Método manual.** Con la orden Nivel de la pestaña Arquitectura (LL), dibujamos un nivel clicando en un inicio y un final. Para crearlo separado una altura concreta del nivel inferior, puedes tener en cuenta la distancia hasta el nivel adyacente viendo la cota temporal que se crea y escribiendo la distancia manualmente sin necesidad de hacer clic; pero también puedes escribir el Desfase que te interesa desde la barra de opciones.
- **Método automático.** Seleccionando un nivel y utilizando una de estas órdenes:
  - Copiar (CP). Clic punto de base, clic punto final (como en CAD), y ya tenemos el nuevo nivel.

TRUCO:

Si está activada la opción Múltiple, es posible crear varias copias con muy poco esfuerzo. Además, el Copia múltiple de Revit cuenta con una ventaja sobre el de CAD, y es que no es acumulativo; podemos copiar un nivel 10 veces a una distancia de 3,14 m cada vez sin tener que calcular mentalmente el valor acumulado: simplemente escribiríamos 3,14 (o la distancia que necesitemos) en cada copia.

  - Matriz (MA). En la Barra de opciones, elegiremos cuántos niveles crear en total (incluyendo el original), si queremos indicar la distancia entre el primero y el segundo (o entre el primero y el último, y repartir los intermedios), y marcamos esa distancia.

TRUCO:

Deja marcado Agrupar y asociar para seguir haciendo iteraciones con las distancias entre niveles o el número de estos; pero recuerda que, cuando hayas terminado, deberías seleccionar todos los ejemplares del grupo y desagruparlos: no necesitas un grupo de los niveles.

Figura 4.4. Barra para elegir la cantidad de elementos a copiar, incluyendo el original.

- Crear similar (CS). Bien con la orden o bien con el botón derecho y menú contextual.

Al crear niveles sucesivos, Revit incrementa en un dígito cada copia sucesiva: por ejemplo, después de Nivel 3 vendrá Nivel 4. No es una numeración tan inteligente como para entender todo lo que hagamos: si llamamos a un nivel «+6.00 Planta 2» o, por ejemplo, «02 Planta 2», el siguiente se llamará «+6.00 Planta 3» o «02 Planta 3», pero no sabrá entender el texto que hemos escrito al principio porque es eso: un texto.

Además, si eliminamos un nivel intermedio, Revit no renumerará el resto de los niveles, es algo que tendremos que hacer manualmente.

Crear vistas asociadas a niveles nuevos

Si creamos un nivel con el método manual o con Crear similar (CS), Revit añadirá de forma automática una vista de ese nivel en el navegador de proyectos. Sin embargo, si hemos creado los niveles con cualquier otro método (Copia o Matriz), tendremos que añadir nosotros las vistas que falten en el navegador, desde Vista>Vistas de plano>Plano de planta.

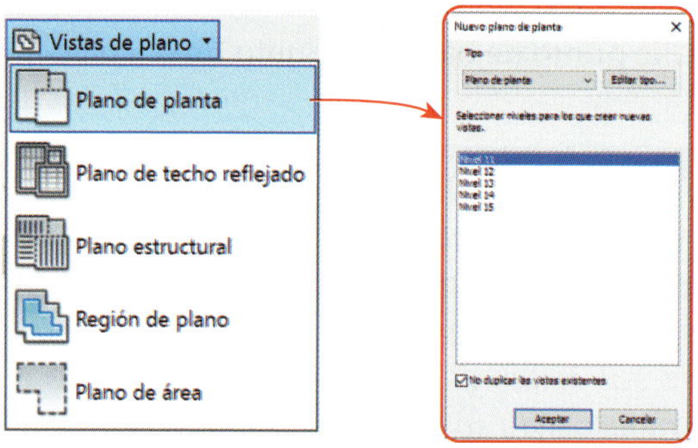

Figura 4.5. Crear planos de planta.

Ordenar las vistas de planta por nivel en el Navegador

Por defecto, la plantilla arquitectónica de Revit ordena los niveles por orden alfabético; y aunque tiene su sentido, puede resultarnos a veces más interesante hacerlo por Nivel asociado, es decir, por altura. Para conseguir esto, nos situamos en la parte superior del Navegador de proyectos —donde pone Vistas (todo)— y, con el botón derecho, seleccionamos Organización del navegador. También se accede desde Vista>Interfaz de usuario.

Una vez dentro, haremos un nuevo esquema de vistas, le pondremos un nombre («Por niveles», por ejemplo) y, dentro de la pestaña Agrupación y clasificación, elegiremos por Familia y tipo y, en la parte inferior de la ventana, Clasificar por Nivel asociado. Aceptamos, marcamos nuestro nuevo estilo con la casilla de verificación (no basta con seleccionar la línea, debemos asegurarnos de activar la casilla) y aceptamos.

Nada habrá cambiado, salvo el hecho de que nuestras vistas estarán agrupadas por niveles, en sentido ascendente o descendente (según lo que hayamos seleccionado en la ventana de «clasificar por nivel asociado»).

Con esto conseguimos separar el orden de las vistas de su nombre, y eliminamos la necesidad de prefijos tipo «00…01» o similares.

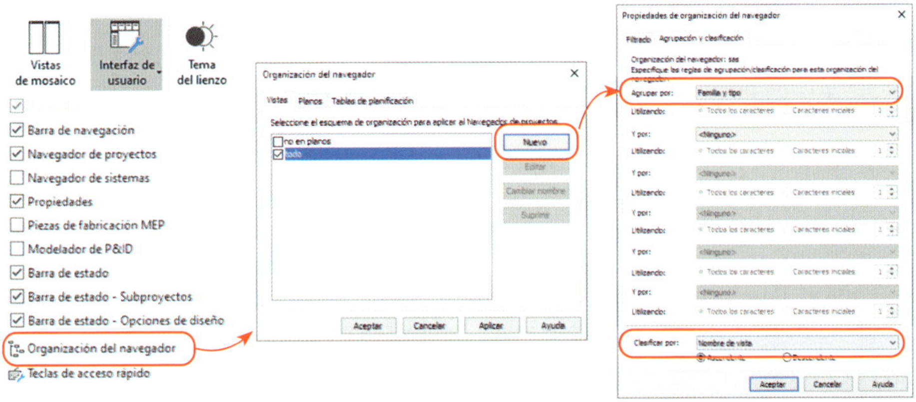

Figura 4.6. Propiedades para crear una nueva organización de navegador.

TRUCO:

Es posible hacer organización de vistas según una clasificación acorde con el estudio de arquitectura. Para ello, vamos a Gestionar>Parámetros de proyecto>Añadir (tipo texto, de ejemplar, para categoría Vistas). A partir de este momento, contamos con uno o varios parámetros de clasificación de vistas (básico – ejecución, o arquitectura – instalaciones – detalles – carpintería) que usaremos en la clasificación y agrupación.

Qué niveles se necesitan

Es habitual que esta duda surja cuando empezamos un proyecto o incluso a mitad de este. La respuesta es sencilla: los que quieras. Revit nos da la libertad de crear tantos niveles como queramos. Incluso es posible crear nuevos tipos de niveles desde Editar tipo>Duplicar para diferenciar entre niveles de forjado, niveles de pavimento, niveles de falso techo… todo tiene sus pros y sus contras. Personalmente, prefiero dejar los niveles como la cota superior del pavimento y seguir una serie de reglas que iremos viendo más adelante, antes que llenar de niveles un proyecto.

La regla general que nos ayudará a la hora de decidir si cierto nivel debería crearse o no es sencilla: ¿Dibujarías un plano de CAD específico para esta vista? Si la respuesta es «sí», entonces es probable que requieras un nivel adicional. Si la respuesta es «no, lo juntaría con esta otra planta», entonces puede que no necesites ese nivel.

Pongamos un ejemplo. El típico gran salón comedor con dos cotas de pavimento: el salón está a cota 0.00 (como el resto de la planta) y el comedor se encuentra dos peldaños más abajo, a -0.40.

¿Necesitamos hacer un nivel exclusivo para esta zona? Pues, si nos aplicamos la pregunta de «cómo lo haríamos en CAD», probablemente la respuesta fuera «incluiría el comedor en la planta general de la vivienda, con una simple referencia de cota de altura». Entonces no requerimos el nivel.

Otro ejemplo. Estamos remodelando un local comercial que dispone de planta baja y planta primera; y en una pequeña parte de su superficie tiene un altillo que se usará como almacén. ¿Hacemos un nivel específico? Pues ¿cómo lo haríamos en CAD?; probablemente sí que haríamos una planta concreta que reflejase el altillo... En ese caso, mi propuesta es que hagamos también un nivel adicional en Revit.

El último ejemplo. ¿Es necesario un nivel para la coronación de cimentación si el sótano está a -3.00 y los pilares y zapatas nacen a -3.60? Veamos, ¿necesitamos un plano de las zapatas? Yo creo que sí. Pero, para salir de dudas, ¿me interesa poder decirle a Revit que los pilares estructurales nacen del nivel «cimentación»? También. Entonces sí que me interesa este nivel.

Como ves, la elección de qué niveles crear o no es absolutamente personal. Como apunte al margen, los niveles de falso techo cobran sentido principalmente dentro del ámbito de las instalaciones, para poder colocar los dispositivos (por ejemplo, los difusores de aire acondicionado) directamente sobre un nivel concreto. En la parte que concierne a arquitectura, no es necesario, ya que existen las vistas de plano de planta y las vistas de plano de techo, que miran hacia arriba como una planta cenital.

Podemos utilizar los parámetros de «planta de edificio» o «estructura» para separar niveles de forjado y pavimento, e incluso utilizar niveles para la cara inferior de los forjados y llevar hasta ahí los muros internos más rápidamente. La elección vendrá marcada, casi siempre, por el nivel de profundidad o detalle que se busque en un proyecto: en una promoción de viviendas se buscará un detalle más general, y en un proyecto de interiorismo se intentará llegar mucho más al detalle particular.

Símbolo de 3D o 2D en los niveles

El símbolo 3D indica que, si movemos el extremo del nivel, se aplica en todas las vistas; mientras que, si hacemos clic y cambia a 2D, haremos las modificaciones de extensión solo en la vista actual.

Es habitual verlo en 2D cuando hay una vista delimitada por el contorno de recorte (como en un alzado o una sección).

Rejillas

Las rejillas son elementos de apoyo en Revit. Permiten modular una estructura, marcar unos ejes o incluso delimitar una parcela... cualquier utilidad para la que hayas usado anteriormente las líneas auxiliares, o los rayos, en CAD. Se crean desde la pestaña Arquitectura>Rejilla (GR).

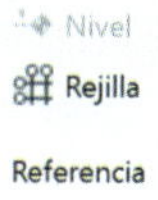

Creación de rejillas

Su funcionamiento es exactamente igual que el de los niveles:

- Con la casilla de verificación en los extremos, activamos o desactivamos la burbuja o extremo de rejilla.
- Podemos estirar la rejilla arrastrando la bolita blanca del extremo.
- Si aparecen una línea discontinua que une nuestra rejilla con otras y un candado cerrado, se moverán más rejillas al mismo tiempo que la nuestra (clicando el candado, lo abrimos y eliminamos esa restricción).
- Se pueden colocar codos haciendo clic en el símbolo de discontinuidad.
- Las rejillas se numeran automáticamente en función del último valor que hayamos escrito (ya sea numérico o alfabético).
- Si insertamos una rejilla entre otras dos, no se renumeran automáticamente.
- Se puede editar el color, el tipo de línea o seleccionar un extremo de rejilla diferente desde Editar tipo.

Tipos de rejilla especiales

- **Rejillas en arco.** Al seleccionar la orden Rejilla, en la Cinta de opciones podemos seleccionar un icono en forma de arco, lo que nos permite hacer una rejilla en arco. Útil para filas de un anfiteatro, por ejemplo.
- **Rejillas multisegmento.** Siguiendo el mismo método que el paso anterior, pero clicando en el botón con ese nombre, podremos hacer una rejilla formada por varios segmentos de línea. Entraremos en el modo boceto, recordemos que para salir es necesario hacer clic en Aceptar / Finalizar o Cancelar, y que la tecla ESC no sirve. Estas rejillas pueden ser de mucha ayuda en modulaciones estructurales de edificios con un quiebro.

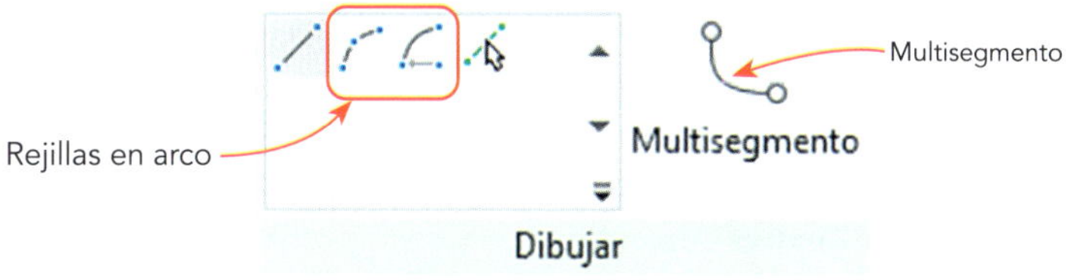

Figura 4.7. Dibujar rejillas.

- **Segmento central transparente.** Para que la rejilla no «manche» nuestro dibujo, en la paleta Propiedades se selecciona otro tipo: el que reza «separación de burbuja» deja en líneas invisibles lo que Revit llama «segmento central».

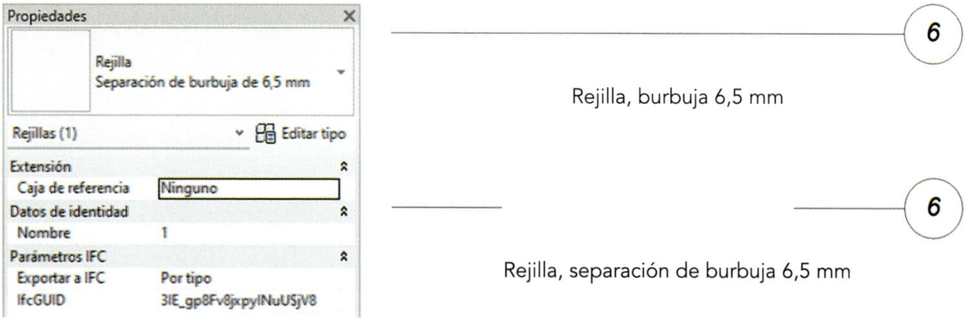

Figura 4.8. Tipos de rejilla, normal y con el segmento central transparente.

Visibilidad de las rejillas

Las rejillas se entienden como planos verticales y, por tanto, se verán en los alzados que las corten (por ejemplo, las rejillas que crucen de norte a sur se verán en esos alzados del proyecto). En Revit es posible elegir hasta qué niveles son visibles; esto resulta útil, por ejemplo, cuando tenemos un edificio en altura con un sótano que ocupa más superficie. Para indicar hasta qué niveles (o desde cuál) es visible una rejilla, simplemente hay que estirar sus extremos desde un alzado. Si no lo corta, no será visible.

TRUCO:

En las vistas 3D se activa la visibilidad de las rejillas desde la paleta Propiedades>Mostrar rejillas y activando las rejillas de los niveles correspondientes.

¿Qué es el símbolo 3D o 2D que aparece en la rejilla?

Funciona de forma análoga al símbolo de los niveles. Indica que, si movemos el extremo de la rejilla, afectará a todas las vistas. Si hacemos clic en el símbolo y se cambia a 2D, el mover el extremo o burbuja solamente afectará a esa vista. Podemos, más tarde, propagar esa nueva posición a las vistas deseadas: seleccionamos la rejilla, hacemos clic en la orden Propagar extensión y elegimos las vistas correspondientes. En los niveles tenemos el mismo símbolo y funcionamiento.

5

Comenzar un proyecto

En este capítulo aprenderás a:

- Establecer un orden para comenzar un proyecto en Revit.
- Insertar y vincular archivos de AutoCAD, imágenes y PDF.
- Editar la visualización/grafismo de archivos de AutoCAD en Revit.
- Guardar proyectos en Revit.

A la hora de empezar un proyecto, independientemente de la plantilla que vayamos a utilizar, nos podemos encontrar con varias situaciones. El flujo de trabajo siempre será muy similar, pero creo que es interesante contemplar estos casos para saber cómo abordarlos.

Principal: establecer correctamente los niveles

Es el primer paso. Si estamos haciendo una reforma de un piso, por lo general habrá dos niveles, que definen la parte superior e inferior de nuestra actuación. Si es una obra nueva, tanto unifamiliar como plurifamiliar, estableceremos los niveles correspondientes en función de las vistas que necesitemos. Esto sirve para organizar nuestro dibujo y debe ser algo que hagamos al principio.

Importar o vincular una imagen o un PDF

Tanto si estamos reformando una vivienda cuyos planos originales hemos escaneado como si queremos copiar una distribución para calcar nuestra nueva propuesta, o insertar una vista de Google Maps® para dar un poco de entorno a nuestro proyecto, Insertar>Importar imagen o Insertar>Vincular imagen es nuestra orden. No nos preguntará más que la ubicación de la imagen y podremos colocarla donde queramos, medir sobre ella (sin precisión), escalarla, moverla y rotarla. La diferencia principal entre importar y vincular es que, en el caso de la vinculación, cualquier cambio en la imagen original se trasladará a nuestro proyecto.

TRUCO:

En la paleta de Propiedades puedes especificar con precisión las dimensiones de la imagen o bloquear las proporciones para que no se deforme.

También es posible importar o vincular cualquier objeto PDF. En este caso, tras elegir el archivo, una ventana te preguntará qué página del PDF quieres insertar y con qué resolución; cuanta mayor sea, mejor se verá el elemento importado, a cambio de mayor peso. Evita 72 ppp: 150 ppp es un buen número para comenzar. A partir de ese momento, será lo mismo que si hubieras importado una imagen. Sin embargo, si ese PDF se ha generado como formato vectorial (es decir, sus elementos son líneas y vectores, en lugar de píxeles), te propongo que lo selecciones y, en la cinta de opciones, hagas clic en Activar forzados de cursor: a partir de ese momento podrás utilizar las líneas y puntos del propio PDF como base para medir, ganando mucha más precisión que con una imagen, ¡incluso si la resolución que elegiste era poca, la precisión será perfecta!

Una vez hayamos calcado nuestros muros, repararemos en que ahora es imposible ver la imagen y la ubicación de las puertas o ventanas. Hay dos soluciones:

- Con la imagen seleccionada, en la Barra de opciones o en la paleta de propiedades (en el parámetro Capa de dibujo) elegimos Primer plano. A partir de entonces veremos la imagen por encima del resto de elementos de modelo. Atención, porque en la Cinta de opciones hay otro botón de Primer plano, pero ese no sirve para lo que estamos buscando: solo define el orden entre imágenes.
- Si ponemos la vista en modo Estructura alámbrica, los muros no ocultarán la imagen.

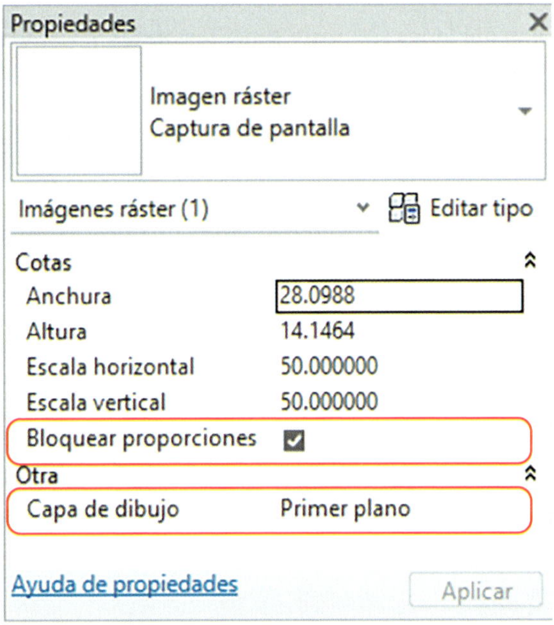

Figura 5.1. Propiedades imagen.

Insertar una vista CAD

Tanto si ya tienes una distribución hecha en CAD y te interesa continuar con Revit como si simplemente necesitas importar el plano catastral para documentar tu proyecto, hazlo desde Insertar>Importar CAD. Para que Revit mantenga la vinculación con el archivo CAD (si se modifica el CAD, se actualiza en Revit), irás a Insertar>Vincular CAD.

Dentro de las opciones de importar (o vincular) un archivo CAD, debemos tener en cuenta en especial las siguientes:

- **Solo vista actual.** Si la marcamos, la vista CAD solamente se colocará en esta vista. No aparecerá jamás en ninguna otra parte de nuestro modelo ni en el 3D. Es la opción adecuada para «calcar» una distribución o para un plano catastral. Si no la marcamos, las líneas CAD aparecerán flotando en todas nuestras vistas 3D.

- **Corregir líneas ligeramente fuera de eje.** A todos nos ha pasado que tenemos una línea que es «casi» vertical y nos da problemas a la hora de recortar una puerta, por ejemplo. Revit permite corregir esto. Personalmente prefiero desactivarla: imaginad cuántas líneas de un plano catastral son «casi» verticales u horizontales.
- **Unidades de importación.** Hay que especificar en qué unidades del dibujo está el CAD; no debe quedarse Autodetectar porque Revit solamente distinguirá entre pulgadas o milímetros.
- **Capas/Niveles.** Las opciones son muy sencillas: todas – visibles – especificar. Creo que la mejor es «todas», ya que trae todas las capas sin importar si están activadas o desactivadas, y sin dar opción a elegir cuáles me traigo. ¿El motivo? Evitar el típico error de dejarse una capa importante desactivada o no traer una capa que contenía ciertos bloques que me interesan. Por eso, mi consejo es importar todas las capas, y desde el propio Revit desactivar o eliminar las que necesite.
- **Colores.** Considero que «mantener» los colores de CAD es la mejor manera de entender cómo era el dibujo. Si quisieras importar un detalle constructivo, es posible que «Blanco y negro» pueda ser útil.
- **Posición.** Si vamos a importar varias plantas sucesivas, y en CAD hemos hecho el trabajo de referenciarlas correctamente al origen 0,0,0, entonces ponemos Automático – origen y se insertará en el origen interno del modelo de Revit. Manual - origen pondrá el origen de CAD en el punto que especifiquemos. Si no hemos hecho ese trabajo, es posible que el origen del dibujo esté muy lejos de nuestra planta; entonces, Manual – centro es la opción para todos. Luego habrá que alinear, eso sí.

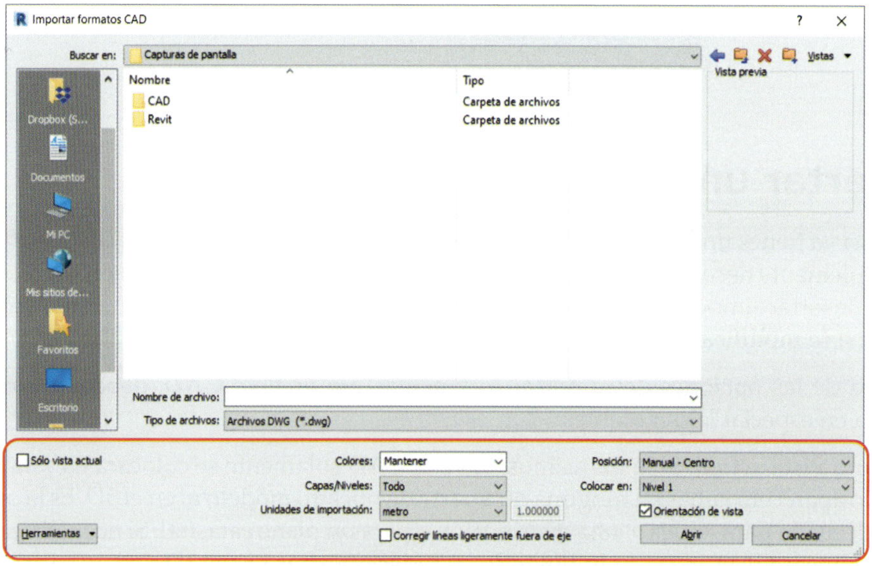

Figura 5.2. Ventana para importar CAD.

Cuando hemos insertado una vista CAD, podemos consultar en qué capa está cada objeto. Para ello, seleccionamos el bloque insertado y, en la Cinta de opciones, tendremos la orden Consulta. Al tocar en cualquier línea CAD, nos saldrá una ventana que indica a qué capa pertenece, y contaremos con la posibilidad de ocultar o eliminar esa capa.

Figura 5.3. Consulta de capas del archivo CAD.

Para reactivar capas desactivadas o incluso cambiar el color de las líneas de capas activadas, entramos en el comando Modificar visibilidad/Gráficos (VV) y en la cuarta pestaña, Categorías importadas, tendremos todas nuestras importaciones CAD. Al desplegarlas, aparecerán todas las capas (excepto las que hubiésemos eliminado), y con la casilla de verificación indicaremos cuáles han de estar visibles u ocultas. Haciendo clic en la fila de una capa, aparecerá el botón Modificar, y podremos cambiar color, grosor y patrón de línea de los elementos de esa capa.

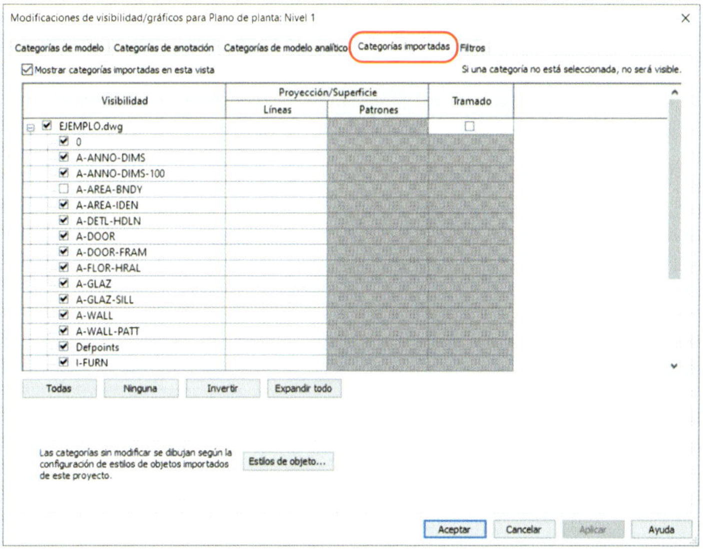

Figura 5.4. Ventana de Modificaciones de visibilidad/gráficos, pestaña Categorías importadas.

TRUCO:

Si el tamaño de los elementos dibujados en el archivo CAD es mayor que 33 km, nos saldrá un aviso al insertar que nos informará de la falta de precisión. Además, si nuestro archivo de CAD, sin ser tan grande, tiene líneas muy lejos del origen de coordenadas universal, también habrá pérdida de precisión en Revit. Notaremos que las líneas «bailan» al hacer zoom, y que los elementos que dibujamos no concuerdan con los forzados de cursor que ponemos. Hay dos opciones: abrir el dibujo de CAD y mover los objetos al origen de coordenadas para evitar este problema o insertar como Automático – Centro a centro.

Poner en primer plano

Al igual que con las imágenes, se puede seleccionar el archivo CAD y marcar Poner en primer plano para que se vea por encima de nuestro modelo, y no al revés. Esto es muy útil si importamos información CAD para complementar nuestros planos (un plano estructural con el reparto de armaduras de forjado, por ejemplo; o la distribución de elementos de seguridad y salud aportada por otro técnico).

Gestionar vínculos

Todas las imágenes, PDF o elementos CAD que importemos quedan guardados dentro del propio dibujo; no necesitamos llevarnos el archivo externo junto con el proyecto de Revit si cambiamos de carpeta o de ordenador. Esto, que es genial, puede hacer que el dibujo pese más y más, si almacena elementos que no usamos ya. Para gestionar qué importaciones tiene Revit cargadas en el dibujo, vamos a Insertar>Gestionar vínculos o a Gestionar>Gestionar vínculos; y, desde esa orden, veremos todos los elementos importados y vinculados, separados por pestañas según su categoría: imágenes, PDF, archivos de CAD, de Revit, IFC, nubes de puntos y demás.

Esta ventana ofrece mucha información sobre cada elemento colocado: desde el nombre del archivo hasta su ubicación original en el ordenador, las dimensiones e incluso cuántas veces está colocado en tu proyecto (cosa que te servirá mucho para identificar imágenes o PDF que no estés usando). Pero, además, al seleccionar cualquiera de los elementos insertados, encontrarás una serie de opciones que debes conocer.

1. **Añadir** equivale a insertar más elementos, pero de forma rápida; los carga como vínculos en el dibujo, pero no inserta un ejemplar, cosa que podrás hacer luego.
2. **Colocar ejemplar** es la orden que indica a Revit que es el momento de insertar un ejemplar, una instancia, de esa imagen o PDF en tu proyecto.
3. **Mostrar** hará zoom en la vista que contiene tu elemento insertado; muy útil si no recuerdas en qué vista puedes localizarlo.
4. **Importar** convierte el elemento vinculado en importado, cargándolo dentro del dibujo.
5. **Volver a cargar** hace que Revit trate de volver a leer el elemento importado o vinculado, tanto si la primera vez no lo pudo leer como si en algún momento lo descargaste para no verlo constantemente y trabajar más concentrado.
6. **Volver a cargar desde** es muy potente: puedes sustituir cualquier elemento importado o vinculado por otro de tu ordenador ¡el que sea!, y se intercambiará. Es muy útil cuando tu imagen, PDF o CAD ha cambiado de carpeta o de nombre.
7. **Descargar** oculta temporalmente el elemento importado. Mantiene la información de este sin tenerlo visible en el proyecto; con el comando Volver a cargar puedes reactivarlo en cualquier momento.
8. **Eliminar** no tiene truco; elimina tanto la información como los ejemplares colocados del elemento.

TRUCO:

Una de las opciones que puedes cambiar en cada elemento es el tipo de ruta: absoluta y relativa. Para cambiar entre una y otra, simplemente haz clic y elige tu opción en el desplegable. La ruta absoluta recordará la dirección exacta en el ordenador como, por ejemplo, c:\usuarios\salva\revit; la ruta relativa contará desde la ubicación del archivo de Revit, de manera que, si mueves tu carpeta del proyecto, la ruta seguirá siendo válida. Recuerda, eso sí, haber guardado el proyecto antes para que Revit sepa en qué carpeta está tu archivo.

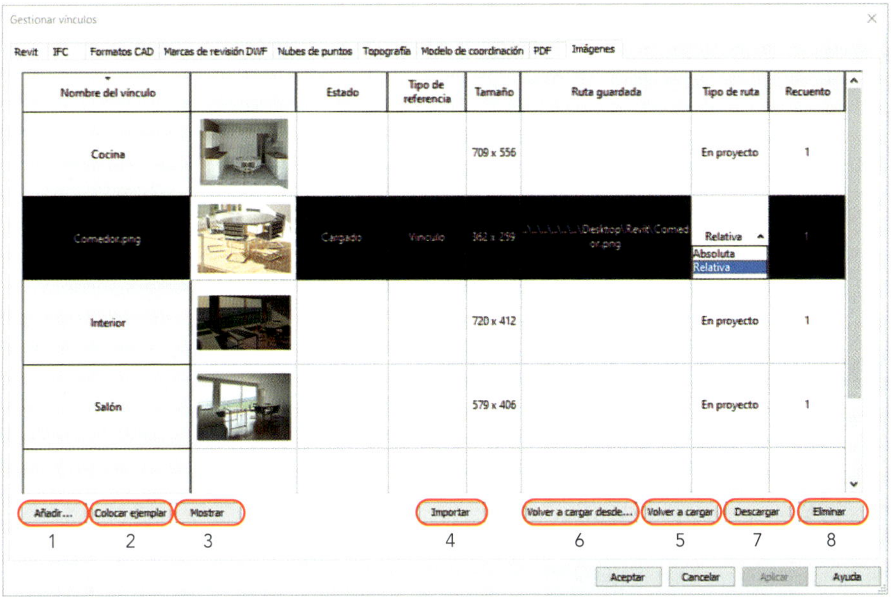

Figura 5.5. Gestionar vínculos.

Hacer un levantamiento manual en Revit

Línea de modelo

Si empezamos un proyecto pasando a ordenador un levantamiento manual, con sus cotas y sus triangulaciones, es perfectamente posible hacerlo desde Revit, sin necesidad de pasar por CAD. Para ello, vamos a Arquitectura>Líneas de modelo, y con los diferentes bocetos dibujaremos líneas (o arcos para las triangulaciones) de la misma manera que lo haríamos en CAD. Cuando sea necesario, utilizaremos las órdenes de modificación (como Recortar/extender a esquina, Desfasar, Mover o Copiar) para terminar el dibujo.

Estas líneas base son líneas en 2D, pero se pueden usar como referencia para levantar los muros. Cuando seleccionamos la orden Muro, hay una línea de boceto que se llama precisamente así: seleccionar líneas. Tocando nuestras líneas 2D nos hará el muro correspondiente. Insisto en tener controlada la Línea de ubicación de muro, para saber hacia dónde lo generará (además, se previsualiza la posición del muro con unas líneas discontinuas).

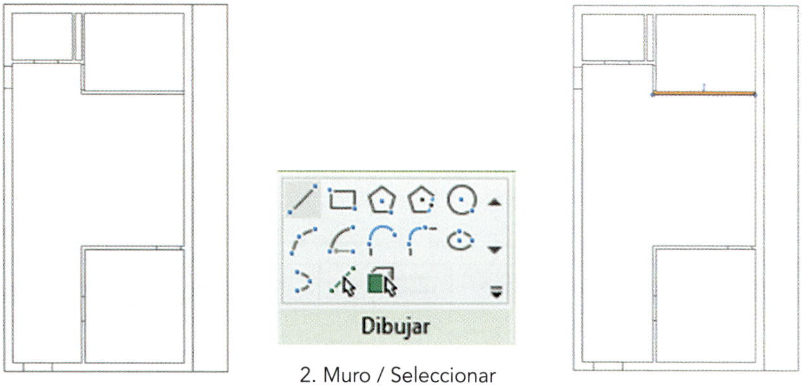

1. Partiendo de un dibujo de línea 2D

2. Muro / Seleccionar líneas

3. Muro creado

Figura 5.6. Levantamiento en Revit.

Guardar un documento

Los archivos de Revit tienen extensión .RVT y se guardan con el comando habitual de Guardar. La primera vez que guardemos el dibujo, las órdenes de Guardar y Guardar como funcionan exactamente igual. A partir de ese momento, si usamos Guardar como, estaremos guardando los cambios en un nuevo dibujo.

TRUCO:

Puedes usar el icono de Guardar en la barra de herramientas de acceso rápido.

Copias de seguridad

Revit hace copias de seguridad acumulativas de nuestros dibujos. Veámoslo con un ejemplo.

- Abrimos Revit, modelamos un par de muros y lo guardamos como EJEMPLO.RVT a las 18:05.
- Tras guardar, seguimos trabajando durante 20 minutos más, colocando más muros y haciendo más cosas. Son las 18:25.
- Volvemos a guardar: Revit renombra el archivo EJEMPLO.RVT de las 18:05 y lo guarda como EJEMPLO.0001.RVT; y genera el nuevo EJEMPLO.RVT de las 18:25 con los últimos cambios.

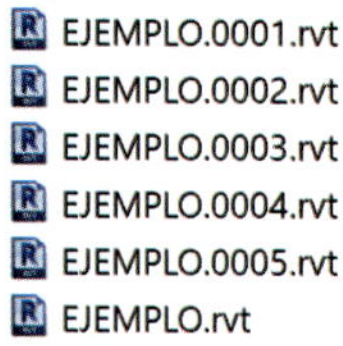

Figura 5.7. Guardado incremental.

- Esto lo hace de forma sucesiva. Si a las 19:00 guardamos de nuevo, el archivo EJEMPLO.RVT de las 18:25 se renombrará como EJEMPLO.0002.RVT y los últimos cambios aparecerán en EJEMPLO.RVT de las 19:00.

Dentro de las opciones de guardado (en Guardar como>Opciones) es posible especificar el número máximo de copias de seguridad (por defecto son 20). Cuando llegue a ese número, Revit irá sobrescribiendo los archivos más antiguos.

Recordatorios de guardado

Cada x minutos, Revit lanzará un cuadro de diálogo para preguntarnos si queremos guardar el dibujo. Esto es muy importante porque, aunque pueda parecer un estorbo, en 30 minutos (que es el intervalo de recordatorio por defecto) se modelan, y modifican, muchas cosas. Es posible establecer los recordatorios cada 15 o 30 minutos, cada 1, 2 o 4 horas, o desactivarlos. A modo indicativo, 30 minutos puede ser un buen intervalo. Es importante que sepamos que en Revit no existe un equivalente al acad.sv$ de AutoCAD. Si no guardamos y el programa se cierra por un error fatal o se va la luz, perdemos todo sin opción a recuperar.

TRUCO:

Para cambiar la frecuencia de recordatorios de guardado, debemos ir a Opciones>General.

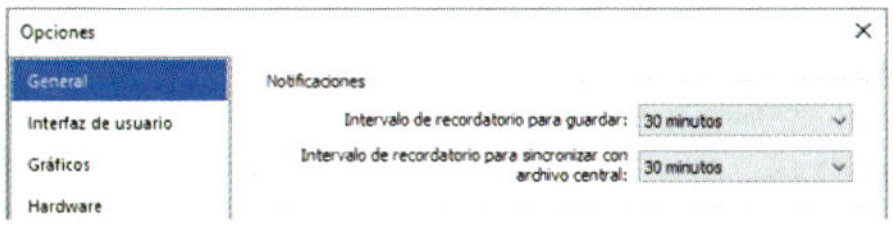

Figura 5.8. Ventana para modificar la frecuencia de recordatorios de guardado.

Historial de un archivo

Desde la pestaña Colaborar>Mostrar historial, Revit nos pedirá que seleccionemos un archivo y nos mostrará todos los guardados que haya tenido, indicando la hora exacta y el usuario que lo ha hecho.

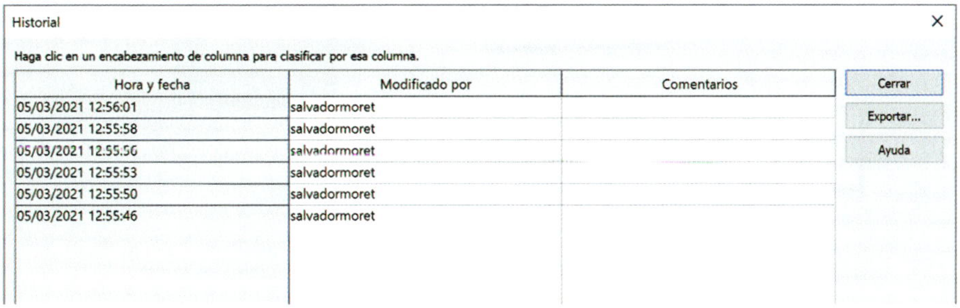

Figura 5.9. Historial del archivo.

Parte 2

Visualización básica

6

Visualización básica

En este capítulo aprenderás a:

- Editar la visibilidad del grosor línea.
- Cambiar de escala, nivel de detalle y estilo de visualización.
- Activar/desactivar sombras y modificar la configuración del sol.
- Ocultar elementos según necesidades.
- Desplazarte por la vista 3D, cómo orientarla y seccionarla.

Líneas finas

Revit muestra los grosores de línea según la escala, de forma proporcional. Pero cuando queremos trabajar con precisión, no nos interesa ver esos grosores, sino apreciar mejor todas las capas de un muro o los detalles de una puerta. Para hacer que Revit alterne entre mostrar las líneas finas y las líneas con el grosor real, está la orden de Vista>Líneas finas (TL). El estado de la orden (activo / inactivo) se guarda de una sesión de trabajo a otra. Es una orden muy rápida de usar y, por eso, Revit la coloca en la barra de herramientas de acceso rápido.

Escala

El primer icono en la parte inferior del área de dibujo establece en qué escala se imprimirá la vista activa. Revit escalará automáticamente los sombreados o los textos para que se impriman con el tamaño en milímetros que hayamos introducido, sin importar la escala final del dibujo. Si queremos imprimir a una escala que no esté en la lista, simplemente elegimos Personalizado... y escribimos la nuestra.

Figura 6.1. Escala.

Nivel de detalle

El segundo icono, con forma de tapiz, damero o píxeles, indica a Revit cuánto debe detallar los elementos en la vista actual. Existen tres niveles de detalle (Alto – medio – bajo) y cada familia tiene la posibilidad de generar un grafismo distinto para cada nivel de detalle, en cada vista genérica (3D, planta, alzado frontal, alzado lateral). Los muros, por ejemplo, solamente tienen dos niveles de detalle; y es habitual encontrar familias con un nivel alto y uno bajo, siendo el nivel medio el menos utilizado.

Figura 6.2. Nivel de detalle.

Estilo visual

Es el icono del cubo. Representa cómo se mostrará o visualizará la vista activa en ese momento. Los estilos de los que Revit dispone dentro del desplegable que aparece al clicar la orden son:

Figura 6.3. Estilos de visualización.

- Estructura alámbrica. Todos los elementos son transparentes y se ve como una malla alámbrica tradicional.
- Líneas ocultas. Los elementos ocultan lo que hay detrás de ellos y se muestran solamente las líneas de contorno.

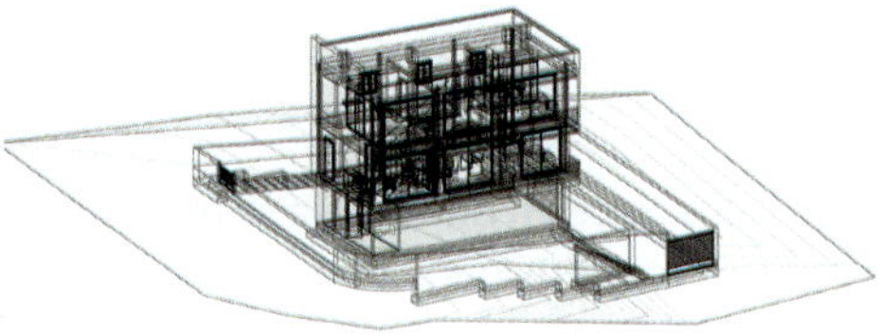

Figura 6.4. Estructura alámbrica.

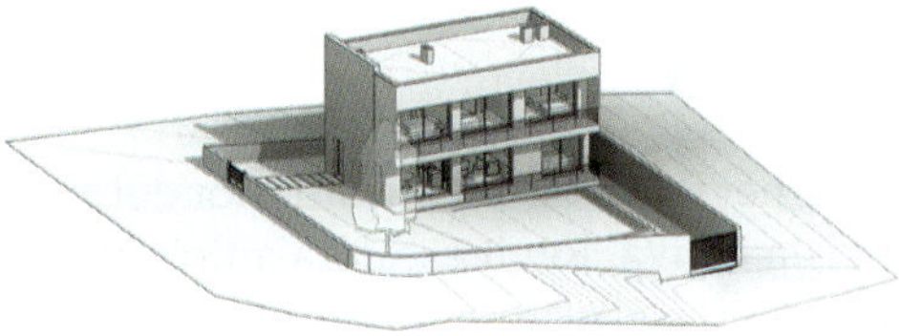

Figura 6.5. Líneas ocultas.

- Sombreado. Cada elemento se sombrea, según el color del material asignado, y ese color varía en dependencia del ángulo de incidencia de la luz de la escena. Esto aporta mayor sensación de profundidad.
- Colores coherentes. Muy similar al sombreado, pero el color del material no se ve afectado por el ángulo de incidencia de la luz. Da una sensación más uniforme y de esquema; y en los planos de planta muestra exactamente el color elegido.

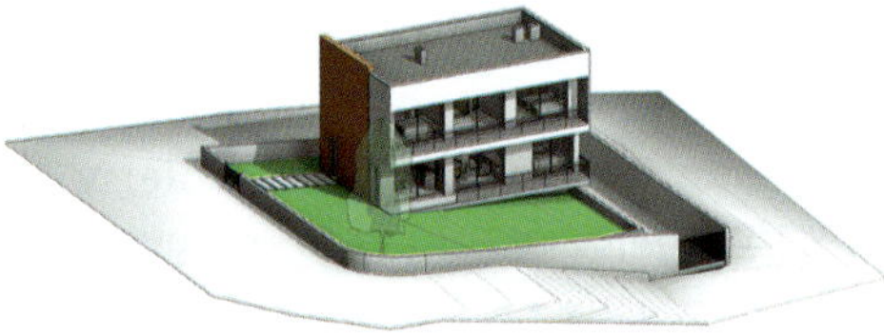

Figura 6.6. Sombreado.

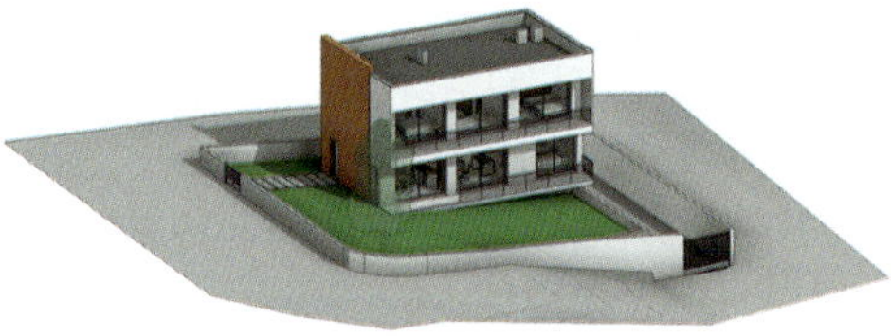

Figura 6.7. Colores coherentes.

- Texturas. Es una mezcla entre Realista y Colores coherentes; muestra las texturas de los materiales, pero no calcula la incidencia de la luz ni oculta las aristas. Es un paso previo al modo Realista, para comprobar en un entorno más rápido que las texturas están bien colocadas.
- Realista. Una simulación de cómo quedaría el render final. Ralentiza el rendimiento del ordenador, pero permite dar los ajustes finales a los materiales y comprobar si se verán cómo deseamos o ajustar el mapeado de las texturas.

Figura 6.8. Texturas.

Figura 6.9. Realista.

Si hacemos clic en el icono más alto del desplegable Opciones de visualización de gráficos, personalizaremos un poco más el grafismo de la vista. Entre las opciones están:

- Mostrar o no las aristas (solo en los modos Sombreado y Realista).
- Suavizar las líneas con antialiasing.
- Transparencia de la vista.
- Identificar las siluetas o aristas de contorno, para ponerles otro estilo de línea (por ejemplo, más gruesas).

Sombras e iluminación

Activa o desactiva las sombras arrojadas en cualquier vista. No tiene en cuenta los objetos por encima del plano de corte o por detrás del plano de sección, por lo que no se puede usar para mostrar la iluminación interior real de una planta. En el apartado Iluminación dentro del comando de Opciones de visualización de gráficos podemos configurar de dónde viene la luz (Configuración de sol) o configurar la oscuridad o claridad de las sombras, ajustando la claridad de las sombras (la barra deslizante es un porcentaje: 0 es blanco y 100 es negro), la potencia del sol (cuánto ilumina) o la cantidad de luz ambiental (cantidad de luz donde no incide el sol). La configuración del sol también es accesible desde el icono del sol en la barra de controles de vista.

En la sección Sombras, además de activar o desactivar las sombras arrojadas, se controlan las sombras ambientales (sombras degradadas que ralentizan el dibujo, pero dan más sensación de profundidad).

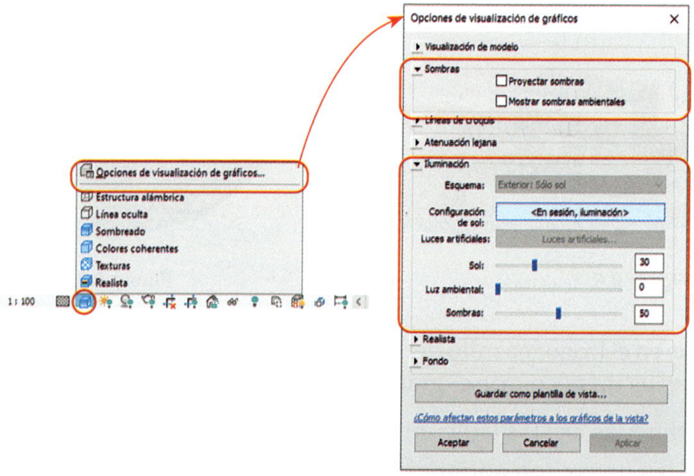

Figura 6.10. Opciones de visualización de gráficos.

Camino de sol

El icono de sol engaña, porque no sirve para encender o apagar las sombras, sino para elegir desde dónde viene la iluminación.

En la parte superior izquierda está la sección Estudio solar. Por defecto, suele estar en Iluminación, donde se controla Azimut y Altitud; los valores iniciales sirven para que la luz siempre venga desde la parte superior derecha de la vista; pero si ponemos Estático, nos permite escoger la ciudad, la fecha y la hora del sol. Esto afectará solamente a la vista activa: cada vista puede contar, por tanto, con una fecha y una hora diferente (¡e indicar incluso otra localización!).

La opción de la parte inferior derecha Plano de suelo en nivel está pensada para las etapas iniciales de proyecto, cuando no hemos dibujado la topografía, pero queremos dar un aspecto realista a las sombras, marcando un plano de suelo imaginario en el nivel elegido, donde arrojar las sombras. Cuando tengamos el terreno real sobre el que se asiente nuestro proyecto, desmarcaremos esta opción.

En la parte inferior izquierda hay una serie de valores predefinidos o escenas precargadas, que es posible utilizar o a las que añadir nuestras configuraciones favoritas, para usarlas en varias vistas.

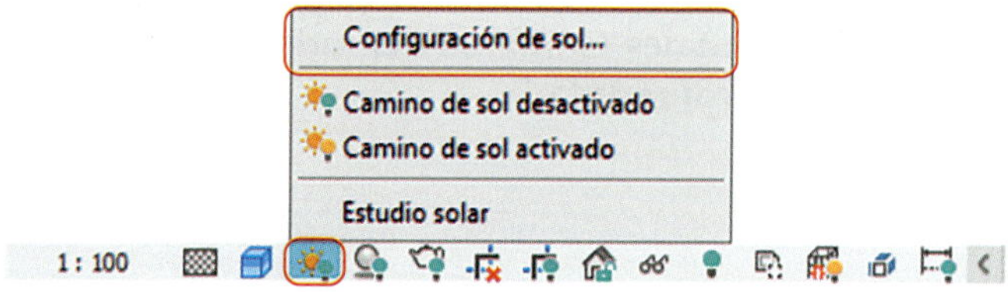

Figura 6.11. Configuración del sol.

ViewCube (cubo de vistas)

Situado en la parte superior derecha de la pantalla, permite no solo hacer órbita (seleccionando y arrastrando), sino también ir a las vistas predefinidas (siempre dentro de una vista 3D), como alzados, isométricas o plantas.

TRUCO:

¿Quieres renderizar un alzado? En cualquier vista de alzado tendrás el botón de Render desactivado. Simplemente ajusta el punto de vista en una vista 3D para que sea un alzado, desde Orientación de vista.

Figura 6.12. ViewCube.

Orientación de vista 3D

Dentro del ViewCube, con el botón derecho (o clic en la flecha desplegable de la esquina inferior derecha) vemos la opción Orientación de vista; gracias a esta, orientamos la vista 3D para que coja el rango de una vista de planta, alzado o sección a nuestra elección. Una vez hecho, siempre podemos hacer una órbita para movernos con total libertad o estirar la caja de sección para cambiar el ámbito de la vista.

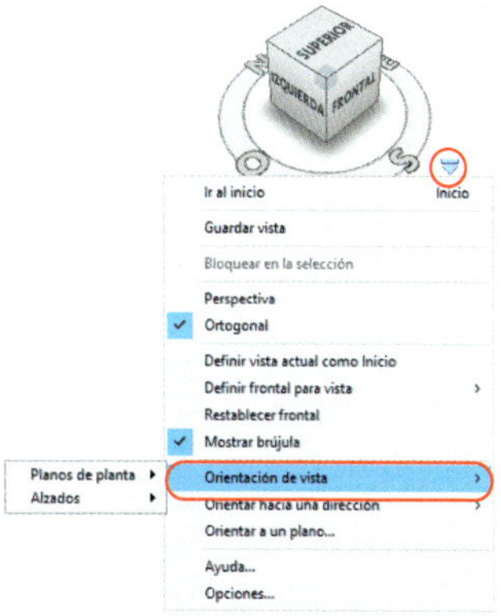

Figura 6.13. Orientación de la vista 3D.

Cuadro de selección (caja de sección de elementos seleccionados)

Cuadro de selección (BX) aparece en la Cinta de opciones cuando se seleccionan uno o varios elementos (excepto vínculos o montajes). Lo que hace esta orden es una caja de sección automática en la vista 3D que se ajusta a los elementos seleccionados.

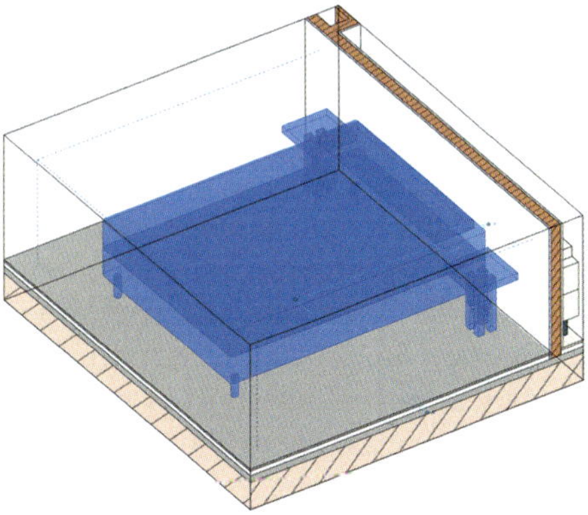

Figura 6.14. Cuadro de selección.

Caja de sección

Cuando tenemos un edificio de varias plantas y los forjados nos impiden verlo todo, hay que encontrar una manera de visualizar en 3D solamente la parte del modelo que nosotros queremos. Esto se consigue con la Caja de sección. Es un parámetro de cada vista 3D que se activa desde la paleta Propiedades y que mostrará un cubo o caja transparente que define la «envolvente visible» de la vista 3D. Es decir, lo que estuviera «fuera» del cubo no se vería. Para cambiar su tamaño, simplemente hay que seleccionarla y mover alguno de los pinzamientos que aparecen en cada cara.

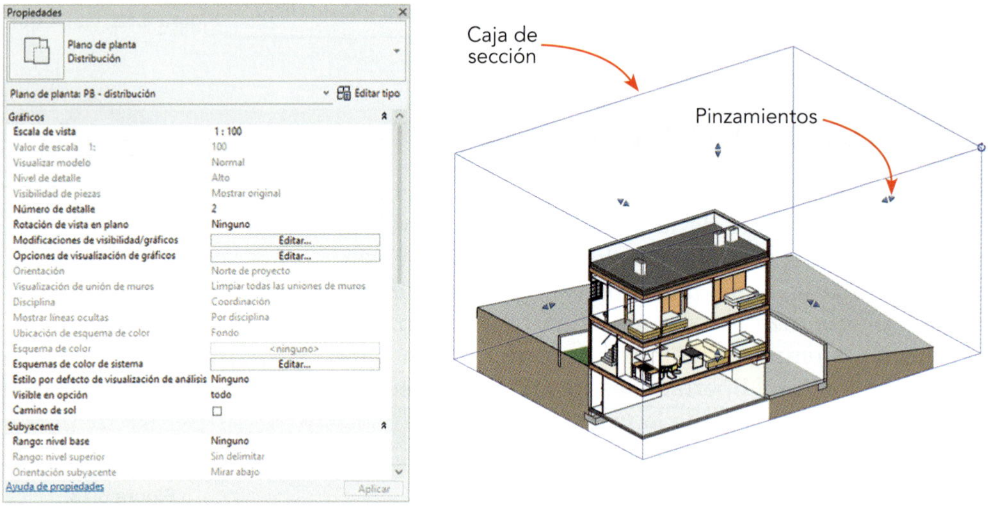

Figura 6.15. Caja de sección.

Mostrar y ocultar objetos

Uno de los conceptos básicos de Revit es que cada vista tiene unas propiedades independientes: escala, visualización, elementos visibles u ocultos... y esto es lo que nos da la opción de, partiendo de un modelo 3D único, poder generar vistas distintas, acorde con la información que mostraremos, pero siempre relacionadas y vinculadas entre sí. Por ejemplo, en un plano de distribución estarán activadas casi todas las categorías del modelo, pero quizá ocultemos las líneas de sección; en un plano de cotas y superficies estará el mobiliario desactivado y quizá los muros tengan otro grafismo... y así sucesivamente.

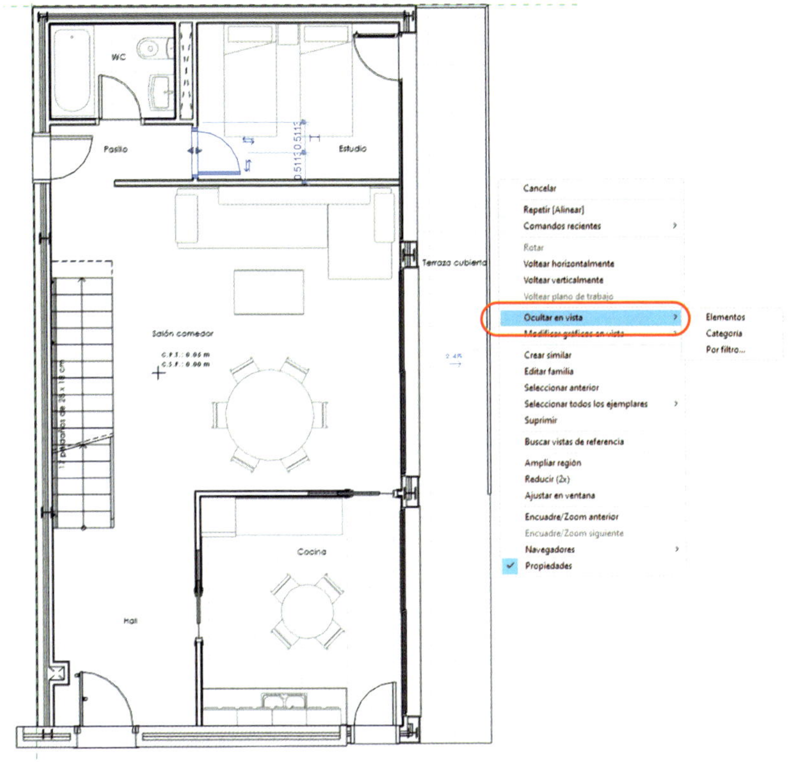

Figura 6.16. Seleccionar - botón derecho - ocultar en vista.

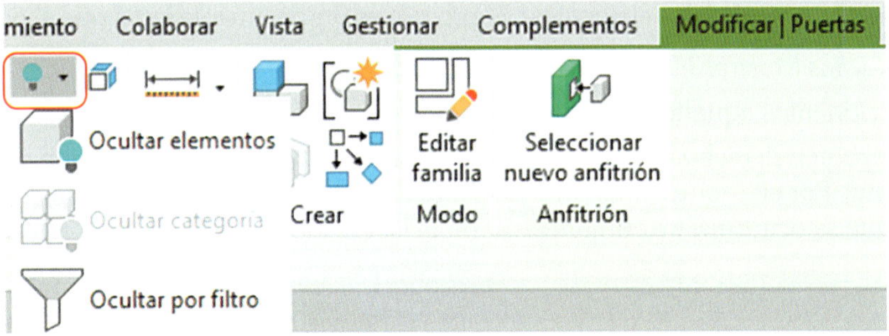

Figura 6.17. Ocultar objetos mediante selección + bombilla en la pestaña Modificar.

Para ocultar objetos hay dos variantes principales: ocultar elementos sueltos o la categoría entera. ¡Todo esto afecta solamente a la vista activa! El resto de vistas no se alteran. El procedimiento es sencillo: en primer lugar, seleccionamos el objeto que queremos ocultar. Con el botón derecho aparece un menú contextual donde estará la opción Ocultar en vista>Por elemento / Por categoría. (Con comandos es más rápido: EH / VH). También se hace desde Cinta de opciones>Modificar>Ocultar.

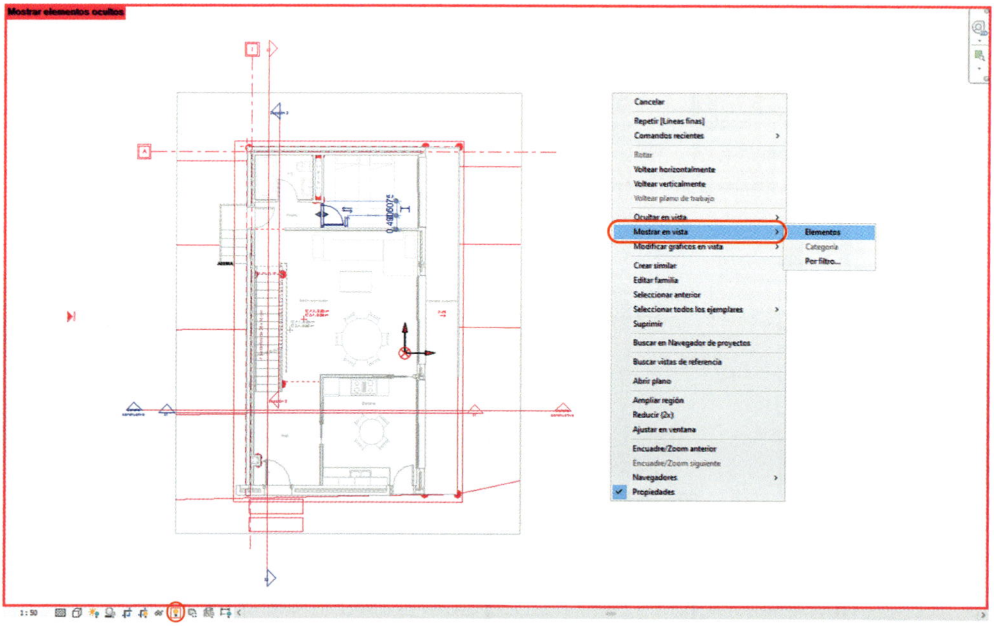

Figura 6.18. Mostrar elementos mediante la bombilla desde la barra de controles de vista.

A partir de este momento, para ver qué objetos están ocultos, acudiremos al símbolo de bombilla que está en la barra de estado: Mostrar elementos ocultos (RH). Aparecerán todos los elementos ocultos en color magenta. Al pulsar de nuevo en el mismo botón, volvemos a la vista normal.

¿Y para volver a mostrar los elementos? El proceso es prácticamente igual que al ocultarlos:

- Activamos Mostrar elementos ocultos (RH).
- Seleccionamos aquellos que queremos volver a mostrar.
- Con el botón derecho aparece un menú contextual donde estará la opción de Mostrar en vista>Por elemento / Por categoría (solamente estará disponible la misma opción con que se ocultó). Con comandos sería EU / VU.

TRUCO:

Podemos hacerlo también por iconos. En la Cinta de opciones, a la derecha, se localiza un botón para Mostrar elemento / categoría. Y justo a su derecha, el botón Alternar modo Mostrar elementos ocultos equivale a la bombilla de Mostrar elementos ocultos.

- Volvemos a la vista normal haciendo clic de nuevo en Mostrar elementos ocultos.

Ocultar temporalmente

Es posible que, en nuestro flujo de trabajo normal, queramos ocultar varios elementos durante un periodo muy corto de tiempo, por ejemplo, desactivar algunos mobiliarios para comprobar el replanteo de un paramento u ocultar momentáneamente unas líneas de sección. Para los casos anteriores, resulta muy útil utilizar Ocultar temporalmente (HH). Seleccionamos el objeto u objetos a ocultar y desplegamos el icono de las gafas para elegir esta orden. Reconoceremos que es una vista temporal porque estará enmarcada en cian. Es posible ir ocultando más elementos a voluntad. Para restaurar todos los elementos, usaremos el comando Restablecer Aislar/ocultar temporalmente (HR), situado en el mismo desplegable.

Aislar elementos y categorías

Para trabajar de forma cómoda, podemos necesitar ocultar tantos objetos que resulte más práctico dejar solamente uno activo. Esto lo conseguiremos con la orden Aislar elemento (HI) que se encuentra en un desplegable de la barra de controles de vista. Para dejar visible una única categoría (por ejemplo, muros), seleccionamos el comando Aislar categoría (IC) dentro del mismo botón. Para finalizar, usaremos el comando Restablecer Aislar/ocultar temporalmente (HR).

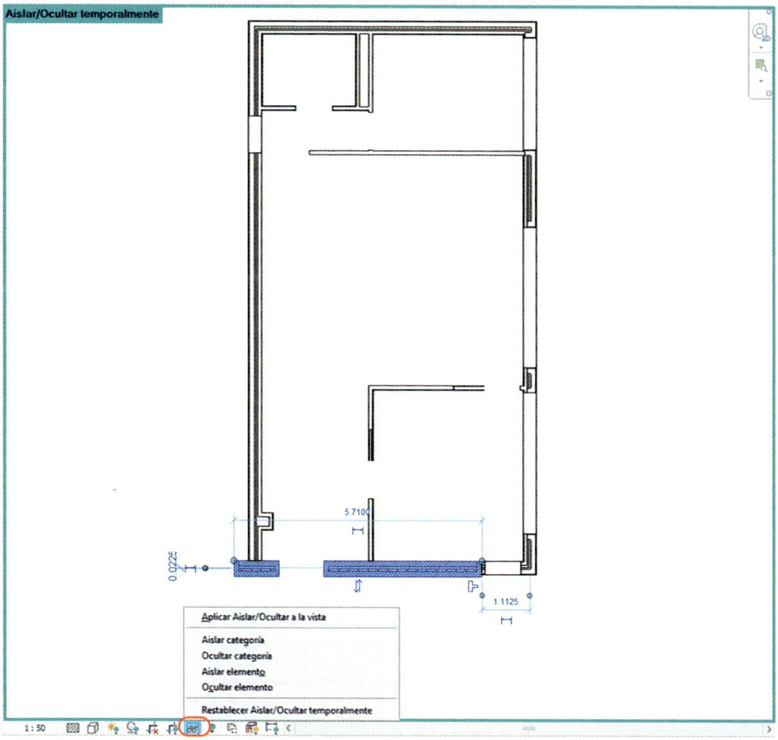

Figura 6.19. Aislar temporalmente.

Propiedades de vista temporal

Las propiedades de vista temporal se hallan en la barra de controles de vista, a la derecha de la bombilla de Mostrar elementos ocultos. Permite hacer modificaciones en el grafismo de una vista que serán fácilmente descartables.

Es muy útil cuando tenemos una plantilla de vista aplicada y no podemos hacer ningún cambio (por ejemplo, modificar el modo de visualización, el nivel de detalle o la escala), ya que al activar las propiedades de vista temporal se anulan todas las restricciones aplicadas por la plantilla.

Al terminar de hacer los cambios, con el mismo icono optamos por Restaurar propiedades de vista para volver a la visualización inicial.

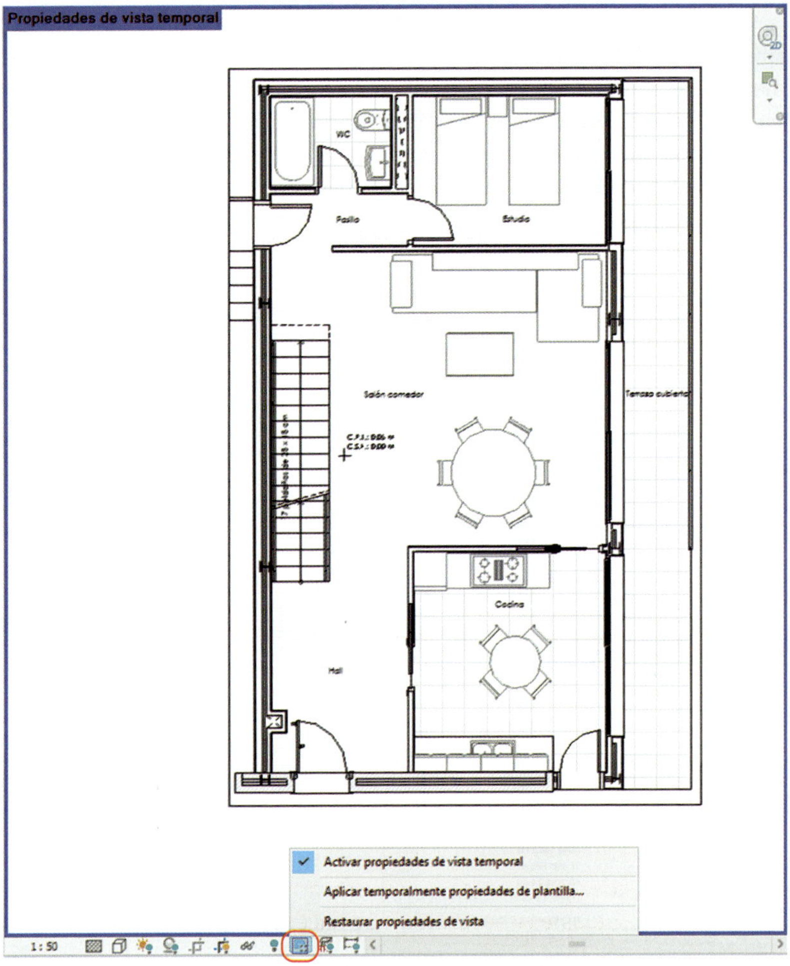

Figura 6.20. Propiedades de vista temporal.

Vistas en mosaico (WT) y vistas de ficha (TW)

Hasta Revit 2019, cada vista que abrimos en Revit se almacena «detrás» de la que tenemos abierta. Desde esa versión, Revit cambió al sistema de fichas, que facilita mucho la gestión entre vistas. No obstante, no estamos obligados a trabajar solo en una vista al mismo tiempo, sino que podemos tener varias abiertas simultáneamente. Con la orden Vista>Mosaico, Revit ordenará todas las vistas abiertas formando un mosaico. Para volver a la presentación de fichas, hasta Revit 2018 solo contábamos con maximizar una de las ventanas; desde Revit 2019 el procedimiento es usar el comando Vista>Vistas de ficha (TW). Además, cuando tengamos las vistas en ficha, podremos fácilmente cerrar todas las pestañas que no estemos usando con el comando Vista>Cerrar inactivas (Cerrar vistas ocultas hasta Revit 2018) o desde la barra de herramientas de acceso rápido.

Aun así, cuando llevemos un rato trabajando, habremos abierto un montón de vistas y la orden Mosaico no será de mucha utilidad. Hay que cerrar varias ventanas para que en pantalla se queden solamente 2, 3 o 4 abiertas y sea operativo.

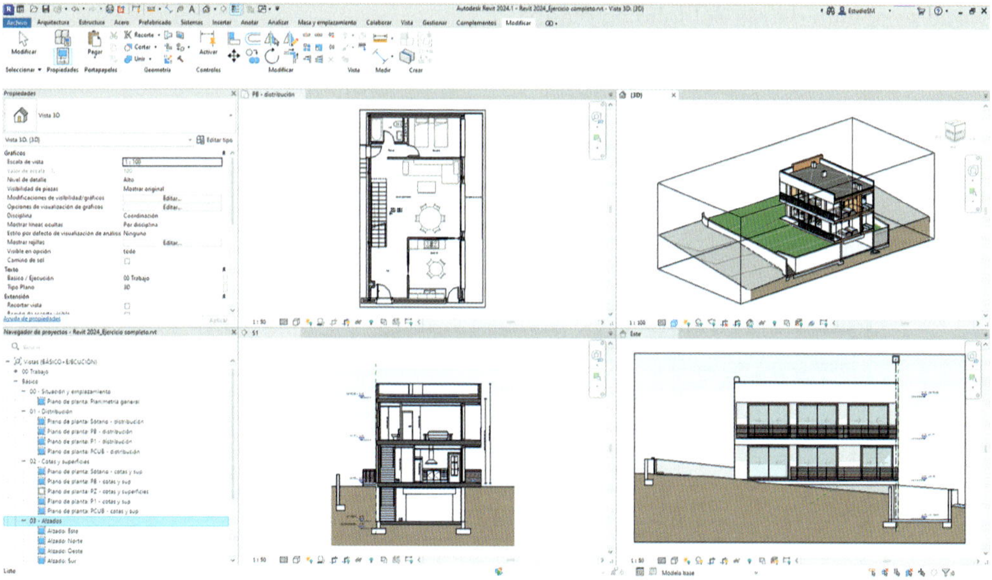

Figura 6.21. Vistas en mosaico.

Trucos en visualización de vistas

Las vistas de mosaico cuentan, desde Revit 2019, con una serie de funcionalidades excepcionales. Además de que es posible arrastrar cualquier ficha a un segundo monitor e ir trabajando desde allí, existe la posibilidad de hacer agrupaciones de fichas en nuestros mosaicos. Veamos el proceso.

- Dejamos abierta una vista de planta de nuestro proyecto y abrimos una vista de sección o de tabla, por ejemplo.
- Hacemos una Vista en mosaico (WT).
- Si marcamos clic en la vista de planta para activarla (haciendo clic bien sobre un espacio vacío en la vista, bien sobre la propia pestaña de la ficha) y desde el navegador de proyecto activamos nuevas vistas (por ejemplo, el resto de las plantas de nuestro proyecto), estas se incorporan como fichas cerradas en esa mitad de la pantalla; lo mismo ocurre si las activamos desde la ficha de la tabla o sección. De esa manera, es posible recorrer las diferentes plantas mientras revisamos la sección o la tabla.

Vista subyacente

Una vista subyacente en Revit es una representación que se muestra «debajo» del dibujo y que sirve normalmente de referencia para la principal. Viene a ser la versión de Revit de aquellas plantillas de líneas horizontales que se usaban para escribir las líneas rectas, y que se ponían detrás del folio en blanco.

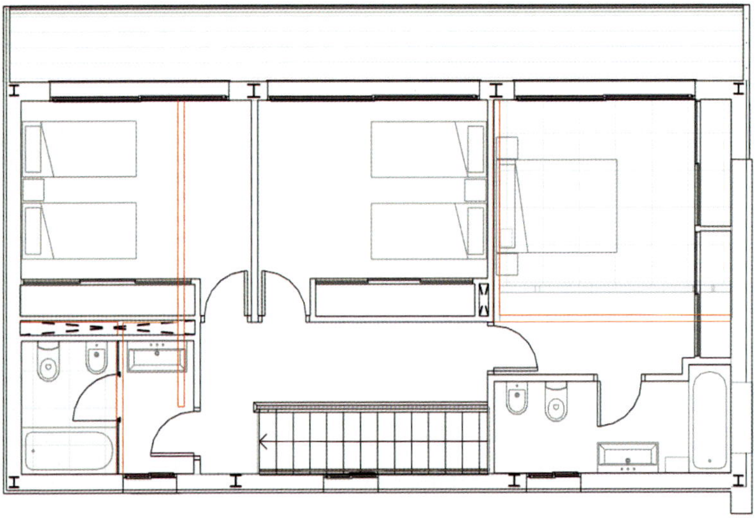

Figura 6.22. Planta con vista subyacente activada.

La vista subyacente es un parámetro de cada vista y se localiza en la paleta de Propiedades. Funciona delimitando las partes superior e inferior del rango que veremos como subyacente e indicando si miraremos hacia abajo o hacia arriba.

La ventaja que tiene poder dar un rango mayor de una planta es, por ejemplo, la posibilidad de controlar si la alineación de todos los pilares o de un grupo de muros es correcta. Asimismo, es posible poner cualquier vista como subyacente, no necesariamente la planta inferior.

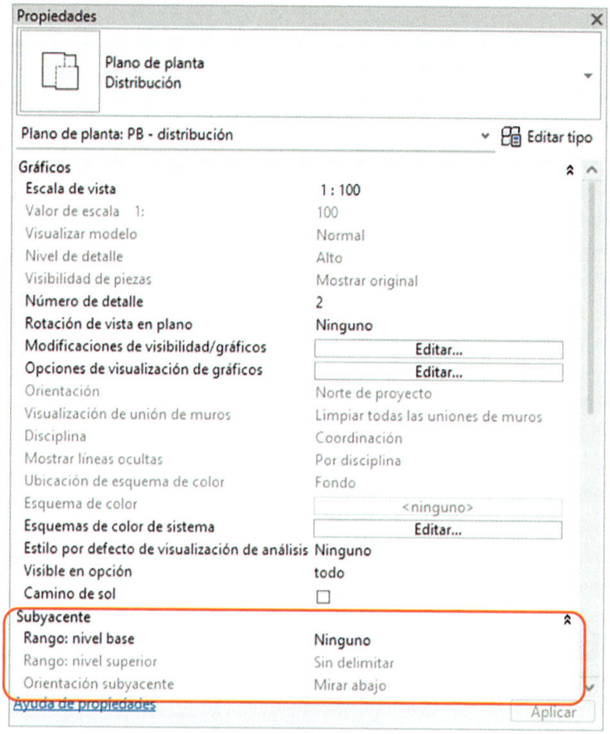

Figura 6.23. Subyacente.

Figura 6.24. Modificación de estilo de Tramado/ Subyacente.

En las propiedades de selección (parte inferior derecha de la barra de estado / o desplegando la orden Modificar) se activa o desactiva la selección de objetos subyacentes, según nos interese.

Figura 6.25. Selección de elementos subyacente.

TRUCO:

Si queremos controlar la apariencia de los elementos subyacentes, vamos a Gestionar>Configuración adicional>Tramado / Subyacente.

7

Alzados y secciones

En este capítulo aprenderás a:

- Crear alzados.
- Editar el grafismo de los alzados.
- Hacer alzados interiores, quebrados y de estructura.
- Generar secciones, cómo editarlas y ocultarlas en planta.
- Hacer secciones quebradas.

Los alzados en Revit son las vistas que nos permiten, además de ver los propios alzados de nuestro proyecto, controlar otros elementos como los niveles.

Hacer un alzado

Al pulsar en la orden Vista>Alzado, nos aparecerá una bolita en pantalla (quizá sea un símbolo cuadrado u otro diferente en tu plantilla de Revit) que se mueve junto con el cursor, para colocar un punto de alzado y su dirección. Este símbolo se alineará automáticamente con cualquier muro que encuentre cerca. Al hacer clic en el punto deseado, se generará una vista llamada Alzado 1 - a.

Ámbito de un alzado

Selecciona el puntero de alzado (el símbolo con forma de triángulo o flecha que apunta hacia la dirección de mira del alzado) y aprendamos el significado de varios elementos:

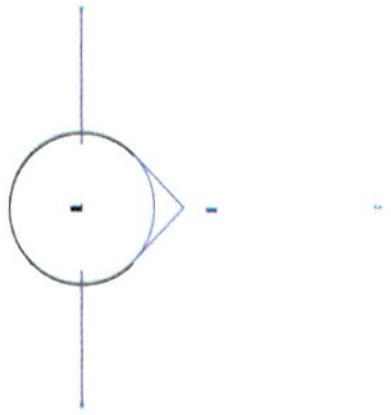

- **Plano de corte del alzado:** es la línea discontinua en el centro del símbolo circular o cuadrado. Es muy útil para indicar el plano desde el que se va a representar nuestra vista de alzado.
- **Extensión lateral:** si el parámetro Recortar vista de la paleta Propiedades está activado, verás un rectángulo con línea discontinua, con unos pinzamientos laterales que podrás arrastrar: es la extensión lateral del alzado.
- **Profundidad:** está controlada por el parámetro Delimitación lejana en la paleta Propiedades; haz clic en el cuadro que aparece y podrás elegir un alzado infinito (con la opción Sin delimitación) o un alzado con o sin línea final, según la opción correspondiente. La profundidad a la que termina el alzado se controla arrastrando la línea discontinua con una doble flecha que aparece en la pantalla o, si quieres más precisión, introduciendo el valor exacto en Desfase de delimitación lejano en Propiedades.

TRUCO:

Por ejemplo, en un alzado de una vivienda unifamiliar, decidiremos si queremos que el vallado perimetral quede por delante o por detrás de nuestro alzado; o haremos coincidir cierto alzado con el corte de la piscina. Simplemente arrastraremos esa línea.

Alzados interiores

Son una estrategia igualmente útil para mostrar el interior de una estancia. Un alzado interior no es más que un alzado que colocamos en el interior de una estancia y, con un clic sobre el símbolo del círculo o rectángulo de alzado, marcamos las casillas de verificación correspondientes a los alzados ortogonales que falten por activar. Este método tan sencillo nos garantiza unos alzados interiores que abarcan solo el ámbito de la estancia interior; por supuesto, podemos estirar los pinzamientos de la vista para ampliarla tanto en horizontal como en vertical.

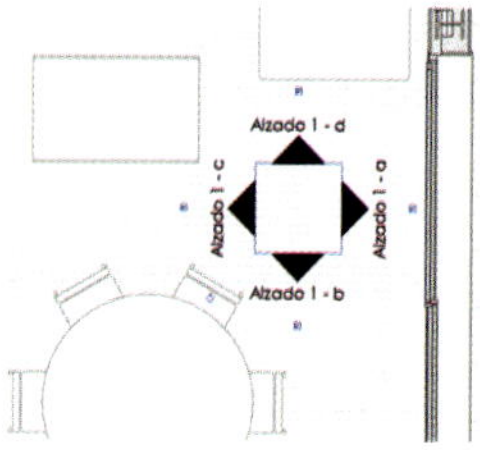

Figura 7.1. Símbolo de alzado.

Alzados quebrados

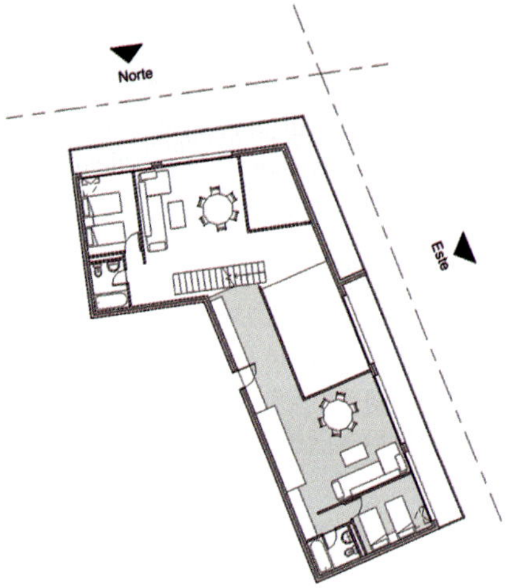

Figura 7.2. Los dos alzados creados.

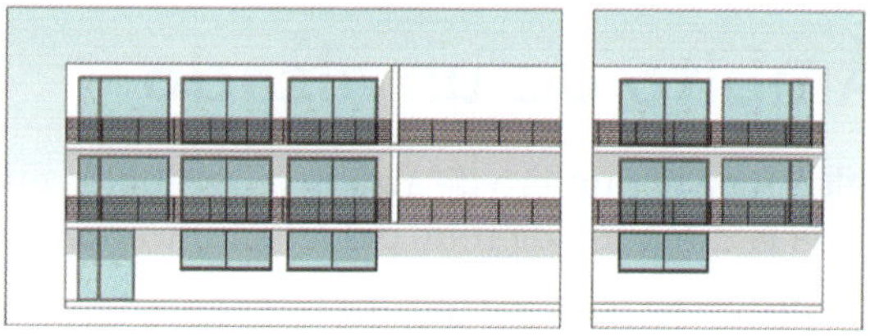

Figura 7.3. Resultado de la unión entre los dos alzados en un plano.

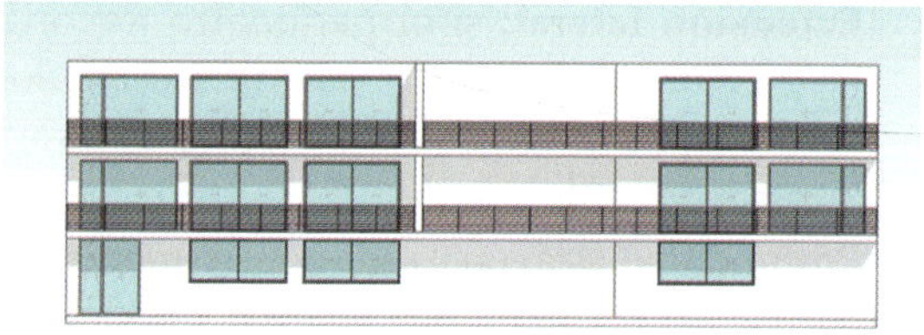

Figura 7.4. Planta con una sección quebrada mediante dos alzados.

Aunque no es posible hacer un alzado quebrado de forma directa en Revit, se puede conseguir muy fácilmente con dos alzados, cada uno orientado hacia la parte de fachada que se desee, y si modificamos los puntos de ámbito lateral. En un plano, insertaremos las dos vistas y, con ayuda de alguno de los elementos de alineación (como una rejilla o un plano de referencia, por ejemplo), los colocaremos correctamente.

Alzados de estructura

Un alzado de estructura es un alzado (Vista>desplegar Alzado>Alzado de estructura) que depende de una rejilla y está pensado para documentar un pórtico estructural. Sin embargo, su uso trasciende al meramente estructural, puesto que la clave de estos elementos es que se alinean hacia una rejilla.

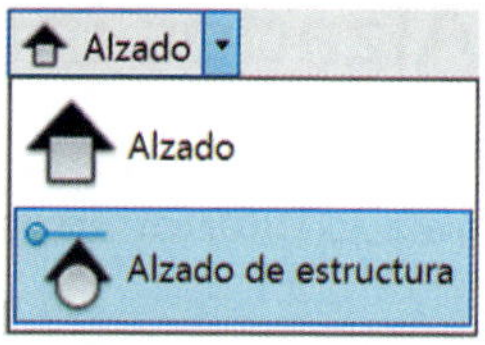

Atenuación lejana

Aunque no es una herramienta exclusiva para los alzados (pues también funciona para secciones), la funcionalidad de Atenuación lejana permite jugar con la apariencia de las líneas en una vista (en este caso, un alzado) en función de su proximidad o lejanía a los planos de corte, oscureciendo o aclarando las líneas.

Esta orden se halla dentro de las Opciones de visualización de gráficos, dentro del icono de Estilos visuales de la barra de controles de vista.

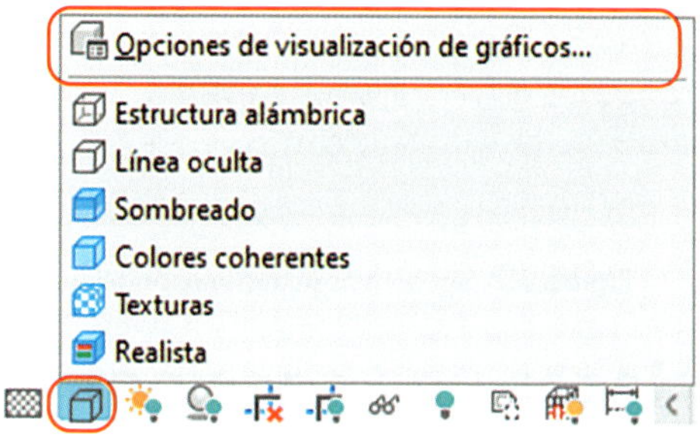

Figura 7.5. Opciones de visualización de gráficos.

Al activar la casilla Mostrar profundidad también se activan los controles deslizantes para modificar el grafismo.

- **Ubicación inicial/final de fundido.** Determina los extremos del efecto de gradiente. No son distancias expresadas en metros, sino un porcentaje de cercanía o lejanía.
    - La ubicación final de fundido, o cercanía, se mide desde el plano de corte del alzado o sección. Todos los elementos que estén más cerca de este plano no se verán afectados por la profundidad.
    - La ubicación final de fundido, o lejanía, es un porcentaje que empieza a contar desde el plano de delimitación lejana. Por esto, la orden funciona mejor si la propiedad de vista Delimitación lejana está activa.

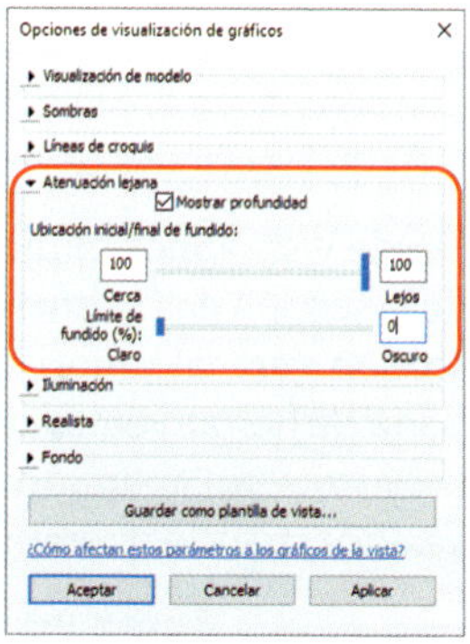

Figura 7.6. Indicaciones de profundidad.

- **Límite de fundido.** Representa en qué porcentaje se verán aquellos elementos que estén más lejos de la ubicación final de fundido. También es un porcentaje: el 0 % significa que no se verán (blancos) y el 100 % que se verán totalmente negros.

  Esta orden no afecta a los siguientes elementos:

    - Siluetas (dentro de las opciones de visualización de gráficos).
    - Orden Tipo de línea.
    - Elementos de anotación.
    - Imagen de fondo.
    - Color de fondo.

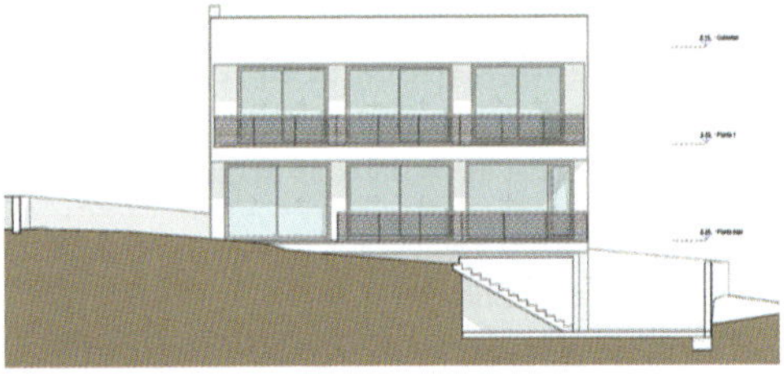

Figura 7.7. Sin activar la atenuación lejana.

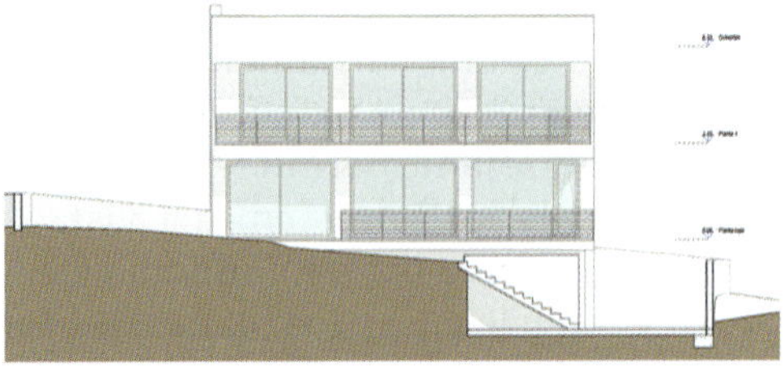

Figura 7.8. Con atenuación lejana activada.

Hacer una sección

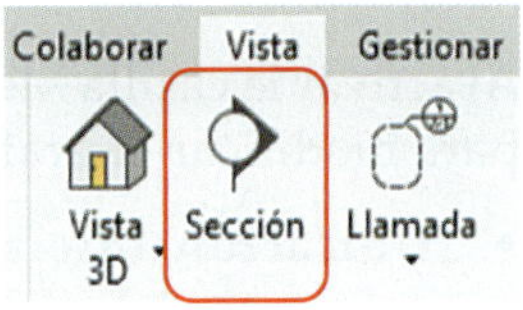

Las secciones, cuando trabajas con Revit, pasan de ser un documento más del proyecto a ser una herramienta vital de trabajo. Cuando consigamos hacer secciones sin pensar, o cuando las busquemos automáticamente para entender una parte del proyecto, entonces estaremos un poco más cerca de «pensar en BIM». Hoy en día, hacer una sección en CAD es un esfuerzo notable y hay que elegir muy bien qué secciones desarrollar en un proyecto.

Desde Vista>Sección, activamos la orden y haremos clic en punto inicial y clic en punto final de la sección en nuestro modelo (recuerda usar la tecla Mayús para facilitar la creación de una sección vertical u horizontal). También podemos acceder rápidamente a la orden desde la Barra de herramientas de acceso rápido. Automáticamente Revit tendrá, en el Navegador de proyectos, un apartado llamado Secciones, con nuestra nueva sección añadida, para que la veamos cuando queramos.

TRUCO:

Sin seleccionar la sección, apreciaremos que uno de los dos extremos es de color azul; si hacemos doble clic en este extremo, iremos directamente a la vista de sección. No te preocupes; se imprimirán en negro. Si hacemos clic en el icono de recargar o actualizar que aparece al lado del extremo de sección, se alternará su visibilidad y haremos que ambos extremos sean azules.

Ámbito de una sección

Si seleccionamos la línea central de una sección, aparecen varios elementos:

- **Símbolo de 2 flechas invertidas:** con un clic en él, la sección cambia de lado.

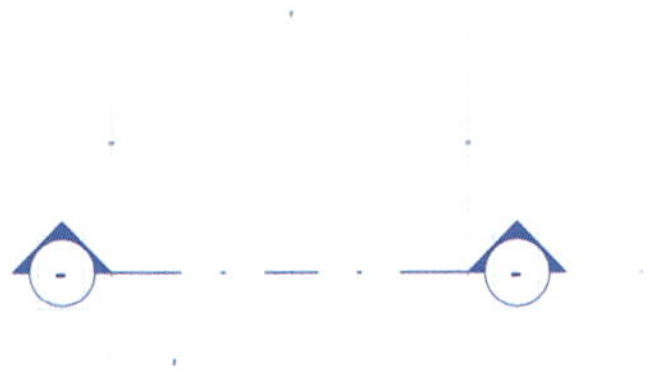

Figura 7.9. Detalle de una sección.

- **Rectángulo con unos pinzamientos:** podemos definir la extensión lateral y la profundidad, de forma muy similar a los alzados. De hecho, puedes desactivar los parámetros Recortar vista o Delimitación lejana para tener una sección infinita.
- **Extremos laterales de la sección:** esos símbolos son mero grafismo para indicar por dónde va la sección; la extensión se define con los pinzamientos que ya hemos comentado.
- **Símbolo de discontinuidad en el centro de la línea de sección:** sirve para «limpiar» la planta y hacer que solamente permanezcan visibles los extremos. Podremos estirar los pinzamientos de los extremos a nuestro gusto. Pulsando de nuevo en el símbolo de discontinuidad, recuperamos la sección entorno.

Secciones quebradas

Si seleccionamos la línea central de la sección, en la Cinta de opciones contamos con la orden Dividir segmento, que nos permite hacer clic en un punto de la sección y dividirla. Es posible hacer tantos segmentos como deseemos o volverlos a unir si desplazamos el pinzamiento hasta que se alinee con el tramo siguiente.

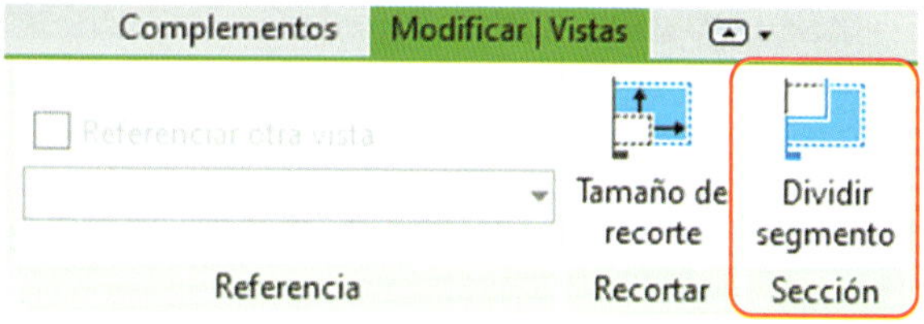

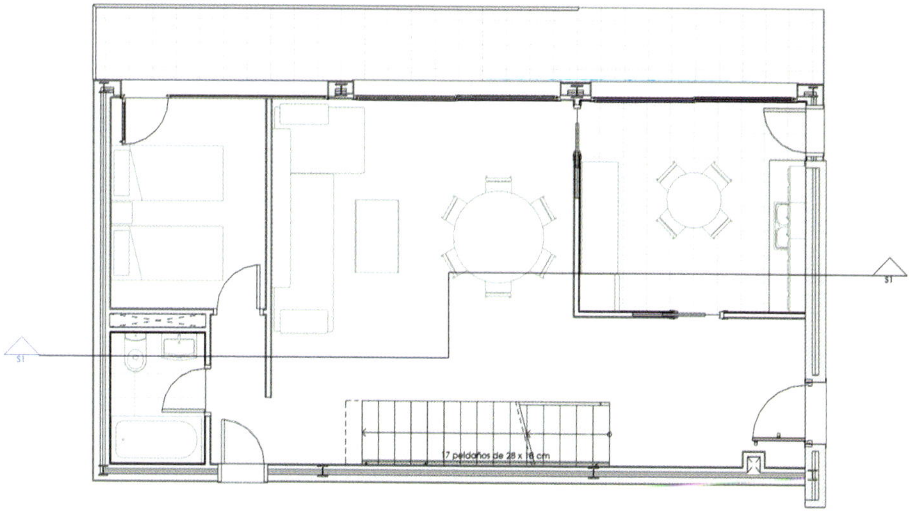

Figura 7.10a. Sección quebrada con dividir segmento.

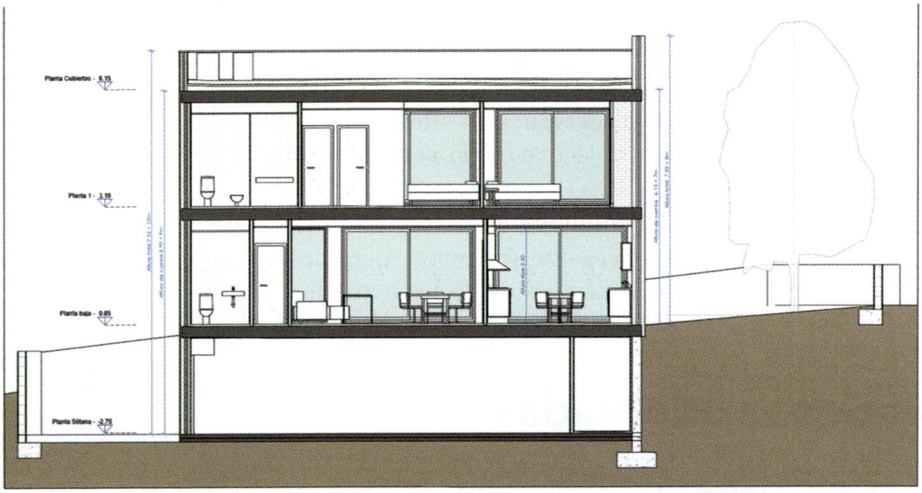

Figura 7.10b. Sección quebrada con dividir segmento.

Ocultar en vistas con detalle más bajo que

Este parámetro de ejemplar oculta las secciones en vistas con escalas muy lejanas. Es un buen método para controlar qué secciones se ven en qué vistas.

El valor que se introduce por defecto es el de la escala en el momento de hacer la sección. Si lo cambiamos a una escala más pequeña, veremos cómo la sección desaparece. Este parámetro también se aplica a los alzados.

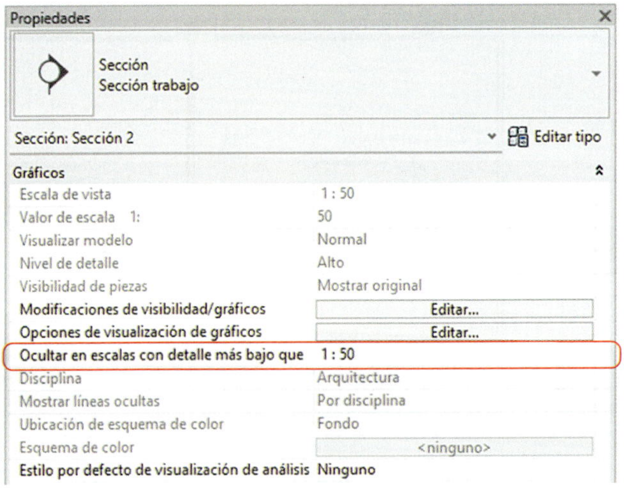

Figura 7.11. Ocultar en escalas con detalle más bajo que.

8

Rango de vista

En este capítulo aprenderás a:

- Utilizar el Rango de vista.
- Saber qué hacer cuando un muro no se vea seccionado.
- Emplear la función Región de plano.
- Editar el grafismo de la Profundidad de vista.

El Rango de vista (VR) es un parámetro de cada una de las vistas de planta o techo de Revit, que indica cómo y hasta qué profundidad se verán los objetos. Entramos en la orden desde la paleta Propiedades>Rango de vista>Editar; y nos encontramos con las siguientes partes:

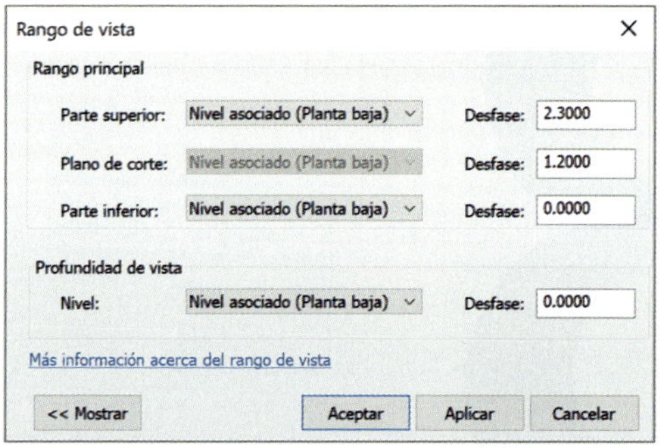

Figura 8.1. Parámetros de rango de vista.

- **Parte superior.** Define la parte superior de la vista. No es importante en arquitectura; tiene más sentido cuando estemos trabajando con instalaciones (MEP) o en la disciplina Coordinación: sirve para representar en planta los elementos que están dentro de ese rango, pero por encima del plano de trabajo, como luminarias, por ejemplo.
- **Plano de corte.** Controla a qué altura estamos cortando desde el nivel de nuestra vista.
- **Parte inferior.** Hasta dónde llega nuestra vista; todo lo que veremos en líneas de proyección normales.
- **Profundidad de vista.** Opcionalmente, si hacemos que la profundidad de vista sea más lejana que la parte inferior, los elementos que estén entre la parte inferior y la profundidad de vista se verán atenuados en gris.

Además de la teoría básica, hay una serie de normas que conviene conocer:

- Si un elemento está fuera del rango de vista, no se verá representado. Esto puede parecer muy obvio, pero si esperamos ver una cimentación estructural o una viga que está por debajo del nivel, debemos recordarlo.

TRUCO:

Excepcionalmente, los suelos sí que se ven, aunque estén debajo del rango de vista.

- Los objetos que estén entre la Parte superior y el Plano de corte tampoco se verán en la disciplina Arquitectura, excepto si son ventanas o muebles de obra.
- Los elementos que corten con el Plano de corte se visualizarán seccionados, excepto los que no puedan ser cortados.
- Lo que esté entre el Plano de corte y Parte inferior se verá en proyección.
- Los elementos entre el Parte inferior y la Profundidad de vista se mostrarán en gris.

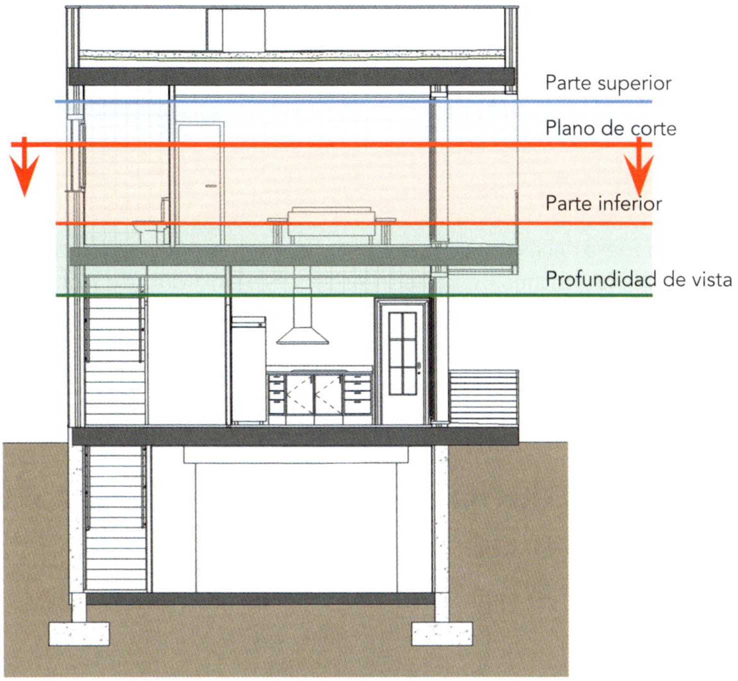

Figura 8.2. Esquema del rango de vista.

Muros que no se seccionan correctamente

Si hacemos una planta de una vivienda unifamiliar, probablemente queramos que se vean los muros seccionados. Sin embargo, los muros de parcela no son «importantes» a estos efectos y es casi seguro que los representemos en proyección.

Revit atiende a estos criterios y, si tenemos un muro (no un muro apilado) con altura No conectada de menos de 2 m, es muy posible que NO se vea cortado, sino como si estuviera en proyección.

Esto, que *a priori* puede parecer una ventaja, quizá se convierta en una molestia en ciertos casos (a la hora de ver seccionados los antepechos de una cubierta, por ejemplo). Tenemos tres formas de resolverlo:

- Si cambiamos el tipo de muro a muro apilado, siempre se seccionará.
- Si el muro no tiene altura No conectada, sino que el desfase superior es el mismo nivel de su base, pero con un desfase x (muro de Planta baja desfase 0, hasta planta baja desfase 1,5 m) sí que aparecerá seccionado.
- La regla. Tiene que haber al menos dos metros desde la cara superior del muro (no desde el plano de corte) hasta la parte inferior de la vista.

Casos donde es necesario aplicar el Rango de vista

- Queremos ver el mobiliario o el resto de los elementos que hay en una planta inferior, a través del hueco de una doble altura. Moveremos el valor del parámetro Profundidad de vista.
- Para seccionar un muro de antepecho. Cambiaremos el valor de plano de corte a 0,80 m y, si fuera necesario para activar el corte como se explica en el apartado anterior, moveremos los valores de Parte inferior y Profundidad de vista a -1,20 m.
- Para ver correctamente una estancia que tiene dos cotas de pavimento diferentes (por ejemplo, un salón comedor con dos peldaños de 20 cm hacia abajo cada uno entre ambas estancias), moveremos los valores de Parte inferior y Profundidad de vista (si se mueve el primero hay que mover el segundo) a -0.40 m.

Región de plano: cambiar el rango de vista en una parte de la vista

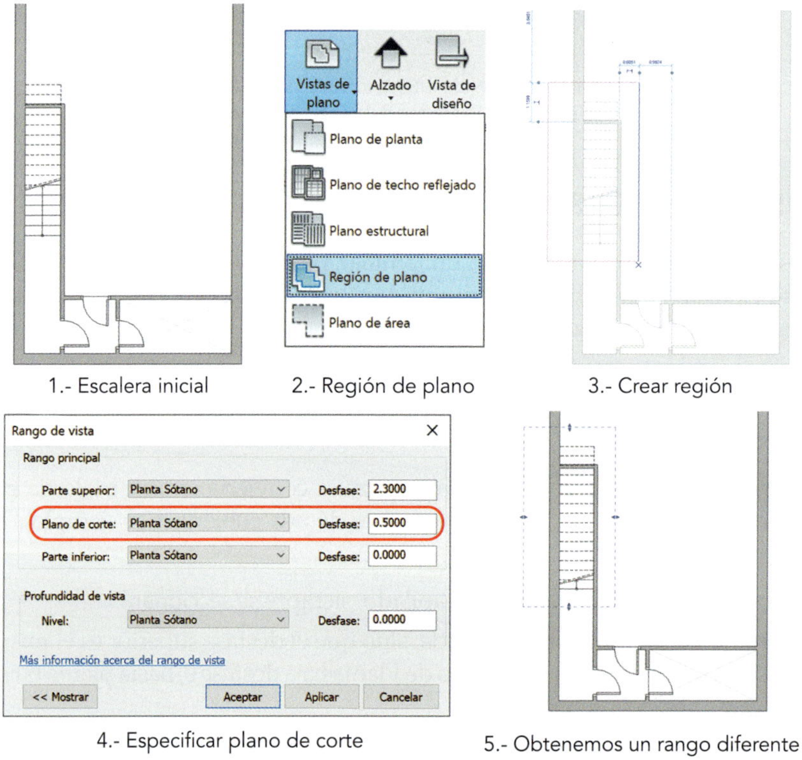

Figura 8.3. Proceso para generar una vista con diferentes rangos de vista.

Dentro de Vistas>Vistas de plano>Región de plano, es posible hacer que una parte, o región, de nuestra vista tenga unos parámetros diferentes y personalizados de Rango de vista. Esto será útil cuando queramos, por ejemplo, seccionar unas ventanas altas de nuestro proyecto sin afectar al resto de la vista; o para modificar el corte de la escalera.

Grafismo de los elementos que se ven en Profundidad de vista

Los elementos que visualizamos desde la Parte inferior hasta la Profundidad de vista responden al estilo de líneas Más allá, que se controla y modifica desde Gestionar>Configuración adicional>Estilos de línea.

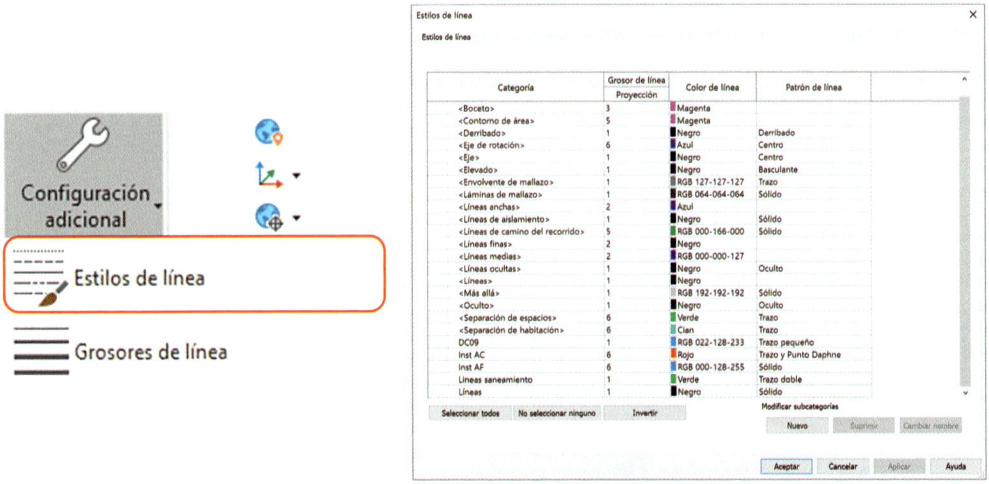

Figura 8.4. Modificar estilo de línea de la profundidad de vista.

Parte 3

Modelado con Revit

9

Muros

En este capítulo aprenderás a:

- Dibujar muros.
- Identificar la línea de ubicación y voltear un muro.
- Hacer muros en cadena.
- Usar la altura desconectada.
- Empalmar muros.
- Editar el perfil de un muro y restablecerlo.
- Modelar muros inclinados y trapezoidales.
- Unir muros y arreglar sus uniones.
- Enlazar muros.
- Hacer barridos y telares con diferentes perfiles.
- Utilizar muros apilados.
- Identificar qué requisitos deben cumplir.

Dibujar un muro

Los muros son el elemento principal en el modelado de edificación. Se localizan en la pestaña Arquitectura. Cuando dibujamos un muro, hay que tener en cuenta principalmente tres cosas:

- El **tipo de muro** que queremos hacer: en la paleta de Propiedades.

TRUCO:

Se puede empezar un proyecto con un muro por defecto de 10, 20 o 30 cm; y más adelante cambiarlo por otro diferente. No perdemos nada de información.

- **La línea de ubicación de muro.** Es la línea que definimos nosotros al dibujar y se refiere a la posición del muro (que tiene un espesor) respecto a esa línea que estamos haciendo. Revit nos permite elegir entre Línea de acabado exterior/interior, Eje de muro o Líneas de núcleo. Si nos centramos en las de acabado y eje, veremos que son las más intuitivas: por la cara de fuera, por la de dentro y a eje. La opción se puede elegir o bien en la paleta de Propiedades o bien en la barra de opciones.

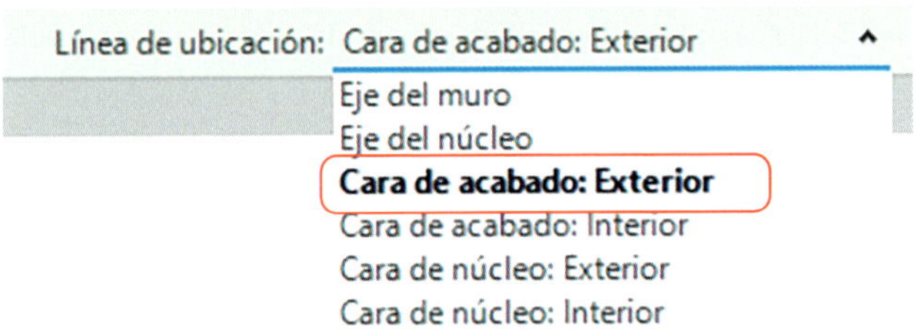

Figura 9.1. Línea de ubicación de muro.

TRUCO:

La que veo más útil es la de Cara de acabado exterior, pues si dibujamos una fachada o una medianera y en un futuro añadimos más aislamiento, la cara de fuera permanece en su sitio y crecerá «hacia dentro».

- **Las dimensiones del muro.** Además de sus valores de espesor, el muro tiene una altura. Revit define los muros con una Restricción de base (la cara inferior, o de abajo, del muro) y una Restricción superior (la cara superior del muro, su altura de coronación). Además, nos permite poner unos Desfases de base y superior, que posibilitan hacer que el muro termine, por ejemplo, 30 centímetros por encima del nivel de coronación o que empiece 5 centímetros por debajo del nivel de base.

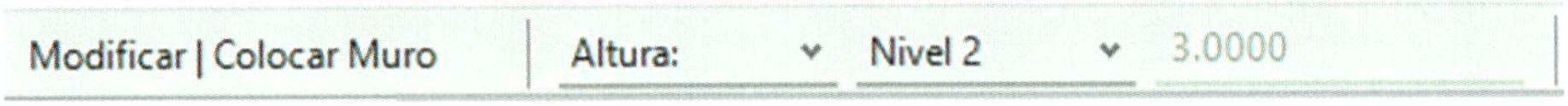

Figura 9.2. Dimensiones del muro.

Reconocer la cara exterior de un muro

Cuando hemos dibujado un muro, hay un elemento que nos permite saber, a simple vista, cuál es la cara exterior. Si seleccionamos cualquier muro en una vista de planta, aparecerá un símbolo de dos flechas invertidas, que se coloca siempre en la cara exterior.

Con un clic sobre el símbolo o al apretar la tecla ESPACIO, invertiremos la posición del muro. Si seleccionamos varios muros a la vez, no sirve el símbolo, pero sí la tecla ESPACIO. Además, el eje de volteo de cada muro será su propia Línea de ubicación.

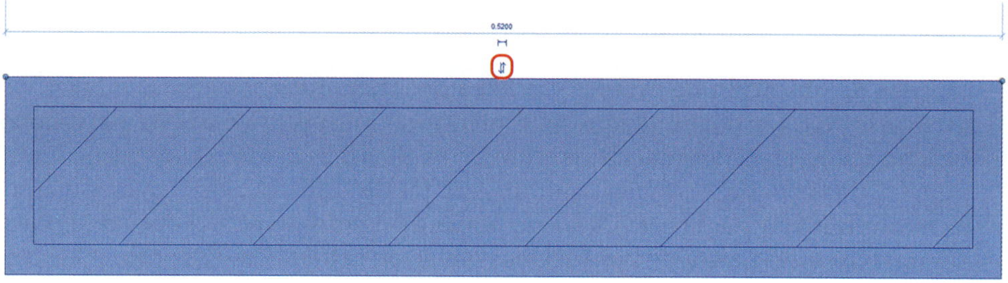

Figura 9.3. Flechas que indican la cara exterior del muro y permiten voltearlo.

Voltear uno o varios muros sin modificar su posición

Es muy frecuente, al menos al principio, dibujar un muro «al revés», con la cara interior fuera y la cara exterior hacia dentro del edificio. Sin embargo, si seleccionamos el muro y lo invertimos, como probablemente lo hayamos dibujado con Cara de acabado exterior, no voltea como queremos y, al hacerlo, se modifica la distancia a la que está de otros elementos. Para invertirlo(s) desde su eje, seleccionamos el muro o los muros y en la paleta de Propiedades cambiamos la Línea de ubicación a Eje de muro. Invertimos ahora el muro (con la tecla ESPACIO) y, como último paso, pero no menos importante, volvemos a colocar la Línea de ubicación en su posición correcta (por lo general, en Acabado exterior).

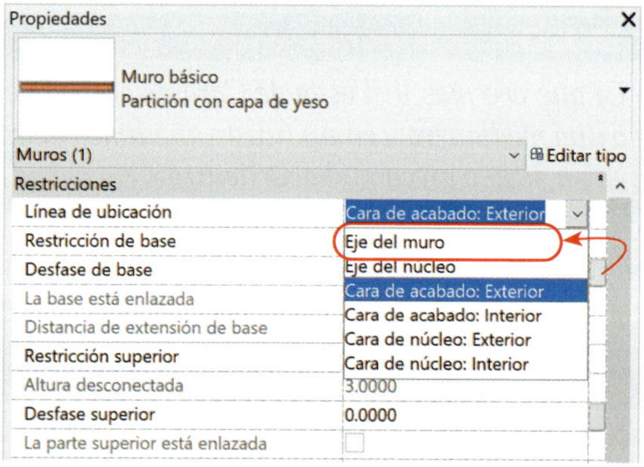

Figura 9.4. Modificar la línea de ubicación desde la paleta de Propiedades.

Modificar parámetros del muro

Si dibujamos un muro en Revit, siempre podremos modificarlo todo: la altura, el tipo de muro y la Línea de ubicación. Estos parámetros se hallan en la paleta Propiedades. Si cambiamos la Línea de ubicación, en el caso de modificar el tipo de muro, variará su anchura tomando como origen dicha Línea de ubicación: si estaba configurada A eje, crecerá por igual hacia ambos lados; y si estaba puesta en Cara de acabado exterior, el muro mantendrá su cara exterior fija y modificará sus dimensiones hacia el interior.

Bocetos de muro

Es posible dibujar muros lineales, pero contamos con más posibilidades: en la parte superior derecha de la cinta, dentro de la orden Muro, están los llamados Bocetos de dibujo: línea – rectángulo – arco por centro – arco por tres puntos – polígono – etc. Hay dos de ellos que merecen un apartado especial:

Figura 9.5. Tipos de bocetos de dibujo.

- **Seleccionar líneas.** Si tenemos dibujada una línea de modelo (o cualquier línea, desde líneas de CAD a bordes de suelo), podemos seleccionarla y Revit hará un muro tocando esa línea. La Línea de ubicación de muro la elegimos nosotros, ¡así que hay que comprobar que la dibujamos como nos interesa! Revit nos dibujará una línea discontinua azul para indicarnos hacia qué lado se sitúa el muro.

- **Arco de empalme.** Es el equivalente al Empalme de CAD. Seleccionamos dos muros, y nos hará un arco. Podemos especificar el arco de antemano o modificarlo después, editando la cota radial temporal.

Muros en cadena

Cuando dibujamos muros, quizás queramos que se dibujen en Cadena, es decir, dibujar muros sin parar, uno detrás de otro (como cuando se dibujan líneas en CAD). Para esto, dentro de la orden Muro, en la Barra de opciones, a la derecha, tiene que estar activo el parámetro Cadena. Si está desmarcado, cada dos clics significa inicio y final de muros independientes.

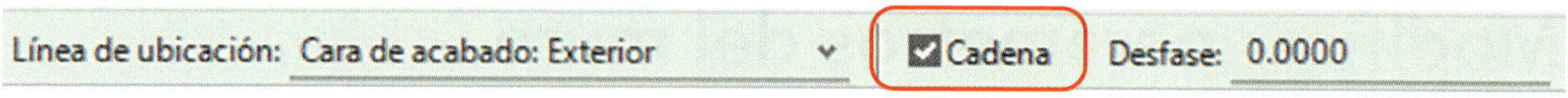

Figura 9.6. Parámetro Cadena, ubicado en la barra de opciones cuando creamos un muro.

Altura desconectada

La altura de los muros en Revit normalmente se define por niveles: del Nivel 1 al Nivel 2, por ejemplo; pero hay veces que necesitamos un muro que sea independiente (una bancada, un murete perimetral, cualquier elemento que no debe responder a las variaciones de altura entre plantas). Para ello, en la propiedad de Restricción superior (si estamos dibujando el muro por primera vez, también en el desplegable Altura), podemos poner No conectado y, en el campo que se activa debajo (Altura desconectada), especificar manualmente la altura deseada de nuestro muro.

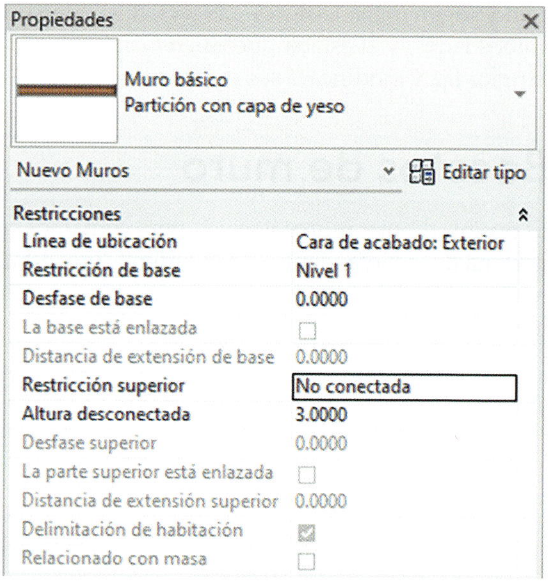

Figura 9.7. Propiedades para modificar la altura de los muros.

Empalmar muros

Existen varias formas de empalmar los muros entre sí, según lo que necesitemos:

- Alinear. Usando dos veces la orden Alinear (una vez por cada muro) llevaremos los extremos de dos muros hacia el mismo punto y conseguiremos su unión. Es un método muy manual.

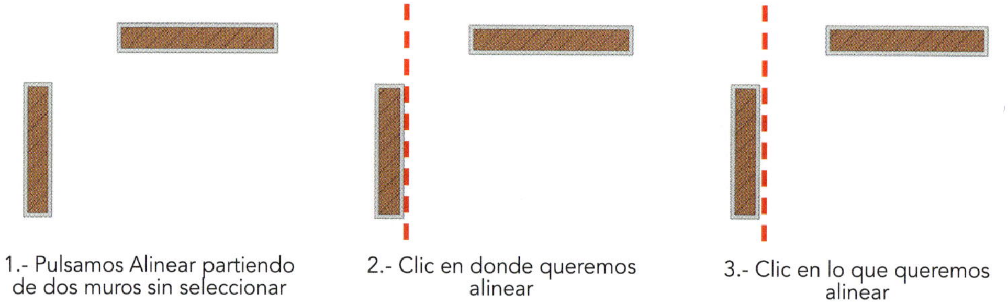

Figura 9.8. Proceso para alinear muros.

- Arrastrar. Moviendo los pinzamientos de los extremos de los muros, haremos que se unan en esquina.

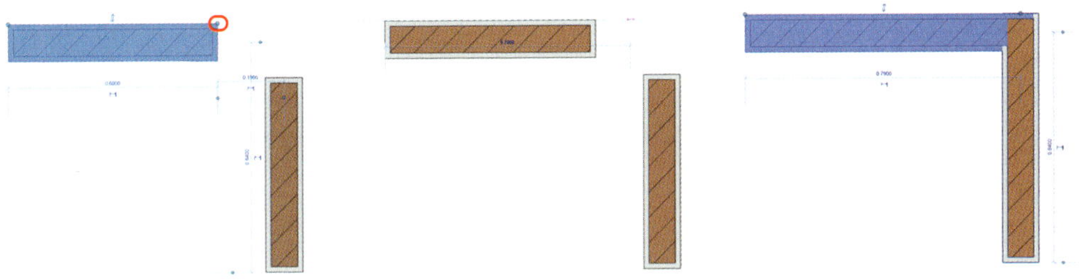

1.- Clic en la esquina de uno de los muros

2.- Arrastrar hasta el otro muro

3.- Soltar y pulsar ESC dos veces

Figura 9.9. Proceso de unión de dos muros arrastrando.

- Recortar / Extender a esquina. Seleccionando cada uno de los dos muros tras la orden, haremos el equivalente a Chaflán o Empalme en CAD.

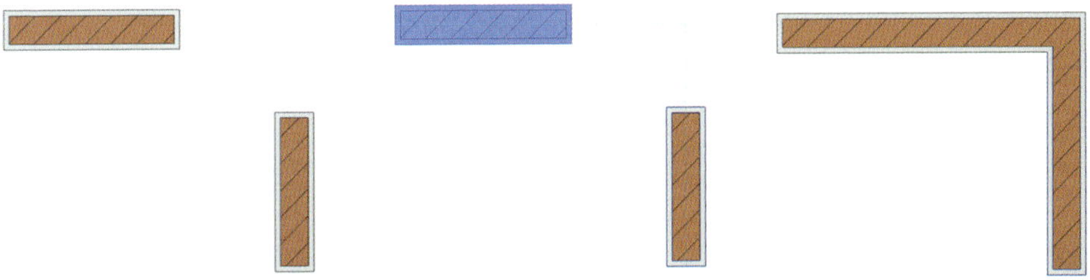

1.- Pulsamos la orden partiendo de dos muros separados

2.- Seleccionamos los dos muros a unir o recortar

3.- Al completar la unión, pulsamos ESC dos veces

Figura 9.10. Proceso de recortar/extender.

- Empalmar en curva. Con la orden Muro, seleccionamos el boceto llamado Arco de empalme y luego cada uno de los dos muros. Una vez generado el arco, hacemos clic en la cota temporal para ajustar el radio al valor deseado. Para poner el valor del radio de empalme desde el principio, marca en la cinta de opciones la casilla radio e introduce el valor antes de seleccionar los muros. Para cambiarlo, simplemente selecciona el muro en arco y modifica el radio desde la cota temporal.

Editar perfil

Editar el perfil de un muro (muro seleccionado + doble clic o Editar perfil desde la Cinta de opciones) realiza cualquier modificación en el plano del muro, variando a nuestro gusto los límites. La condición para que el nuevo perfil de muro sea aceptado es que sea un perfil continuo y cerrado, es decir, que no haya líneas superpuestas ni intersecantes, ni extremos abiertos.

Algunas funcionalidades desde la orden Editar perfil:

- Muros almenados.
- Muros con coronación inclinada o escalonada (como un murete perimetral de parcela en una calle con pendiente, por ejemplo).
- Paredes laterales inclinadas.
- Aberturas para pórticos clásicos.
- Formas de muro singulares.
- Huecos en muro.

En muros curvos, Editar perfil no está disponible. Es posible, no obstante, hacer huecos rectangulares en muros curvos mediante la orden Hueco en muro.

Figura 9.11. Hueco en muro.

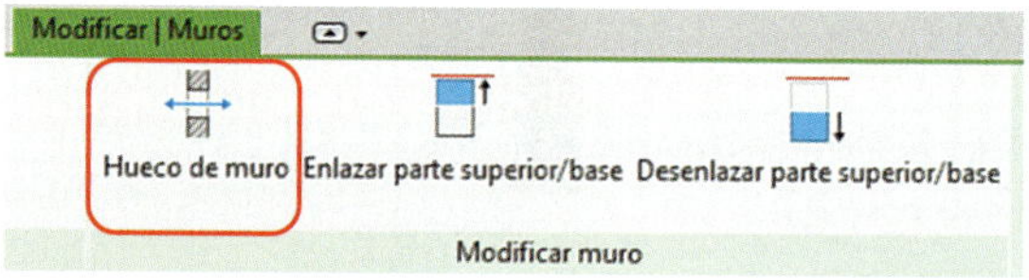

Figura 9.12. Ejemplo de un muro con el perfil editado.

Restablecer perfil

Para dejar el perfil de muro como estaba antes de nuestras modificaciones, seleccionamos el muro y, en la Cinta de opciones, marcamos Restablecer perfil.

Muros inclinados

En Revit se generan muros inclinados al modificar el parámetro Sección transversal y elegir la opción Inclinado del desplegable; entonces establecemos el ángulo de inclinación en el parámetro inmediatamente inferior, Ángulo desde la vertical.

TRUCO:

Los muros que estuvieran unidos al muro inclinado lo seguirán estando.

TRUCO:

Las puertas y ventanas alojadas en un muro inclinado tienen un parámetro de ejemplar llamado Orientación que permite mantenerlas verticales, o inclinadas junto con su anfitrión.

TRUCO:

El punto de cálculo de habitación no varía, pues depende del nivel: un muro inclinado hacia afuera calculará mal el volumen. Puedes arreglarlo modificando el parámetro Altura de cálculo del nivel, aumentando su valor; también tendrás que asegurarte de que esté seleccionada la opción de cálculo de áreas y volúmenes en Arquitectura>Habitación y área>Cálculos de área y volumen.

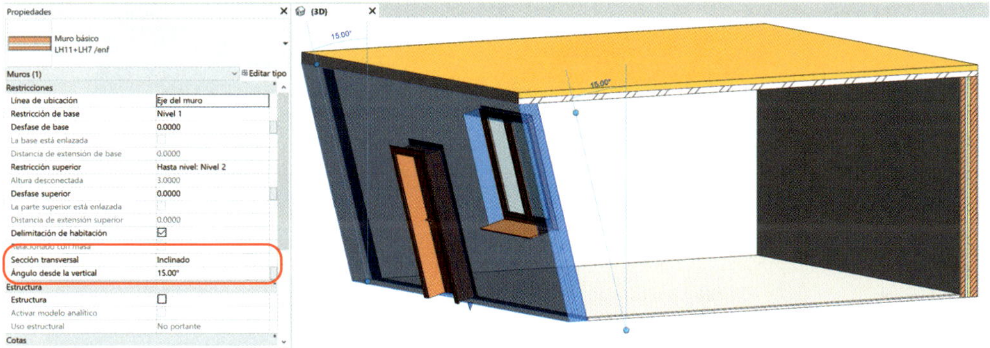

Figura 9.13. Muros inclinados.

Muros trapezoidales o de espesor variable

Para realizar un muro cuya sección transversal sea trapezoidal con espesor variable (como, por ejemplo, un muro de contención de terreno), hay que hacer tres operaciones; la primera es configurar una capa como variable; para ello podemos entrar en Editar tipo>Editar estructura, y activar la casilla Variable para una de las capas del muro.

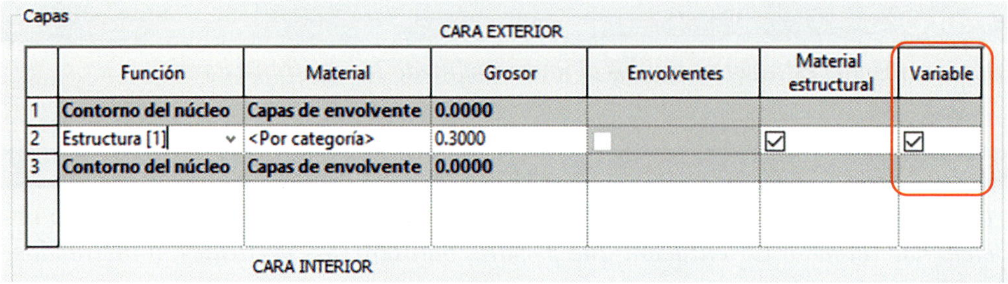

Figura 9.14. Activar capa Variable.

La segunda operación, una vez terminada la estructura, y antes de finalizar la edición del tipo de muro, es ajustar los parámetros que controlan el espesor de la sección transversal. Se encuentran en el segundo apartado de Propiedades de tipo, Definición de sección transversal. Resulta muy sencillo indicar el ángulo exterior o interior que deseamos que tenga esa capa (ángulos positivos hacen que la base sea más ancha que la parte superior), así como especificar si el espesor que hemos indicado dentro de la estructura se mide en su parte superior, inferior o en la base del muro.

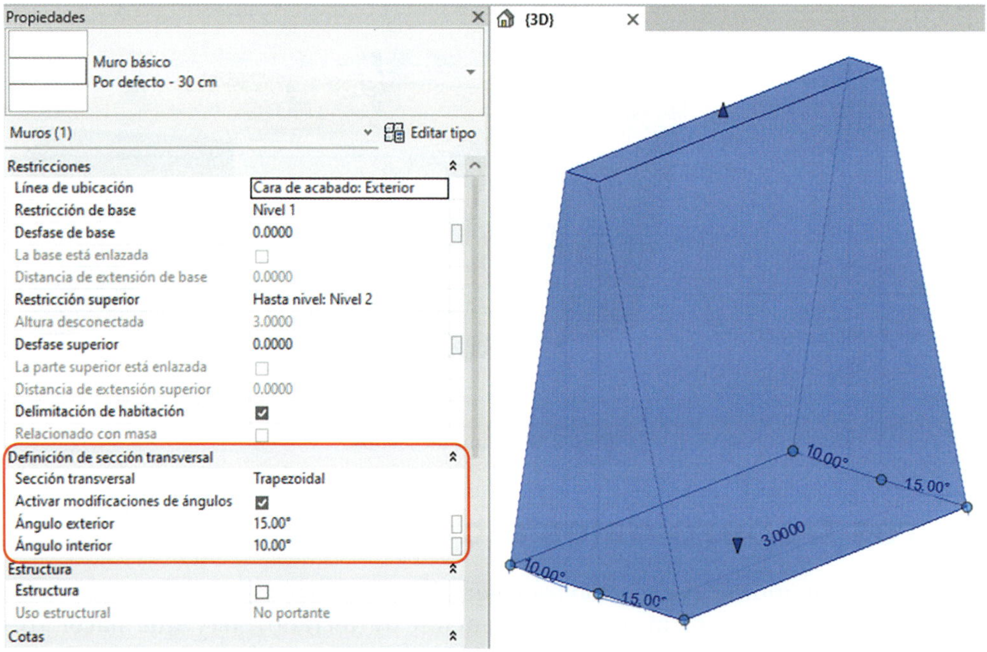

Figura 9.15. Propiedades de sección transversal.

Por último, la tercera operación consiste en indicar, en el ejemplar de muro deseado, que tendrá sección no vertical ni inclinada, sino trapezoidal. De ese modo, el muro reflejará los valores que hayamos introducido en las propiedades de tipo. Además, puedes escribir manualmente los ángulos exterior e interior que deseas tener en ese ejemplar concreto; si no quieres hacerlo marcando la casilla Modificar propiedades de tipo y luego escribiendo esos valores, puedes estirar alguno de los pinzamientos del muro o escribir el valor en la cota temporal, y aceptar las modificaciones en la ventana que te saldrá en pantalla.

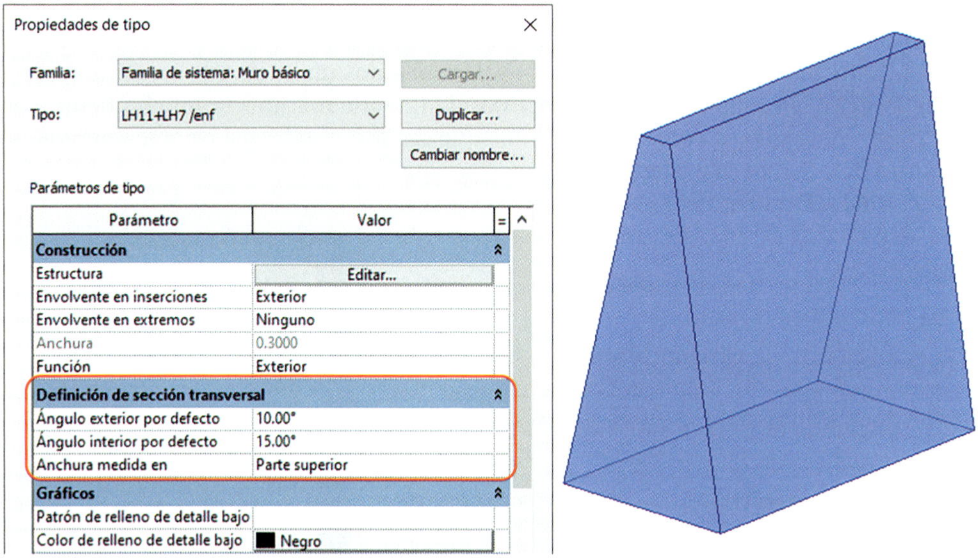

Figura 9.16. Muro de espesor variable.

Si tratamos de generar un muro trapezoidal cuyas caras se intersequen, nos saldrá un error. Debemos ajustar uno de los tres siguientes parámetros para que el muro pueda construirse: o bien la altura o bien su ángulo o bien el espesor de la base. Sin embargo, podemos configurar que el espesor indicado en la estructura del muro es siempre la parte superior para que el muro ensanche desde arriba y no nos genere este problema.

Uniones de muro

Los muros que confluyen en un mismo punto se unen de forma automática. Por eso, al desplazar un tabique, los muros que están unidos a los extremos también se desplazan, y eso nos hace ahorrar mucho tiempo. Sin embargo, en algunas ocasiones no queremos que se muevan y en otras la unión no se ha hecho como nosotros esperamos.

Movimientos de muro no deseados

Cuando dibujamos muros que confluyen en una esquina, Revit crea una asociación invisible entre ellos: es lo que hace que, si seleccionamos un muro y lo arrastramos, los demás lo sigan sin separarse. Este comportamiento, que nos ahorra mucho tiempo en condiciones normales, a veces no queremos que sea así: puede que estemos moviendo un muro y detectemos que además se mueve otro que no queríamos. Para resolver esto no hay que hacer nada especial; es más, es un sistema bastante rudimentario.

- Seleccionamos el muro.
- Localizamos el pinzamiento (en CAD eran rectángulos azules; aquí son bolitas azules).
- Arrastramos el pinzamiento FUERA del resto de muros.
- Movemos nuestro muro a la posición que queremos.
- Volvemos a arrastrar el pinzamiento hasta que los muros se toquen.

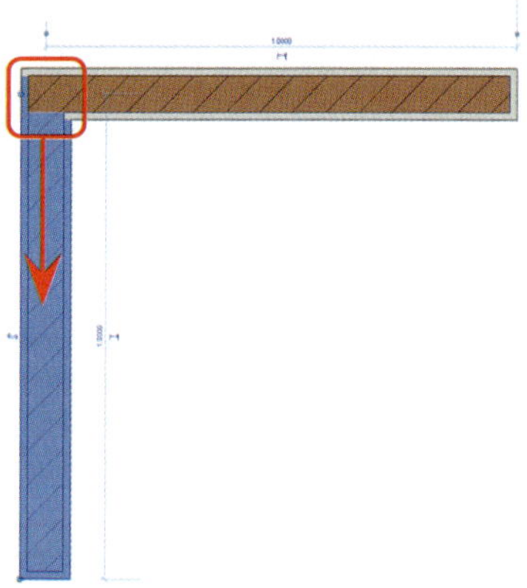

Figura 9.17. Proceso para mover un muro.

TRUCO:

Asimismo, podemos marcar, dentro de la orden Mover, la casilla de Separar, y entonces al desplazarse se separará de todos. Sin embargo, esto te impedirá otras cosas más adelante, mover los patrones de suelo, y quedará activado hasta que intencionadamente lo vuelvas a desmarcar.

Arreglar uniones de muro

Hay cuatro métodos para arreglar las uniones de muro. Están ordenados según prioridad, es decir, hay que probar el primer método y, si no funciona, acudir al segundo; y así sucesivamente.

- **Arreglar las capas de muro** (método preventivo).
    - Los revestimientos deben estar fuera del núcleo.
    - Los elementos dentro del núcleo, Función Estructura [1].

TRUCO:

Esto es solamente una cuestión inicial. Poco a poco, conforme adquiramos destreza, modificaremos esta configuración según nuestras necesidades. Pero como regla inicial es válida y fácil de seguir. Por ejemplo, quizá quieras que un muro de fachada con ladrillo caravista tenga la capa exterior de ladrillo fuera del núcleo, para hacer que el ladrillo gire y facilite el detalle de unión con carpinterías.

- **Orden Uniones de muro** (método oficial de Revit).
    - Clic en la orden y sobrevolamos con el ratón encima de cada unión; clic en la que queremos cambiar y, en la barra de opciones, hacemos clic en Siguiente hasta que la opción correcta aparezca. Tenemos tres modalidades de unión entre dos muros, que comentaremos más adelante:
        - Tope
        - Bisel
        - Cuadrar

    - Al terminar de elegir nuestra unión, pulsamos ESC o vamos a otra unión.
- **Arrastrar manualmente** fuera de la unión uno de los muros y volver a colocarlo. (Es el método más manual, pero el propio Revit lo recomienda cuando encuentra más de 50 combinaciones posibles).

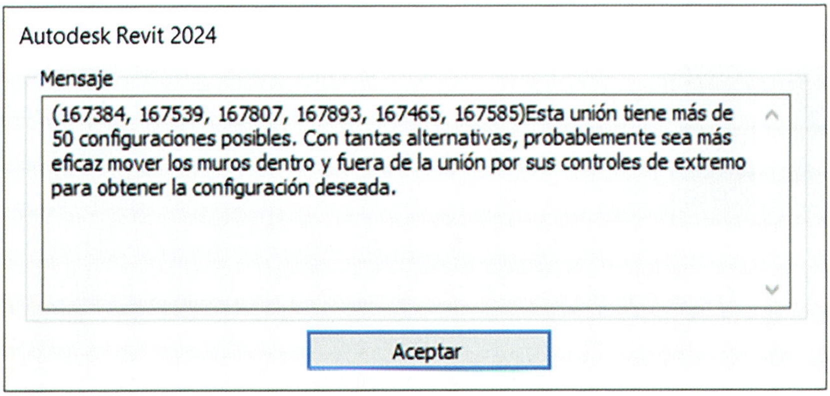

Figura 9.18. Mensaje de error.

- **No permitir unión** (modo forzado). Si ninguna de las otras opciones sale bien, siempre podemos sacar el muro, clic derecho en el pinzamiento (la bolita) y seleccionamos la opción que dice No permitir unión. A partir de este momento, ese muro podrá solaparse con otro, pero no calculará la unión.

TRUCO:

Detectaremos que un muro tiene No permitir unión activado en su extremo si, al seleccionarlo, vemos un símbolo cerca de un extremo. Con un clic en el símbolo permitiremos la unión de nuevo.

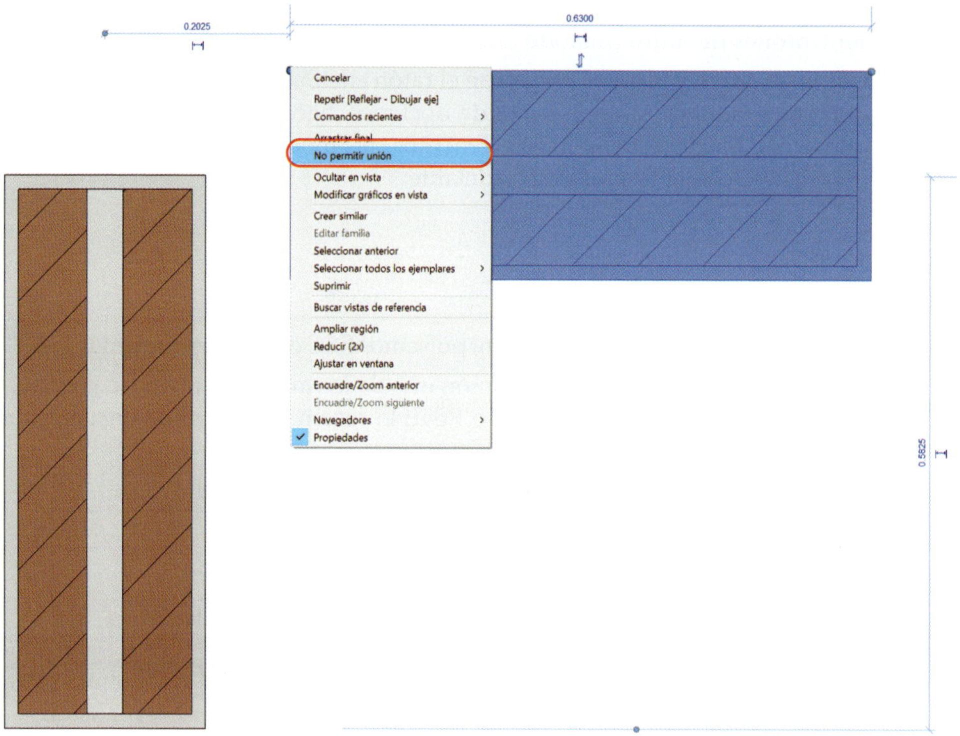

Figura 9.19. Botón derecho en el pinzamiento + No permitir unión.

Orden Uniones de muro

Dentro de la orden Uniones de muro, hay tres tipos de unión predeterminada:

- **Tope.** Es la más habitual, donde se aplican directamente los criterios de Función.
- **Bisel.** Probablemente la menos usada. Se forma un bisel recto entre los dos muros.
- **Cuadrar.** Para uniones en ángulos agudos, quizá la más correcta constructivamente. Revit simula la construcción real de muros en ángulo girando una de las hojas para que acometa al otro muro en perpendicular.

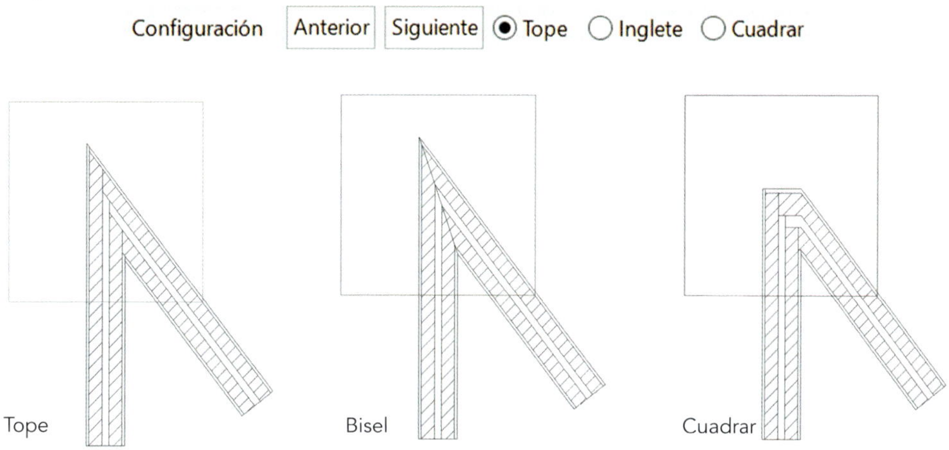

Figura 9.20. Órdenes de unión.

Enlazar y unir

Como resumen general, las uniones entre muros y suelos se sintetizan de la siguiente manera:

- **Cerramiento exterior:**
  - Forjado superior - Unión.
  - Pavimento inferior - Unión.
  - Forjado inferior - no procede. En su caso, Unión.
- **Partición interior:**
  - Forjado superior - Enlazar.
  - Pavimento inferior - Unión.
  - Forjado inferior - no procede.

Un muro se puede enlazar a otro. Esta funcionalidad tiene interés solamente en el caso de muros cuyo perfil haya sido editado anteriormente, con el fin de evitar repetir trabajo.

Barridos de muro

Un Barrido de muro es una adición lineal a un muro, por ejemplo, una cornisa o moldura, un rodapié, una albardilla o una bandeja perimetral. Por su parte, un Telar de muro es justo lo contrario: una sustracción lineal a un muro. Por ejemplo, la modulación de un regle para mortero monocapa o los berenjenos de encofrado de hormigón.

Ambos elementos pueden ser verticales u horizontales. Se encuentran en Arquitectura, desplegando la herramienta Muro. El funcionamiento de ambos es muy similar: dentro de Editar tipo, podemos elegir un Perfil y, en el caso del barrido, también un material.

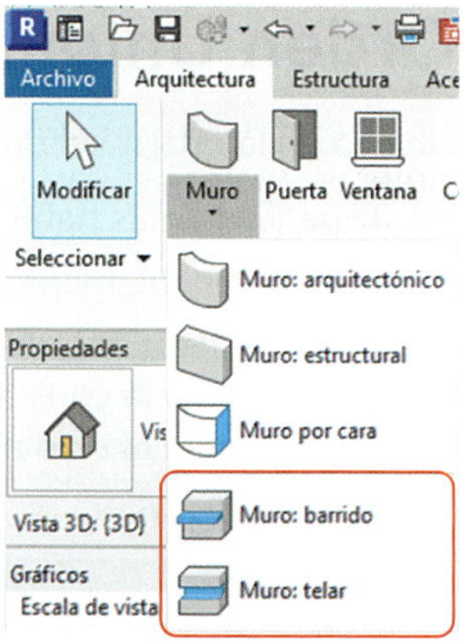

Figura 9.21. Barrido y telar.

Una vez seleccionada la orden, indicamos en la parte derecha de la Cinta de opciones si queremos realizar el Barrido o Telar en horizontal o en vertical, y seleccionamos un muro. Si tocamos más muros, hará el barrido o telar continuo de un muro a otro; y a la hora de seleccionarlo después se comportará como un único elemento.

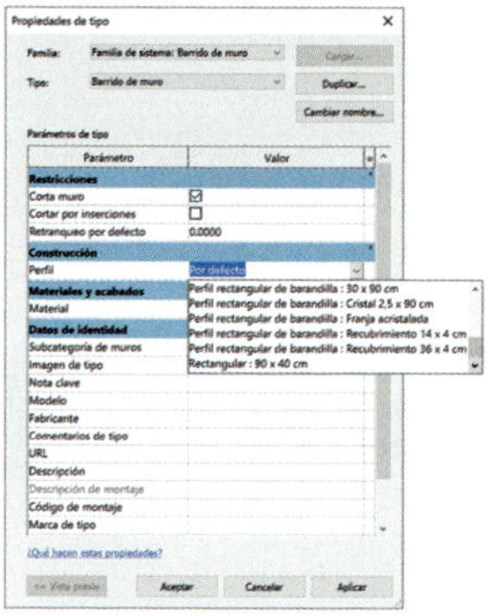

Figura 9.22. Modificar el perfil del barrido/telar.

TRUCO:

Es imposible seleccionar más veces el mismo muro, así que, si queremos hacer el mismo barrido en repetidas ocasiones, tendremos que salir de la orden (ESC) y, con Copiar, hacer las copias necesarias. También se puede usar Matriz si queremos hacer muchas copias de una sola vez.

Al dibujar un barrido o telar, podemos habernos olvidado de seleccionar un muro más o haber clicado en algún muro que no debíamos. Simplemente seleccionamos el barrido y aparecerá en la Cinta de opciones la orden Añadir/Eliminar muros. Clicando en un muro que NO tenga el elemento, añadirá un barrido (o telar, según el caso). Clicando en un muro que SÍ lo tiene, lo eliminará.

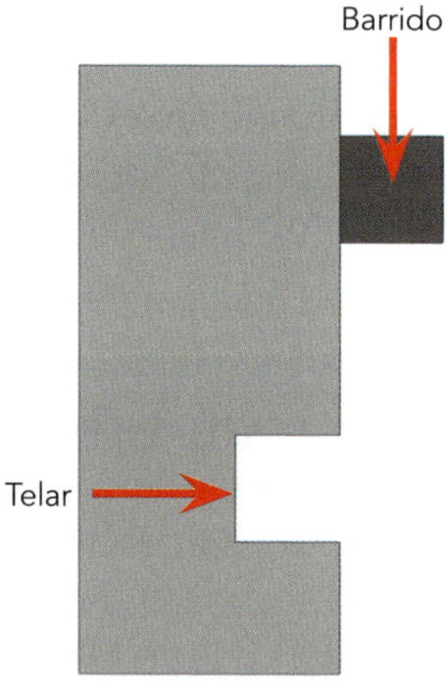

Figura 9.23. Barrido y Telar.

TRUCO:

A la hora de seleccionar un muro para añadir un barrido o telar, hay que tener cuidado de seleccionar el mismo lado del muro que en el resto, porque, si no, hará el barrido o telar por el lado contrario.

Si tocamos un barrido o telar, podremos desplazar los pinzamientos extremos para que no vaya hasta el final del muro, sino que termine antes. Si se encuentra con otros barridos o telares, Revit resuelve automáticamente la intersección. Y, por supuesto, al tocar el barrido o telar de muro aparecerán unas cotas temporales para colocarlas con total precisión.

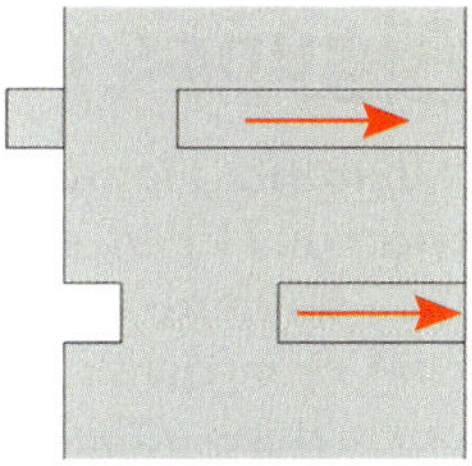

Figura 9.24. Desplazar pinzamientos.

Crear nuevo perfil

A la hora de crear un barrido o telar, querremos hacer nuestros propios perfiles para que responda, exactamente, a lo que buscamos. Para ello debemos ir a Archivo>Nuevo>Familia>Perfil métrico. Dibujamos un perfil (en milímetros) que sea continuo y cerrado, es decir, las mismas condiciones que con los suelos. Deberá estar dibujado hacia la derecha, tanto si lo usamos como barrido o como telar. La intersección de las líneas de referencia será el punto de inserción del perfil.

Al terminar, lo guardamos primero, le ponemos un nombre y entonces vamos a Cargar en proyecto (o Cargar en proyecto y cerrar).

Ahora, al Editar tipo dentro del barrido o telar, nuestro perfil aparecerá en la lista de perfiles.

TRUCO:

Si al seleccionarlo e intentar crear un barrido o telar nos aparece el símbolo de Prohibido, significará que el perfil está mal hecho: o hay líneas duplicadas o no está cerrado. Hemos de editar el perfil para localizar y corregir el fallo.

Editar un perfil existente

Solo iremos a Navegador de proyectos>Familias>Perfiles, localizaremos el nuestro, botón derecho>Editar. Entraremos en el perfil que está guardado en nuestro dibujo; lo podremos modificar; y al Cargar en proyecto nos preguntará dos cosas:

- ¿Quieres guardar cambios en el archivo? Si sí, sobrescribiremos el archivo de nuestro ordenador. Si no, los cambios solamente se actualizarán en el dibujo de Revit.
- ¿Quieres sobrescribir o sobrescribir también los parámetros? Los parámetros no los hemos empezado a modificar; aunque si eliges esta opción, siempre acertarás.

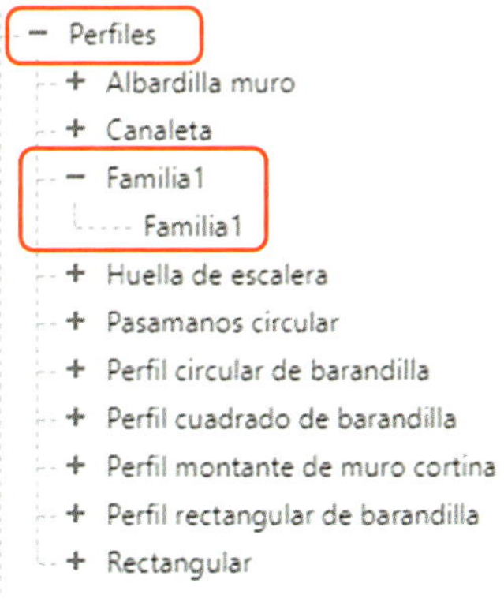

Figura 9.25. Navegador de proyectos/Familias/Perfiles.

Algunos usos de barrido

Albardilla. Hay dos métodos generales para hacer una albardilla (o una piedra de remate para un muro de piscina) en Revit. Uno de ellos es mediante un muro apilado; pero el que vamos a describir aquí es generar un perfil de barrido y aplicarlo a un muro, con desfase desde arriba cero. Así queda como un sombrerete por encima del muro. El proceso es exactamente igual que lo mostrado hasta ahora, y la única peculiaridad es que, como nuestra intención sea, probablemente, que el barrido sobresalga un poco por una parte del muro, y recubra íntegramente por encima el resto, haremos el perfil de manera que lo que vaya hacia la derecha sea lo que sobresale; el resto del perfil irá hacia la izquierda del plano vertical.

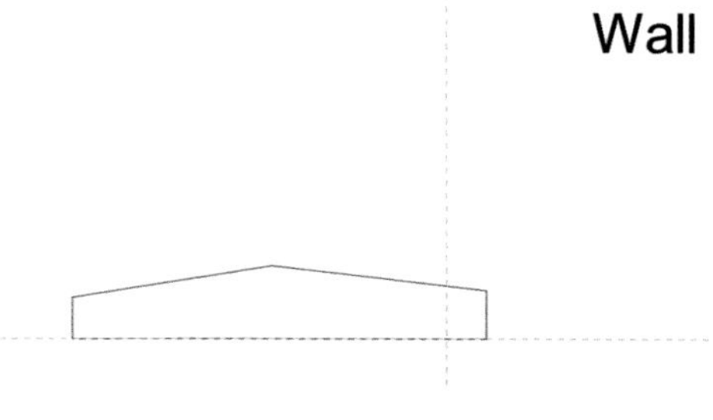

Figura 9.26. Perfil de albardilla.

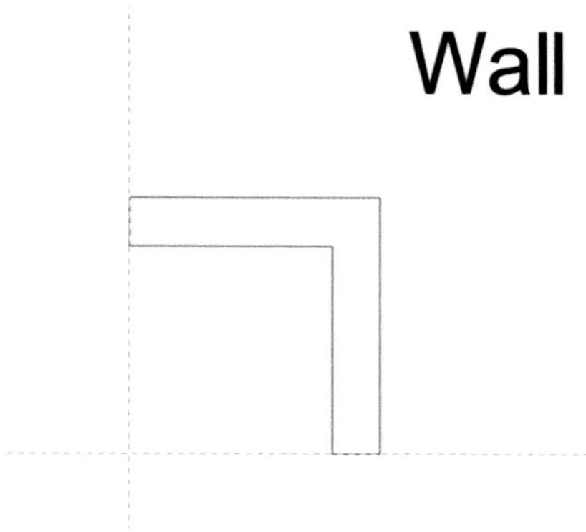

Figura 9.27. Perfil para oscuro perimetral.

Oscuro perimetral o tabica de falso techo. Mediante un muro que tenga ambos extremos enlazados, se puede hacer una tabica de falso techo; pero si queremos una forma concreta de ese oscuro, resultará mejor hacerlo mediante un barrido, ya que además podemos modificar el parámetro de ejemplar Desfase desde muro y controlar así la separación.

Berenjenos de un muro de hormigón. Se realizarían con un telar. Con la orden Matriz podemos fácilmente distribuirlos a lo largo del muro.

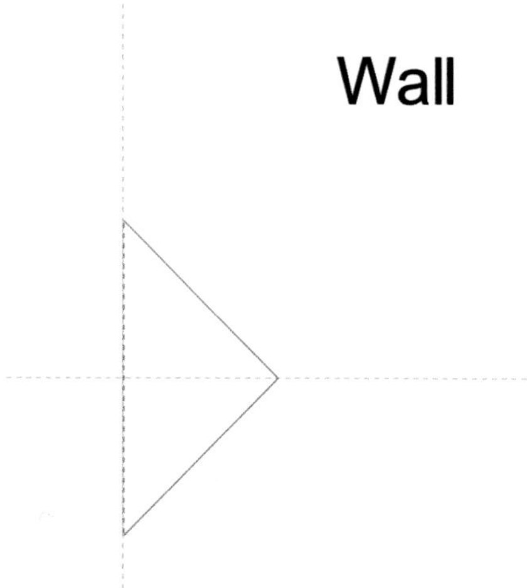

Figura 9.28. Perfil para crear los berenjenos.

Muros terminados en ángulo. Para hacer que el extremo de un muro no sea ortogonal, sino en ángulo, podemos usar uno de los siguientes métodos:

- Telar de muro con la forma del vacío.
- Familia *in situ* de categoría muro, con elemento de vacío.
- Plano de referencia y enlazar el muro (solo para la parte superior/ inferior).

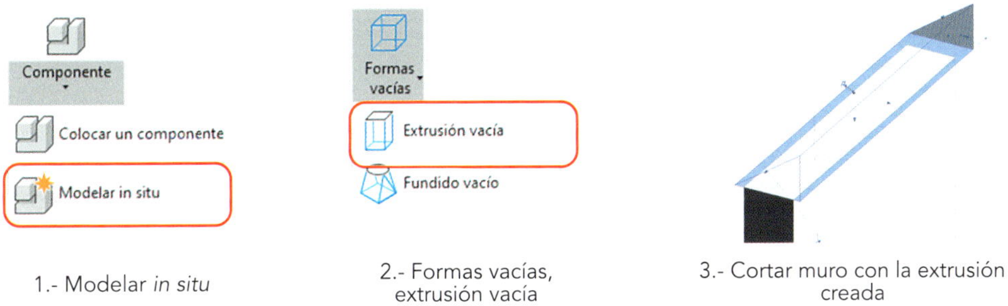

Figura 9.29. Proceso de ejecución de un muro terminado en ángulo mediante Familia in situ.

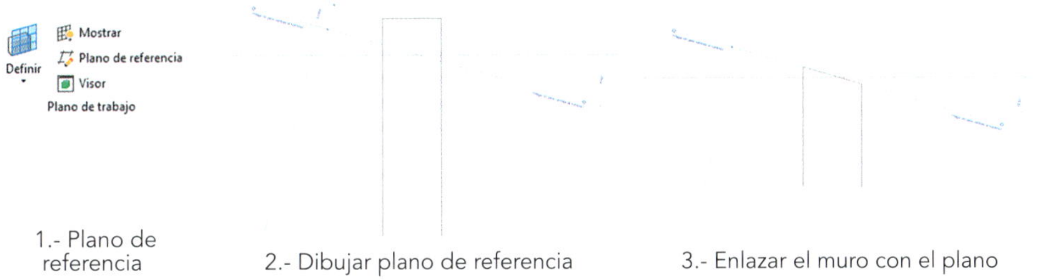

Figura 9.30. Proceso de ejecución de un muro terminado en ángulo mediante plano de referencia.

Modificar retorno

Al dibujar un barrido, podemos querer que el perfil «gire» en las inserciones (puertas, ventanas o huecos) o que, en el testero o canto de un muro, lo bordee por completo. Para conseguir esto seleccionamos el barrido y, en la Cinta de opciones, hacemos clic en Modificar retorno y tocamos el borde del barrido. Esto hará que el barrido gire 90°, y podremos seleccionar el pinzamiento y estirarlo.

En los testeros de muro hay que hacer el retorno de muro en ambos barridos. Con la orden Unir borraremos la línea de unión entre ambos.

Si cerramos un muro con dos barridos en el testero y modificamos el grosor del muro, no se actualizará automáticamente la distancia de retorno de los barridos.

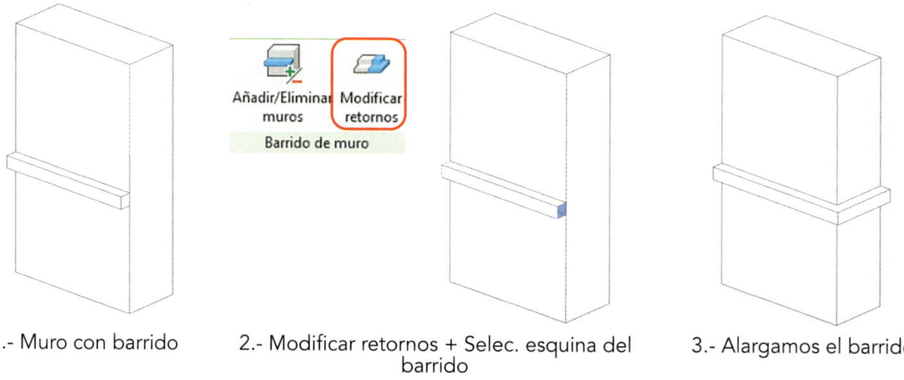

Figura 9.31. Proceso para modificar retornos.

Subcategorías de barrido

Una de las propiedades de tipo de un barrido es la subcategoría; por defecto se establece como Ninguno. Desde Gestionar>Estilos de objeto>Muros se pueden añadir más subcategorías. La ventaja de este método es que después, desde la orden de Visibilidad/Gráficos (VV), podrás desactivar la subcategoría de muros deseada y, con ella, tus barridos.

Revestimientos

Una de las cuestiones en Revit que más debates plantea es cómo enfocar los acabados de los muros: ¿Se detallan o no? Mi respuesta es absolutamente personal: «Depende». Depende de la fase del proyecto en la que estemos. Depende del tipo de proyecto al que nos enfrentemos.

Para un concurso o un anteproyecto (situaciones ambas en las que trabajamos a ciegas y sin garantías de éxito), no detallaría los muros. Tendría unos muros básicos de 10, 15, 20, 25 o 30 cm, incluso con una cámara dibujada si busco un grafismo con más sensibilidad, pero no invertiría más tiempo. Para un proyecto de ejecución o incluso para un básico, sí que diferencio acabados.

Esto genera una serie de tipos de muro adicionales: por ejemplo, el cerramiento exterior pasa de ser un tipo de muro a ser dos o incluso tres (acabado interior enlucido o alicatado o incluso enfoscado, si se da el caso de un garaje); y los tabiques interiores también (de un solo tabique de ladrillo hueco del 7, pasamos a tres: enlucido a ambas caras; alicatado a ambas caras; enlucido / alicatado en una u otra cara... sin contar con los de enfoscado). Este sistema tiene algunas ventajas:

- Estás modelando lo que se va a construir: conceptualmente es correcto.
- La dimensión del muro será exacta, al tener todas las capas detalladas.
- Cada vista de sección o alzado que haga tendrá el grafismo de esos muros de alicatado con su despiece, resultando en un nivel de detalle y de grafismo más adecuado y adelantado.
- Se dispone de una tabla de mediciones que recoge los m^2 que se usan de esos materiales.

También tiene desventajas, por supuesto:

- La generación de varios muros adicionales.
- División de un muro de fachada largo en dos o más porque el revestimiento interior cambia entre estancias.

¿Es la única forma de enfocar los revestimientos? Por supuesto que no. Otros métodos, también con sus ventajas e inconvenientes, son:

- Hacer un muro diferente para los revestimientos. Entre sus ventajas, podemos mencionar que hay menos tipos de muro y mediciones más precisas; entre sus desventajas, que supone más trabajo de delineación y problemas con la unión entre puertas/ventanas y muro principal.
- Utilizar pintura. La ventaja es que permite todas las posibilidades de acabados deseadas, pero la medición debe diferenciar según el parámetro Material: pintura, y en sección la pintura no se ve. Además, es necesario en muchos casos dividir previamente la cara del muro.
- Utilizar piezas de muro. Es la opción menos usada, puesto que requiere un trabajo adicional y manual de mover la altura de cada pieza del muro (por ejemplo, bajar el alicatado hasta el falso techo). Además, las mediciones con este sistema solo son fiables desde la categoría Piezas.

En definitiva, no hay un solo método de trabajo con muros y revestimientos en Revit. Mi recomendación personal es que, si utilizas muros de placa de yeso laminado o un sistema equivalente en seco, te plantees hacer un segundo muro para revestimientos de alicatado. Sin embargo, si usas construcción tradicional de hoja de ladrillo, tendrás que hacer algunas pruebas y dejar que tu propia experiencia te guíe en un camino u otro.

Muros apilados

Un muro apilado es, como su nombre indica, un muro. Y, por tanto, se crean desde la orden Muro; están en la parte superior del desplegable de los tipos de muro («A-pilado» va antes que «B-ásico» y que «C-ortina»; salvo en inglés que «S-tacked» va después de «B-asic» y de «C-urtain»). La diferencia principal es que, en vez de estar compuesto por capas de diferentes espesores que configuran su grosor final, está compuesto de 2 o más tipos de muro; todos con alturas definidas, excepto uno de ellos, que tiene altura Variable y absorberá la diferencia entre altura total del muro y la suma de alturas del resto de tipos.

Las condiciones, o reglas generales de los muros apilados, son:

- Cada una de las «capas» o tipos de muro podrá tener una altura no inferior a 3,1 cm.
- La altura mínima cuando creemos un muro apilado será la suma de las alturas fijas de los diferentes muros que lo componen.

Dentro de la ventana de creación de muros apilados, podremos:

- **Alinear los muros entre sí a eje,** cara exterior o cara interior, por ejemplo.
- **Controlar el desfase entre muros:** si es cero, estarán perfectamente alineados según el punto anterior; pero se les puede poner un retranqueo o saliente de 2 cm a una parte, por ejemplo.
- **Cambiar la altura de la muestra** (la vista preliminar a la izquierda) si modificamos el valor en la parte superior derecha del cuadro de diálogo.
- **Elegir cuál de los muros será el Variable** con el botón del mismo nombre.

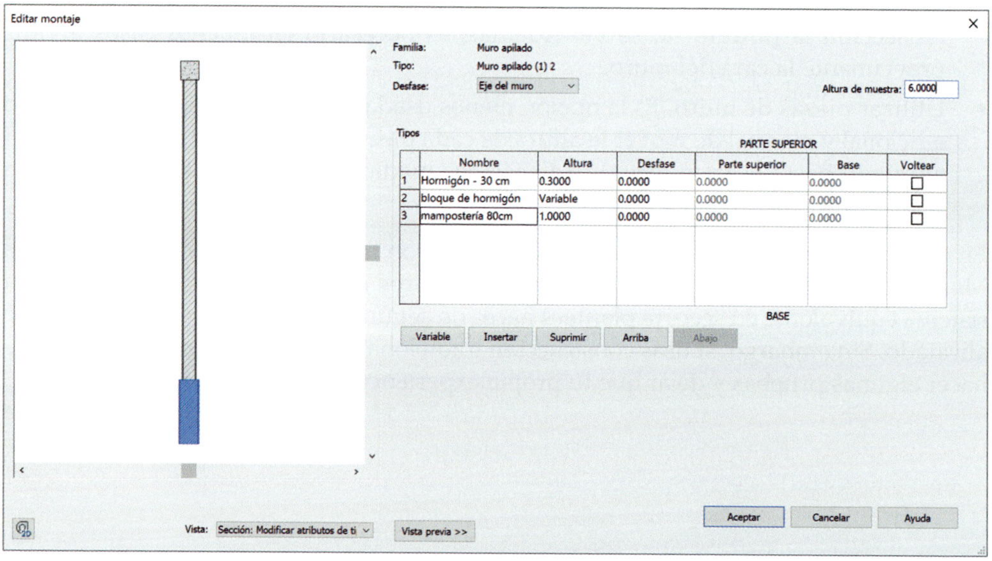

Figura 9.32. Muro apilado, ejemplo de construcción tradicional.

Cuándo usar muros apilados

Si una composición de muro es variable, a lo largo de su altura se resolverá muy bien con un muro apilado. Por ejemplo, los cerramientos de viviendas en las construcciones tradicionales se componían, normalmente, de lo siguiente:

- La base es muro de 1 m de alto y 80 cm de ancho de mampostería.
- Se continúa con bloques de hormigón, ladrillos huecos, de termoarcilla o panal.
- En la parte superior hay un remate de 30 cm de hormigón, bloque u otros.

También es útil si queremos hacer un tabique que tenga alicatado hasta 1,5 m y después enlucido; o un murete de cerramiento de parcela compuesto por 1 m de muro de bloque y después un cerramiento ligero de 2 m; o en naves industriales o centros comerciales, donde hay una fachada representativa que se compone de varios elementos que no están relacionados con los niveles.

Cuándo no usar muros apilados

No deberías usar muros apilados en composiciones dependientes de niveles: en primer lugar, porque es muy cómodo usar las restricciones de nivel a nivel de Revit con muros básicos; en segundo lugar, porque evitamos problemas: si la planta baja de un edificio tiene aplacado de piedra, la planta sótano es de hormigón armado y las plantas superiores son enfoscado tradicional, esos son muros distintos; pero no necesariamente muros apilados. Los muros apilados no deberían enfocarse para responden a los niveles, sino a las alturas que hemos introducido manualmente dentro del tipo.

Casos especiales: albardilla / piedra de remate de piscina

Hay dos métodos generales para hacer una albardilla en Revit. Uno de ellos es mediante un barrido; pero el que describiremos ahora es mediante un muro apilado. Para ello, tendremos creados los dos tipos de muro que van a entrar en juego:

- El muro en sí. Pongamos un antepecho de dos hojas de LH7 (Muro de hormigón gunitado para el caso de la piscina).
- La albardilla. Deberá ser un tipo de muro (podemos llamarlo «albardilla de hormigón polímero», por ejemplo) que tenga el espesor adecuado. Si nuestro antepecho de 2 hojas de LH7 tiene 20 cm, nuestra albardilla deberá tener, al menos, 25 cm. Este será el grosor que debemos asignar a nuestro muro. (En el caso de la piedra de remate de piscina, el muro de piedra será de 50 o 60 cm de ancho).

Ahora, simplemente creamos un nuevo muro apilado y además dos capas o tipos de muro, alineados a eje: la primera será la albardilla, con un espesor mínimo de 3,1 cm; y la siguiente, la que será Variable, el antepecho de LH7 o muro de hormigón gunitado.

TRUCO:

En el caso de la piedra de remate de piscina, en vez de alinearlos a eje, es más interesante alinearlos a la cara de acabado interior, con un desfase de 2 cm de uno de los dos muros.

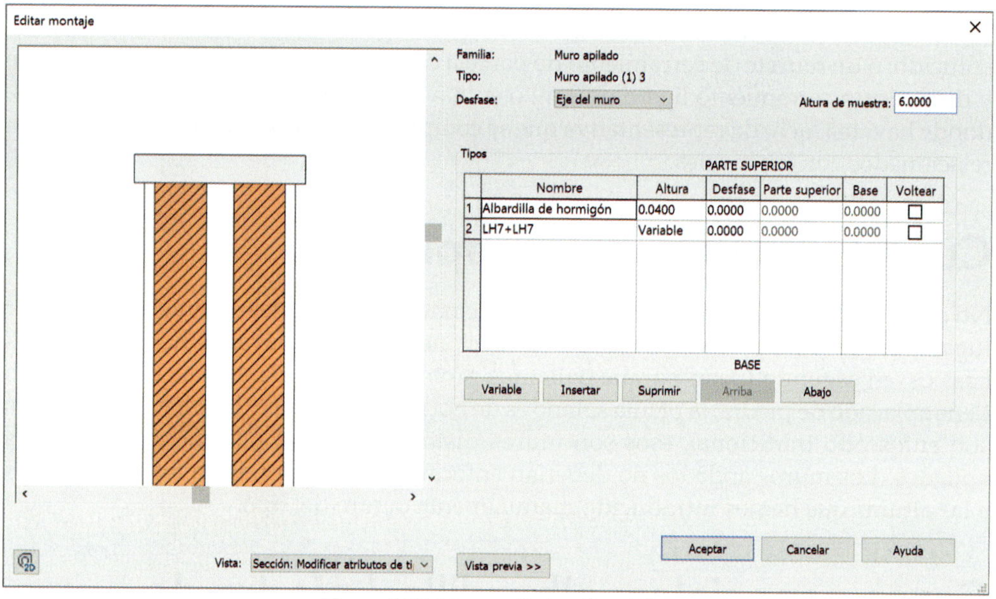

Figura 9.33. Muro apilado, albardilla.

10

Órdenes de modificación

En este capítulo aprenderás a:

- Utilizar órdenes para modificar elementos modelados.
- Trabajar con las diferentes formas de activarlas.
- Identificar las opciones de las que dispone cada una de ellas.

Todos los elementos que se modelen en Revit pueden modificarse, siguiendo los principios básicos de CAD (mover, copiar, girar...). Vamos a cubrir aquí estos modificadores básicos con las opciones que hay que tener en cuenta. Todas las órdenes, salvo indicación expresa, funcionan indistintamente seleccionando primero la orden y luego el o los elementos que se quieren modificar (y ENTER para confirmar la selección); o bien, al contrario: primero se seleccionan los elementos y después la orden (designación nombre / verbo).

Mover

Es la orden más básica. Permite desplazar con total precisión, bien escribiendo una distancia manualmente o bien utilizando referencias de objeto.

TRUCO:

Para activar o desactivar las referencias de objeto, ve a Gestionar>Forzados de cursor. Desde aquí también se elige qué referencias quieres que se muestren. Personalmente, por defecto las dejo encendidas. Si, además, personalizas los atajos de teclado de tus favoritas (como punto final, punto medio o intersección, por ejemplo), trabajarás mucho más rápido.

Al desplazar un objeto manualmente, existen tres maneras de acercarnos al ORTO de CAD.

- **Acercarnos nosotros a la vertical u horizontal:** Revit automáticamente busca la referencia correcta, mostrándola como una línea discontinua y una etiqueta en pantalla.

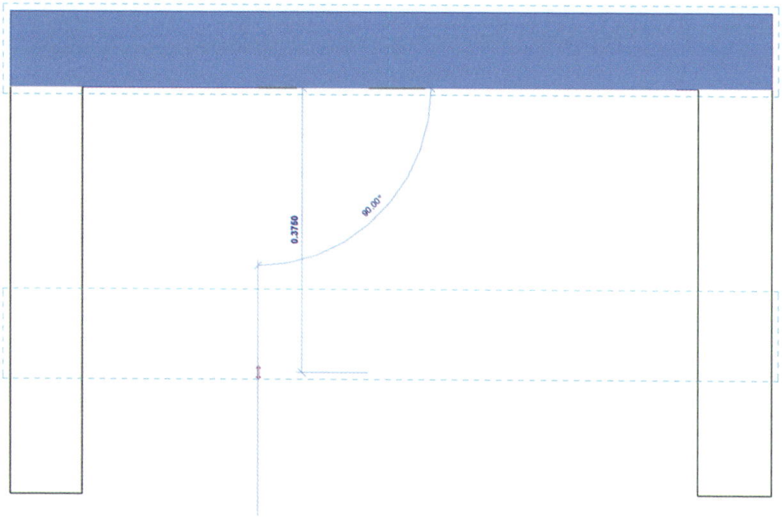

Figura 10.1. Línea discontinua que nos marca la referencia horizontal.

- **Dentro de la orden,** marcar la opción Restringir.

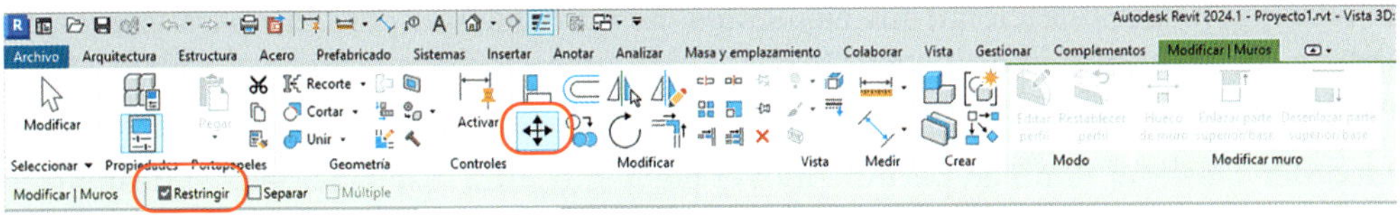

Figura 10.2. Opción Restringir.

- **Mantener pulsada la tecla** Mayús activa o desactiva temporalmente el «orto».

El parámetro Separar que hay dentro de la orden Mover permite, precisamente, separar un muro de otro al desplazarlo, haciendo que los pinzamientos (o esquinas entre los muros) no estén forzados a seguir conectados.

TRUCO:

Es posible mover un objeto de forma cómoda con las flechas de cursor. Cualquier objeto. Pero no existe precisión: se mueve un porcentaje de la pantalla (cuanto más cerca esté el zoom, menos distancia se mueve; y cuanto más lejos estemos, los incrementos de movimiento serán más fuertes). También es posible hacer que se mueva a saltos más grandes manteniendo pulsada la tecla Mayúsculas mientras apretamos la tecla de cursor correspondiente.

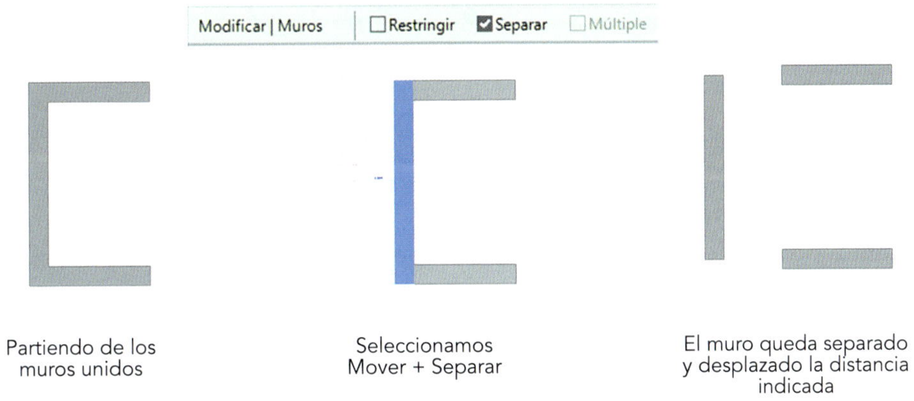

Figura 10.3. Opción Separar.

Desfasar

Es el equivalente a la orden EQDist o Desfase de CAD. Tiene la opción de Numérico (escribimos el valor del desfase) o de Gráfico (seleccionamos el «punto a atravesar» en pantalla). La casilla de verificación de Copiar nos indica si haremos una copia o si, simplemente, desplazaremos el objeto esa distancia.

La orden Desfasar no funciona con designación nombre / verbo: primero, debes ejecutar la orden y, luego, seleccionar los elementos. Es un comando pensado para elementos lineales, como muros, líneas o vigas (o conductos, tuberías o bandejas, en el ámbito MEP). No funciona con rejillas o niveles.

La orden Desfasar también permite mover elementos una distancia dada si desmarcas la opción Copiar; aunque esa posibilidad no es una función muy utilizada.

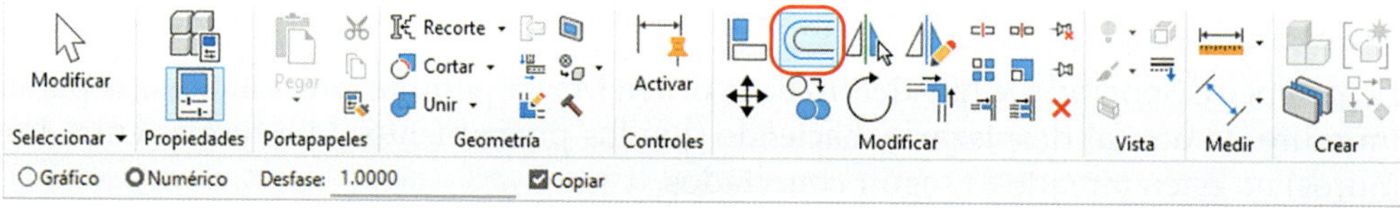

Figura 10.4. Orden Desfasar.

Escalar

No es una orden tan empleada en Revit, porque el concepto es muy diferente: aquí no se pueden «escalar» los inodoros o los lavabos, sino solamente muros, líneas (cambiando su longitud, no su altura) o imágenes insertadas. Funciona de manera similar a Escalar con referencia en CAD:

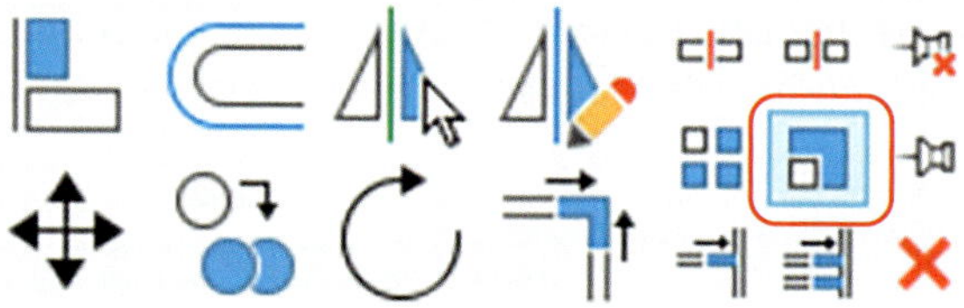

Figura 10.5. Orden Escalar.

- Seleccionamos el objeto a escalar (no funciona designación nombre / verbo).
- Activamos la orden.
- Marcamos un punto base.
- Indicamos la referencia de distancia gráficamente (seleccionando un punto).
- Escribimos numéricamente el nuevo valor (o lo marcamos gráficamente).

TRUCO:

La barra de estado de Revit (parte inferior de la pantalla) nos va avisando de cuál debe ser el siguiente paso en la orden. También puede emplearse la orden Escalar con una escala concreta, si en la barra de opciones de Revit elegimos Numérico en lugar de Gráfico; entonces, escribimos nuestro factor de escala antes de elegir el punto de base.

Alinear

Uno de los comandos más potentes de Revit. Alinear es de las pocas órdenes en Revit que NO admiten designación nombre / verbo o, lo que es lo mismo, seleccionar primero el objeto y luego la orden. Funciona de una manera muy sencilla: dónde / qué. Es decir, primero, entramos en la orden, seleccionamos DÓNDE queremos alinear algo y, después, clic en QUÉ queremos alinear.

Alinear funciona con todo tipo de elementos. Cuando generas una alineación, Revit te da la opción de hacer una restricción automática, mostrando un candado que, si se clica para cerrarlo, bloquea la posición relativa entre ambos elementos. Es muy útil para que dos muros diferentes tengan una cara siempre alineada, por ejemplo. Sirve también para alinear un muro a una rejilla e incluso para alinear los sombreados. Los ejemplos son muchos. Existe la posibilidad, además, de hacer ese bloqueo automático mientras alineas; para eso, desde la cinta de opciones, debes marcar la opción Bloquear.

TRUCO:

A la hora de alinear un muro a otro, hay veces que la orden no funciona. Para que esto no ocurra, debe evitarse alinear a los «testeros» o «cantos» de los muros cuando están en una esquina. Revit puede interpretar que esa pequeña parte de muro pertenece no al muro que nosotros queremos, sino al perpendicular. Teniendo en cuenta esa pequeña cuestión, las alineaciones saldrán siempre perfectas.

Figura 10.6. Alinear un muro a otro.

Con la orden Alinear hay opciones adicionales, como Alineación múltiple; alinear, a un mismo elemento, varios diferentes (por ejemplo, si tienes varios muros con el mismo patrón de superficie, pero no están todos iguales, podemos alinear a uno de ellos el resto de patrones, para que el dibujo sea continuo). Para activar este modo, marca la casilla Múltiple en la cinta de opciones, una vez dentro del comando Alinear.

Matriz

La matriz en Revit es, en realidad, una matriz lineal o copia múltiple en línea. También puede hacerse una matriz radial, si se selecciona esa opción en la Barra de opciones. Seleccionando el o los elementos a copiar, designamos un número de elementos total (incluyendo el original que ya tenemos) e indicamos a Revit si queremos dar la distancia entre el primero y el segundo (y que él repita esa distancia x veces hasta llegar al número total de elementos que le hemos marcado); o bien le especificamos la distancia hasta el último elemento (y Revit repartirá automáticamente el espacio entre ambos con el número de copias indicado).

Si activamos la casilla de Agrupar y asociar, ocurren ciertas cosas:

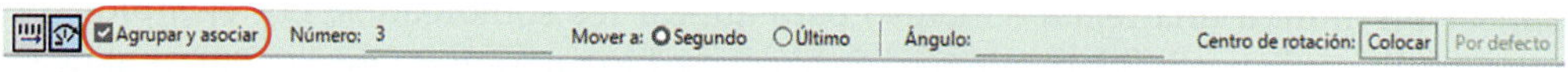

Figura 10.7. Agrupar y asociar.

- Los elementos se crean como un grupo. Esto significa que, modificando uno de los elementos del grupo, se modifica el resto, igual que con los bloques de CAD.
- Al pasar el ratón por encima de los elementos, veremos una línea y un número, que es la cantidad total de copias. Clicando en el número y modificándola, Revit creará (o eliminará) las copias necesarias.

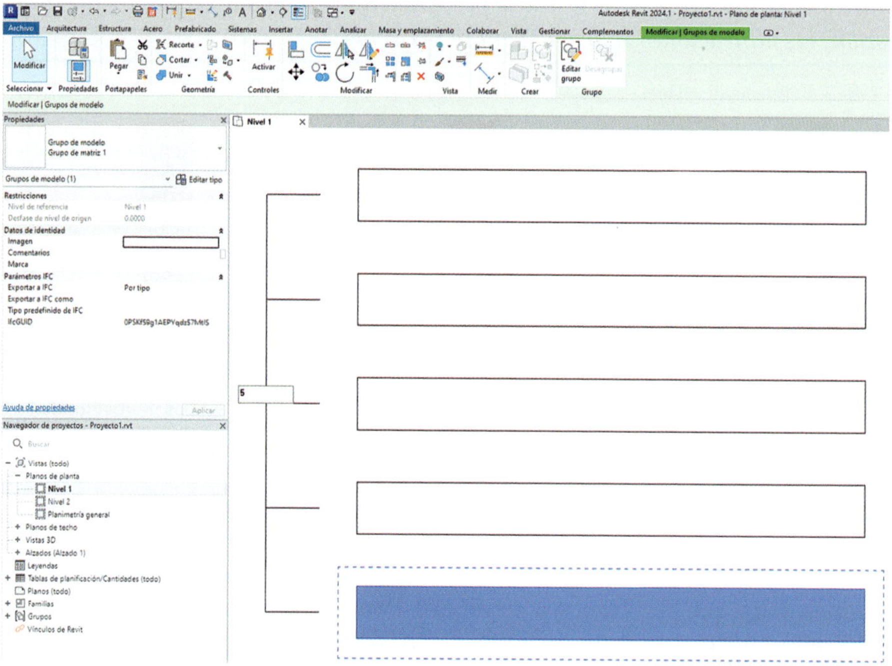

Figura 10.8. Generar matriz.

- Si movemos el segundo elemento o el último, Revit reajustará la distancia entre los elementos para que sigan siendo equidistantes.
- A cambio de todas estas ventajas, los objetos son Grupos, y puede que necesitemos desagruparlos si queremos seguir operando con normalidad con ellos: seleccionamos un ejemplar>SA>desagrupar.
- Revit está obligado a recordar que los elementos son un grupo y a mantener una relación de igualdad entre ellos: si se hacen muchos grupos, ralentizará el modelo.

Para hacer una matriz radial, marcaremos el icono de Matriz radial en la Barra de opciones y precisaremos varios parámetros:

Figura 10.9. Generar una matriz radial.

- Centro de rotación>Colocar. Exactamente igual que con Rotar.
- Ángulo entre los elementos.
- Número de elementos y Mover a segundo / último (igual que la matriz lineal).

Recortar / extender a esquina

Equivale a las órdenes Empalme o Chaflán de CAD. No cuenta con ningún parámetro de «radio» o «distancia de chaflán», sino que haremos clic en cada uno de los muros, por el lado que nos interesa mantener.

TRUCO:

Para empalmar dos muros con un radio, lo mejor es usar la orden Muro y, en la lista de opciones de boceto, seleccionar el icono de Arco de empalme y definir el radio antes de seleccionar uno y otro muro. Si, además, para entrar a la orden muro, lo haces seleccionando uno de los dos muros que quieres empalmar y pulsas CS o la orden Crear similar, te aseguras de que el nuevo muro sea del mismo tipo y con idénticas características que los que quieres unir.

Recortar / extender elementos: simple o varios elementos

Equivale a la orden Alarga o Recorta de CAD. Seleccionamos el elemento «límite» y, después, uno o varios elementos que deben llegar hasta ahí: tanto recortando como alargando los elementos, según el caso.

Dividir elemento

Equivale a la orden Parte de CAD. Se localiza en la pestaña Modificar. Existen varios casos:

- **Partir un elemento lineal en dos.** Simplemente seleccionar la orden y hacer clic donde partiremos el muro, tubería o barandilla. Aparecerá una línea que los separa. En el caso de muros o tuberías, si estiramos un poco el pinzamiento de un extremo hacia el otro elemento, se volverán a unir en uno solo.

Figura 10.10. Dividir un muro en dos partes en una intersección con más muros.

- **Partir un muro en dos, en una intersección con más muros.** El procedimiento es el mismo que en el punto anterior, pero nos fijaremos un poco más: es recomendable localizar el eje del muro que vamos a partir. Así se marcará en azul y sabremos que estamos partiendo ese muro y no el contrario.

TRUCO:

Si colocamos el cursor lejos de la intersección, veremos una línea negra que indica dónde va a cortarse el muro y una línea azul (que es una cota temporal). Cuando estemos justo en el punto correcto, la cota temporal desaparecerá. AHORA es el momento de hacer clic y separar el muro. Sabremos que está bien hecho si no vemos nada (si no aparece ninguna línea de corte). Podemos comprobarlo pulsando ESC dos veces y seleccionando el muro, que ahora debería estar en dos partes. ¿Qué pasa si no lo hacemos así? La separación se vería más fea; pero nada que no podamos arreglar con Uniones de muro.

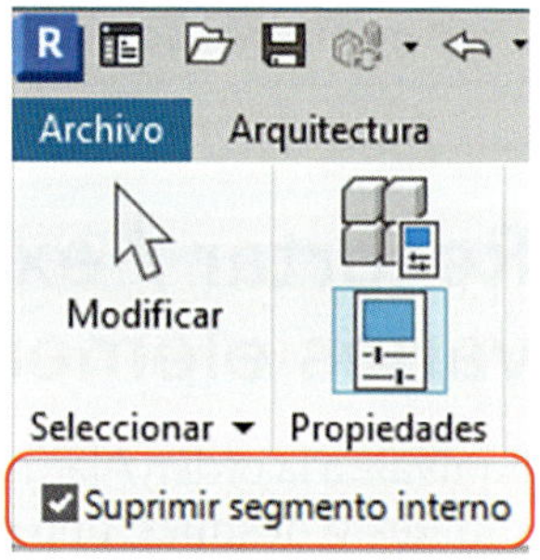

Figura 10.11. Suprimir segmento interno.

- **Partir un muro en dos partes, eliminando la parte central.** Para conseguir esto, hay que activar en la Barra de opciones la casilla Suprimir segmento interno.
- **Partir elementos en altura.** También podemos utilizar la orden Dividir elemento en altura, desde un alzado o sección, para partir en dos un muro, una tubería o un pilar estructural, por ejemplo.
- **Dividir un sólido topográfico.** Si seleccionamos un sólido topográfico, la orden Dividir entra en modo boceto y podemos generar un boceto abierto que cruce todo el sólido o bien uno cerrado que englobe una parte (para tener dos sólidos distintos). Recuerda que, al terminar, has de pulsar Finalizar en la cinta de opciones.

Dividir con separación es una orden diferente, pero que hace en esencia lo mismo que Dividir: parte el elemento en dos, pero genera además una restricción de separación entre los dos muros resultantes. Aunque Revit indica, textualmente, que «entre otras cosas, se puede usar para definir paneles prefabricados», no es una orden de uso muy corriente. Sin embargo, dentro del contexto MEP, es interesante para separar tuberías o conductos de forma intencionada.

Reflejar

Equivale a la orden Simetría de CAD. Existen dos comandos diferenciados en Revit:

- **Reflejar – seleccionar eje.** No dibujamos el eje de simetría, sino que seleccionamos la línea (que puede ser un muro o una rejilla, por ejemplo) que hará las veces de eje.

- **Reflejar – dibujar eje.** Esta es exactamente la orden de CAD: dibujamos nosotros el eje de simetría.

En ambos casos, activaremos o desactivaremos la casilla de verificación de Copiar en la Barra de opciones de la orden.

Rotar

Equivale a la orden Gira de CAD. El procedimiento para rotar en Revit es el siguiente:

- Seleccionamos el elemento (o elementos) a rotar.
- Marcamos la orden (teclado o icono).
- Tenemos que elegir el centro de rotación (Origen, según CAD). Hay tres métodos para marcarlo:
  - Pulsar una vez la tecla ESPACIO y hacer clic en el nuevo centro de rotación.
  - Hacer clic en el centro de rotación seleccionado y clic de nuevo en otro punto.
  - Pulsar el botón Centro de rotación>Colocar de la Barra de opciones y elegir el nuevo centro.
- Marcamos el ángulo de referencia inicial.

TRUCO:

Si queremos rotar 90° (o cualquier otro ángulo escrito), da igual cuál sea el ángulo inicial: al escribir 90, se gira correctamente. No es necesario que intentemos establecer el ángulo inicial completamente ortogonal.

- Escribimos el ángulo deseado de giro o marcamos gráficamente el ángulo final.

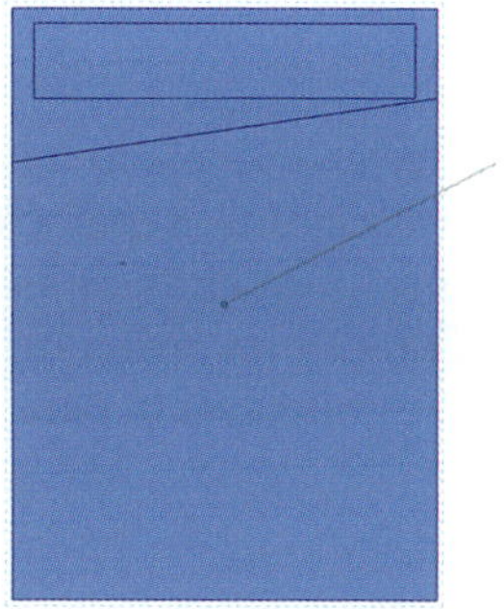

Figura 10.12. Centro de rotación.

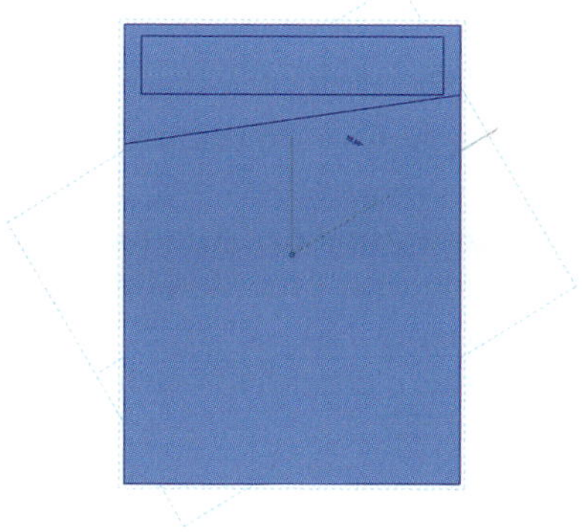

Figura 10.13. Ángulo de rotación.

TRUCO:

Para devolver a una posición vertical / horizontal un elemento que está girado un ángulo desconocido, simplemente ponemos como ángulo inicial el del objeto (gráficamente, pues no conocemos el ángulo exacto); y Revit bloqueará un poco el cursor al llegar a la horizontal o la vertical, de manera que no supondrá ningún problema.

Esta orden permite, además, hacer una copia del elemento rotado o separarlo por completo de los elementos que estuvieran unidos (como unos muros, por ejemplo). Para ello, bastará con activar en la barra de opciones las casillas de verificación de Copiar o Separar, respectivamente.

Bloquear / desbloquear

Es posible que necesitemos ver un objeto en pantalla, pero no interactuar con él: una imagen, una referencia de CAD, un suelo que no queremos modificar... hay muchos ejemplos. La solución de Revit a esta situación es utilizar la orden Bloquear, que es el icono de un pin o chincheta que se halla en la pestaña Modificar (esta pestaña se activa automáticamente al seleccionar uno o varios elementos).

Al bloquear un elemento, aparece en pantalla un pequeño pin marcado que nos indica la situación de bloqueo. Al clicar sobre el símbolo del pin o hacer clic en el icono de Desbloquear de la pestaña Modificar, lo desbloqueamos.

Si hemos seleccionado muchos objetos bloqueados, habría que desbloquearlos manualmente uno a uno. Es más operativo usar la orden Desbloquear.

Cuando estés trabajando con muchos elementos bloqueados, ya sean muros cortina o de cualquier otro tipo, es posible que la visión de muchas chinchetas en la pantalla llegue a molestar. En la barra de herramientas de acceso rápido hay un icono que representa una cota junto a una chincheta, llamado Activar controles y cotas. Úsalo para alternar la visualización o no de las chinchetas al seleccionar objetos bloqueados.

TRUCO:

Los objetos bloqueados no se mueven ni se eliminan. Si combinamos el bloqueo con tener desactivado el parámetro de Selección de objetos bloqueados (en la esquina inferior derecha de la pantalla), conseguimos que esos objetos bloqueados aparezcan en pantalla, pero no interfieran en nuestro trabajo. Por cierto, recuerda que no es necesario que uses el bloqueo para un vínculo; también dispones de la posibilidad de no seleccionar vínculos.

Crear similar

Para hacer un elemento «igual que este que estás tocando», la orden que buscas se llama Crear similar. No es una orden Copiar al uso, porque crea un elemento (ya sea este un muro, una puerta o una rejilla) del mismo tipo que el que está seleccionado, pero te permite elegir el punto de inicio y de final (en el caso de un muro o una rejilla) o el punto de inserción (en el caso de una puerta, por ejemplo). Así no tendrás que identificar el tipo, buscar la orden, localizar el tipo de nuevo y empezar a crear tu muro o tu puerta.

Seleccionar nuevo anfitrión

Para cambiar de anfitrión un elemento (colocar una puerta o un sanitario en otro muro, por ejemplo), seleccionamos primero el elemento y después localizamos la orden en la Cinta de opciones. Entonces, Revit nos pedirá que indiquemos un nuevo anfitrión donde recolocar esa puerta o ese elemento.

Unir

La orden Unir elimina visualmente las líneas de contacto entre los elementos unidos, dejando uno de ellos como principal. Primero, se selecciona la orden y, luego, los elementos. Con la casilla de Unión múltiple se unen un elemento con muchos más. Además, al desplegar la orden Unir, encontrarás Separar geometría (seleccionando después el elemento a separar) o Cambiar el orden de unión (para indicar qué elemento se queda visible en una unión entre muro y forjado, por ejemplo).

TRUCO:

Unir no permite designación nombre / verbo. Esto significa que es imposible seleccionar primero uno de los elementos a unir y entonces marcar la orden: hay que seleccionar necesariamente los dos objetos tras activar la orden.

Igualar propiedades de tipo

De funcionamiento casi idéntico a la orden del mismo nombre en CAD, Igualar propiedades de tipo sirve para convertir un elemento en otro tipo distinto dentro de la misma categoría. Sirve para convertir, por tanto, una ventana abatible de 1 hoja de 80 x 80 cm, en una ventana corredera de dos hojas de 160 x 120 cm con un clic; pero no es posible convertirla en una puerta, pues no funciona entre elementos de distintas categorías.

TRUCO:

Igualar propiedades de tipo no permite designación nombre / verbo. Por ende, no se puede seleccionar primero el elemento de origen y, entonces, marcar la orden: primero la orden, luego el objeto origen y después los objetos destino.

Medir

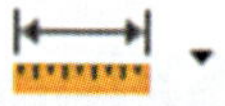

Medir la distancia entre objetos no es tanto un modificador como una orden de consulta, pero al ser una herramienta sencilla, muy similar a su equivalente en CAD, se incluye también aquí. Funciona con un clic en la orden y luego seleccionando dos puntos. Revit nos devuelve la cota o distancia entre ambos, tanto en el área de dibujo como en la barra de opciones.

Si marcamos la opción Cadena, mediremos el valor acumulado de varios segmentos; sin embargo, deberás tener cuidado, pues mientras estés desplazando el cursor seguirá actualizando el valor. Así que, para conocer el valor exacto de la suma de varios segmentos, deja el cursor quieto tras llegar a tu último punto.

Sin embargo, si lo que necesitas es medir la longitud total de un elemento, localízala en la barra de Propiedades o despliega la orden Medir para hallar Medir a través de un elemento.

Suprimir

La orden Suprimir hace lo que se espera de ella, pero teniendo las teclas DEL o la tecla RETROCESO (borrar), en el teclado del ordenador, es bastante menos usada.

11

Edición de elementos multicapa

En este capítulo aprenderás a:

- Identificar cuáles son los elementos multicapa.
- Conocer los parámetros de elementos multicapa y cómo se editan.

Qué es un elemento multicapa

Por elementos multicapa entendemos muros – suelos – techos – cubiertas – losas – plataformas de construcción. Son elementos que están formados por una o varias capas de materiales con un nombre y un espesor, que configuran no solo el espesor total, sino también el resto de sus propiedades físicas.

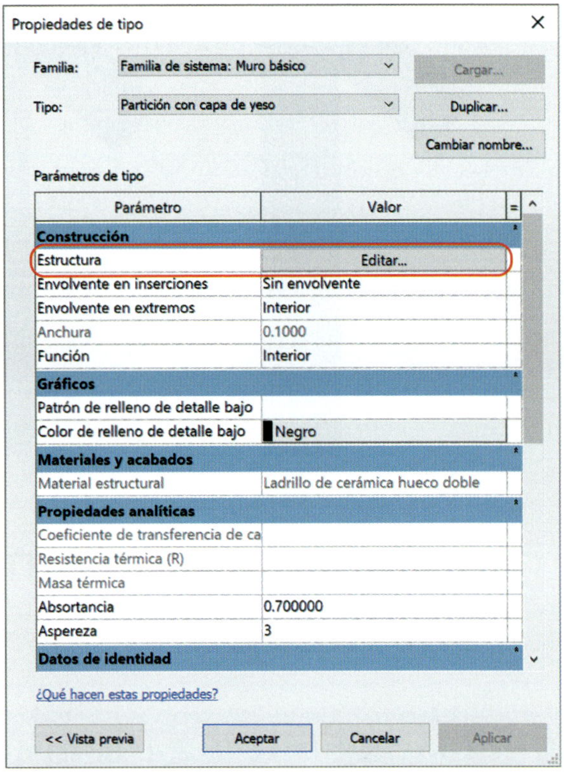

Figura 11.1. Editar estructura de un elemento multicapa.

Tomando como ejemplo los muros, de todos los tipos de muros básicos que vienen dentro de la plantilla arquitectónica, es posible utilizar directamente... ¿10 tipos, como mucho? El resto no nos acoplarán y, probablemente, incluso dentro de esos 10 debemos hacer cambios dimensionales (espesor de cada capa) o de materialidad. Por ello, aprender a modificar las capas de un muro —o de cualquier otro elemento multicapa— es fundamental en Revit.

El proceso es extremadamente sencillo e idéntico para cualquiera de las familias multicapa. Entramos en la orden Muro (o cualquiera de las otras categorías que hemos mencionado), seleccionamos el tipo que queremos editar y hacemos clic en el botón de Editar tipo. En la ventana que aparece bien hacemos clic en Duplicar para generar un nuevo tipo desde este o clic en el botón de Estructura>Editar para acceder a la ventana más importante de los elementos multicapa.

Ventana de edición de estructura

Esta ventana funciona exactamente igual para todos. En los elementos horizontales (suelos – techos – cubiertas – losas – plataformas), las capas están ordenadas de superior a inferior (como se colocarán en la construcción real); y en los elementos verticales (muros), la parte superior responde a la cara exterior y la parte inferior, a la cara interior.

Algunas de las columnas que aparecen aquí son de funcionamiento muy directo:

- **Grosor.** El espesor —en las unidades del modelo— de esa capa.
- **Material.** Qué material conforma esa capa. Al pulsar una vez sobre el texto, aparece a la derecha de la casilla o celda un botón con puntos suspensivos que, al apretarlo, nos lleva a la ventana de materiales para elegir otro material para esa capa.

En la parte superior izquierda de la ventana, unos datos nos indican el espesor total del muro y, si los materiales tienen definidas las propiedades físicas, también la resistencia térmica.

En la parte inferior izquierda, al clicar en Vista previa, se desplegará una vista del muro para que sea más gráfico y sencillo interpretar todo. Además, podremos especificar si el muro se verá seccionado en planta o en alzado. En la esquina superior derecha, Altura de muestra nos permite ajustar visualmente la altura del prototipo de muro.

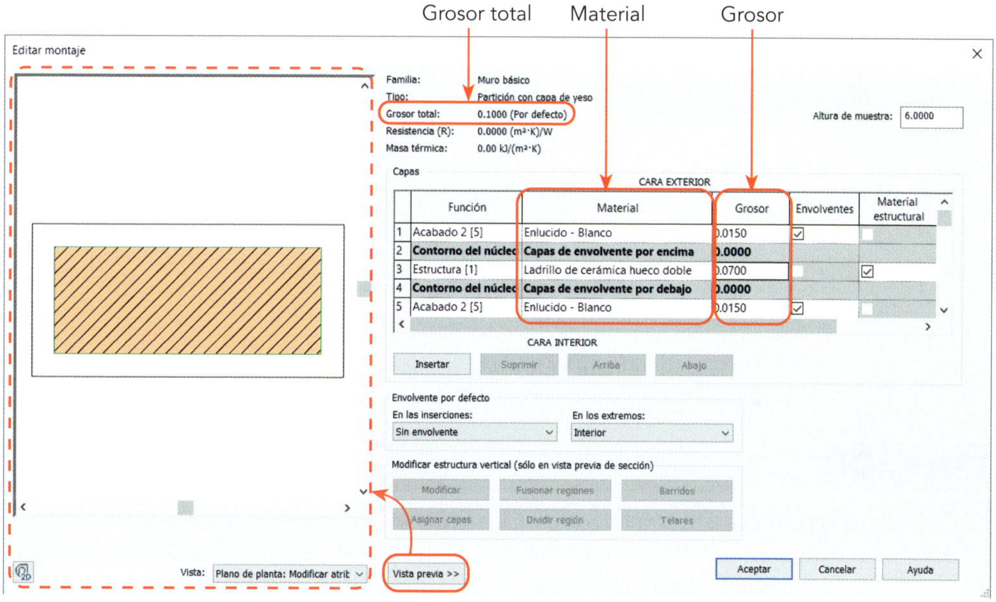

Figura 11.2. Ventana de edición de estructura.

Núcleo

En Revit hay un concepto muy importante para los elementos multicapa que es el núcleo. Para intentar explicarlo de la forma más sencilla posible, vamos a contarlo al revés: qué NO ES el núcleo. Los revestimientos NO son el núcleo; el enfoscado, enlucido, alicatado o aplacado quedará siempre fuera del núcleo. Por tanto, el núcleo es el resto, queda el muro «desnudo». En un muro de dos hojas con aislamiento y cámara, el núcleo empieza en la hoja exterior y acaba en la interior: los revestimientos de ambas hojas estarán fuera del núcleo.

En una cubierta o en un techo, el concepto de núcleo se desdibuja un poco más y lo utilizaremos a nuestra conveniencia junto con el parámetro Función.

En la ventana de edición de estructura queda muy claro qué líneas están por encima o por debajo del núcleo, porque hay dos líneas que indican cuál es el contorno del núcleo; además, en la vista previa se aprecia como una línea de color verde.

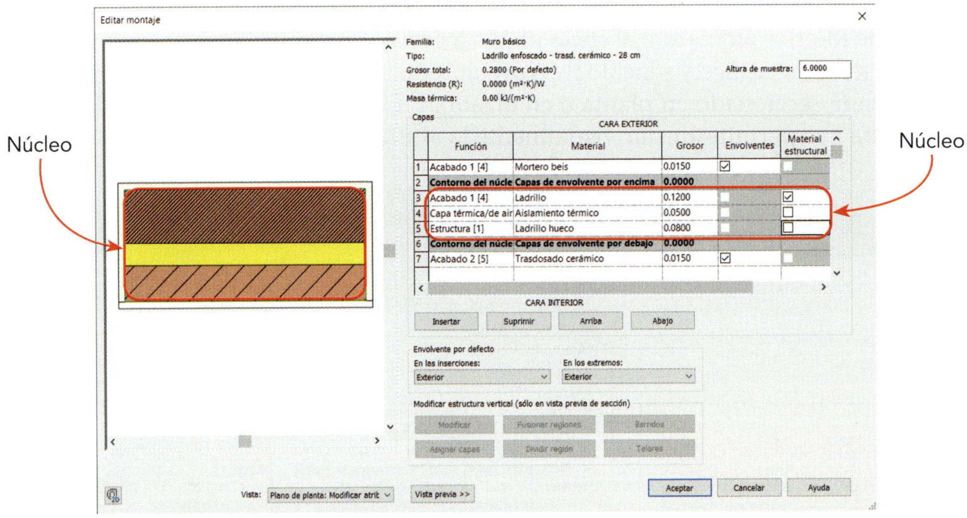

Figura 11.3. Capas del núcleo.

Función

La Función es la primera columna dentro de la ventana de edición de elementos multicapa. Se divide en números del 1 al 5, y además se les ha puesto un nombre a cada número, que va desde Estructura [1] hasta Acabado 2 [5]. Lo importante es el número, no el nombre. Indica la prioridad de la capa: en una intersección entre dos o más muros, las capas con prioridad 1 «ganan» a las capas con prioridad 2; y así sucesivamente.

	Función	Material	Grosor	Envolventes	Material estructural
1	Acabado 1 [4]	Mortero beis	0.0150	☑	
2	**Contorno del núcle**	**Capas de envolvente por encima**	**0.0000**		
3	Acabado 1 [4]	Ladrillo	0.1200		☑
4	Capa térmica/de air	Aislamiento térmico	0.0500		☐
5	Estructura [1]	Ladrillo hueco	0.0800		☐
6	**Contorno del núcle**	**Capas de envolvente por debajo**	**0.0000**		
7	Acabado 2 [5]	Trasdosado cerámico	0.0150	☑	

Figura 11.4. Función.

Con esta premisa clara, hay que tener en cuenta las siguientes reglas generales (que se romperán cuando nos resulte interesante, pero de partida debemos respetarlas):

- Pondremos dentro del núcleo todas las capas del muro, excepto los revestimientos.
- Todas las capas que estén dentro del núcleo serán con Función>Estructura [1].
- Las capas por fuera del núcleo serán Función>Acabado 1 [4] o Acabado 2 [5].

De esta manera, más del 80 % de las uniones de muro se harán correctamente.

TRUCO:

Ante igualdad de Función entre elementos de diversas categorías, el orden de prevalencia es suelo > muro > cubierta.

Envolvente

En los muros, los elementos que están por fuera del núcleo pueden «doblarse» en los extremos de muro o en las inserciones (puertas o ventanas, por ejemplo) para «forrar» o cubrir el canto del muro. Esto se controla de cuatro maneras:

- En la ventana de edición de estructura del muro, marcamos la casilla de verificación de la columna «Envolvente» en todas las capas que estén por fuera del núcleo.

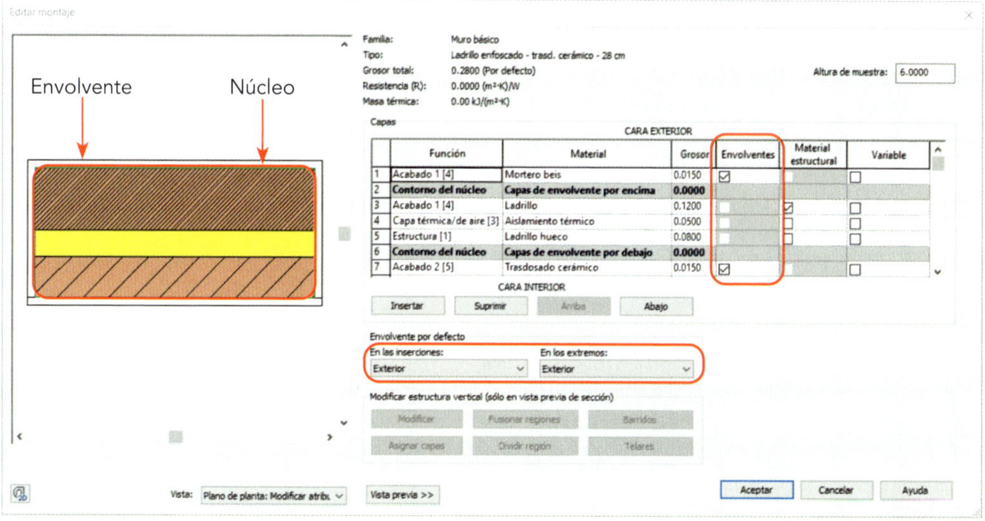

Figura 11.5. Envolvente dentro de la ventana de edición.

- En la parte inferior de la misma ventana, o también en la ventana de Editar tipo, indicamos qué envolventes queremos aplicar en los extremos y en las inserciones: ninguna – exterior – interior – ambas.

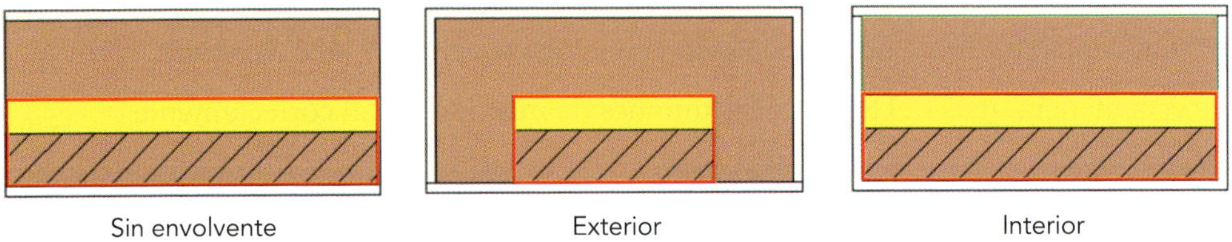

Figura 11.6. Ejemplos de envolventes, en los extremos, con LH11 fuera del núcleo.

- Cada puerta tiene un parámetro que se llama Cierre de muro y que se configura en Por anfitrión, para responder a la configuración del muro o modificarse con otro valor distinto, para conseguir que ese tipo de puerta (y solo ese) reciba un comportamiento diferente con las envolventes del muro. Esto nos permitirá controlar de una forma muy cómoda cómo se relaciona ese tipo de puertas con cualquier muro donde se inserte.

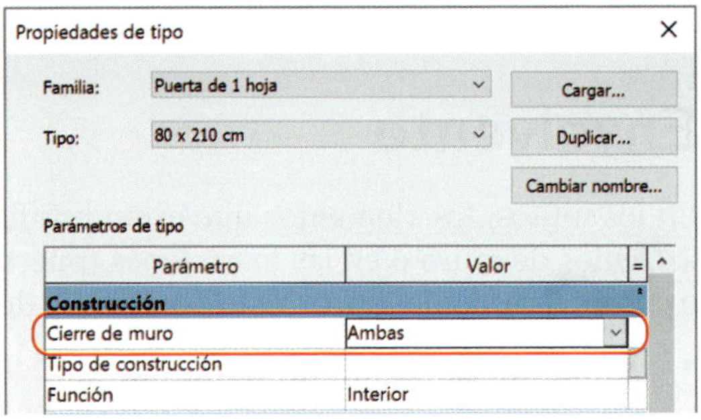

Figura 11.7. Edición de la envolvente en puertas, cierre de muro.

- En el área de dibujo, al seleccionar un muro, podemos seleccionar un muro y pulsar la orden para cambiar el comportamiento de la envolvente de forma dinámica.

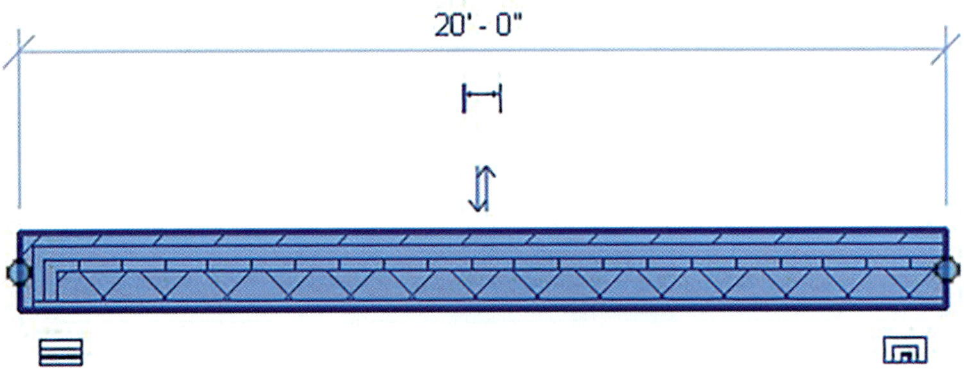

Figura 11.8. Cambiar el comportamiento de la envolvente.

TRUCO:

En techos, suelos y cubiertas, la columna Envolvente aparece, pero no es utilizable; es una propiedad exclusiva de los muros.

Variable

Ejemplo de utilización de «variable»: Partimos de un suelo/cubierta con inclinaciones.

	Función	Material	Grosor	Envolventes	Variable
1	Acabado 1 [4]	Piedra - pizarra	0.0100	☐	☐
2	Substrato [2]	Hormigón y arena	0.0400	☐	☑
3	**Contorno del núcleo**	**Capas de envolvente por encima**	**0.0000**		
4	Capa térmica/de aire [3]	Aislamiento térmico	0.0800	☐	☐
5	Estructura [1]	Hormigón	0.2200	☐	☐
6	**Contorno del núcleo**	**Capas de envolvente por debajo**	**0.0000**		
7	Acabado 1 [4]	Enlucido - Blanco	0.0100	☐	☐

Activamos en la columna de variable que queremos que esta inclinación se absorba por el elemento de hormigón y arena (Substrato 2).

Y este sería el resultado final.

Figura 11.9. Ejemplo de aplicación de la columna variable.

12

Materiales

En este capítulo aprenderás a:

- Generar nuevos materiales.
- Diferenciar entre patrones de diseño y de modelo.
- Editar patrones.
- Crear nuevos patrones.

La ventana del explorador de materiales es accesible desde el cuadro de diálogo de editar las capas de un elemento multicapa, pero también desde Gestionar>Materiales, que es el método más rápido. Contiene todos los materiales cargados en el modelo. En la parte superior izquierda está la casilla para buscar, que es la forma más práctica de localizar un material.

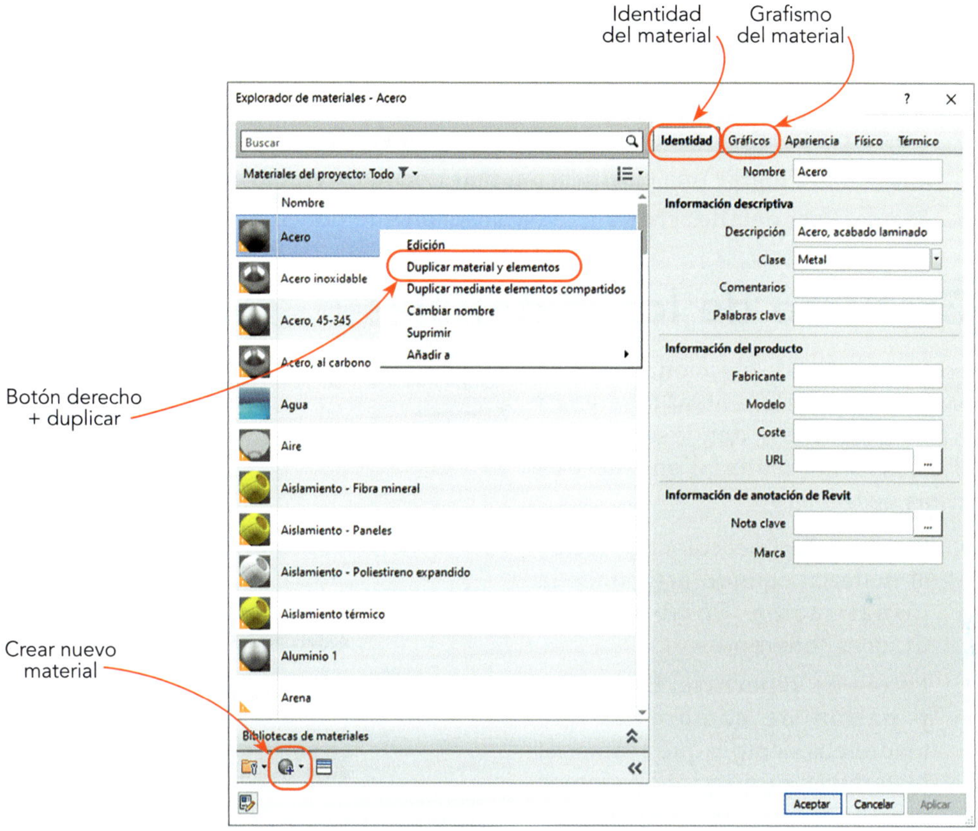

Figura 12.1. Ventana del explorador de materiales.

Crear un material nuevo

- Botón derecho sobre un material y hacemos clic en Duplicar material y elementos.
- Parte inferior izquierda de la pantalla, símbolo de Añadir material.

Identidad de los materiales

La primera pestaña que aparece con un material seleccionado es Identidad. En ella escribiremos los valores del material, que nos servirán para identificarlo más adelante y filtrarlo en las búsquedas (ya que las búsquedas no son solamente por nombre, sino que también tiene en cuenta el contenido del resto de parámetros que hayamos escrito). Todos los parámetros que tienen son utilizables a nuestra conveniencia. Los más habituales son los siguientes:

- **Nombre.** El parámetro más básico, para una identificación inmediata.
- **Descripción.** Para detalles constructivos o leyendas, por ejemplo.
- **Clase.** Para lograr una clasificación más detallada en tablas.
- **Marca.** Para detalles constructivos, si solamente ponemos el código.

Grafismo de los materiales

Con un material seleccionado, en la parte derecha de la ventana tendremos la pestaña Gráficos, donde se modifica el aspecto del material en nuestras vistas de trabajo.

- **Sombreado.** Es el color que recibe el material cuando activamos la visualización Sombreado o Colores coherentes.
- **Patrón de superficie.** Es el color y patrón de sombreado que tendremos siempre que veamos el material en proyección. Podemos usar patrones de diseño o de modelo.
- **Patrón de corte.** Es el color y patrón de sombreado cuando el material aparezca seccionado. Se usarán patrones de diseño.

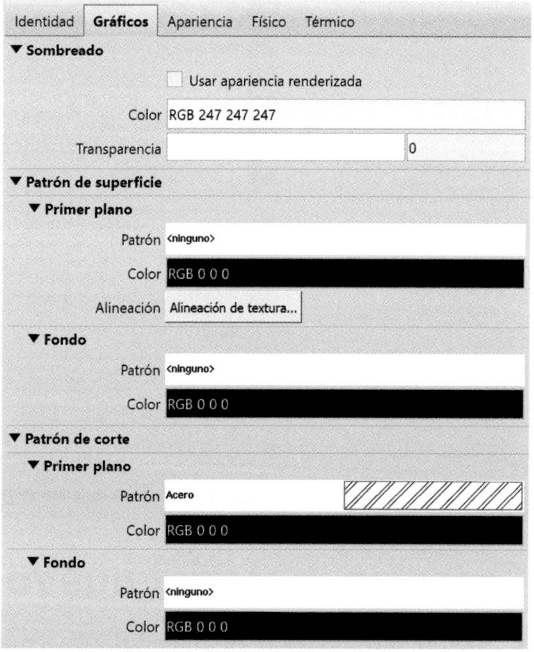

Figura 12.2. Grafismo de los materiales.

Tipos de patrón de sombreado, primer plano o fondo

- Patrones de diseño. Son sombreados abstractos, conceptuales. No responden a ninguna escala, sino que una vez definidos como, por ejemplo, «líneas a 45° separadas en el papel 2 mm», siempre se imprimirán así, independientemente de que la vista se imprima a 1:50 o a 1:200. Sobre el papel, si tomamos una regla, veremos que las rayitas se separan exactamente 2 mm. Pueden usarse para sección y para proyección.

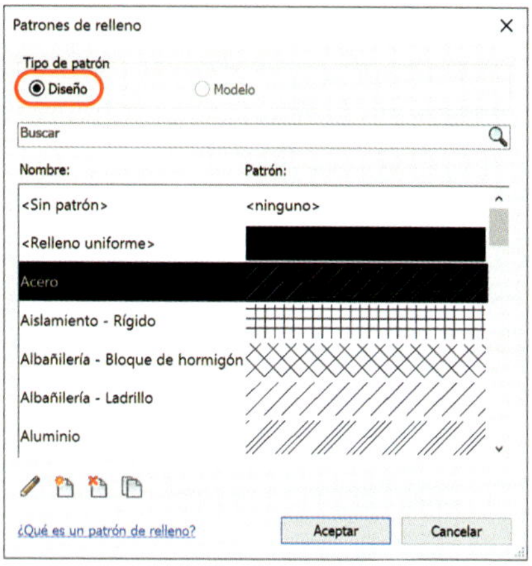

Figura 12.3. Patrones de relleno.

TRUCO:

De hecho, si cambiamos la escala de la vista, observaremos que las líneas se ven más separadas o más juntas: porque obviamente, si han de estar siempre a 2 mm, caben más líneas en un muro a 1:50 (y en pantalla se ven más apretadas) que en el mismo muro impreso a 1:200 (por eso, en pantalla, se ven más separadas).

- **Patrones de modelo.** Representan el despiece real del material. Ya sea el aparejo del ladrillo, las lamas del laminado de madera de 7,5 cm, un azulejo de 25 x 40 cm o la modulación del falso techo en placas de 60 x 60 cm, los patrones de modelo representan la realidad de la construcción. Solo es posible usarlos en patrones de superficie. Los patrones de modelo pueden alinearse, moverse y girarse de forma muy sencilla:
  - Para alinear un patrón, basta usar la orden Alinear y tocar el destino, y luego una línea del patrón. No funcionará si las líneas origen y destino son perpendiculares.

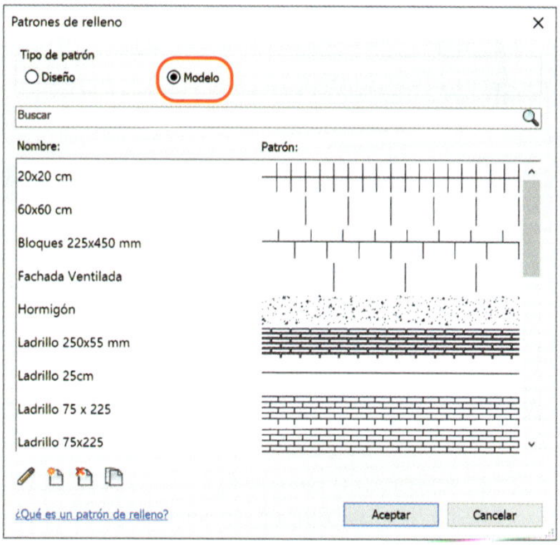

Figura 12.4. Patrones de modelo.

  - Para mover o girar un patrón, seleccionaremos primero una de sus líneas, mediante TAB. A partir de ese momento, usaremos la orden correspondiente de forma normal.

TRUCO:

Si el modificador Separar está activado en el comando Mover (porque se ha utilizado antes), no funcionará el desplazamiento del patrón. Hay que desmarcar previamente al utilizar el comando.

Cuando estemos trabajando con la orden Alinear para corregir la posición de un patrón, veremos que en la cinta de opciones tenemos la posibilidad de alinear el patrón a la superficie completa del elemento o solamente a su cara. Esto nos puede ahorrar mucho trabajo si queremos alinear el patrón de varias caras de un suelo que tiene, por ejemplo, modeladas las pendientes de recogida de aguas.

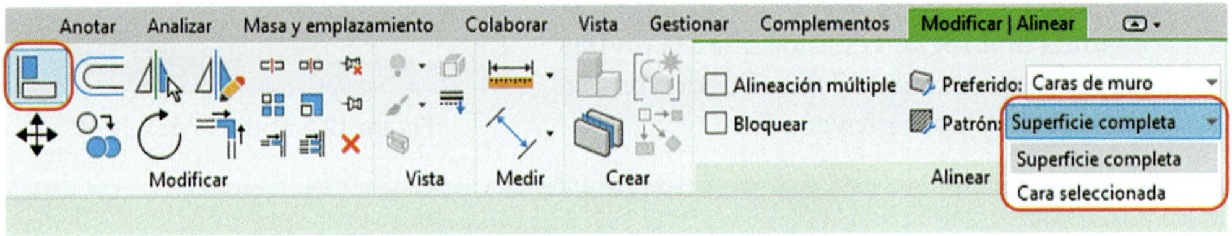

Figura 12.5. Opciones de alinear un patrón.

Nuevos patrones de sombreado

La ventana de patrones de sombreado es accesible desde dentro del grafismo de un material, pero también desde Gestionar>Configuración adicional>Patrones de relleno. De un modo u otro, dentro de esta ventana crearemos o editaremos los patrones existentes.

TRUCO:

Es posible editar los patrones basados en líneas. Aquellos que provengan de una importación no son editables más allá de modificar su escala.

Dentro de un nuevo patrón de relleno, las opciones son muy directas: ángulo de las líneas, separación entre ellas (en milímetro si es un patrón abstracto o de diseño, en metros si es un patrón real o de modelo), y la posibilidad de hacer patrones de dos líneas cruzadas (incluso con separaciones distintas). En los patrones de diseño existe la opción, además, de establecer cuál será el criterio para colocar el ángulo: alineado con el elemento, alineado con la vista y una tercera opción llamada «Legible» que mezcla las otras dos.

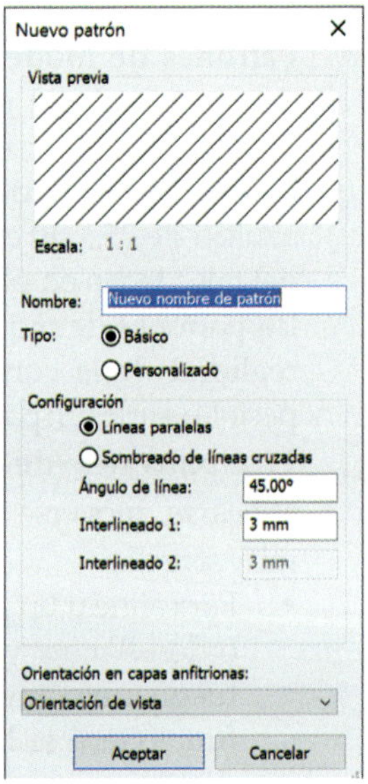

Figura 12.6. Ventana para nuevo patrón.

Importar un patrón de sombreado

Es posible utilizar archivos de patrones de sombreados CAD (extensión PAT) para tener patrones más complejos en Revit. Simplemente, al crear un nuevo patrón de sombreado, elegimos la opción Personalizado y clicamos en el botón Importar.

En patrones de modelo nos dará error. Esto es porque los archivos PAT están pensados para patrones de diseño; pero podemos arreglarlo fácilmente si editamos el archivo PAT con el Bloc de notas o una aplicación similar, y en la segunda línea escribimos lo siguiente: «;%TYPE=MODEL».

Guardamos el archivo PAT, incluso con otro nombre si queremos mantener los dos —una versión para patrones de diseño, otra para patrones de modelo— y hacemos el proceso de nuevo.

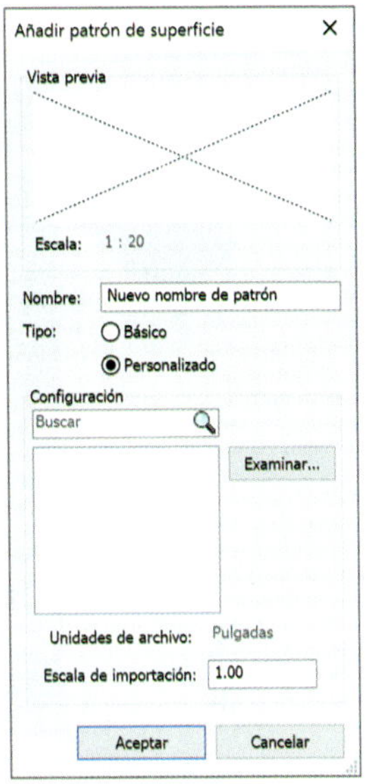

Figura 12.7. Ventana para importar un patrón de superficies.

Generar nuevos patrones complejos

Mediante el uso de plugins (tanto libres como de pago) se generan nuevos patrones. Algunos de estos plugins son directamente para Revit, mientras que otros se generan desde AutoCAD: y como el formato de archivo de patrones es el mismo, no habría ningún problema. Algunos de estos plugins o extensiones gratuitas son:

- HatchMaker para AutoCAD.
- Brick hatch generator para AutoCAD. Solamente patrones de ladrillos o piezas alternas.
- PyRevit para Revit (es solo una de las muchas funciones que ofrece).

13

Suelos

En este capítulo aprenderás a:

- Hacer suelos: pavimentos y forjados.
- Tener una metodología de modelado de suelos.
- Generar pavimentos tanto continuos como interrumpidos en los tabiques.
- Resolver el encuentro de cerramientos exteriores con forjados.
- Arreglar el encuentro de dos pavimentos en una puerta.
- Diferenciar entre enlazar y unir.

Los suelos en Revit se usan para modelar tanto forjados como pavimentos. Es una familia de sistema, lo que significa que podremos crear tantos suelos nuevos como queramos a partir de otros, pero no existe un botón «Cargar familia» para suelos. Podremos hacerlo con el clásico Ctrl-C + Ctrl-V y con Gestionar>Transferir normas de proyecto.

Boceto de suelos

Es una orden por boceto. Cuando entramos en la orden, Revit no nos dejará salir de ella hasta que no pulsemos el botón Aceptar / Finalizar o Cancelar, sin importar cuántas veces pulsemos ESC. Los suelos son, además, elementos multicapa, de manera que se personalizan siguiendo los mismos pasos que con los muros.

Mientras dibujamos el boceto, tenemos todas las opciones de boceto que Revit nos muestra en la cinta: línea, rectángulo, polígono, arco o spline, entre otras. Las condiciones para que el contorno se acepte son solamente dos:

- Debe estar cerrado.
- Ha de ser continuo (las líneas no deben solaparse ni intersecarse).

Los suelos están basados en un nivel y un desfase: un suelo de Nivel 1, desfase 0,00, tendrá la cara superior enrasada con el nivel (y, si el suelo se hace más grueso, la cara superior permanece en su sitio y crece hacia abajo); un suelo con desfase positivo indica que la cara superior empieza a esa distancia del nivel, y un suelo con desfase negativo estará por debajo.

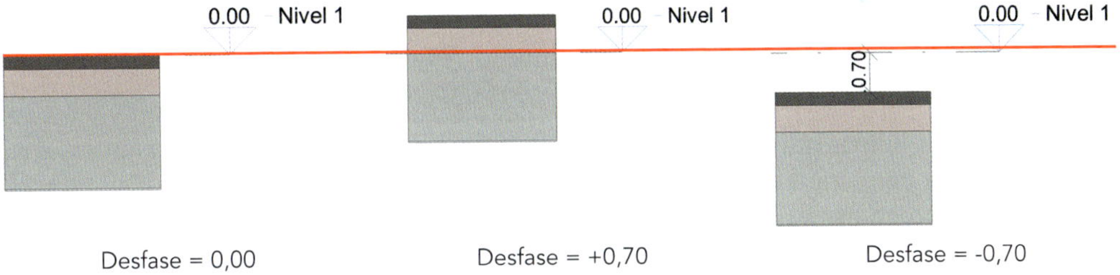

Figura 13.1. Desfases de suelo.

Una vez dibujado el contorno del suelo, siempre es posible volver a editarlo seleccionando el suelo y haciendo clic en el botón de Editar contorno o bien con doble clic sobre el suelo. Recuerda que, para poder seleccionar un elemento por cara, deberás tener activada la ayuda de selección Seleccionar elementos por cara de la parte inferior derecha de la ventana de Revit.

Si estamos dibujando un suelo en una planta superior y hay muros por debajo, siempre nos preguntará si deseamos Enlazar los muros de abajo. Enlazar hará que todos los muros queden hasta la cara inferior del suelo. Aunque esto es deseable en los tabiques interiores, no lo es en los cerramientos exteriores (será mejor si los unimos al suelo).

Así que será nuestra decisión ver qué nos dará más trabajo: enlazar manualmente todos los tabiques interiores o desenlazar todos los cerramientos exteriores. Más adelante en este mismo capítulo se dedica un apartado a este punto.

Hemos comentado que los niveles se corresponden con el acabado de pavimento, y en realidad esto no tiene por qué ser así: podrían corresponderse con la cara superior de forjado. En cualquiera de los dos casos, la decisión implica consecuencias y habrá que mover otros elementos. Por eso, como es una decisión importante a la hora de trabajar el proyecto, repasémosla entera:

- Colocar en un único elemento de suelo tanto el forjado como el pavimento no parece operativo, porque hay mucha casuística, y habría que ir dividiendo en trocitos el suelo.
- Por tanto, decidimos separar, por una parte, la función estructural (el forjado) y, por otra, los revestimientos o acabados de pavimento.
- Como los suelos se enrasan a la cara superior, dispondríamos de dos suelos superpuestos y eso sería incorrecto: hay que desplazar uno de ellos el espesor del paquete de pavimento (pongamos 5 cm).

Aquí hay que tomar una decisión:

- Si el nivel se enrasa con la cara de forjado, hemos de desplazar hacia arriba el paquete de pavimentos: seleccionaremos los pavimentos y les daremos un desfase de +5 cm.

Consecuencias: habrá que levantar todas las puertas y mobiliarios 5 cm e incrementar en +5 cm los antepechos de las ventanas y las cotas de altura libre para los falsos techos.

- Si el nivel se enrasa con la cara de pavimento, tenemos que desplazar hacia abajo el forjado: seleccionaremos los forjados y les daremos un desfase de -5 cm.

Consecuencias: habrá que desplazar todos los muros -5 cm en la base y en la cara superior, para que vayan de forjado a forjado. También las cubiertas y pilares estructurales. Normalmente, esta es la opción que más veces he recomendado para un uso habitual del programa.

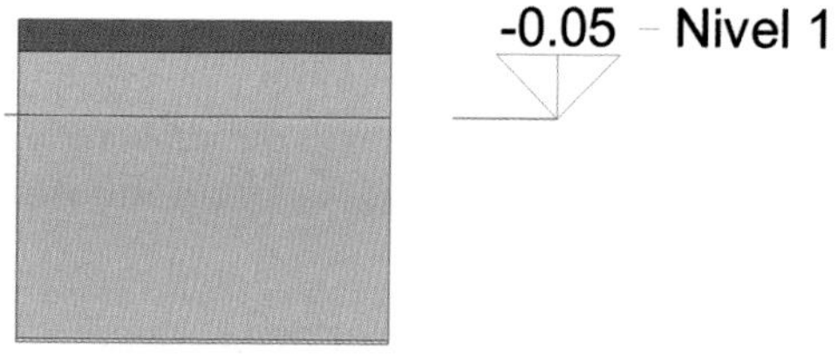

Figura 13.2. Nivel enrasado con la cara superior de forjado.

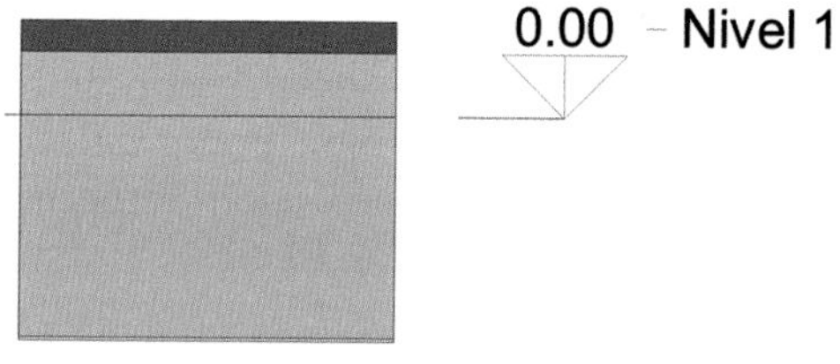

Figura 13.3. Nivel enrasado con la cara de pavimento.

La línea es demasiado corta

Más de una vez observaremos este error. Se debe a lo siguiente: cuando hacemos un boceto de suelo seleccionando muros, Revit creará una minilínea entre dos muros consecutivos, para asegurarse de que, en caso de que movamos uno de ellos, él tenga una línea que poder estirar. Sin embargo, si borramos nosotros alguna de las dos líneas «normales» que tienen esa minilínea entre ellas, Revit da el error de que esa línea «es demasiado corta». Podemos aceptar la ventana del error Suprimir elementos o seleccionarla con una ventana y eliminarla.

Forjados + pavimentos

Aunque Revit permite combinar en un solo paquete de suelo el forjado y el pavimento, no es operativo porque cada parte de nuestro edificio posee una combinación diferente: un pavimento distinto a otro según la estancia o unas partes con enlucido bajo forjado y otras con falso techo. Lo único que es común a todo es la propia estructura: el forjado.

Por tanto, mi propuesta operativa es tener UN suelo que sea solamente la estructura; lo que es común a toda la planta y, después, tantos suelos de pavimento como sean necesarios. Por lo general, no se hace un suelo por habitación, sino que es un único suelo por todas aquellas estancias que estén conectadas con el mismo pavimento.

Núcleo y desfase

A la hora de dibujar un forjado, tendremos en cuenta el retranqueo desde la línea de fachada. Si es un edificio con fachada ventilada, no será necesario; pero en el resto de los casos es habitual. Tradicionalmente ha habido dos maneras de representar el retranqueo del forjado: el primero es midiendo la distancia desde la línea de fachada; y el segundo indicando el vuelo de la hoja exterior de fachada. Los dos métodos son igualmente correctos, y será tu decisión personal cómo enfocarlo.

Al dibujar el contorno del suelo, la opción de boceto más interesante es Seleccionar muros, pues, al hacer clic en un muro, Revit dibujará por nosotros la línea delimitadora del forjado. Y aquí es donde entra en escena el párrafo anterior, acerca de colocar la distancia desde la fachada o desde la fábrica: en la barra de opciones tendremos un cuadro para colocar un Desfase (donde valores positivos son hacia fuera del muro y valores negativos son hacia dentro del muro); y una casilla de verificación que dice Extender en muro (al núcleo). Veamos qué debemos poner:

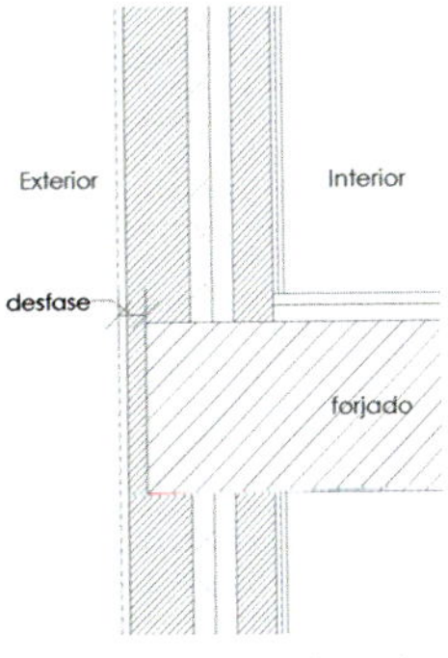

Figura 13.4. Desfase de suelo con la fachada.

- Marcar la casilla del núcleo hace que la línea no se coloque en la cara de acabado del muro, sino en la cara del núcleo (recordemos que el núcleo suelen ser las hojas del muro).

- Escribir un desfase negativo hará que dibujemos la línea desfasada x cm del borde del muro (o del núcleo, según si está marcada la casilla de antes o no).

Por tanto, según nuestro método de calcular el retranqueo de los forjados, haremos:

- Calculando desde la línea de fachada. Casilla de verificación desactivada, desfase -0,05 (por ejemplo; tomando 1,5 cm de mortero, 3,5 cm de rasilla cerámica).
- Calculando desde la fábrica de ladrillo. Casilla de verificación activada, desfase -0,035 (si el vuelo es 1/3 del espesor de un ladrillo de 11 cm, son 3,5 cm).

Figura 13.5. Desfase de la línea de muro.

Cuando estemos dibujando los pavimentos de una habitación (por ejemplo, de un cuarto húmedo, como un baño o una cocina), marcaremos la casilla de verificación (para que el pavimento llegue hasta la fábrica, no hasta el revestimiento) y pondremos desfase cero.

Alinear grafismo

Si el material superior del suelo (el acabado) tiene un patrón de relleno por superficie, lo alinearemos sin ningún esfuerzo:

- Con la orden Alinear, seleccionamos en primer lugar dónde (la referencia a la que queremos alinear el suelo) y después qué (la línea del suelo que debe pasar por ahí).
- Si ponemos el cursor, sin hacer clic, encima de una línea del patrón de sombreado y apretamos una o varias veces la tecla TAB, se marcará la línea; con un clic es posible moverla, girarla, desplazarla o colocarla como deseemos. Por cierto, esto no funcionará si, en la orden de Mover, está activada la casilla Separar.

Figura 13.6. Suelo sin alinear.

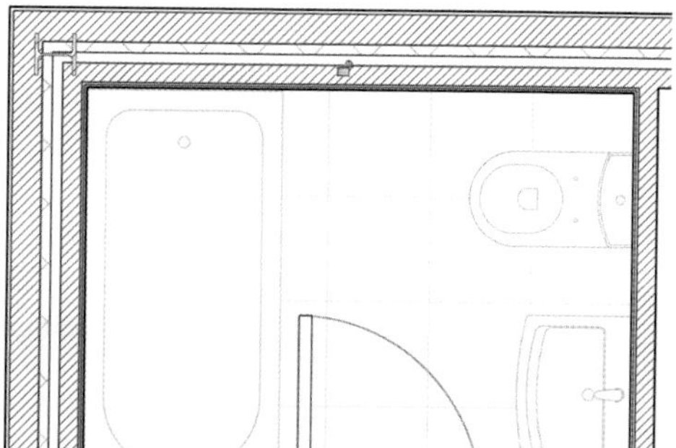

Figura 13.7. Suelo alineado.

Metodología

Mi propuesta es mantener el nivel como cota de pavimento. Por tanto, veamos cómo proceder de la forma más rápida posible a desfasar todos los muros y suelos, y a arreglar todas las consecuencias.

- Para mover los forjados, en una sección se puede seleccionar uno, ir a Seleccionar todos los ejemplares en el proyecto (SA) y, en el parámetro Desfase en la paleta de Propiedades, escribir -0,05. Si hay varios tipos de forjados, haremos lo mismo con cada uno de ellos.
- Para mover los muros, en una vista 3D se selecciona todo el modelo con ventana y con la orden Filtro se desmarca todo excepto los muros. En el parámetro Desfase de base de la paleta Propiedades, ponemos -0,05.
- Si no hemos dibujado ningún muro con altura No conectada, también podremos escribir -0,05 en el parámetro Desfase superior; si no nos deja es porque hay muros con No conectado y hay que hacer el proceso seleccionando por tipo de muro (o bloqueando los muros que sean No conectado para que al seleccionar todo no los tenga en cuenta).

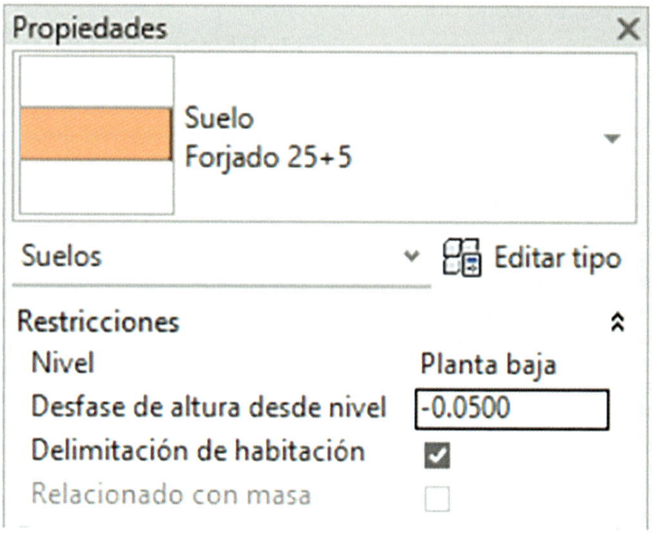

Figura 13.8. Desfase de altura desde nivel.

Suelos continuos debajo de los tabiques o interrumpidos

Según el tipo de pavimento, se presentarán dos situaciones:

- El pavimento se interrumpe en el tabique, siendo continuo solamente en los huecos de puertas. Esto pasa en pavimentos tipo gres o laminados.
- El pavimento pasa corrido debajo del tabique, siendo un único suelo. Pavimentos pétreos como mármol o terrazo son un ejemplo de este sistema, como consecuencia de colocar el solado en la obra antes de tabicar.

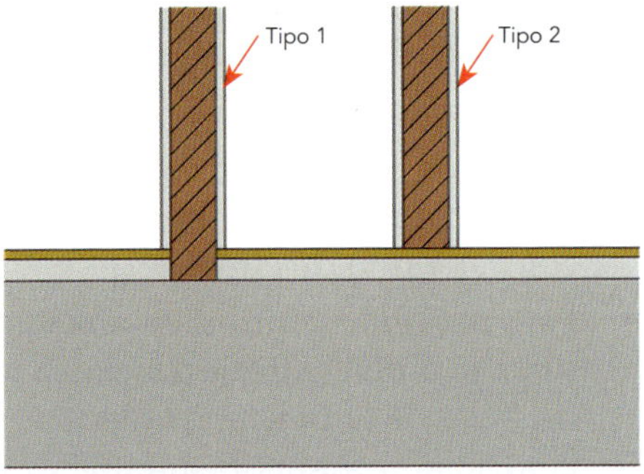

Figura 13.9. Tipo 1 y 2 de uniones entre pavimento y suelo.

- La forma de reproducir exactamente este comportamiento en Revit es extremadamente sencilla:
  - **Los suelos que han de pasar por debajo del tabique** deben tener todas sus capas dentro del núcleo, con Función>Estructura [1].
  - **Los suelos que se interrumpen en cada tabique** deben tener todas sus capas dentro del núcleo, con Función>Substrato [2] (asumiendo que las capas del núcleo del tabique sean Estructura [1]).

Capas

CARA EXTERIOR

	Función	Material	Grosor	Envolventes	Material estructural
1	**Contorno del núcleo**	**Capas de envolvente**	**0.0000**		
2	Substrato [2]	Enlucido - Blanco	0.0150	☐	☐
3	Substrato [2]	Ladrillo de cerámica	0.0700	☐	☑
4	Substrato [2]	Enlucido - Blanco	0.0150	☐	☐
5	**Contorno del núcleo**	**Capas de envolvente**	**0.0000**		

CARA INTERIOR

Figura 13.10. Muros para que el suelo se interrumpa en cada tabique.

Cerramientos exteriores y forjados

Si hacemos una sección, veremos que el resultado no es, de momento, como esperamos; se ven todas las líneas superpuestas. Los cerramientos exteriores (la envolvente del edificio) deberían unirse al forjado superior. El método es mediante la orden Unir y seleccionar ambos elementos (el orden no importa). Sin embargo, hay una forma de hacer la unión de todos los cerramientos exteriores y el forjado más rápida:

- Vamos a una vista de plano de techo (para ver los muros y el forjado superior).
- Orden Unir, marcamos Unión múltiple.
- Seleccionamos el forjado superior.
- Seleccionamos, uno a uno, los cerramientos exteriores. Si no nos deja seleccionar alguno, es porque ya está unido.

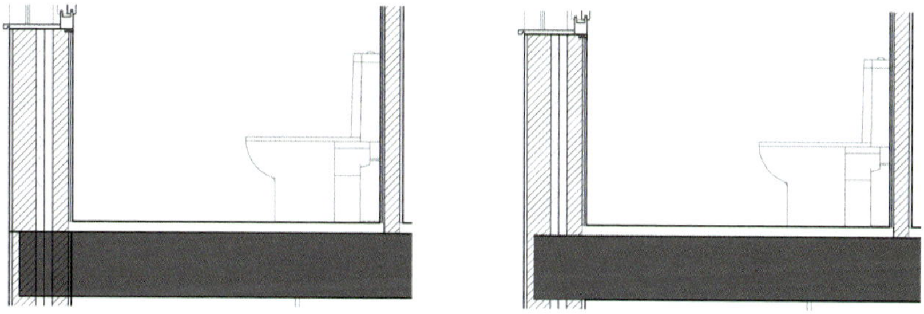

Forjado + cerramiento sin unir — Forjado + cerramientos unidos

Figura 13.11. Unión entre el cerramiento exterior y el forjado.

Unión pavimentos - tabiques

Además, al aceptar el suelo, Revit detectará que se solapa con los muros perimetrales del suelo (solo si el boceto de este era mediante el comando de Seleccionar muros) y nos ofrecerá la opción de unirlos automáticamente. «El suelo/la cubierta se solapa con los muros resaltados. ¿Desea unir la geometría y cortar el volumen solapado?». La respuesta es SÍ, porque nos ahorrará tiempo. Sin embargo, aquellos tabiques que no sean perimetrales al suelo no los detecta para hacer la unión automática (por ejemplo, un tabique que está íntegramente contenido dentro del suelo y no toca ningún borde). Estas uniones las haremos manualmente.

- Seleccionamos la orden Unir.
- Marcamos la casilla Unión múltiple en la Barra de opciones.
- Seleccionamos el suelo.
- Seleccionamos cada uno de los tabiques que debemos unir.

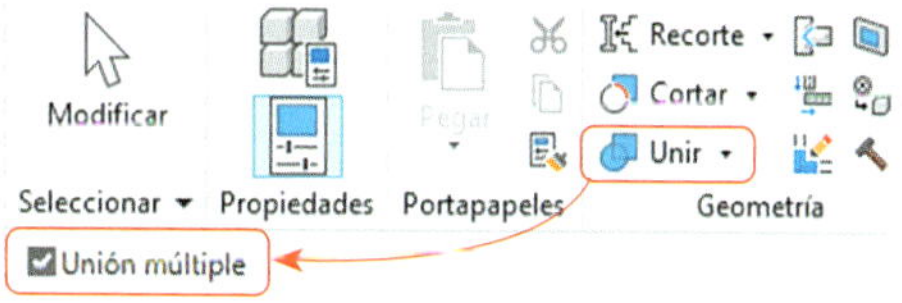

Figura 13.12. Unión múltiple.

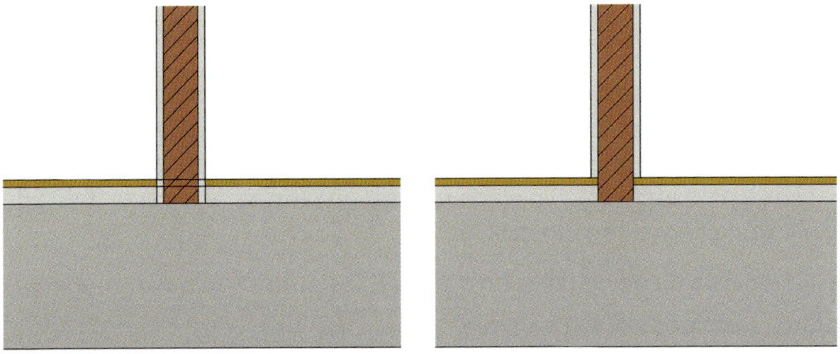

Pavimento + partición sin unir   Pavimento + partición unidos

Figura 13.13. Unión entre pavimento y partición interior.

Particiones interiores

En la vista de sección observaremos también que los muros interiores llegan hasta la cara superior del forjado superior, en vez de terminarse en la cara inferior del forjado. Aunque una posibilidad es editar el desfase superior y restar el canto del forjado, esto hace que, ante una modificación del espesor del forjado, tendríamos que volver a modificar todo. Es más práctico emplear la orden Enlazar. Veamos el proceso:

- En una vista, seleccionamos todos los muros de una planta (por ejemplo, en un alzado o en una vista de plano), incluso ayudándonos con la orden Filtro o Seleccionar todos los ejemplares en la vista.
- En la Cinta de opciones, aparece a la derecha el comando Enlazar.
- En la Barra de opciones, elegimos si enlazaremos la base o la cara superior: en este caso, queremos la cara superior.
- Seleccionamos el forjado superior.

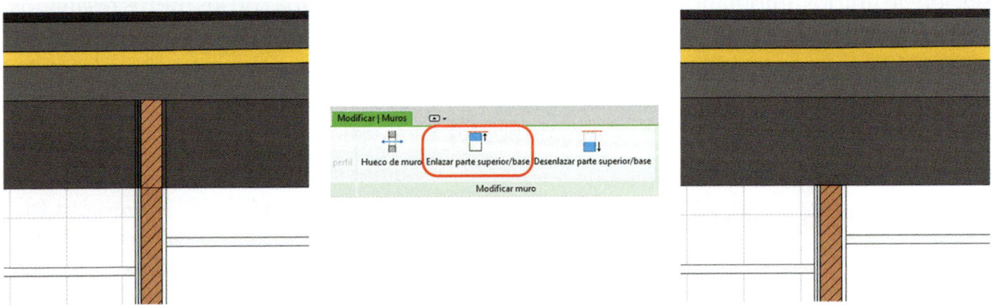

Partición interior con forjado   Enlazar parte superior   Obtenemos la unión correcta

Figura 13.14. Proceso de enlace de una partición interior con el forjado superior.

Si lo hemos hecho correctamente, los muros llegarán hasta la cara inferior del forjado superior, con la ventaja de que, si cambiamos el espesor del forjado, los muros también modificarán su altura.

Enlazar no es el único método para conseguir este resultado; personalmente, recomiendo trabajar con los parámetros globales y crear uno, al que podemos llamar «Desfase superior tabiques» y aplicarlo al desfase superior de los tabiques, que sea igual al canto del forjado superior más el pavimento (por ejemplo, si tomamos 5 cm para pavimento y 30 cm para el forjado, nos daría un desfase de -0,35 m). Al utilizar este método, no necesitamos enlazar y llevaremos todos los tabiques de forma automática hasta la cota inferior del forjado superior.

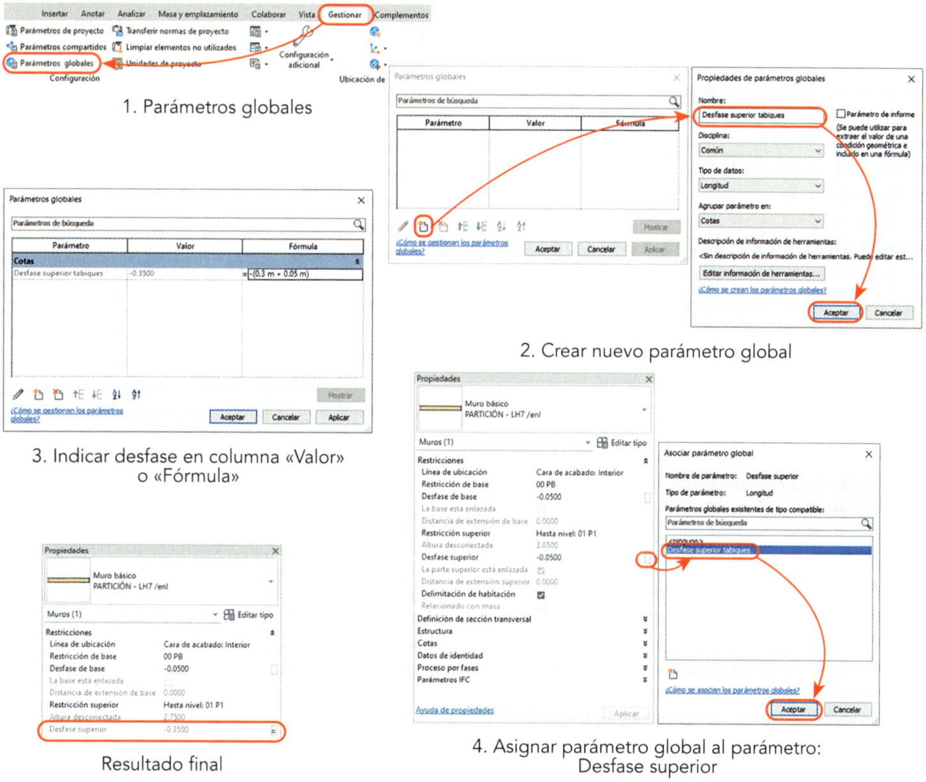

Figura 13.15. Parámetro global para el desfase superior de los tabiques.

Puertas en separación de pavimentos

Las puertas que separan dos habitaciones con pavimentos diferentes puede que se queden sin pavimento por debajo. La solución es, simplemente, editar el contorno del suelo y alinear esa línea al otro lado. Se podría contornear manualmente el hueco de la puerta, pero será mucho más trabajo.

TRUCO:

El cambio de pavimento se produce siempre debajo de la hoja de la puerta cerrada, así que con este criterio claro no debería haber duda sobre qué línea del suelo editar.

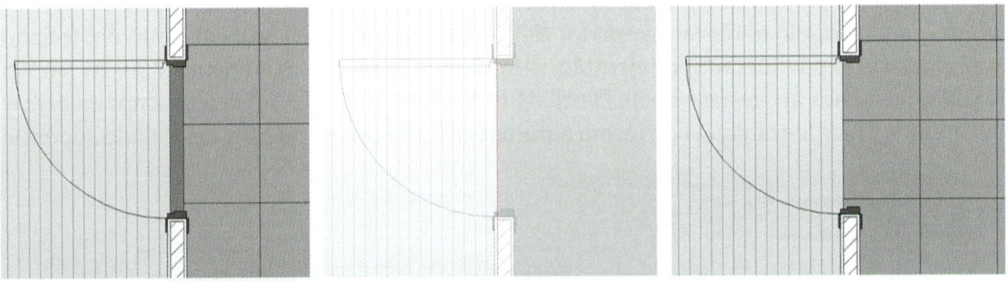

Puerta sin pavimento — Edición contorno del suelo — Resultado final

Figura 13.16. Proceso de cambio de pavimento en paso de puerta.

Diferencia entre Unir y Enlazar

Aunque da la impresión de que las dos órdenes sean muy parecidas (y lo son), hay una diferencia fundamental:

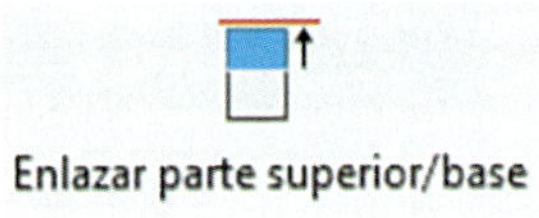

- La orden Enlazar estira la cara superior del muro (o la base, según lo que hayamos escogido) hasta llegar al elemento al que está enlazado, sin importar la distancia. Por mucho que movamos el elemento, el muro llegará hasta ahí (o nacerá desde ahí).

- La orden Unir hace una especie de «unión booleana». Utiliza los parámetros de Función de los elementos para establecer qué capas de un elemento prevalecen sobre otras.

No hay una orden «mejor» que otra. Recomiendo utilizar, como regla general:

- La orden Unir, para encuentros entre:
  - Cerramientos exteriores con forjado superior.
  - Tabiques con pavimentos.
  - Antepechos con cubiertas planas.
- La orden Enlazar, para encuentros entre:
  - Tabiques con el forjado superior (o bien el método de los parámetros globales).
  - Tabicas de falso techo con los elementos de techo.
  - Cerramientos con cubiertas inclinadas o de geometría orgánica.
  - Muros en general con planos de referencia.

¿Aceptar enlazar? ¿Aceptar unir?

Cada vez que creemos, o editemos, un suelo o cubierta que tenga muros por debajo, Revit nos preguntará si deseamos que «los muros que suben al nivel de esta planta se enlacen a su parte inferior», y te permite marcar que no vuelva a preguntarlo.

Si editamos, o creamos, un suelo cuyos contornos son muros (y están dibujados con línea de muro, no con líneas simples), también nos informará de que «el suelo/cubierta se solapa con los muros resaltados. ¿Desea unir la geometría y cortar el volumen solapado?». Aquí la respuesta debería ser que sí.

Restaurar configuración en Revit.ini

Cuando sale un cuadro de diálogo como el de Enlazar muros, nos da la opción de No volver a mostrar este mensaje. Es muy tentador apretarlo (y muy útil, en muchos casos), pero es también muy probable que, en algún momento, debamos deshacer esta configuración. ¿Cómo hacerlo?

Pues editando el archivo de inicio de Revit (Revit.ini) desde una carpeta concreta: C:\Users\(nombredeusuario)\appdata\Roaming\Autodesk\Revit\Autodesk Revit 202X\.

Es importante que este archivo no se edite sin supervisión o que generéis una copia de seguridad (por ejemplo, copiando en la misma carpeta uno y llamándolo «Revit.old», por ejemplo).

TRUCO:

La carpeta Appdata es oculta. Habrá que escribirla manualmente en la barra de direcciones. Además, una forma muy rápida de llegar hasta ella es escribir, desde cualquier barra de direcciones, %APPDATA%. Desde ahí, ya seguiremos nosotros navegando hasta la carpeta deseada.

Una vez dentro del archivo, que se habrá abierto probablemente con el Bloc de notas, iremos hasta un apartado que se llama, entre corchetes, DNSM (Do Not Show Me). Veremos que existe una línea que dice:

TaskDialog_Wall_Attach_To_Floor= <valor>.

Las posibilidades de este valor son, en función de lo que necesitemos:

- 1 = La ventana no se mostrará de nuevo.
- 0 = La ventana se mostrará cuando sea necesario.
- 1001 = La ventana no se mostrará de nuevo y utilizará una respuesta por defecto afirmativa.
- 1002 = La ventana no se mostrará de nuevo y utilizará una respuesta por defecto negativa.

Esta misma acción deberíamos realizarla para restablecer (o modificar) el comportamiento cuando cambiamos el nombre de un nivel y nos pregunta si queremos actualizar el nombre de las vistas, o viceversa.

14

Techos

En este capítulo aprenderás a:

- Hacer techos.
- Modelar foseados perimetrales y tabicas.
- Indicar pendientes en techos.
- Diferenciar entre techos compuestos y básicos, así como editarlos.

La herramienta Techos en Revit nos permite crear tanto falsos techos suspendidos como revestimientos inferiores de forjado (enlucidos o enfoscados). La forma normal de colocarlos es desde una vista de techo, ya que, si lo hacemos desde una vista de planta, probablemente Revit nos avise de que el elemento «No es visible en la vista». Pulsando sobre la orden, en la Cinta de opciones elegiremos entre Techos automáticos (delimitados por muros) o Techos por boceto (dibujando nosotros el contorno del techo, con las mismas condiciones que al dibujar un suelo: el contorno debe ser cerrado y continuo).

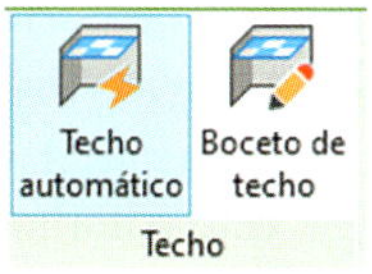

En la paleta de Propiedades es posible elegir la altura a la que se sitúa el techo (Nivel y Desfase). El desfase se refiere hasta la cara inferior del techo, de manera que es directamente la altura libre de la planta.

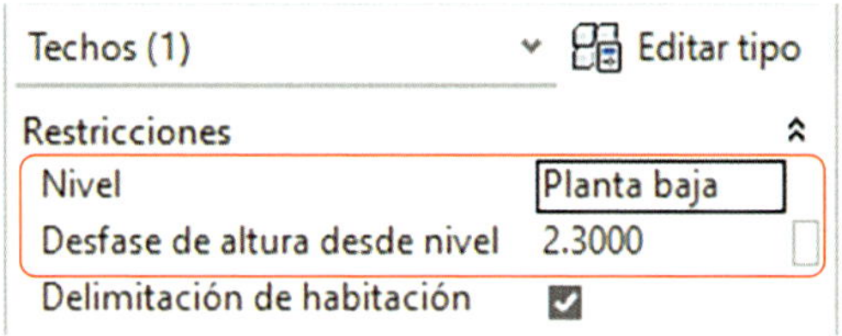

Figura 14.1. Restricciones de altura.

El plano de corte del Rango de vista de un plano de techo está, por defecto, a 2,30 m. Si hacemos un muro a 2,20 m, nos dirá que «No es visible en la vista» y habrá que cambiar el rango de vista.

Los techos, igual que los suelos y demás elementos por boceto, pueden editarse una vez creados (haciendo doble clic sobre el techo o bien seleccionándolo y haciendo clic en el botón de Editar contorno).

Techos continuos

Para dibujar un techo continuo (un enlucido o enfoscado bajo forjado), crearemos un nuevo tipo, con el material y espesor correspondiente (dentro de la ventana clásica de edición de estructura multicapa). La opción más cómoda es dibujarlo a una altura estándar, para luego alinearlo a la cara inferior del forjado mediante la orden Alinear.

Foseados perimetrales y tabicas

Tanto si tenemos un falso techo a dos alturas como un foseado perimetral o una bandeja perimetral de techo liso junto a un techo modular de placas, resolveremos el sistema mediante el mismo proceso.

- Desde la vista de techo, dibujamos un techo que ocupe toda la habitación.
- Editamos el contorno del techo y hacemos otro contorno interior. Al aceptar, habremos hecho un agujero.

- En ese agujero generamos un segundo techo, a la cota deseada.
- Si necesitamos hacer una tabica, habremos de crear un tipo de muro que llamaremos, por ejemplo, «Tabica FT», con el material y el espesor adecuado. Dibujamos un muro que contornee la unión entre los dos techos. No importa la altura: de planta a planta, por ejemplo.
- Para que la unión sea correcta, ambos techos deben «envolver» el muro. Conseguiremos esto editando uno de los contornos de techo y moviendo o desfasando las líneas x cm.

TRUCO:

Tras poner la orden Desfase, si colocamos el cursor sobre una de las líneas, sin seleccionarla, y pulsamos TAB, seleccionaremos toda la cadena de líneas; con un clic se seleccionan y desfasan todas.

- Seleccionamos todos los muros de tabica y, en una sección, aplicamos la orden Enlazar. Con la opción de Parte superior enlazamos por arriba y con la opción de Base, por debajo.

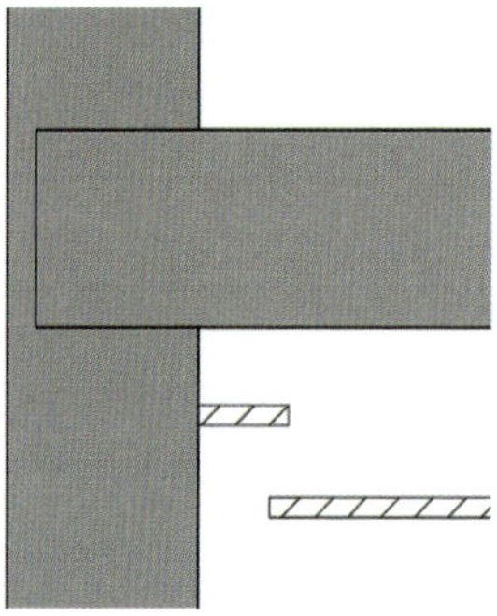

Partiendo de los dos techos a diferente altura

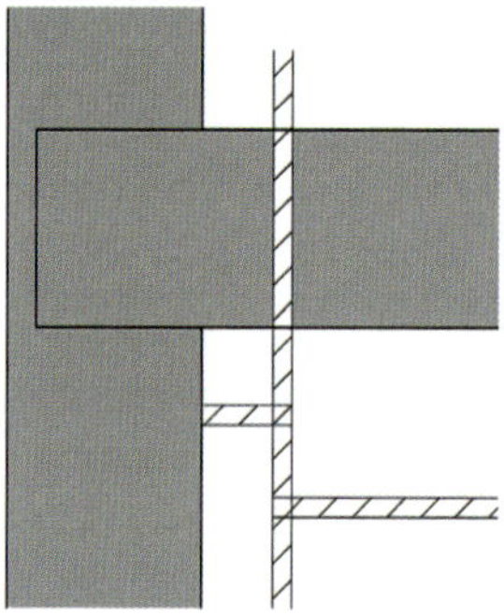

Trazamos el muro de la tabica

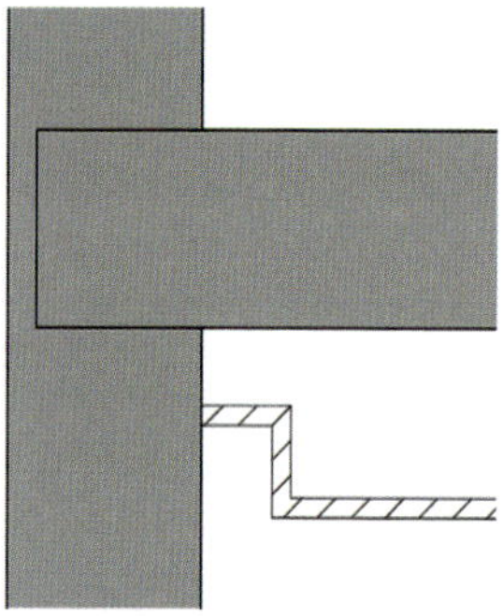

Enlazamos la parte superior e inferior

Figura 14.2. Proceso de creación de una tabica.

Pendientes en techos

Para dar una pendiente a un techo, lo haremos mediante flechas de pendiente:

- Seleccionamos el techo.
- Clic en Editar contorno (o doble clic sobre el techo).
- Justo debajo de Línea de contorno tenemos Flecha de pendiente.
- Dibujamos la flecha, teniendo en cuenta los siguientes puntos:
  - El extremo que no tiene la flecha debe estar, necesariamente, sobre el contorno del techo.
  - En las propiedades de la flecha de pendiente, podemos determinar la altura bien por Altura en extremo final o bien por Pendiente, en grados decimales.

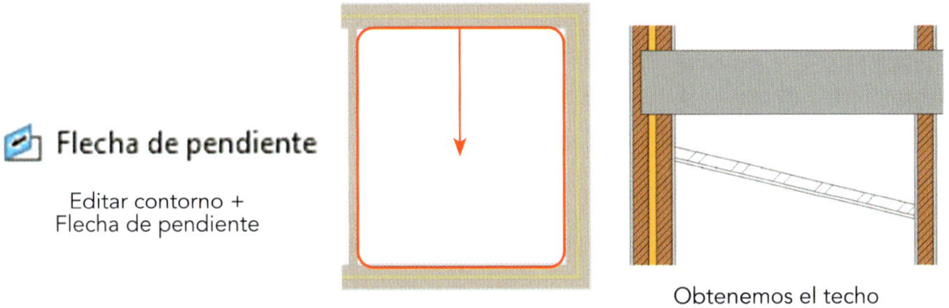

Figura 14.3. Proceso para crear un techo inclinado.

Techos básicos

Los techos básicos son la primera familia de techos que aparece al desplegar el selector de tipo; se diferencian de los techos compuestos en que no tienen espesor. Se colocan cuando es necesaria la presencia de un techo, pero no queremos representar su espesor en secciones:

- Para obtener unas mediciones precisas.
- Para servir de anfitrión a elementos basados en techo, como las luminarias.

Dentro de las propiedades de tipo de los techos básicos, se escoge el material del cual se componen, pero no así una estructura.

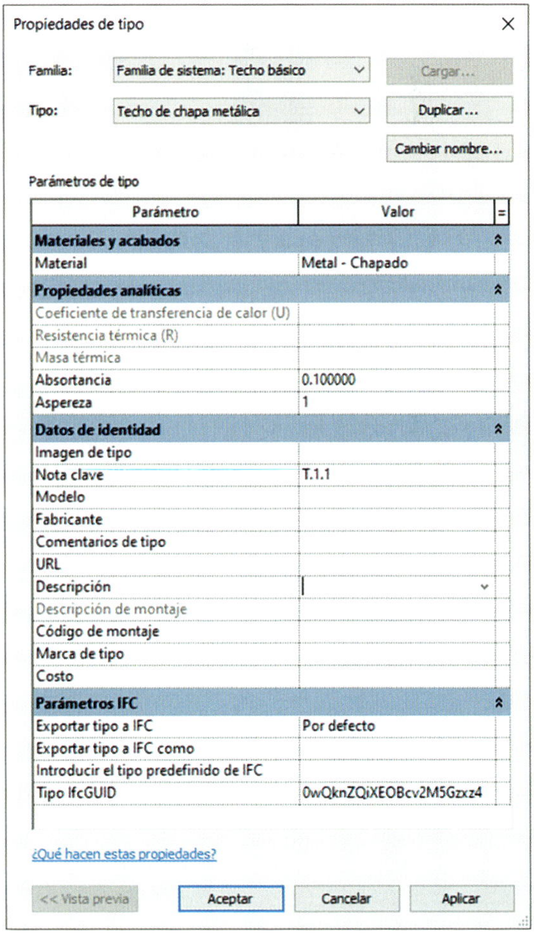

Figura 14.4. Propiedades de un techo básico.

15

Cubiertas

En este capítulo aprenderás a:

- Modelar cubiertas, terrazas y balcones.
- Obtener recogida de aguas en cubiertas planas.
- Generar rampas con las funciones suelo y cubierta.
- Conocer las funciones imposta y canalón.

El elemento Cubierta de Revit funciona exactamente igual que Techo. Es un elemento multicapa por boceto y la cara de referencia es la inferior. Esto tiene sentido: si aumentamos el espesor de la capa de grava o de la placa de aislamiento, la cubierta será más gruesa, pero el forjado se mantiene en su sitio.

¿Las cubiertas incluyen el forjado?

En Revit podemos hacer que la cubierta sea el paquete forjado + cubierta o solamente cubierta. Si optamos por el primer método, debemos dejar el forjado dentro del núcleo y el resto fuera, para que las uniones se realicen correctamente.

Recomiendo trabajar con el segundo método: las cubiertas son un paquete que se coloca tras haber colocado el forjado y, por tanto, independientes a él. Los forjados serán siempre suelos, tanto si delimitan plantas intermedias como si son la envolvente del edificio. Esto hace, a mi modo de ver, mucha más cómoda la creación de niveles (pues hay una única regla a seguir a la hora de calcular alturas) y simplifica mucho las situaciones en las que un mismo forjado delimita áreas interiores y exteriores (por ejemplo, un forjado de planta primera que sirve como base para la cubierta del patio interior, pero también como un forjado intermedio estándar del edificio).

El caso especial donde quizá la cubierta incluye el espesor del forjado dentro del mismo paquete es una cubierta inclinada con forjado inclinado. Aquí puede ser razonable no duplicar el tiempo de dibujar ambos elementos, aunque dependerá de cada proyecto en particular y del nivel de definición que se busque.

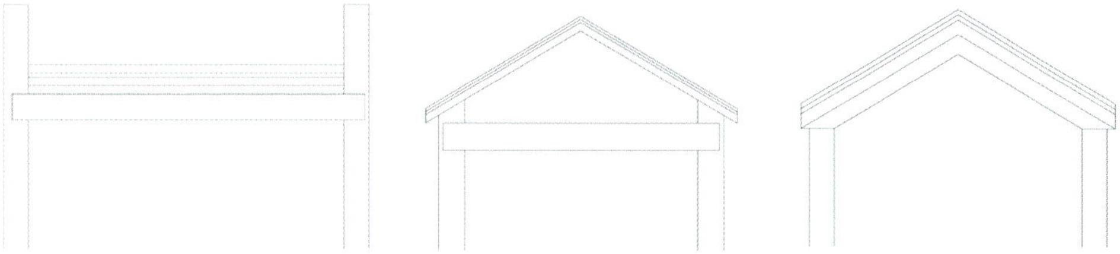

Figura 15.1. Paquete de cubierta con y sin forjado.

Modelado básico de cubiertas

Una vez dentro de la orden Cubierta, podemos utilizar cualquiera de los bocetos disponibles, incluso el de Seleccionar muro, que es más interesante para mantener la relación y la dependencia entre la cubierta y los muros que la delimitan. Los criterios a la hora de decidir qué Desfase (o voladizo) queremos, y si nos interesa a núcleo de muro o no, son más constructivos y, por consiguiente, personales que los de manejo del programa.

Conforme estamos dibujando las líneas de cubierta, es posible marcar o desmarcar la opción Define pendiente dentro de la Barra de opciones: cada línea con la casilla marcada será el alero de un faldón de cubierta: dicho de otro modo, el nacimiento de un plano inclinado, cuyos grados también son modificables. Si no está marcada, esa línea no comenzará ningún alero.

Figura 15.2. Define pendiente y voladizo.

TRUCO:

No se puede tener marcado Define pendiente y darle un ángulo cero: dará error.

TRUCO:

Si ninguna de las líneas de cubierta tiene marcada la casilla de Define pendiente, generaremos una cubierta plana. Conforme vayamos marcando la casilla en las diferentes líneas, haremos cubiertas a 1, 2, 3 o 4 aguas.

Pendientes en cubiertas planas

Para colocar las pendientes de recogida de aguas en cubiertas planas (y también en suelos exteriores), después de seleccionar la cubierta, haremos clic en el botón Modificar subelementos. Aquí podremos crear puntos y líneas que definirán las pendientes de recogida de aguas.

Desde la Cinta de opciones elegirás si tomas como referencia valores relativos a la superficie o absolutos (desde el nivel, origen interno o punto de base, entre otros), de manera que te resultará más fácil y cómodo elegir el desfase de tus puntos.

La intersección de dos líneas genera automáticamente un punto, así que hay que crear las líneas con cuidado para no hacer puntos adyacentes, que habrá que eliminar luego, y repetir parte del trabajo.

Figura 15.3. Punto para modificar pendiente.

TRUCO:

Cuando intentamos dibujar una línea cuyo ángulo está cerca de la horizontal o la vertical o incluso a 45°, Revit nos «ayuda» a hacerlo ortogonal; pero si no queremos, puede convertirse en una molestia. Dos propuestas: una pulsación de la tecla TAB hará que Revit alterne su fijación con la línea ortogonal y vaya al punto final más próximo; o bien desactivar temporalmente el forzado de cursor.

Con la red de pendientes dibujada en plano, procedemos a cambiar las cotas de los elementos (por ejemplo, de los puntos de recogida de aguas). Tocamos uno de los puntos y sustituimos el valor 0.00 por defecto, por la elevación necesaria (con números positivos sube hacia arriba, con números negativos baja hacia abajo).

Si en algún punto de la edición de subelementos de cubierta pulsamos ESC o, sin querer, hemos salido de la orden, volveremos en cualquier momento tocando de nuevo la cubierta y haciendo clic en el botón Modificar subelementos.

Al ver la sección de nuestro trabajo, nos daremos cuenta de que toda la cubierta se quiebra para ajustar los valores; si no es lo que estamos buscando, debemos editar la estructura de la cubierta y marcar la casilla Variable en una sola de las capas, que es la que absorberá las diferencias de cota: normalmente, la capa de formación de pendientes.

Revit creará de manera automática los planos necesarios para generar exactamente la cubierta que hemos pedido según la forma de la cubierta. Si mantenemos todos los bordes a cota 0, es posible que Revit genere líneas adicionales que estropeen el diseño que estamos intentando reproducir.

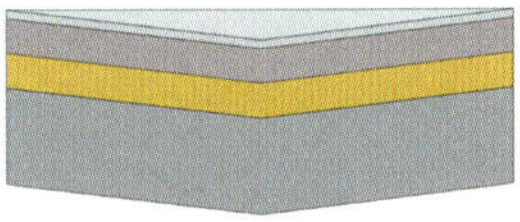

	Función	Material	Grosor	Envolventes	Variable
1	Acabado 1 [4]	Cerámica blanca	0.0200		☐
2	Substrato [2]	Hormigón	0.0800		☑
3	**Contorno del núcleo**	**Capas de envolvente por encima**	**0.0000**		
4	Capa térmica/de aire [3]	Aislamiento	0.0800		☐
5	Estructura [1]	Hormigón	0.2200		☐
6	**Contorno del núcleo**	**Capas de envolvente por debajo**	**0.0000**		

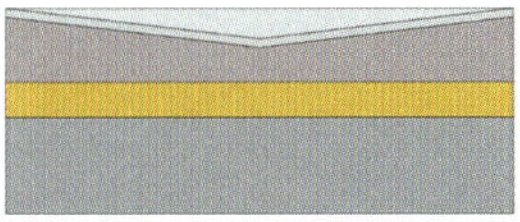

Figura 15.4. Antes y después de aplicar el valor Variable a una capa de cubierta con cambio de pendiente.

Para solucionar esto, lo primero es colocar las cotas correctas en todos los puntos. Si aun así no sirve, en el apartado «Cubiertas con quiebros» se describe un método manual pero efectivo para tratar de solucionar este tema en algunos casos.

La visibilidad de las líneas de cambio de pendiente se controla desde Modificaciones de visibilidad/gráficos>Cubiertas dentro de la subcategoría Bordes internos. En suelos, tendremos las Líneas divisorias (que las generamos nosotros desde Modificar subelementos) y los Bordes de plegado (los que se generan para mantener caras planas al levantar un punto o una línea).

Balcones o terrazas a un agua

Si queremos dar pendientes en balcones o en terrazas a un agua, ahorraremos algo de tiempo seleccionando la línea que se va a subir o bajar, en vez de cada punto.

Recuerda que, constructivamente, el perímetro de la cubierta cuando se encuentra con los paramentos verticales debería ser hasta el núcleo del muro, para poder utilizar correctamente el parámetro Función y controlar hasta dónde baja el revestimiento del muro.

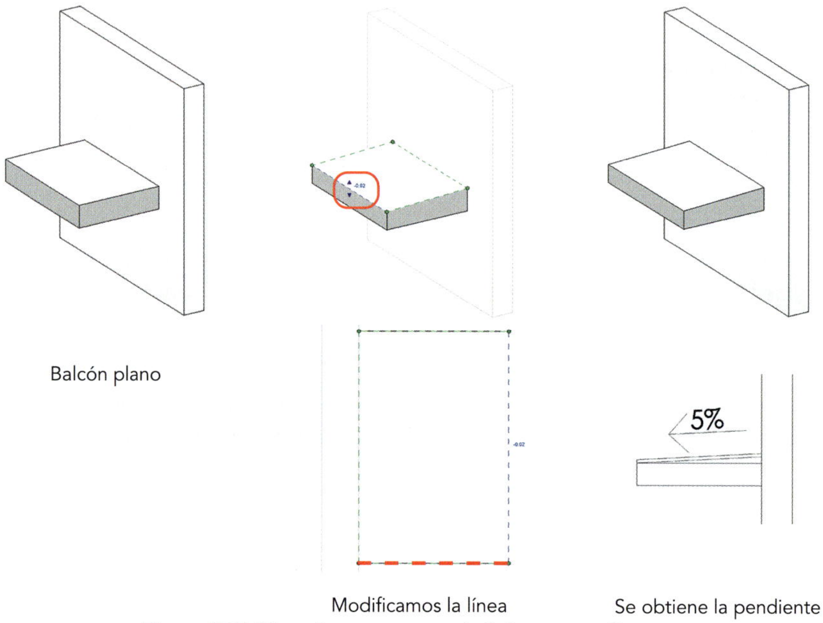

Figura 15.5. Ejemplo para crear un balcón con pendiente.

Rampas mediante suelos o cubiertas

Con el procedimiento de Modificar subelementos se generan muy rápidamente forjados o cubiertas con un quiebro inclinado. Solo hay que hacer dos líneas divisorias donde necesitamos que empiece y acabe la parte inclinada, y entonces dar los valores de la altura seleccionada a una de las dos líneas divisorias y a una de las líneas perimetrales.

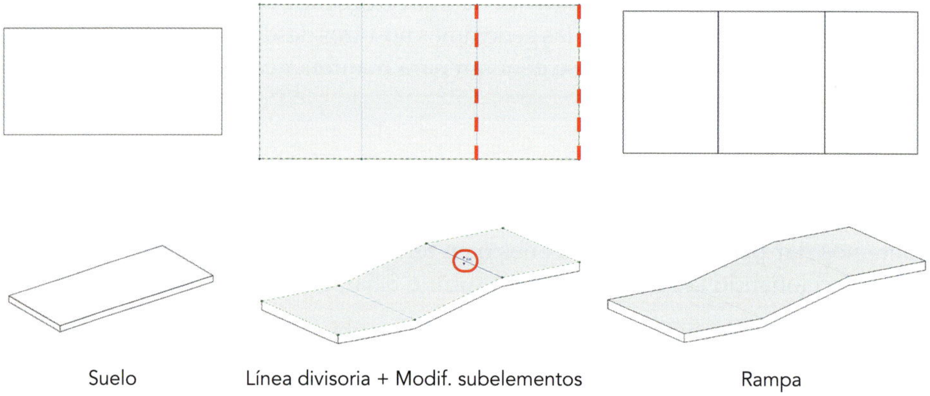

Figura 15.6. Proceso para la creación de una rampa mediante cubiertas o suelos.

Cubiertas con quiebros para conseguir las pendientes correctas

Imaginemos una terraza en forma de L, donde la parte superior de la L está a cota 0.00 y la base de la L queremos que esté a -0,10 m. La parte superior de la base estará a una cota intermedia, así que tendremos que escribir exactamente esa cota para que Revit no genere líneas adicionales que nos estropeen la cubierta. Una forma sencilla consiste en dibujar una cubierta rectangular que sea la envolvente de lo que queremos, ajustar las pendientes y finalmente hacer un hueco vertical en la parte que no queremos que exista (el espacio vacío que deja la L respecto al rectángulo envolvente).

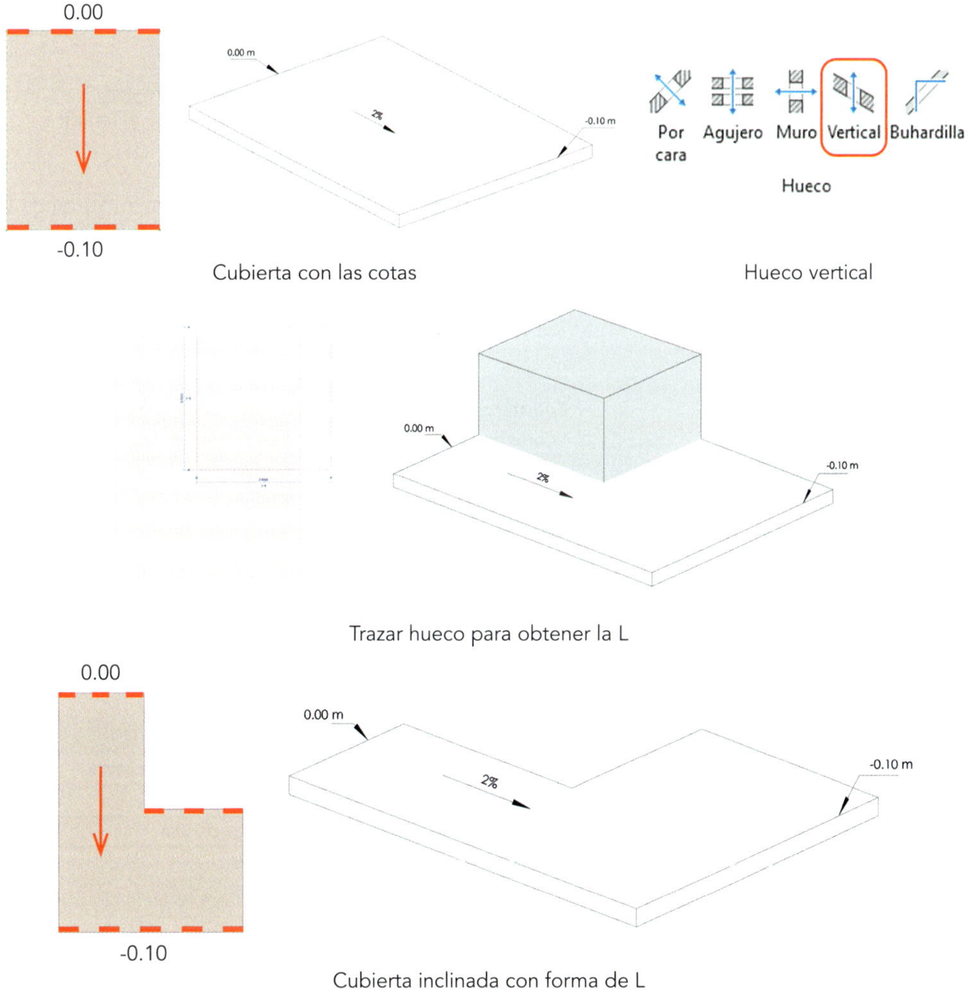

Figura 15.7. Proceso para la creación de una cubierta en L con una sola pendiente.

Cubiertas inclinadas. Conceptos varios

En las cubiertas inclinadas hay una serie de conceptos que, si bien no son fundamentales, ayudarán a dibujar la cubierta exactamente como la queremos.

- **Enlazar muros.** Para conseguir que los muros lleguen hasta la parte inferior de las cubiertas inclinadas, los enlazaremos a las mismas.

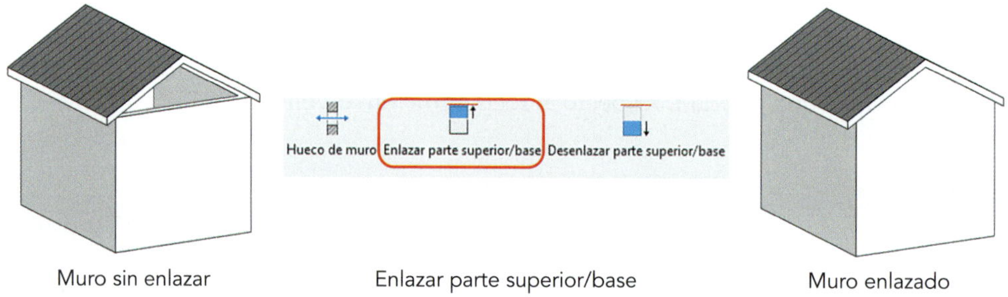

Figura 15.8. Muros enlazados con cubierta inclinada.

- **Alero o Viga de celosía.** Este parámetro de ejemplar indica en qué cara interseca la cubierta con el nivel de referencia. Este parámetro aparece cuando el perímetro de la cubierta se realiza con la orden de Seleccionar muros. Alero: por dentro. Viga de celosía: por fuera.

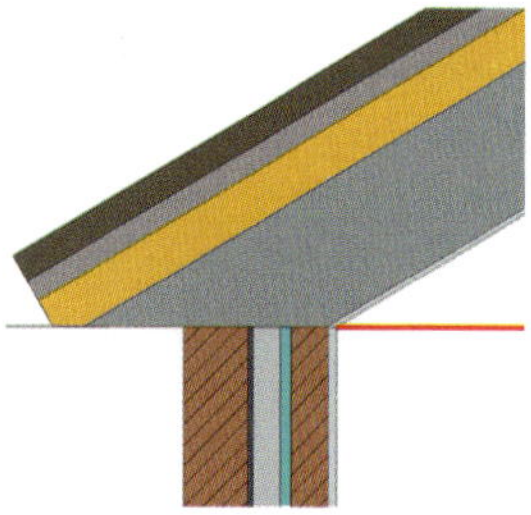

Construcción	
Corte de alero	Dos cortes - A escuadra
Profundidad de imposta	0.1420
Alero o viga de celosía	Alero
Altura de cumbrera máxima	5.8295

Figura 15.9. Ejemplo de alero.

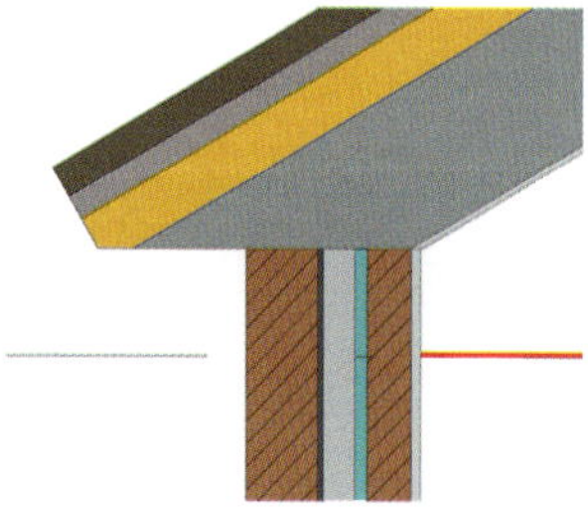

Construcción	
Corte de alero	Dos cortes - A escuadra
Profundidad de imposta	0.1420
Alero o viga de celosía	Viga de celosía
Altura de cumbrera máxima	6.1298

Figura 15.10. Ejemplo de viga de celosía.

- **Corte de alero.** Cómo termina la cubierta.
  - **Corte a plomo.** En recto.
  - **Dos cortes a plomo.** Recto y, tras la profundidad de imposta, horizontal.
  - **Dos cortes a escuadra.** Perpendicular al faldón; tras la profundidad de imposta, horizontal.

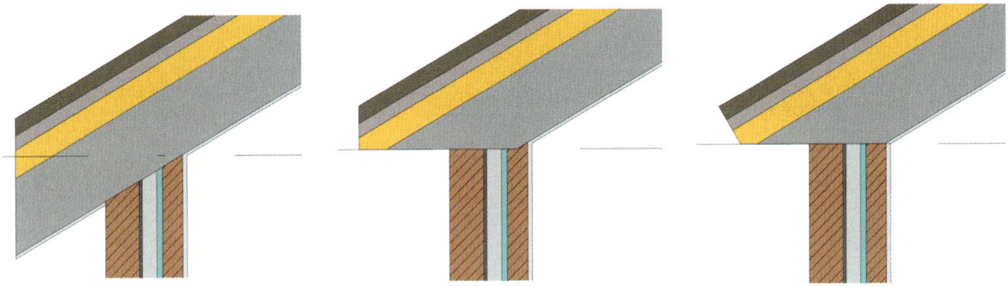

Figura 15.11. Cortes de alero (corte a plomo, dos cortes a plomo y dos cortes a escuadra).

- **Profundidad de imposta.** Distancia vertical del alero hasta el corte horizontal.

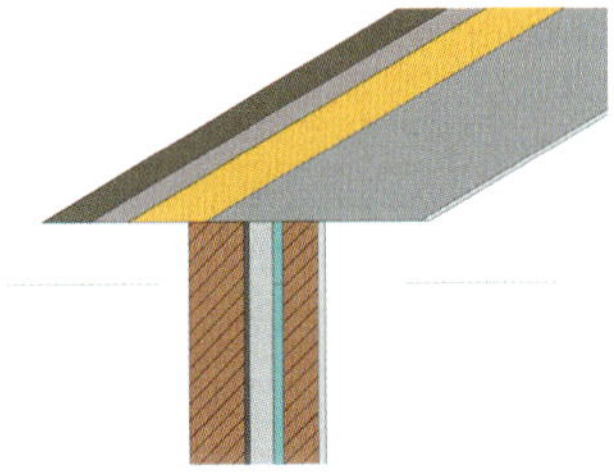

Figura 15.12. Prof. imposta = 0.00.

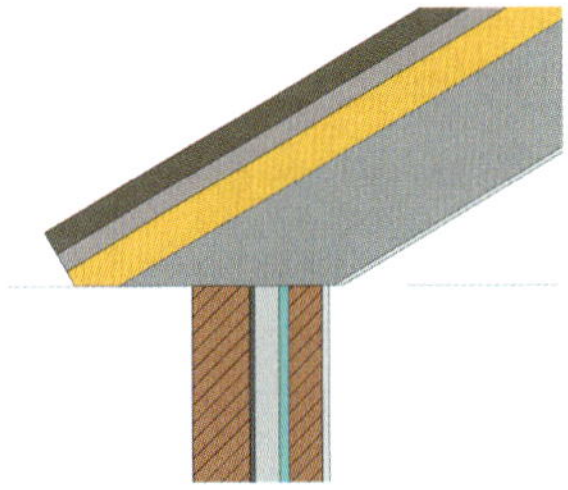

Figura 15.13. Prof. imposta = 0.1240.

En cualquiera de los tres casos anteriores, si la Profundidad de imposta tiene valor cero, se verá simplemente un corte horizontal.

Cubiertas alabeadas

Si modificamos los puntos de altura de una cubierta, podemos generar tanto cubiertas alabeadas como tensadas o formas más orgánicas.

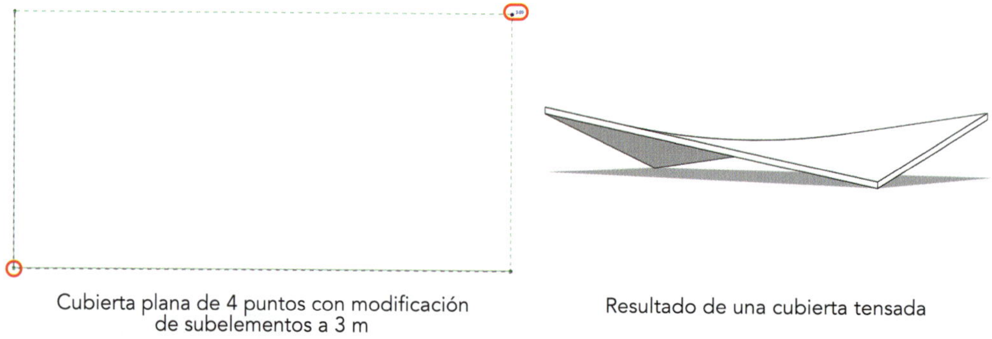

Figura 15.14. Ejemplo de cubierta tensil.

Imposta y canalón

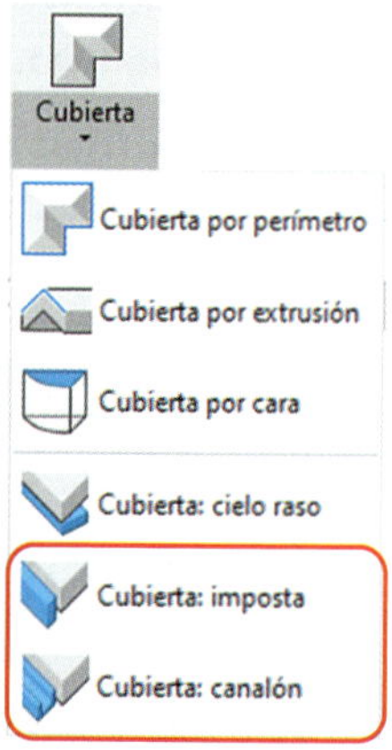

Son dos elementos complementarios a la cubierta, del mismo modo que el Barrido de muro es un elemento complementario al muro. Se encuentran al desplegar la orden Cubierta. Su funcionamiento es, de nuevo, equivalente al de Barrido de muro: colocan un añadido en el borde de la cubierta, con la opción de especificar el perfil, material y desfases horizontal o vertical.

Algunas características de estas dos órdenes:

- El canalón solamente puede colocarse en los bordes perimetrales de cubierta que sean horizontales. Sin embargo, la imposta puede ponerse en cualquiera de ellos.
- El canalón conservará el perfil siempre recto; la imposta se ajustará a la inclinación.

TRUCO:

Para suelos, la orden equivalente es Borde de losa.

Cubierta por extrusión

Permite generar una curva continua (formada por líneas, arcos o spline) que, tras aceptarla, define el perfil superior de una cubierta, y así podremos cambiar la distancia de extrusión a nuestro gusto en ambos extremos. Los muros podrán enlazarse sin problemas a esta forma.

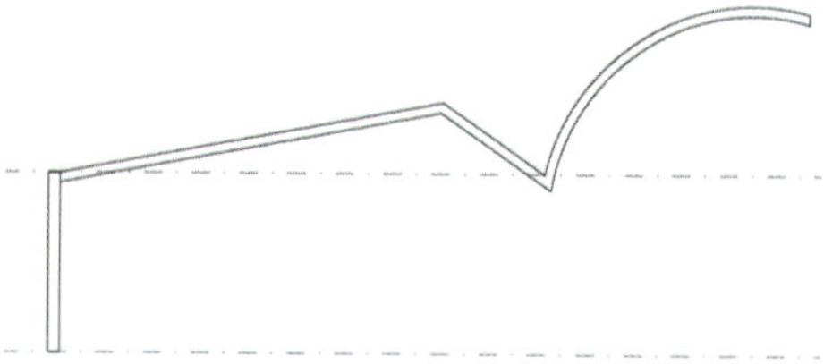

Figura 15.15. Ejemplo de cubierta por extrusión.

La única peculiaridad de esta orden es que, al entrar en ella, nos pregunta si queremos elegir o seleccionar un plano (donde dibujar el perfil de la cubierta); aunque lo más cómodo es seleccionar un muro y dibujar en el plano que define, también podremos desplegar en «Nombre» y seleccionar como plano de trabajo cualquier rejilla que hayamos dibujado.

Plano de trabajo

Plano de trabajo

Tanto para modelar *in situ* como para determinar correctamente el plano de las cubiertas por extrusión (entre otras muchas aplicaciones), hemos de saber modificar el plano de trabajo. Desde Arquitectura>Definir plano de trabajo, seleccionamos el plano que nos interese y dibujamos sobre él. El comando Mostrar plano de trabajo nos ayuda a entender dónde estamos dibujando. No es necesario tenerlo activo, pero ayuda para saber en todo momento dónde nos encontramos.

TRUCO:

El plano de trabajo es infinito y podemos trabajar donde queramos. La representación azul que se obtiene cuando activamos Mostrar plano de trabajo es meramente eso: una representación a efectos prácticos. El tamaño de ese plano se modifica estirando los pinzamientos.

Flechas de pendiente

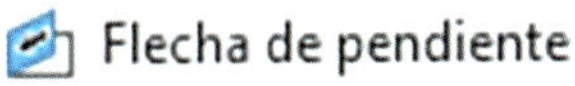

Las flechas de pendiente permiten hacer varias cosas:

- Crear faldones de cubierta no perpendiculares a fachada.
- Controlar no el ángulo del faldón, sino qué diferencia de cota hay entre el inicio y el final de la flecha, medidas desde la cara inferior de la cubierta.
- Al converger dos flechas en un punto de la cubierta, es posible dividir un faldón en dos, con inclinaciones diferentes, como las cubiertas mansardas.

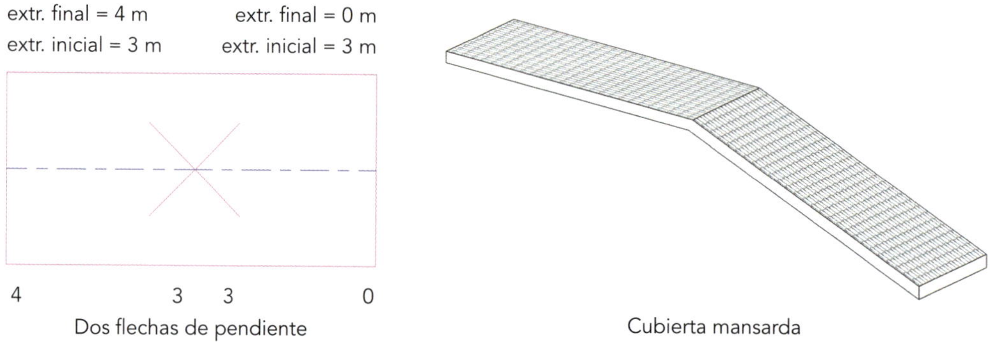

Figura 15.16. Ejemplo de cubierta mansarda.

Los aspectos que consideraremos con las flechas de pendiente son los siguientes:

- No son compatibles con la casilla Define pendiente.
- No son compatibles con la casilla Variable dentro de suelos o cubiertas.
- Podemos hacer varias flechas de pendiente en una cubierta, pero solo una en suelos o en techos.
- Para que funcionen, el extremo sin flecha debe estar tocando el borde de la cubierta.
- Debido a una traducción errónea, la punta de la flecha (que llamaríamos Final, en Revit es el inicio —*head*, en inglés—) y el extremo sin flecha (el Inicio, en Revit se llama extremo final —*tail*, en inglés—).

Cubiertas cristaleras

Las cubiertas tienen una familia llamada Cristalera inclinada que reflejará todas las opciones de un muro cortina, dentro de una cubierta. Es el tipo adecuado para resolver, por ejemplo, la cubierta piramidal del Louvre.

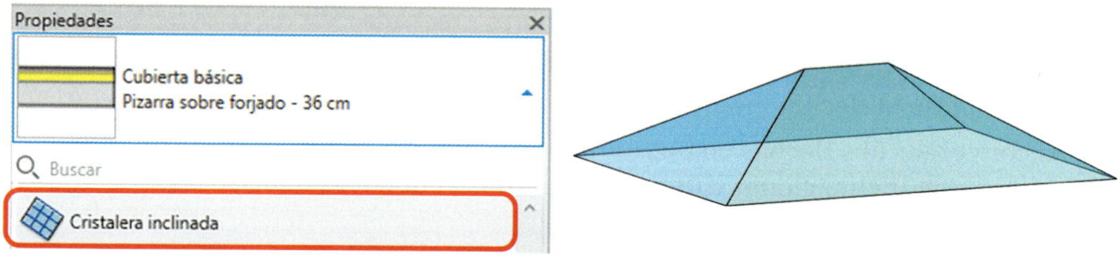

Figura 15.17. Ejemplo cristalera inclinada.

Claustro mediante cubiertas

No es posible hacer de forma directa, con una única cubierta, un claustro cerrado. Hay que emplear dos cubiertas para ejecutar esta solución y luego unirlas para eliminar la línea de separación. Para que no exista problema con las pendientes, y suponiendo un claustro de cuatro lados, una solución práctica podría ser hacer una «C» que contuviese tres de las caras y un poco de la cuarta cara en cada extremo. El trozo que falta sería una cubierta recta a dos aguas.

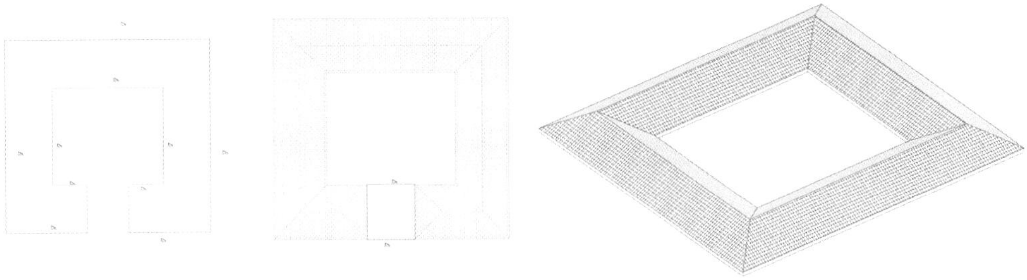

Trazar el claustro abierto — Trazar el hueco que falta — Claustro con cubiertas unidas.

Figura 15.18. Proceso para crear una cubierta de un claustro.

¿Cubiertas o suelos?

Para superficiar posteriormente la estancia mediante habitaciones (por ejemplo, una terraza exterior) es mejor utilizar la orden Suelos. Si queremos que una cubierta marque correctamente la superficie de una habitación, debemos tocar el nivel correspondiente y modificar el parámetro Altura de cálculo para que esté por encima de la cubierta. Aparte de este condicionante, con cualquiera de las dos órdenes resolveremos perfectamente el pavimento.

Cubiertas inclinadas y buhardillas

Para hacer una buhardilla de cubierta, usaremos dos órdenes consecutivamente, ya que solo con una no sería posible.

- Dibujamos ambas cubiertas: la «principal» y la «buhardilla». La cara de la cubierta de buhardilla que queremos unir hacia la principal no debe tener pendiente.
- Modificar>Unir/separar cubierta. Seleccionamos el borde la cubierta abuhardillada y después la principal: Revit prolongará aquella hasta esta.
- Arquitectura>Buhardilla (en la sección de Huecos que hay en la parte derecha). Seleccionamos la cubierta principal y después tocamos la cubierta abuhardillada. Al aceptar, habrá generado el hueco que necesitamos.

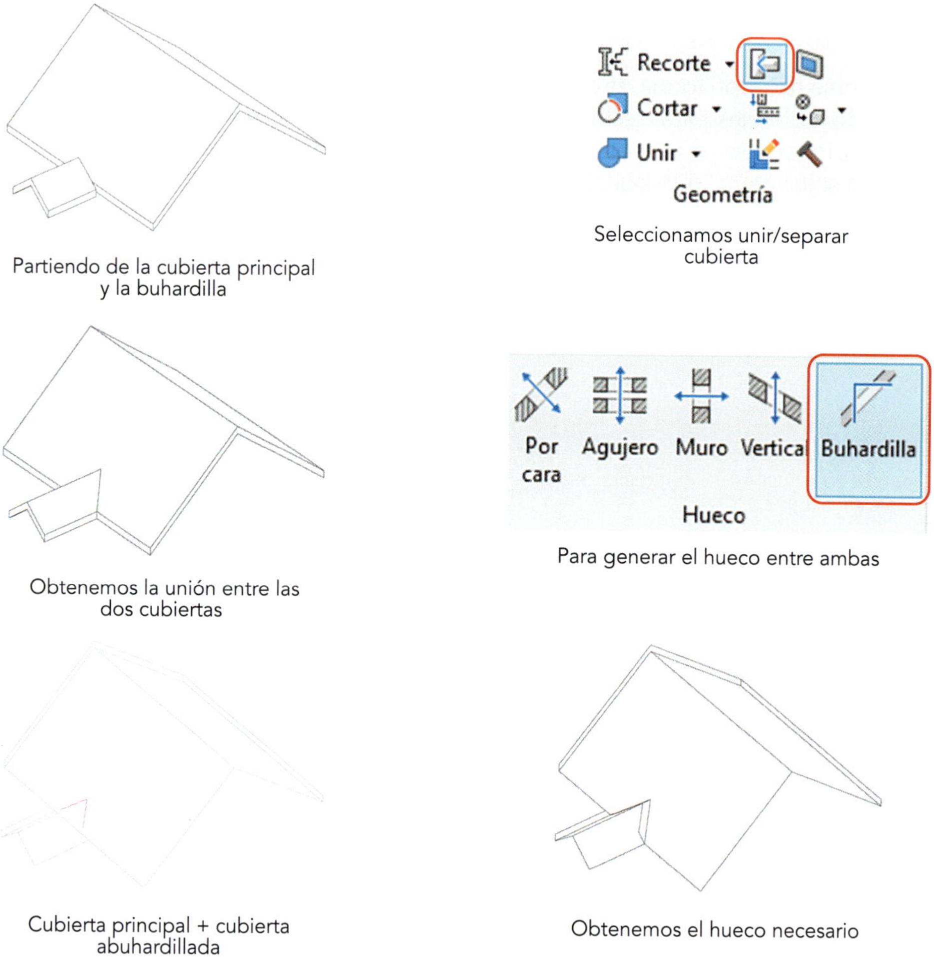

Figura 15.19. Proceso para crear una cubierta abuhardillada.

16

Muros cortina

En este capítulo aprenderás a:

- Hacer muros cortina y editarlos.
- Crear nuevos paneles y montantes.
- Resolver elementos mediante muros cortina.

Un muro cortina es, ante todo, un muro; por ello, se encuentra dentro de la orden Muro. Es un tipo de muro especial, porque está compuesto por paneles. Veamos los pasos básicos para su creación.

- **Dibujar el muro.** Es un tipo de muro más, y se dibuja igual.
- **Dibujar rejillas.** Se halla en la pestaña Arquitectura. Son las particiones de cada paño de muro en paneles más pequeños y construibles. Es posible dibujar rejillas verticales y horizontales. Una vez colocadas, podemos seleccionarlas para moverlas con precisión, copiarlas o eliminarlas.
- **Añadir o eliminar segmentos de rejilla.** Si no queremos que una rejilla exista a todo lo largo (o alto) del muro cortina, la segmentaremos: por ejemplo, para un hueco de puerta. Simplemente tocamos una rejilla que hayamos hecho y en la Cinta de opciones aparece la orden Añadir o eliminar segmentos. Tocando en un segmento, lo quita (si ya existe) o lo vuelve a colocar (si no estaba).

Seleccionamos la rejilla | Añadir / Eliminar segmentos | Seleccionar segmento a eliminar

Figura 16.1. Añadir / Eliminar segmentos.

- **Colocar la carpintería.** En Revit se llaman Montantes (pestaña Arquitectura). Podemos colocar los montantes «angulares» en los bordes entre dos paños de muro; o los normales (circular / rectangular). Al colocarlos, en la Cinta de opciones nos da la opción de queremos colocarlos en TODAS las líneas de rejilla o en una línea completa o solo en un segmento.

TRUCO:

Una vez colocado un montante, es posible tocarlo y elegir, desde la Cinta de opciones, si se corta en la unión o si permanece continuo; también podrás hacerlo desde el pequeño icono que aparece cerca de la unión del propio montante.

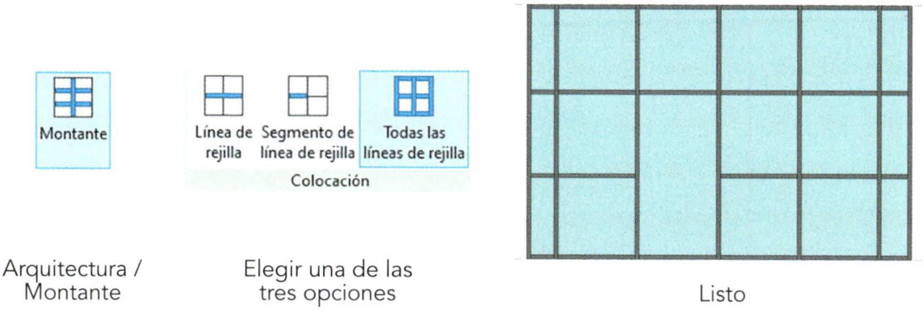

Figura 16.2. Colocar carpintería.

- **Cambiar los paneles.** Pulsando TAB sucesivamente seleccionamos el muro cortina o las rejillas o los montantes o los paneles. Si seleccionamos un panel, existe la posibilidad de cambiarlo por cualquier tipo de muro que haya en el proyecto.

TRUCO:

Para seleccionar un panel con comodidad, nos aseguramos de que tenemos activado el modificador de selección Seleccionar elementos por cara en la esquina inferior derecha de la pantalla.

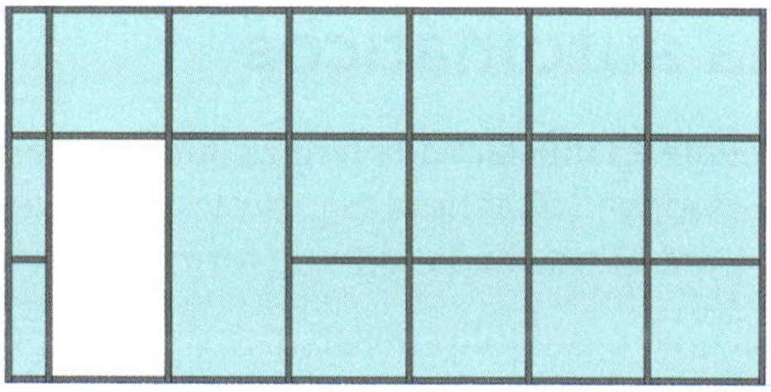

Figura 16.3. Muro cortina con paneles de vidrio y un panel de madera lacada en blanco.

Nuevos tipos de panel

Crear un panel nuevo consiste, simplemente, en seleccionar uno existente e ir a Propiedades>Editar tipo>Duplicar. Y allí cambiaremos material, espesor y desfase.

También puedes cargar nuevos tipos de paneles desde Insertar>Cargar familia>Paneles de muro cortina. Los elementos más interesantes serán:

- **Panel vacío.** Para hacer huecos en un muro cortina.
- **Puertas o ventanas.** Debemos cargar los tipos de panel correspondientes. Por ejemplo, en Puertas>Externas, tenemos puertas de una y dos hojas para muros cortina.
- **Losas alveolares o paneles de hormigón prefabricados.**

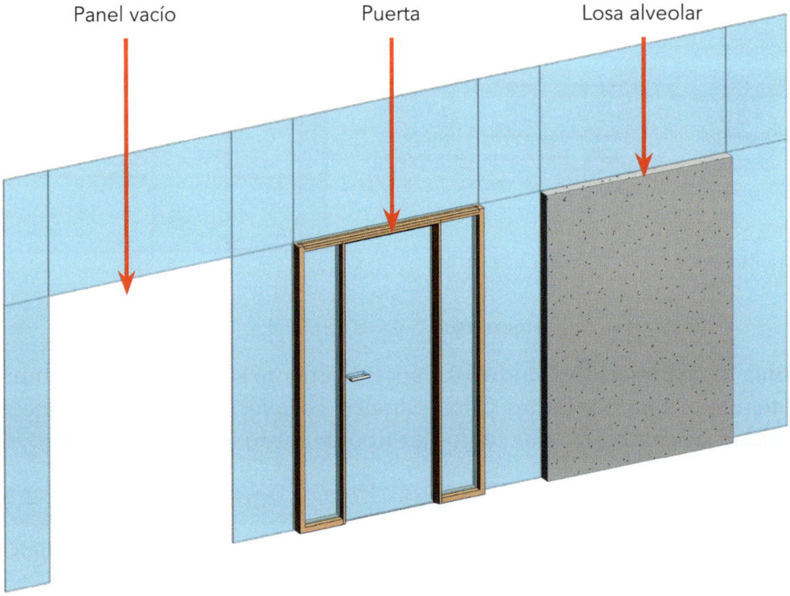

Figura 16.4. Tipos de panel.

Muros cortina automáticos

Colocar rejillas manualmente en una fachada larga, o alta, puede ser una tarea muy lenta. Por eso, dentro de Propiedades>Editar tipo, es posible crear nuestro nuevo tipo de muro cortina y personalizarlo para que se haga todo de forma automática:

1. **Condición de unión.** Qué montantes pasan, por defecto, por delante de los demás. Si queremos que sean, por ejemplo, los montantes horizontales, pero que además los bordes perimetrales sean continuos, elegiremos Borde y rejilla horizontal continua.
2. **Panel.** Si ponemos Ninguno, indicamos que no hay ninguno «obligatorio» y pondrá el panel de vidrio. Si queremos uno concreto, lo seleccionamos de la lista.
3. **Rejilla vertical / horizontal.** Marca cada cuánta distancia se coloca una rejilla. Las opciones son:
   - **Ninguno.** No genera rejillas.
   - **Distancia fija.** Cada x m. Por ejemplo, si hacemos un paño de muro de 10 m y la distancia fija son 3 m, hará montantes cada 3 m y tendremos un panel de 1 m.
   - **Espaciado máximo / mínimo.** Redondea hacia abajo o hacia arriba, respectivamente, el número de paneles resultantes de dividir la distancia del paño entre el espaciado colocado.
   - **Número fijo.** Permite modificar, en cada ejemplar, el número de rejillas.

4. **Montantes horizontales / verticales.** Coloca automáticamente un montante en cada línea de rejilla:
    - **Borde 1.** Parte izquierda o inferior.
    - **Borde 2.** Parte derecha o superior.
    - **Interior.** Paneles interiores.

TRUCO:

Si pones montantes en ambos bordes, cuando hagas un muro de varios paños, se superpondrán; si piensas en este tipo de muros, mejor deja los bordes verticales vacíos y así solamente tendrás que añadir los montantes en los extremos finales del muro cortina.

Cuando colocamos tipos de muro cortina donde hemos establecido los montantes y los paneles, esos elementos aparecerán siempre como bloqueados, pues dependen del tipo; si necesitamos cambiar alguno de ellos, solo se desbloquean.

TRUCO:

Si no nos deja seleccionar el panel o el montante, es posible que tengamos desactivado el modificador de selección de Seleccionar objetos bloqueados (barra de estado, esquina inferior derecha).

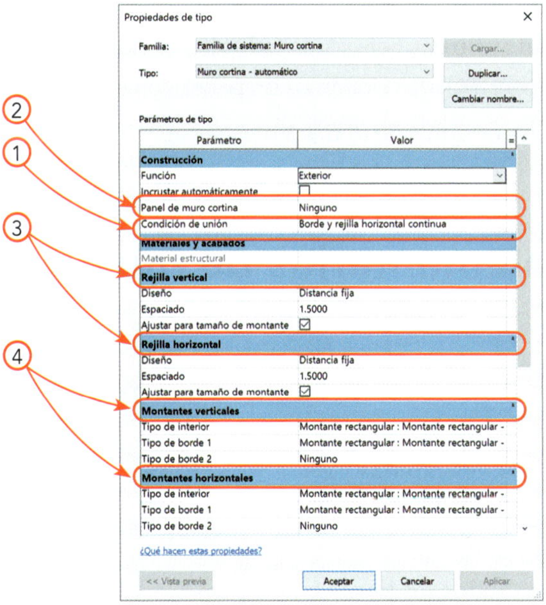

Figura 16.5. Ejemplo muro cortina automático.

Selección avanzada de elementos de muro cortina

Si seleccionamos un muro cortina y hacemos clic con botón derecho, hallamos una serie de opciones especiales para ayudarnos con la selección:

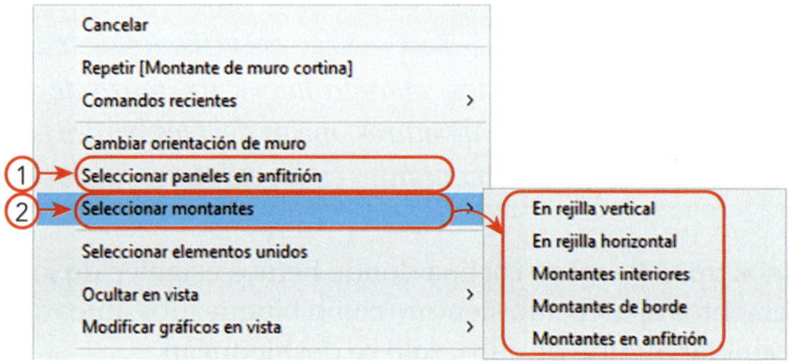

Figura 16.6. Seleccionar paneles o montantes.

1. **Seleccionar paneles en anfitrión.** Deselecciona el muro cortina y selecciona todos los paneles.
2. **Seleccionar montantes:**
   - **En rejilla vertical / horizontal.** Selecciona todos los montantes verticales/horizontales.
   - **Montantes interiores.**
   - **Montantes de borde.**
   - **Montantes en anfitrión.** Selecciona todos los montantes.

Del mismo modo, si con TAB seleccionamos un panel, con el botón derecho podremos:

- Seleccionar paneles en anfitrión (todos los paneles).
- Seleccionar paneles en rejilla vertical / horizontal.

Usos complementarios de muros cortina

La gran potencia de los muros cortina es que no solo sirven para hacer muros cortina, sino también para una serie de cosas bastante interesantes, al menos a nivel de anteproyecto, para agilizar nuestro trabajo:

Figura 16.7. Ventana conceptual rápida con desfase superior e inferior.

- **Ventanas conceptuales rápidas**
  - **Panel:** acristalado.
  - **Rejillas:** ninguna.
  - **Montantes en todos los bordes:** 5 x 10 cm.
  - **Marcar la casilla Incrustar automáticamente.**

TRUCO:

Para alinear la ventana conceptual a la cara interior del cerramiento, creamos un nuevo tipo de muro cortina llamado, por ejemplo, «Ventana conceptual enrasada». En él debemos crear también un nuevo tipo de panel y un nuevo tipo de montante —seleccionando simplemente el panel o el montante existente y utilizando el método básico de Editar tipo>Duplicar— donde el parámetro Desfase sea la mitad del ancho del montante de borde. Entonces, aplicando estos nuevos tipos de montante y panel a esta ventana, utilizaremos sin problemas el eje del muro cortina para alinear la ventana al borde del muro.

- **Armarios conceptuales rápidos**
  - **Panel:** personalizado. Panel madera lacada, por ejemplo.
  - **Rejilla vertical:** espaciado máximo 45 cm.
  - **Rejilla horizontal:** distancia fija 2,20 m.
  - **Montantes en todos los bordes:** 5 x 10 cm.
  - **Marcar la casilla Incrustar automáticamente.**

Figura 16.8. Ejemplo de armario conceptual rápido.

TRUCO:

Muro con desfase de base +0,10 y restricción superior No conectada de 2,20 quedará perfecto.

- **Brise soleil o lamas horizontales de control solar**
  - **Panel:** vacío.
  - **Condición de unión:** borde y rejilla vertical continua.
  - **Rejilla horizontal:** espaciado máximo 30 cm.
  - **Rejilla vertical:** espaciado máximo 1,5 m.
  - **Montantes en todos los bordes:** 5 x 20 cm.
  - **Montantes verticales:** 5 x 20 cm.
  - **Montantes horizontales:**10 x 40 cm.
- **Cubiertas de cristalera**
  Dentro de las cubiertas, hay un tipo especial para este caso.

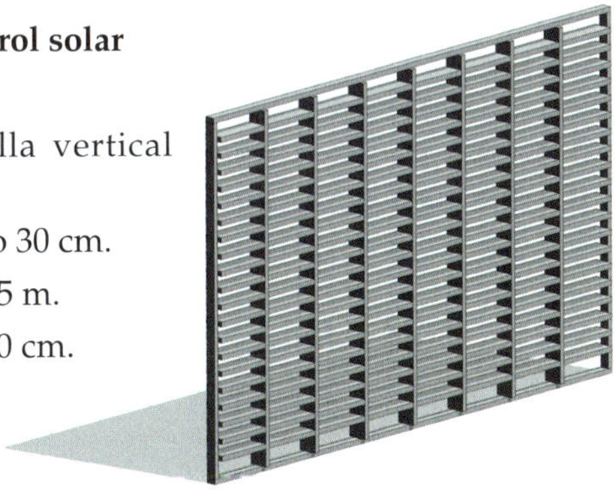

Figura 16.9. Ejemplo lamas horizontales de control solar.

- **Rejas de ventana**
  - **Panel:** vacío.
  - **Condición de unión:** borde y rejilla horizontal continua.
  - **Rejilla horizontal y vertical:** espaciado máximo 25 cm.
  - **Montantes en todos los bordes:** ninguno.
  - **Montantes verticales y horizontales:** circular o 5 x 5 cm.
  - **Dimensiones:** justo las de la ventana.

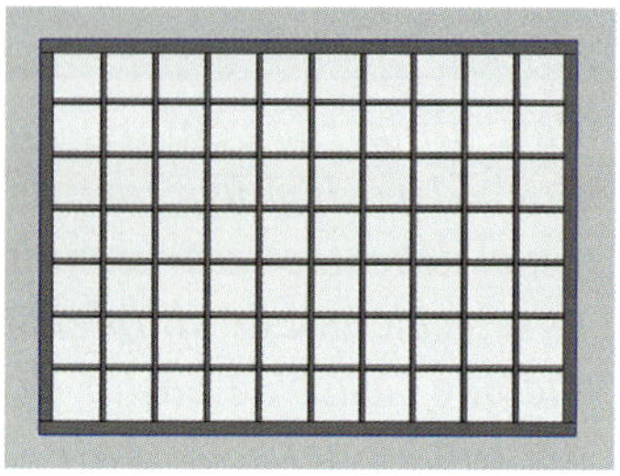

Figura 16.10. Ejemplo Reja de ventana.

- **Panelado modular en fachada ventilada**
  - **Panel:** personalizado. Panel gres cerámico, por ejemplo.
  - **Rejilla horizontal.** Distancia fija 0,45 m.
  - **Rejilla vertical.** Distancia fija 1,20 m.
  - **Montantes:** ninguno.
  - **Desmarcar la casilla Incrustar automáticamente.**

Figura 16.11. Ejemplo panelado modular en fachada ventilada.

TRUCO:

Si queremos generar los huecos, la opción más cómoda es Editar perfil con una vista alámbrica, donde podamos recortar con facilidad el perímetro de la puerta o ventana para hacer el agujero del muro cortina.

- **Panelado modular en oficinas, tanto opacos como transparente**
  Panel: un tipo de muro básico creado con las capas necesarias.

TRUCO:

Si seleccionas, mediante ventana, todos los elementos de un muro cortina que hayas definido tú, verás que aparecen muchísimos símbolos de chincheta que indican que hay elementos bloqueados. Puede ser que ver todos esos símbolos a la vez resulte molesto; tienes la opción de ocultarlos si vas a la Barra de herramientas de acceso rápido y desmarcas el botón de Activar controles y cotas (AC).

Editar perfil

Recuerda que un muro cortina es, ante todo, un muro: así que es posible editar su perfil para generar formas más personales. Es posible, sin embargo, que el panel vacío no admita formas fuera de las rectangulares.

Origen y ángulo de rejilla

Al seleccionar un muro cortina desde una vista de alzado o 3D, hay un símbolo central, que al pulsarlo nos muestra un icono de origen de coordenadas y unos valores en cero. Pulsando sobre el origen de coordenadas variaremos hacia dónde crece la rejilla; y haciendo clic en los números cambiaremos el ángulo de los montantes (horizontales o verticales) y el desfase de origen de la rejilla.

Figura 16.12. Origen y ángulo de rejilla.

Crear nuevos montantes de muro cortina

Tanto si deseamos modificar un perfil rectangular o circular para cambiar las dimensiones como si necesitamos crear un nuevo montante desde cero, el proceso más rápido quizá sea duplicar un tipo estándar (rectangular, por ejemplo).

Lo haremos seleccionando un montante y yendo al panel de Propiedades>Editar tipo>Duplicar o desde el Navegador de proyectos>Familias>Montantes de muro cortina>Rectangular>Duplicar. Damos un nuevo nombre y, si dentro del muro cortina, el perfil que seleccionamos se llama «Rectangular de sistema», podremos modificar las dimensiones A x B, material, desfase y ángulo.

Sin embargo, el proceso más ortodoxo sería crear un nuevo montante desde cero.

- Archivo>Nuevo>Familia>Perfil métrico montante.
- Dibujamos el perfil en mm (por ejemplo, una lama especial), guardamos la familia y entonces hacemos clic en el botón Cargar en proyecto.
- Volvemos al Navegador de proyectos>Familias>Montantes de muro cortina>Rectangular>Duplicar. Cambiamos el nombre y, en perfil, desplegamos hasta elegir el que acabamos de cargar. Introducimos los valores necesarios de material, desfase y ángulo.

TRUCO:

También desde Arquitectura>Montante de muro cortina>Editar tipo>Duplicar.

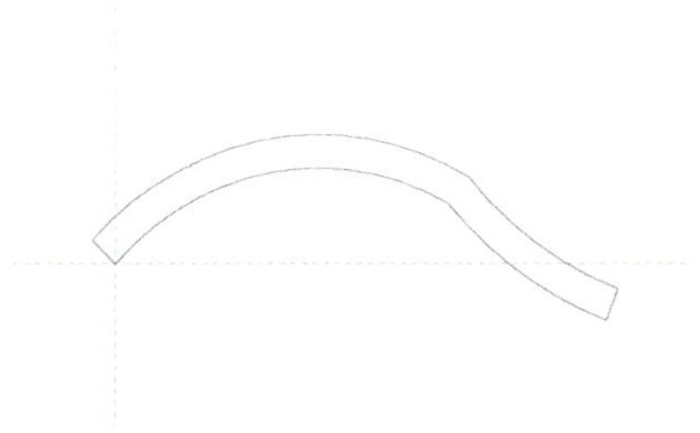

Crear un nuevo Perfil métrico de montante, guardar y cargar en proyecto

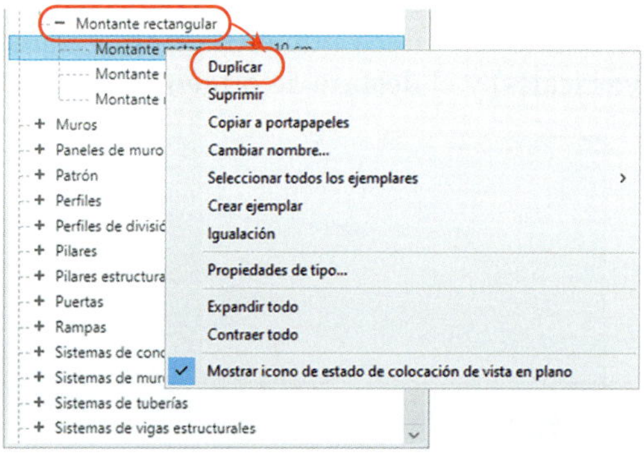

En el Navegador de proyectos, familias, montantes muro cortina, botón derecho duplicar

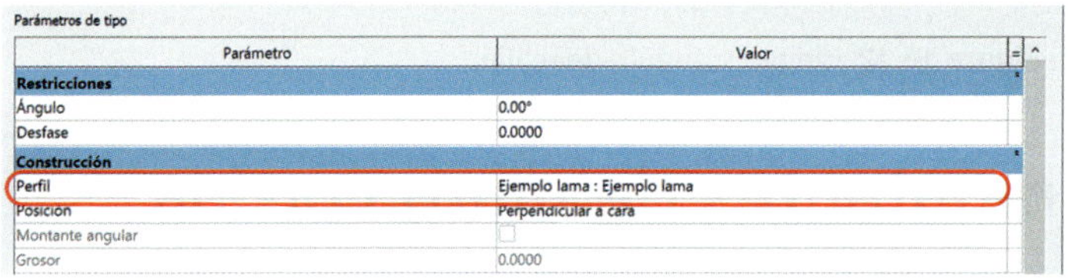

Modificamos el nombre y el perfil

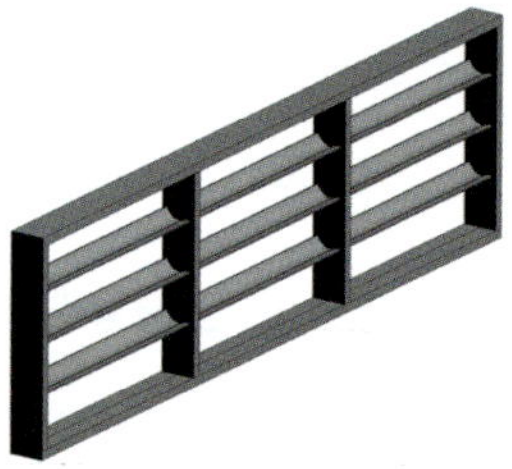

Aplicamos a un muro cortina

Figura 16.13. Proceso de creación de un perfil nuevo para montantes.

Muros curvos

A la hora de dibujar un muro cortina, podemos usar un boceto de arco de circunferencia, pero no responderá a esta forma: generará una poligonal mediante paneles rectos. Cuantas más rejillas haya en el tramo del muro cortina, más se aproximará ese tramo a una forma circular.

Si empezamos dibujando un Muro cortina simple, que no tiene divisiones, lo que veremos será una línea recta, y solamente al sobrevolar el muro con el ratón veremos la línea discontinua en forma de arco que indicaría la posición ideal del muro, en caso de ser curvo. Al añadir rejillas sucesivamente se va generando la poligonal adaptándose al boceto.

Pero ¿qué pasa si necesito que el muro SEA curvo? Bueno, simplemente puedes hacer un tipo de muro básico, con el material vidrio y un espesor de 2 cm. Ya tendrás tu muro de vidrio curvo. Y, además, recuerda: se pueden incrustar muros en los paneles de un muro cortina.

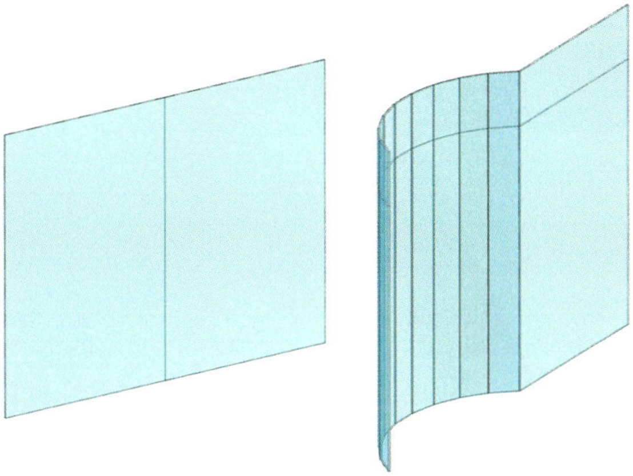

Figura 16.14. Ejemplo de muro curvo: al añadir rejillas verticales se va aproximando a las curvas trazadas.

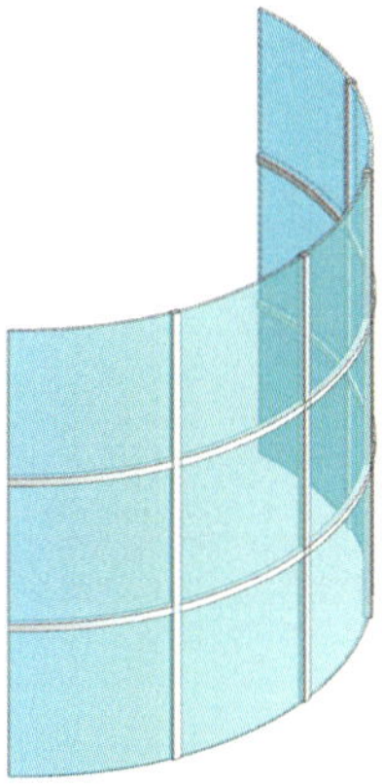

Figura 16.15. Ejemplo de muro curvo, realizado mediante un muro básico, con material vidrio y montantes realizados mediante barrido.

Muros dentro de muro cortina

Los paneles dentro de un muro cortina pueden ser muros. De esa forma, si hay que resolver algo más complejo (como una mampara de oficina con sus capas o un panel modular contrachapado de madera), lo haremos con este método.

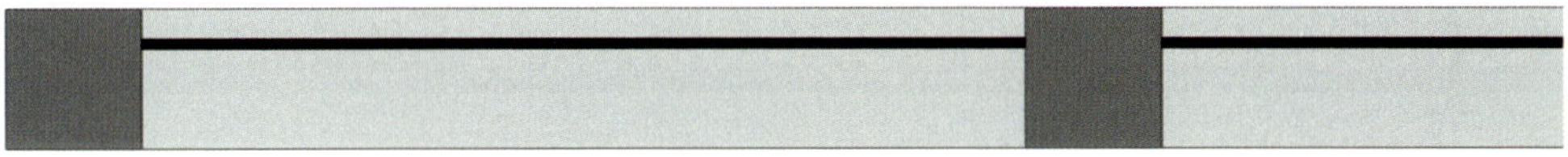

Figura 16.16. Panel mampara con muro cortina.

17

Circulaciones verticales

En este capítulo aprenderás a:

- Modelar rampas con dos órdenes diferentes.
- Conocer las limitaciones de las rampas.
- Modelar y editar escaleras de diversos tipos.
- Generar barandillas y editar los elementos que las componen.
- Hacer agujeros.

Propiedades de las rampas

Las rampas son los elementos de comunicación vertical más sencillos. Tienen tres propiedades básicas que debemos conocer:

- **Rampa gruesa / sólida.** La sólida es una rampa maciza desde el nivel de partida hasta la parte superior; mientras que la gruesa tiene un parámetro de grosor.
- **Longitud máxima de inclinación.** O longitud máxima de tramo inclinado, antes de que Revit pare la rampa y nos obligue a realizar un descansillo.
- **Pendiente.** La pendiente se expresa en porcentaje, pero con una fórmula poco usual. Si deseamos una pendiente del 20 %, por ejemplo, dividimos 100/20 y el resultado es 5, pues ese valor «5» es el que pondremos en la casilla de la pendiente.

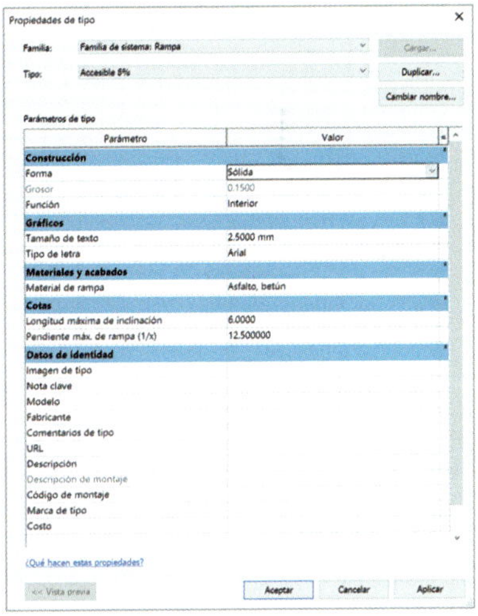

Figura 17.1. Propiedades rampa accesible del 8 % tramo máx. 6 m.

TRUCO:

También funciona a la inversa: si vemos un «5» en la casilla, dividimos 100/5 y nos indica que es una pendiente del 20 %.

El dibujo general de una rampa se hace indicando, en la paleta de Propiedades, el nivel inicial y el final. Revit calculará cuántos metros son necesarios y los iremos dibujando. Si llegamos a la «longitud máxima de inclinación», la rampa se parará y tendremos que seguir en otra parte del dibujo, para que Revit haga automáticamente un descansillo. Al terminar la rampa, debemos hacer clic en Aceptar/ Finalizar para salir de la orden. También se pueden dibujar rampas por boceto, mediante líneas rectas o arcos.

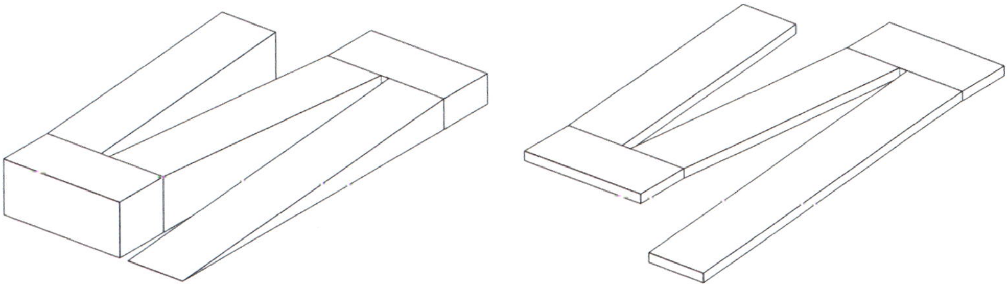

Figura 17.2. Rampa sólida y rampa gruesa.

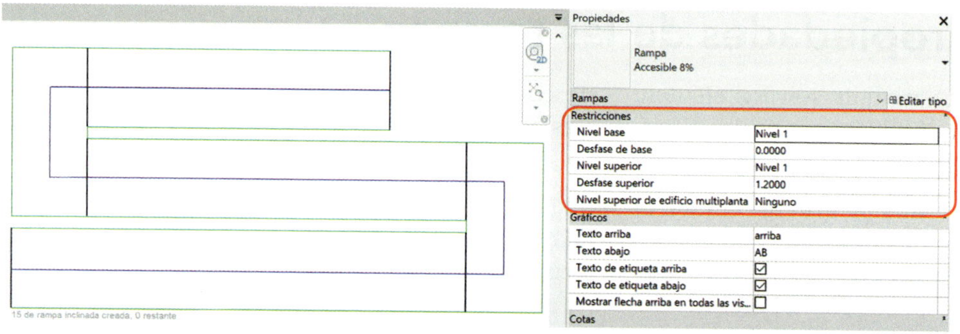

Figura 17.3. Dibujo inicial de una rampa.

Caso especial: rampa de una longitud concreta

Si necesitamos una rampa cuya longitud ya está determinada (por motivos de proyecto, por ejemplo), nos falta el dato de su pendiente, para que Revit la haga perfecta. Si dibujamos la rampa necesaria y luego la editamos, podremos estirar la línea central y hacer que llegue al punto que necesitamos.

Anotar pendiente de una rampa

En versiones anteriores de Revit no se podía anotar la pendiente de una rampa; pero ahora ya es posible hacerlo con el mismo sistema que para las pendientes de suelos o cubiertas, desde Anotar>Cota de pendiente.

TRUCO:

Para hacer las líneas de subida de una rampa mediante líneas de modelo, se requiere cambiar el plano de trabajo: en Arquitectura>Definir plano de trabajo, podremos seleccionar el plano inclinado de la rampa y dibujar sobre él.

Flechas de subida

Las flechas de subida de las rampas no funcionan todo lo bien que deberían. Por tanto, hay algunos caminos alternativos para hacerlo.

- Con líneas de detalle sobre la rampa, dibujamos la forma deseada.
- Con líneas de modelo; cambiando el plano de trabajo desde Arquitectura>Definir plano de trabajo, podremos seleccionar el plano inclinado de la rampa y dibujar sobre él.
- Con un componente adaptativo.

Rampas a partir de suelos

Con la herramienta de Modificar subelementos de los suelos o cubiertas de Revit (generando las líneas de inicio y fin de rampa, y entonces levantando a la cota deseada las líneas de fin de rampa y fin de suelo), es posible generar una «rampa» cuyos encuentros con el forjado sean mejores y cuya pendiente se pueda anotar más rápidamente.

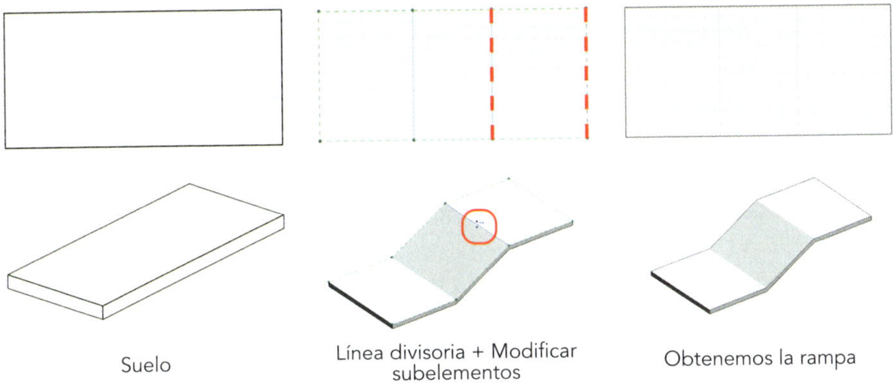

Figura 17.4. Proceso para la creación de una rampa mediante suelos.

Fórmulas de pendiente en rampas

Al igual que en las cotas temporales, es posible escribir una fórmula para colocar la pendiente exacta de una rampa en Revit. Una rampa del 6 % debería tener, en propiedades, la pendiente 16,66, que equivale a 100/6. Si nosotros escribimos —sin comillas— «=100/6», Revit escribirá la pendiente exacta sin preocuparnos por los decimales.

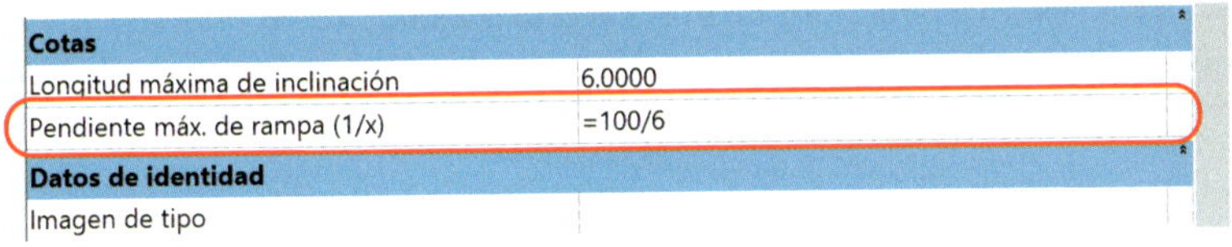

Cotas	
Longitud máxima de inclinación	6.0000
Pendiente máx. de rampa (1/x)	=100/6
Datos de identidad	
Imagen de tipo	

Figura 17.5. Fórmulas de pendiente en rampas.

Limitaciones de las rampas

- No tienen flecha de recorrido.
- No permiten varios materiales (es un único material).
- No representan patrones en planta.
- No arrojan las sombras correctamente.

Por todas estas cuestiones, resulta recomendable usar, cuando sea posible, suelos.

Escaleras

Las escaleras en Revit son uno de los elementos que más configuración interna tienen. Sin embargo, la operativa es bien sencilla. Una vez clicamos en la orden, debemos tener en cuenta los siguientes parámetros:

- **Boceto de escalera.** Por tramos, helicoidal, compensada o por boceto.
- **Inicio y final de la escalera.** Nivel y desfase, en cada caso; igual que los muros.
- **Anchura de tramo.**
- **Número de contrahuellas.** Revit nos marca el número mínimo que resuelve la escalera con la altura máxima definida en el tipo. Nosotros podemos poner más o menos peldaños según nos interese.
- **Profundidad de huella.** Revit coloca la huella mínima, pero podemos modificarla.
- **Contrahuellas restantes.** Cada vez que vamos dibujando la escalera —en planta—, Revit nos indica cuántas contrahuellas faltan para llegar al nivel superior marcado.

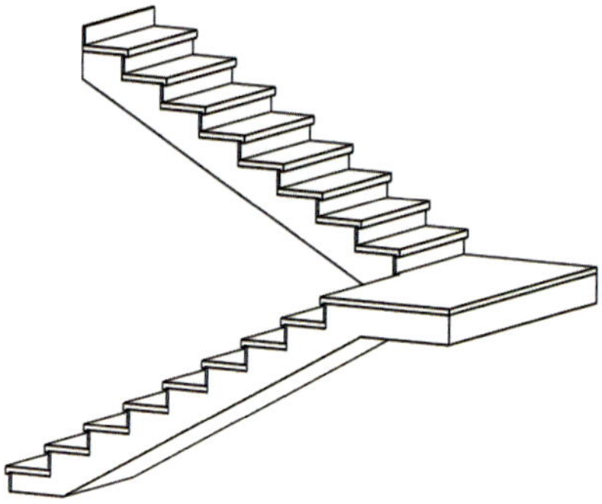

Figura 17.6. Ejemplo escalera 3D.

Después de realizada la escalera, incluso haciendo varios tramos y dejando que Revit resuelva los descansillos por nosotros, clicaremos en Aceptar/Finalizar.

TRUCO:

A la hora de hacer un tramo, podemos elegir el lado desde el que dibujamos, de forma muy similar a la Línea de ubicación de los muros. En esta ocasión, los valores dependen del Tramo y son Centro – Izquierda – Derecha, entendidos en el sentido ascendente de la escalera.

Propiedades básicas de escalera

Las tres propiedades básicas que definen un tipo de escalera, y que se modifican dentro de Editar tipo, son:

- Anchura de tramo mínimo.
- Altura de contrahuella máxima.
- Profundidad de huella mínima.

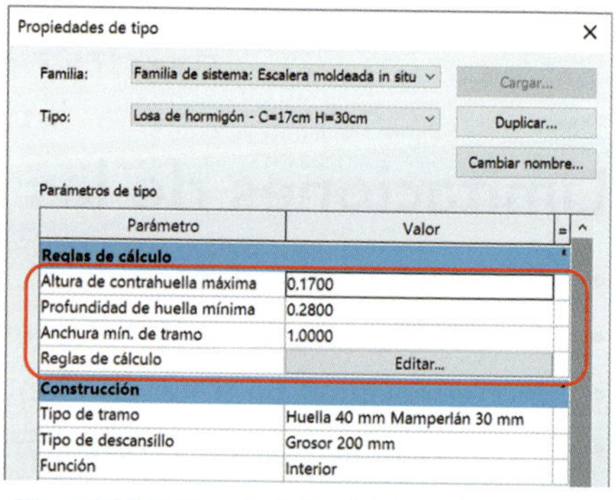

Figura 17.7. Propiedades básicas de escalera.

Escaleras por boceto

Si seleccionamos Escalera por boceto, hay que dibujar, por un lado, los Contornos o zancas de escalera y, por otro lado, las Contrahuellas. No se requiere que las contrahuellas lleguen hasta el contorno ni que no sobresalgan: Revit las dibujará bien por nosotros.

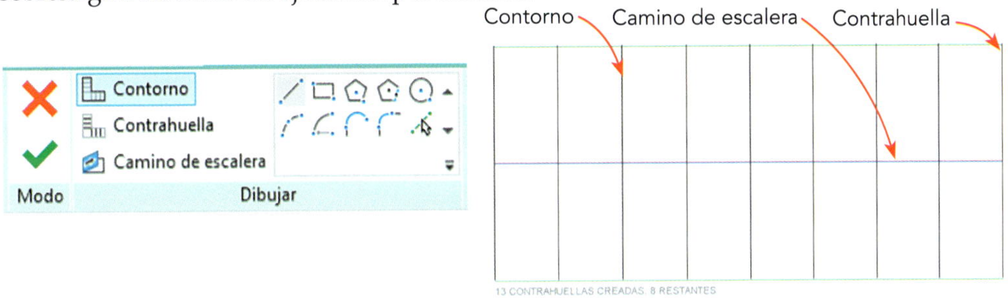

Figura 17.8. Partes de una escalera por boceto.

TRUCO:

Los iconos de Revit en este caso pueden llevar a confusión. El icono de Contorno muestra un contorno cerrado por todos los lados, mientras que solamente hay que dibujar las «zancas» laterales. Del mismo modo, el icono de las Contrahuellas no incluye las dos extremas, y sí que es necesario dibujarlas.

Las escaleras por boceto nos permiten resolver tramos de escalera no paralelos o con formas personalizadas. Si hacemos contrahuellas no paralelas, Revit también resolverá la escalera, pero generará discontinuidades en la losa de la escalera.

Una escalera «normal» se puede convertir a escalera por boceto, al editar la escalera y, tras seleccionar un tramo, hacer clic en el botón Convertir. Esta operación no es reversible.

Cuando dibujamos una escalera por boceto, Revit colocará automáticamente una línea de Camino de escalera, empezando en el primer peldaño y terminando en el último. Si esa línea de camino pasa por todos los peldaños, será correcta. Sin embargo, si nuestra escalera por boceto es en L o curva, es posible que la línea que Revit dibuje no pase por todos los peldaños y, por tanto, no sea correcta; en ese caso, nosotros mismos la dibujaremos desde la orden Camino de escalera.

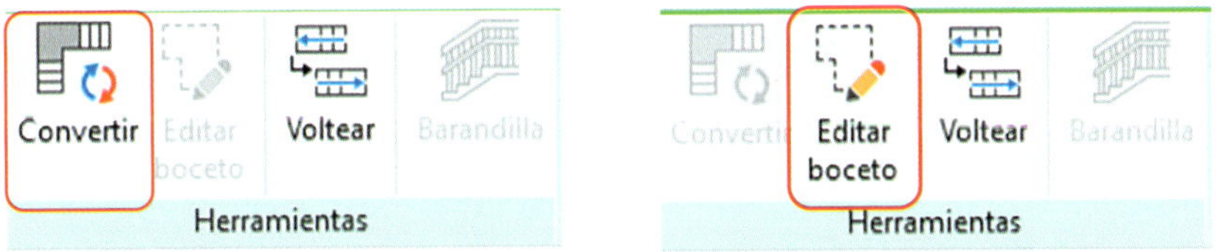

Convertir escalera «normal» a por boceto — Editar boceto para modificarlo

Figura 17.9. Convertir escalera «normal» en escalera por «boceto».

Modificadores básicos

- **Invertir dirección.** Al seleccionar una escalera en planta, aparece una pequeña flecha en la parte superior. Con un clic sobre ella, invertimos la dirección de la escalera.

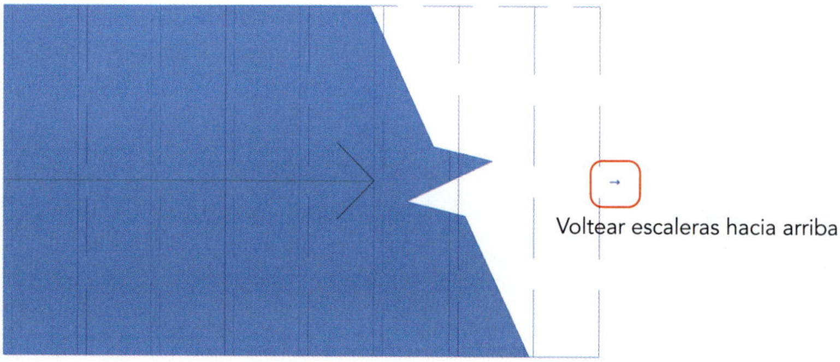

Figura 17.10. Invertir dirección.

- **Pinzamientos de forma.** Seleccionando la escalera y haciendo clic sobre Editar escalera, podemos seleccionar los pinzamientos triangulares para modificar el ancho de cada tramo o reajustar la altura del descansillo.

TRUCO:

Además, si en una escalera de dos o más tramos, estiramos del pinzamiento triangular del centro del tramo superior: los peldaños que añadamos o restemos en ese tramo se compensan en el nacimiento de la escalera.

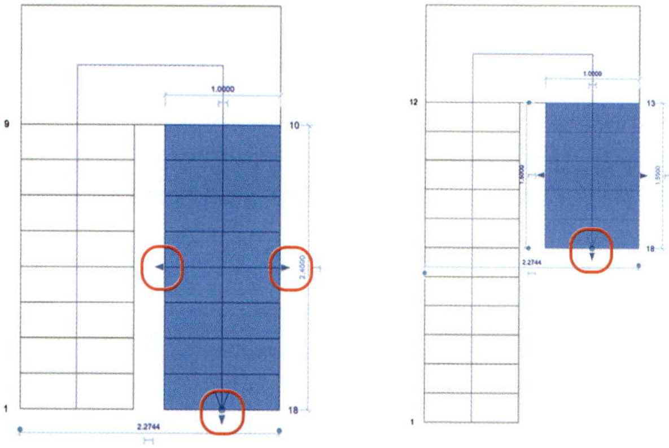

Figura 17.11. Pinzamientos para editar la forma y compensación de peldaños entre tramos.

- **Añadir peldaños.** Seleccionando el pinzamiento circular, añadimos o restamos peldaños directamente.

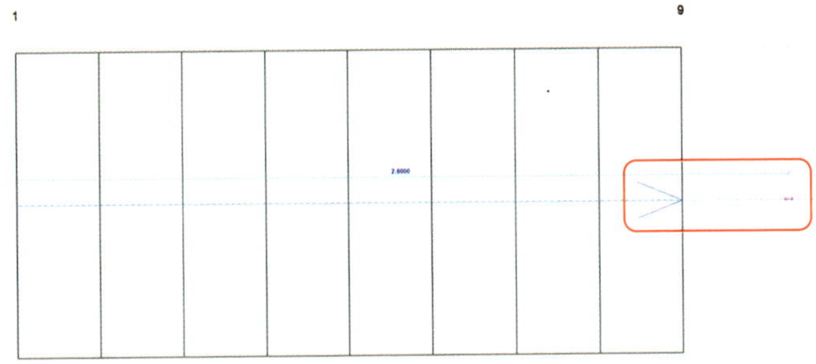

Figura 17.12. Añadir peldaños.

Grafismo

- **Flecha de escalera.** Revit las llama Camino de escalera y, por defecto, es una dirección ascendente o descendente, según si estamos en la vista de arranque de escalera o de desembarco. Al seleccionar el Camino de escalera, es posible desplegar el tipo y elegir Dirección ascendente fija. Dentro de las opciones del camino de escalera se modifican el tipo de flecha y otras opciones:

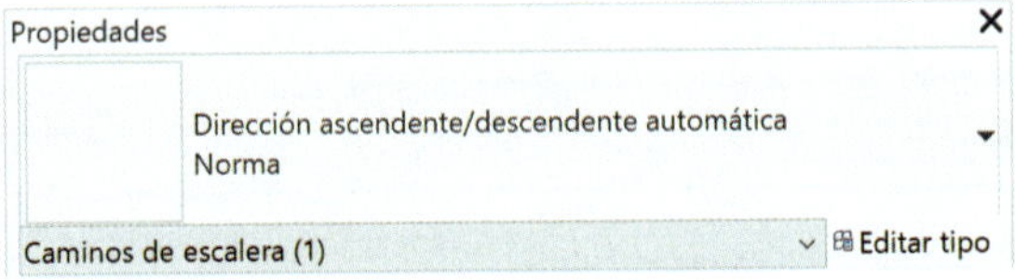

Figura 17.13. Camino de escalera.

  - **Distancia hasta marca de corte.** Distancia de la flecha al corte de escalera. Si el corte no lleva un símbolo, mejor dejarla a cero.
  - **Dibujar para cada tramo.** Si se desactiva, es una flecha única que recorre la escalera. Podemos especificar también si las esquinas son rectas o curvas.
  - **Flecha de peldaño completo.** Extiende los bordes de la flecha a las esquinas del peldaño.
  - **Extensión inicial de línea y símbolo inicial.**

Como el camino de escalera es una anotación de vista, el cambio de Dirección ascendente fija, hay que hacerlo en todos los caminos de escalera (en todas las plantas). La opción más rápida es seleccionar uno>Seleccionar todos los ejemplares: en todo el proyecto y cambiarlo.

TRUCO:

El texto «Arriba» es una propiedad de ejemplar. La forma más rápida de quitarlo es en el paso anterior, aprovechar para desmarcar Mostrar texto arriba. Sin embargo, es mucho más interesante hacerlo desde VV>Anotación, desmarcando Texto arriba y Texto abajo; ya no se verá nunca en esa vista y nos olvidaremos de tener que desactivarlo.

Para que Revit utilice por defecto la Dirección ascendente fija, eliminaremos uno de los caminos de escalera e iremos a Anotar>Camino de escalera>mover Dirección ascendente fija>seleccionar la escalera. Esto vendrá bien para las próximas escaleras y, por supuesto, para nuestra plantilla.

TRUCO:

Para personalizar la flecha en sí, iremos a Gestionar>Configuración adicional> Puntas de flecha.

- **Grafismo de líneas en proyección.** Dentro de Gestionar>Estilos de objeto>Escaleras, se hallan todas las subcategorías para personalizar. Desde VV decidiremos cuáles serán visibles en cada vista.
- **Marca de corte de la escalera.** Dentro del tipo de escalera encontramos el parámetro de Tipo de marca de corte y, con un clic en los puntos suspensivos, se edita su grafismo:
  - Una línea o dos líneas, y qué ángulo.
  - Si debe sobresalir o no de los laterales de la escalera.
  - Símbolo de corte (línea, curva o ninguno).

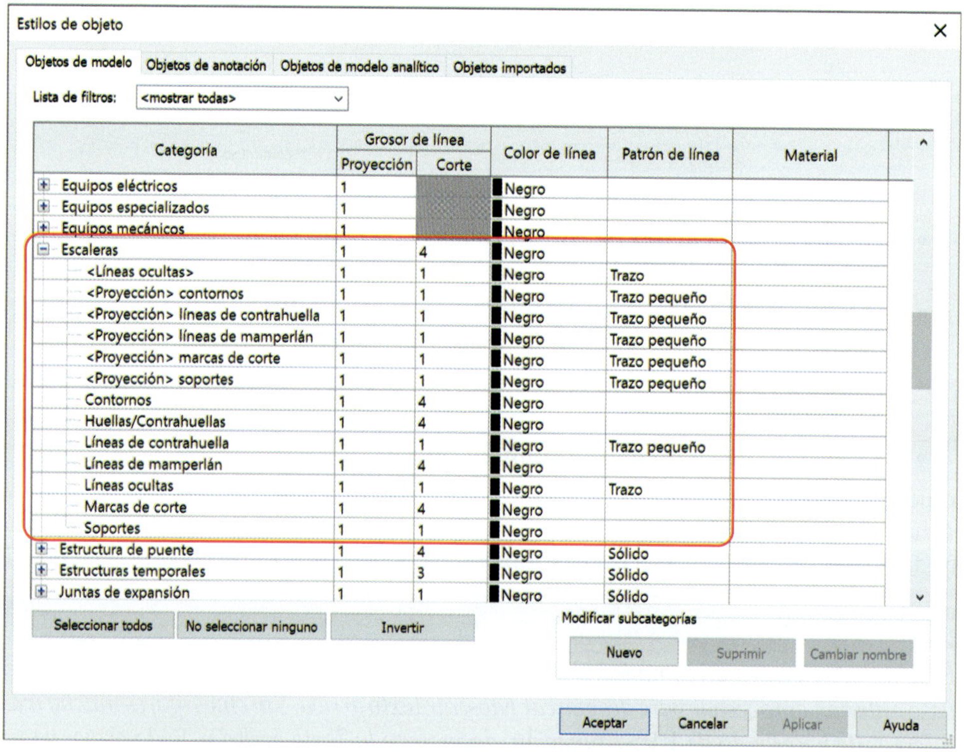

Figura 17.14. Estilos de objeto, para editar las líneas de las escaleras.

- **Numeración de peldaños.** Desde la pestaña Anotar>Número de huellas, se etiquetan los peldaños de nuestra escalera, tanto en planta como en alzado o sección, y se determinan algunos de estos parámetros:

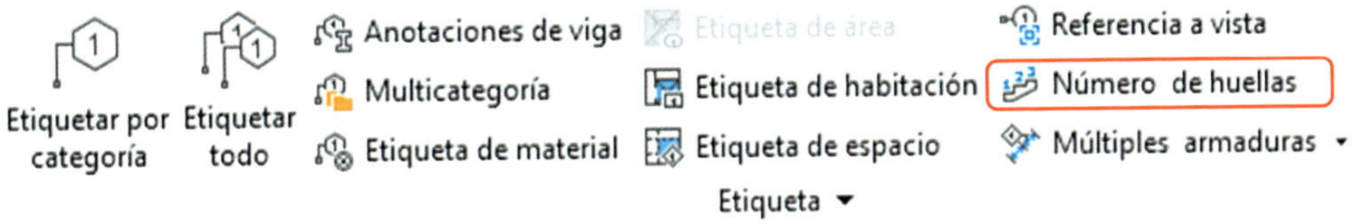

Figura 17.15. Numeración de peldaños.

- Tipo de etiqueta (huella o contrahuella).
- Regla de visualización (todos los peldaños, los extremos o pares / impares).
- Referencia (centro de la escalera, bordes o cuarto).
- Justificación en cada peldaño (inicio, centro o final).
- Orientación del texto, horizontal o vertical.
- Tamaño del número (no es posible el tipo de letra).

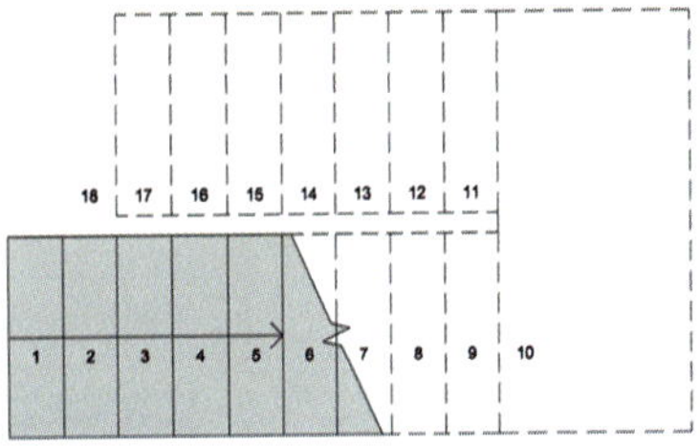

Figura 17.16. Ejemplo número de huellas

TRUCO:

Para modificar el color de la letra, iremos a Modificaciones de Visualización/Gráficos o desde Gestionar>Estilos de objeto>Anotación>Números de huella/contrahuella.

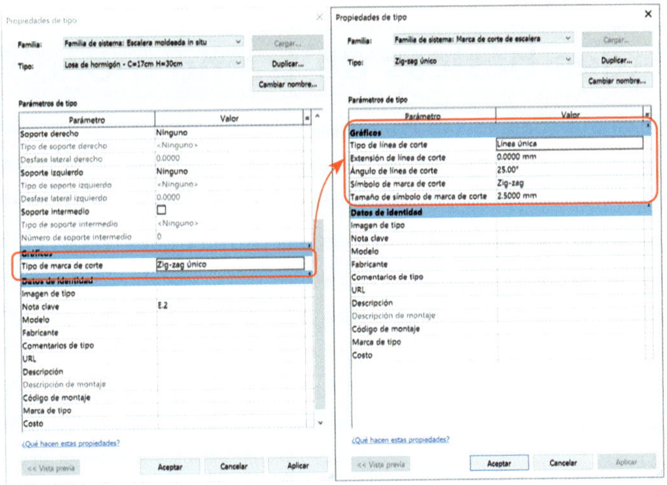

Figura 17.17. Marca de corte de escalera.

Reglas de cálculo

Dentro de Editar Tipo y debajo de los parámetros de huella, contrahuella y tramo, se localiza el botón de Reglas de cálculo. Dentro de esta ventana, si activamos la casilla de verificación de Usar calculadora de escaleras para el cálculo de pendiente, generaremos una definición de cuánto debe medir cierta combinación. Por ejemplo, la fórmula tradicional de «una huella más dos contrahuellas debe ser igual al paso». En el Código Técnico en España se especifica que $54 \leq 2C + H \leq 70$ cm.

Esta calculadora nos permite generar, por tanto, esta regla, y así indicar tanto el resultado deseado como sus valores máximos y mínimos (traspasados los cuales nos saldría una advertencia), y siempre a partir del valor de la escalera actual.

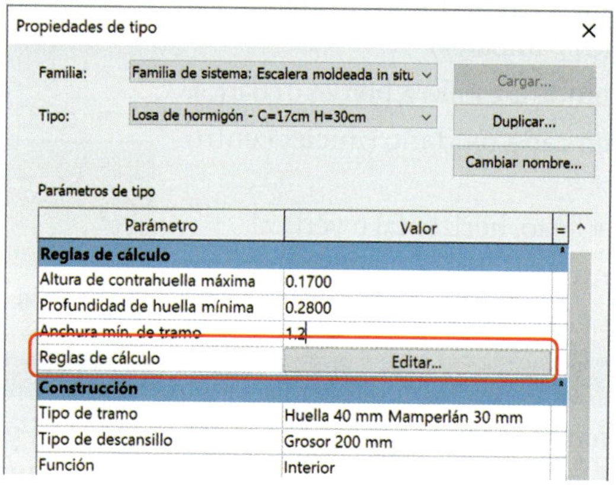

Figura 17.18. Reglas de cálculo.

Propiedades básicas de tramo monolítico

Los tramos de escalera son exactamente eso: cada uno de los tramos que la componen. Recae sobre ellos todo lo referente a materialidad y espesores de revestimientos y losa. Podemos llegar a la ventana de edición de tipo de tramo de tres formas diferentes:

1. Editando el tipo de la escalera. Dentro de las propiedades, está Tipo de tramo.
2. Al pulsar TAB sobre la escalera, alternaremos entre escalera y tramo.
3. Seleccionando la escalera y editándola; lo que seleccionemos dentro será un tramo.

Las propiedades generales dentro de un tramo son:

1. **Superficie de la parte inferior y profundidad estructural.** Para hacer escaleras con el intradós plano o escalonado y definir su espesor.

TRUCO:

Si se coloca un espesor fino y el tramo escalonado, podemos simular una escalera de chapa metálica. Será necesario también revisar, dentro de las propiedades de ejemplar del tramo, los valores de Iniciar con contrahuella o terminar con contrahuella, para que empiece y termine como nos interesa.

2. **Materiales.** Losa, huella y contrahuella.
3. **Huellas.** Si se marca, se genera el revestimiento de la huella, del espesor que establecemos en la propiedad siguiente, «grosor de huella».

TRUCO:

Para desactivar el saliente, mamperlán o boceto de la escalera, pondremos el parámetro de Longitud de mamperlán a cero y el perfil en Por defecto.

4. **Contrahuellas.** Si se marca, se genera el revestimiento de la tabica con el espesor asignado.

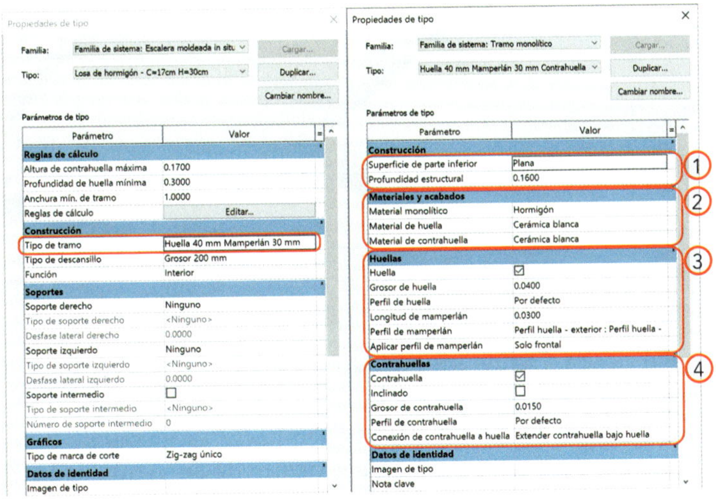

Figura 17.19. Propiedades de un tramo.

Descansillos

Los descansillos conectan diferentes tramos de escalera. Para añadir un descansillo manualmente, haremos clic en el botón Descansillo desde el modo de edición de escalera y seleccionaremos uno a uno ambos tramos. Lo único que hay que tener en cuenta es que los peldaños de ambos deben ser correlativos. Si esto no fuera así, con el pinzamiento de círculo en los tramos afectados, podremos añadir o quitar, según corresponda.

Para hacer una forma especial de los descansillos, es posible convertirlos a boceto; con el descansillo seleccionado, marcamos la orden Convertir y entonces modificamos a nuestro gusto su perímetro; por ejemplo, para conseguir un descansillo semicircular.

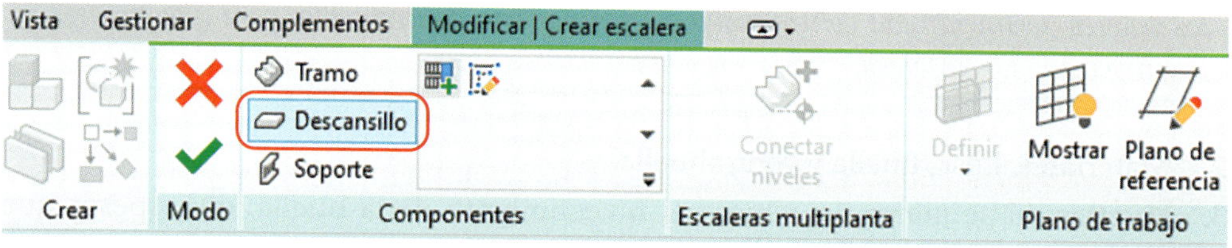

Figura 17.20. Descansillo.

Otros tipos de escalera

En Revit hay varias familias de escalera, además de la que hemos estado revisando hasta ahora, que es la escalera «Moldeada *in situ*». Son las siguientes:

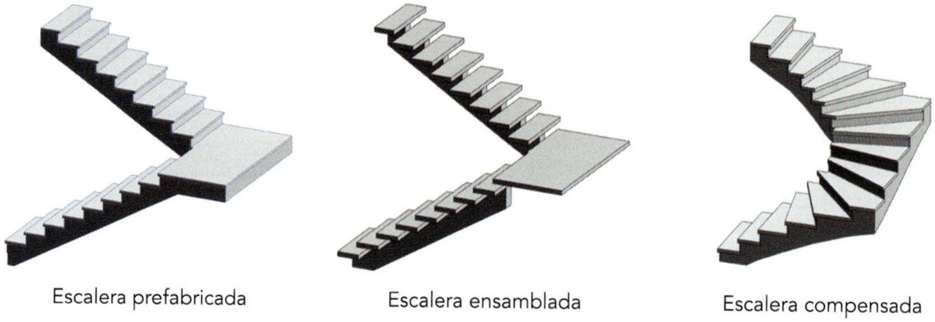

Figura 17.21. Tipos de escalera.

- **Escalera prefabricada.** Define los métodos de conexión entre las piezas y también permite colocar zancas.
- **Escalera ensamblada.** Desde esta se pueden hacer escaleras de zancas laterales, centrales o incluso escaleras voladas, pues dentro de las propiedades de tipo están los valores de Soporte derecho, izquierdo e intermedio. Si los modificamos y seleccionamos los que nos interesen, establecemos las dimensiones y la ubicación de estos soportes, para lograr nuestra escalera ensamblada perfecta.

Además, hay una serie de tramos que, por su peculiaridad, merecen ser tratados aparte:

- **Escalera compensada.** Es un bloque de escalera con pocas variaciones o parámetros a realizar por nosotros. Existe en dos modalidades (L y U) y podremos variar, entre otras cosas, el número de huellas paralelas al inicio y al final, o el modo de compensación de peldaños. Asimismo, disponemos de pinzamientos de flecha para ajustar los anchos o el ojo de la escalera.

- **Escaleras helicoidales.** Las escaleras en espiral se pueden realizar mediante dos iconos diferentes en Revit. El primero, mediante centro y radio; el segundo, mediante un centro y extremos inicial y final, para poder hacer solamente un tramo y no la escalera completa.

Conexión de escaleras con el forjado

Una escalera modelada en Revit, tanto si tiene un tramo simplificado o detallado, termina por defecto con una contrahuella. En el caso de las escaleras con tramos simplificados (donde no hay tabicas), la unión con el forjado es aceptable, aunque se quede visualmente en la sección un pequeño ámbito triangular no resuelto. Sin embargo, si la escalera tiene activada la generación de huellas y contrahuellas o de mamperlán (todos estos parámetros se activan desde la configuración del tramo de escalera), entonces se solapará con el forjado superior la distancia del mamperlán más el propio espesor de la pieza de contrahuella. Para mejorar la unión con el forjado superior haciendo que el primer peldaño nazca del propio nivel, podemos hacer lo siguiente desde una vista de sección:

- Seleccionar la escalera>Editar escalera.
- Seleccionar el tramo.
- En la paleta de Propiedades desmarcar Terminar con contrahuella.
- Arrastrar el pinzamiento circular para añadir un peldaño más (esto lo hacemos a ciegas; hasta que no soltemos el cursor, no sabremos cuántos hemos añadido).
- Aceptar la escalera, y hacer los recortes de pavimento y uniones que se requieran.

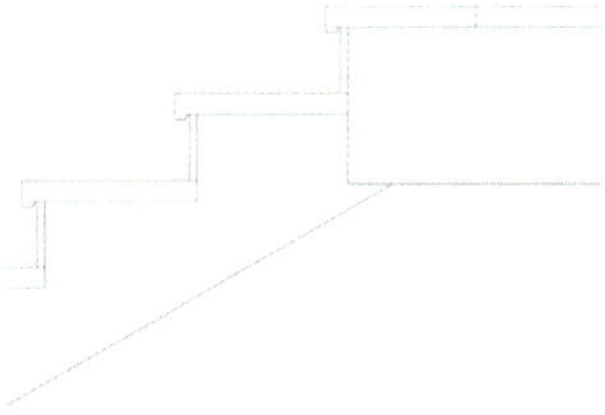

Figura 17.22. Ejemplo de conexión de escalera con el borde forjado.

Para la unión con el forjado inferior, de nuevo desde una sección con nivel de detalle alto, podemos utilizar la orden Unir entre escalera y pavimento. Si las capas del pavimento tienen Función 2 o siguientes, la escalera se unirá.

Para controlar el nacimiento de una escalera en el borde de un forjado, desde una sección, seleccionamos la escalera y la editamos, para seleccionarla de nuevo (esta vez tenemos seleccionado el tramo). Esto también se puede hacer sin necesidad de editar la escalera, con la tecla TAB para alternar entre la selección de la escalera y el tramo (hay que comprobar en la barra de estado qué tenemos seleccionado cada vez).

Con cualquiera de los dos métodos, una vez tengamos el tramo, existe la posibilidad de cambiar la propiedad de ejemplar Extender por debajo de contrahuella para hacer que el intradós de la escalera se prolongue, simulando de una forma más realista la unión con el forjado.

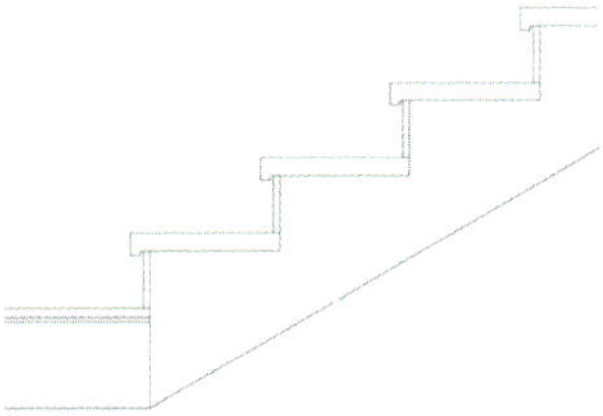

Figura 17.23. Ejemplo de conexión de escalera con el borde forjado.

Escaleras en edificio multiplanta

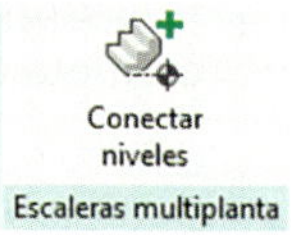

En Revit es posible generar una escalera «multiplanta», que funcionará correctamente si todas las plantas disponen de la misma altura y, por tanto, todas las escaleras son iguales. Es decir, es una estrategia adecuada para una planta tipo. Puedes activar una escalera multiplanta mientras la estás generando o incluso ya terminada. En el primer caso, antes de finalizar la escalera, localiza el botón Conectar niveles en la cinta de opciones y, desde una vista de alzado o sección (o 3D con los niveles activados), selecciona uno o varios niveles superiores. Recuerda que será necesario tener pulsada la tecla Ctrl para seleccionar varios. Los niveles elegibles para conectar aparecerán en color negro, mientras que los que ya estén conectados aparecerán tramados y no seleccionables. Al finalizar, Revit replicará tu escalera para conectar todos esos niveles.

El camino para hacerlo, una vez la escalera ya está finalizada, es muy similar: debes seleccionarla, activar el icono Seleccionar niveles y, de nuevo, desde una vista de alzado, sección o 3D seleccionar los niveles que desees conectar.

Si la altura entre niveles a conectar es diferente, Revit hará una extrapolación de nuestra escalera con las nuevas alturas. Por ejemplo, una escalera de un tramo simplemente se prolongará, y una de ida y vuelta se realizará añadiendo tantos peldaños como sean necesarios repartidos entre inicio y final de la escalera.

Escaleras modeladas in situ

En Revit se dibujan escaleras *in situ* desde Arquitectura>Componente>Modelar in situ. De esta manera, escaleras que hasta ahora parecían imposibles de dibujar, o de conseguir una unión perfecta con el forjado, pueden ahora resolverse de forma individual.

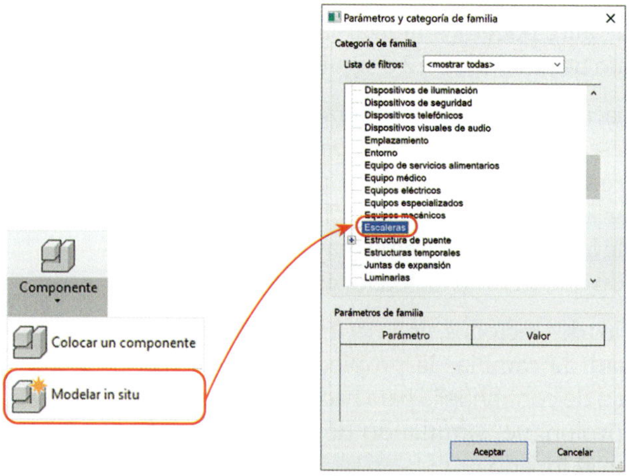

Figura 17.24. Modelar in situ una escalera.

Barandillas

Las barandillas se añaden automáticamente cuando generamos rampas y escaleras. Son una categoría basada en línea (dibujamos un boceto o camino continuo mediante segmentos rectos o curvos, y la barandilla se creará a partir de este camino).

Para crear una barandilla desde cero, los pasos a seguir son los siguientes:

- Arquitectura>Barandilla.
- Con los bocetos, se genera un único camino continuo; Aceptar/Finalizar.
- Si la barandilla sale horizontal y queremos que esté asociada a un elemento inclinado (por ejemplo, una rampa, un terreno, un suelo o una cubierta), seleccionamos la barandilla, en la Cinta de opciones marcamos la orden Seleccionar nuevo anfitrión y designamos el elemento que ha de hacer de anfitrión de la barandilla.

Figura 17.25. Proceso para colocar nuevo anfitrión de barandilla.

Para editar el camino, seleccionamos la barandilla y hacemos clic sobre Editar camino.

TRUCO:

Si marcamos en la Cinta de opciones>Vista previa, desde la vista 3D contaremos con una previsualización de cómo quedará la barandilla, en vez de ver solo la línea de camino.

Para que Revit alterne automáticamente entre segmentos inclinados y horizontales, al editar el camino haremos segmentos separados (por ejemplo, para cubrir una rampa con un descansillo en medio, habremos de dibujar tantos segmentos como transiciones haya entre inclinado y horizontal, incluso usando la orden Dividir para ello). Además, es posible seleccionar cada segmento de forma independiente y, en la barra de opciones, precisar el valor deseado en Pendiente. El valor por defecto es Por anfitrión, pero podemos forzar a que sea plana o inclinada.

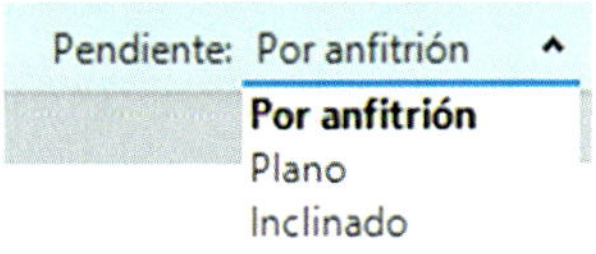

Figura 17.26. Pendiente.

Las barandillas se componen de varios elementos (a los que se accede desde Editar tipo), que podemos entender por separado:

- **Balaustres.** Los elementos verticales intermedios.
- **Pilastras.** Se hallan dentro de la configuración de balaustres. Son el elemento vertical inicial, final o de esquina entre dos tramos.
- **Barandales.** Son los elementos horizontales que van entre balaustres, por ejemplo, los cables horizontales de acero.
- **Barandal superior.** El barandal más alto. Revit le da un tratamiento especial.
- **Pasamanos.** Barandales laterales para generar barandillas compuestas solamente de pasamanos, entre otros.

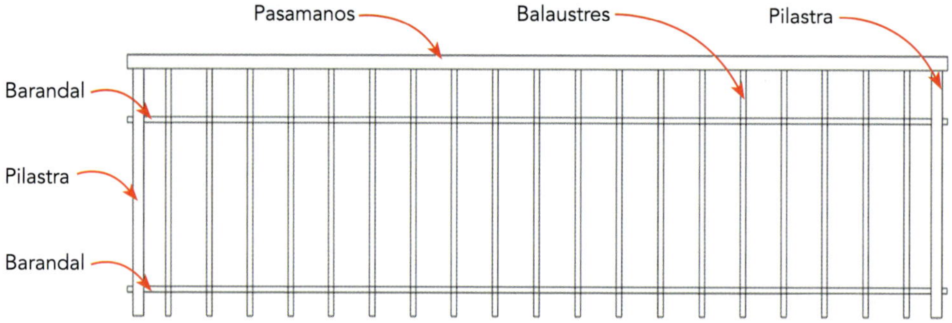

Figura 17.27. Elementos de una barandilla.

Barandales

Son el elemento más sencillo dentro de las barandillas. Se configuran desde Editar tipo>Estructura de barandal y podemos insertar todos los necesarios. Los valores que los definen son:

- Nombre identificativo (recomendado para cuando se coloquen los balaustres).
- Altura de colocación y desfase.
- Tipo de perfil y material

TRUCO:

Para crear un nuevo perfil a partir de uno existente, dentro del Navegador de proyectos>Familias>Perfiles>botón derecho sobre el que queramos usar de partida y duplicar. Si necesitamos partir de cero, Archivo>Nuevo>Familia>Perfil métrico – barandal.

Balaustres

Los balaustres son la estructura vertical de una barandilla. Las pilastras también se configuran desde el mismo lugar. Con una barandilla seleccionada, dentro de Editar tipo>Colocación de balaustres, colocaremos todos los balaustres que necesitemos:

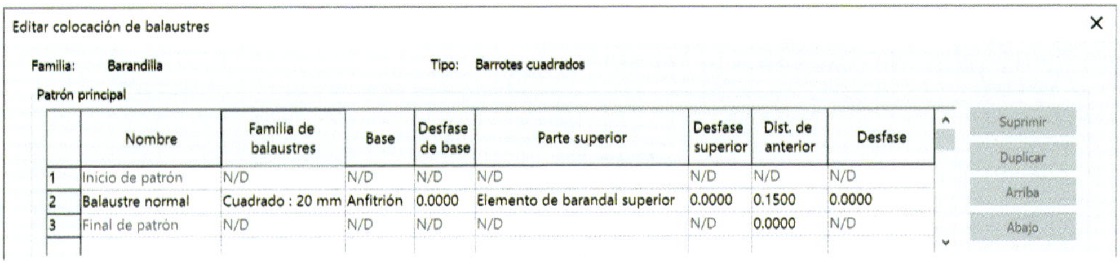
Editar colocación de balaustres

Familia: Barandilla   Tipo: Barrotes cuadrados

Patrón principal

	Nombre	Familia de balaustres	Base	Desfase de base	Parte superior	Desfase superior	Dist. de anterior	Desfase
1	Inicio de patrón	N/D	N/D	N/D	N/D	N/D	N/D	N/D
2	Balaustre normal	Cuadrado : 20 mm	Anfitrión	0.0000	Elemento de barandal superior	0.0000	0.1500	0.0000
3	Final de patrón	N/D	N/D	N/D	N/D	N/D	0.0000	N/D

Suprimir

Duplicar

Arriba

Abajo

Figura 17.28. Editar colocación de balaustres.

- Duplicamos el balaustre existente (o lo modificamos, según necesidad).
- Asignamos un nombre para su posterior identificación (recomendado).
- Elegimos una familia de balaustres.

TRUCO:

Para cargar más balaustres, vamos a Insertar>Cargar familia>Barandillas>Balaustres; o bien lo creamos desde cero en Archivo>Nuevo>Familia>Balaustre métrico (normal, panel o poste).

- Indicamos una base y parte superior, con los desfases pertinentes. Esto permite generar balaustres que no vayan desde el suelo hasta el barandal superior, sino que empiecen o terminen en unos de los barandales que hemos creado.
- En Distancia del anterior indicamos la separación que habrá entre este balaustre y el anterior. En definitiva, lo que estamos haciendo desde esta ventana es definir un patrón que se repetirá a lo largo de toda nuestra barandilla.
- Por último, en Desfase, contamos con la posibilidad de desfasar el balaustre de forma perpendicular a la barandilla.

Dentro de esta ventana, existen aún más parámetros para acabar de configurar los balaustres:

- **Dividir patrón.** Permite hacer un patrón continuo en toda la barandilla, empezarlo en cada tramo o interrumpirlo solamente en ángulos mayores que uno definido por nosotros.
- **Justificar.** Controla cómo se ajusta el patrón cuando la distancia de la barandilla no cuadra con un patrón exacto (que es la mayoría de los casos).

- **Usar balaustres por huella en escaleras.** Con esta opción marcada, Revit ignorará el patrón que hayamos creado si el anfitrión de nuestra barandilla es una escalera; y colocará x balaustres por huella de la familia indicada.

Para la configuración de pilastras, iremos a la parte inferior de esta misma ventana. Podemos configurar la pilastra inicial, final e intermedias (pilastras de esquina) con los mismos valores que unos balaustres normales. Además, en la parte más inferior de la ventana, elegimos poner pilastras de esquina según el criterio que queramos: siempre, nunca o a partir de determinado ángulo.

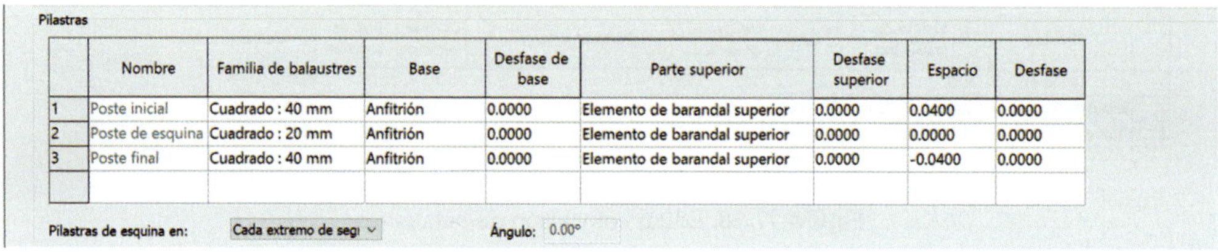
Pilastras

	Nombre	Familia de balaustres	Base	Desfase de base	Parte superior	Desfase superior	Espacio	Desfase
1	Poste inicial	Cuadrado : 40 mm	Anfitrión	0.0000	Elemento de barandal superior	0.0000	0.0400	0.0000
2	Poste de esquina	Cuadrado : 20 mm	Anfitrión	0.0000	Elemento de barandal superior	0.0000	0.0000	0.0000
3	Poste final	Cuadrado : 40 mm	Anfitrión	0.0000	Elemento de barandal superior	0.0000	-0.0400	0.0000

Pilastras de esquina en: Cada extremo de segı   Ángulo: 0.00°

Figura 17.29. Pilastras o postes.

Barandal superior

El barandal superior se configura desde Editar tipo, sin entrar dentro de la configuración de barandales. Permite indicar qué tipo de barandal superior se usará y a qué altura.

Los tipos de barandales superior se editan desde el Navegador de proyectos>Familias>Barandillas> Tipo de barandal superior. También se puede seleccionar el barandal superior de una barandilla mediante la tecla TAB. La ventana que aparece cuando hacemos doble clic en uno de ellos es bastante completa:

1. **Perfil y material.**
2. **Terminaciones.** Para colocar remates en cualquiera de los extremos del barandal.
3. **Extensiones.** Indican cuánto continúa el barandal al terminar la escalera y si tiene alguna forma especial, haciendo que el barandal gire hacia:
   - El suelo.
   - El muro.
   - La pilastra final.

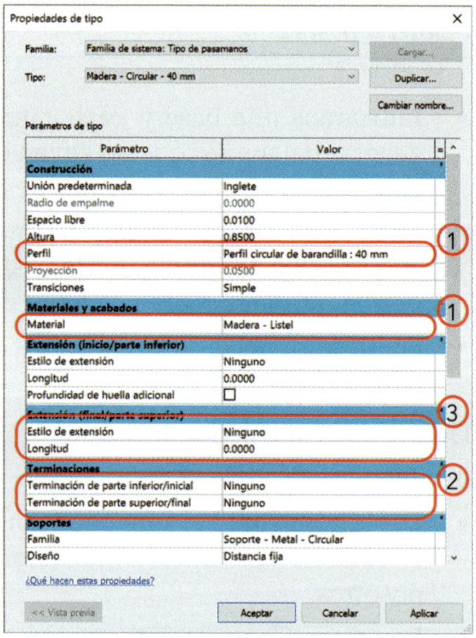

Figura 17.30. Propiedades tipo del barandal superior.

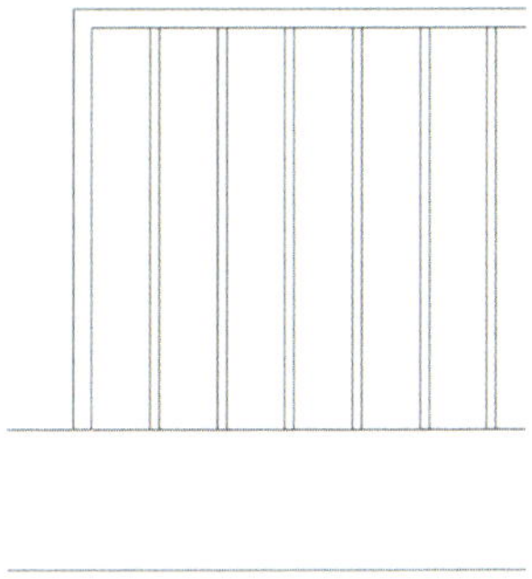

Figura 17.31. Extensión a suelo.

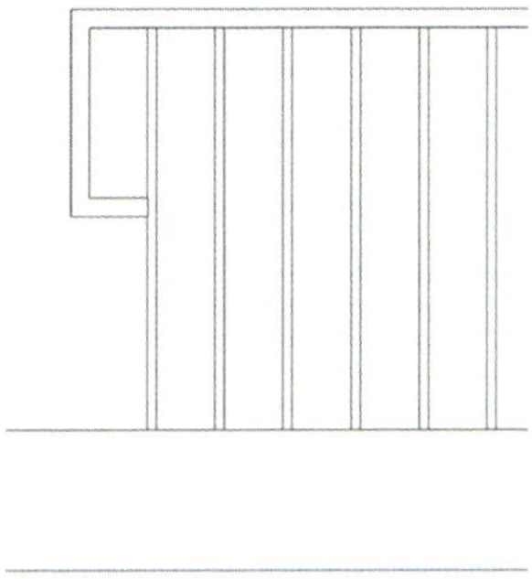

Figura 17.32. Extensión a pilastra final.

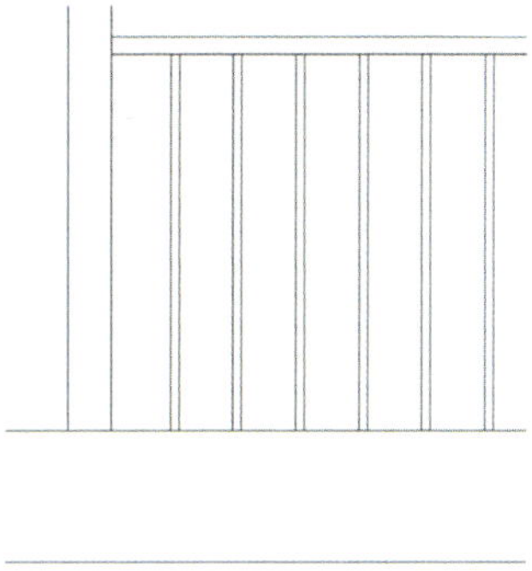

Figura 17.33. Extensión a muro.

Uniones entre barandales

Quizá esta es una de las partes más difíciles de conseguir que queden perfectas, aunque es importante tener en cuenta el alcance o importancia «real» de una unión de barandilla dentro de un plano o un alzado. Aquello que apenas se vaya a distinguir en un plano a escala 1:100 o, como mucho, 1:50 es susceptible de documentarse mediante un detalle 2D.

Cuando una unión entre barandales no es correcta, seleccionamos la barandilla y marcamos Editar camino. En la Cinta de opciones>Editar juntas, contamos con la opción de seleccionar (en el boceto) una junta entre barandales y editar el tipo. Si además marcamos la casilla de Vista previa, veremos en 3D qué alternativas estamos tomando:

- Por tipo. Mismo valor que dentro del barandal.
- Extender barandales para unirlos.
- Insertar segmento vertical/plano.
- Sin conector.

- **Transiciones.** (Propiedad de tipo de barandal superior) Sirve para elegir el tipo de transición entre barandales en descansillos. Además de Ninguna (donde el barandal terminará en la primera o última huella del descansillo), disponemos de dos opciones más:
    - **Simple.** Transiciones justas con un perfil circular.
    - **Continua.** Transiciones justas con perfiles complejos.
- **Ajuste de altura para descansillo.** (Propiedad de tipo de barandilla) Controla la altura de las barandillas en los descansillos de escaleras.
    - **No.** Las barandillas de los descansillos tienen la misma altura que las barandillas de los tramos de escalera.
    - **Sí.** Se puede aumentar o reducir la altura de la barandilla en los descansillos. Se logran transiciones de barandales más suaves si en el parámetro de Uniones tangentes se especifica Extender barandales para unirlos.

- **Uniones.** (Propiedad de tipo de barandilla)
  - **Uniones en ángulo.** Cuando dos tramos coinciden y verticalmente no están conectados, se pueden dejar Sin conector o bien Añadir segmentos verticales/horizontales.
  - **Uniones tangentes.** Dos tramos son tangentes o colineales, pero verticalmente no están conectados. Además de las opciones de Uniones en ángulo, se puede utilizar Extender barandales para unirlos y tratar de hacer una transición más suave.
- **Conexiones de barandal.** (Propiedad de tipo de barandilla) Si no es posible una conexión perfecta en bisel, Revit da dos opciones:
  - **Recortar.** Corta los segmentos por un plano vertical.
  - **Soldar.** La opción más adecuada para barandales circulares. Intentará unir los segmentos de la forma más parecida a un bisel.

Pasamanos

Para crear una barandilla que sea solamente un pasamanos, debemos hacer lo siguiente:

- Duplicar el tipo de barandilla.
- Entrar en Colocación de Balaustres, poner Ninguno tanto en el perfil del balaustre como en los correspondientes a Pilastras; así se desmarca Usar balaustres por huella en escaleras.

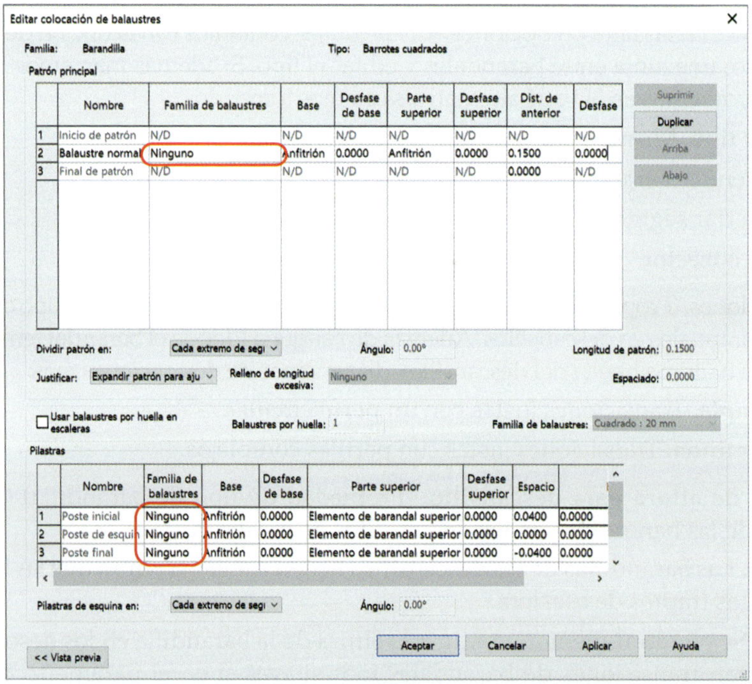

Figura 17.34. Eliminar balaustres para hacer pasamanos.

- Dentro de las propiedades de tipo, elegir Pasamanos 1 o Pasamanos 2, y escoger un tipo (por ejemplo, Madera – Circular – 40 mm) y una posición (izquierda).

En Barandal superior, poner Ninguno.

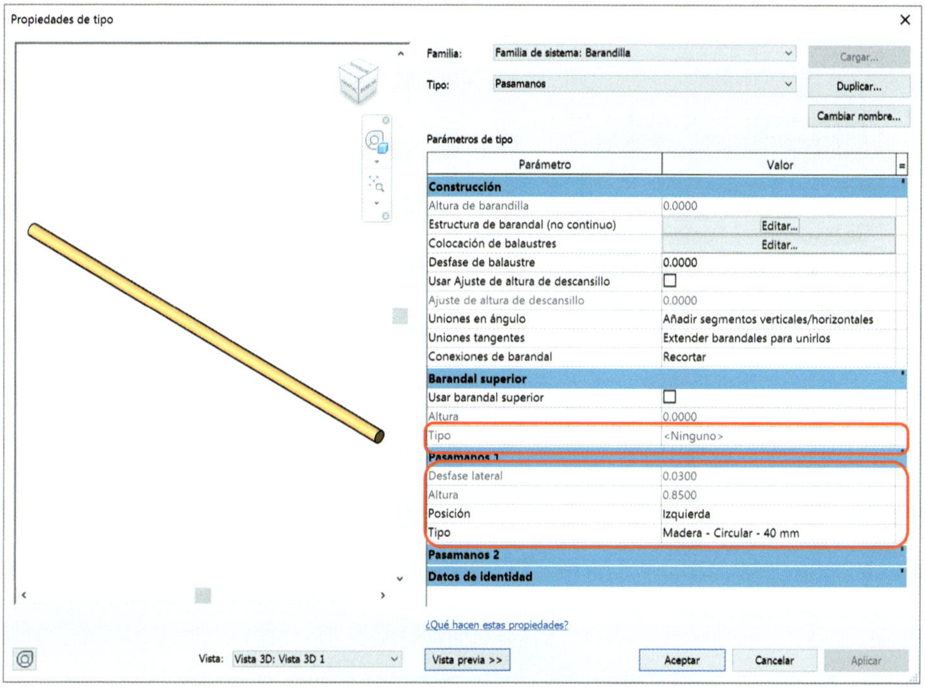

Figura 17.35. Pasamanos tipo.

Este pasamanos que acabamos de crear cumple su función, pero no tiene ningún tipo de conector con los muros que le dan sustento; y tampoco podemos controlar su altura de colocación. Para editarlo, acudiremos al Navegador de proyectos>Familias> Barandillas>Tipo de pasamanos y lo seleccionamos desde ahí; o bien con TAB lo seleccionamos desde nuestra vista y lo editamos. Dentro de la ventana del pasamanos se hallan:

- **Perfil, material y altura.**
- **Extensiones y terminaciones.** Igual que en un barandal superior.
- **Soportes.** Aquí podemos controlar los elementos que sustentan el pasamanos a la pared. Elegimos una familia y un diseño (espaciado máximo, por ejemplo).

Si el soporte no se queda exactamente donde deseamos, una forma rápida de modificarlo es seleccionarlo con TAB, desbloquearlo haciendo clic en el pin o chincheta y moverlo manualmente.

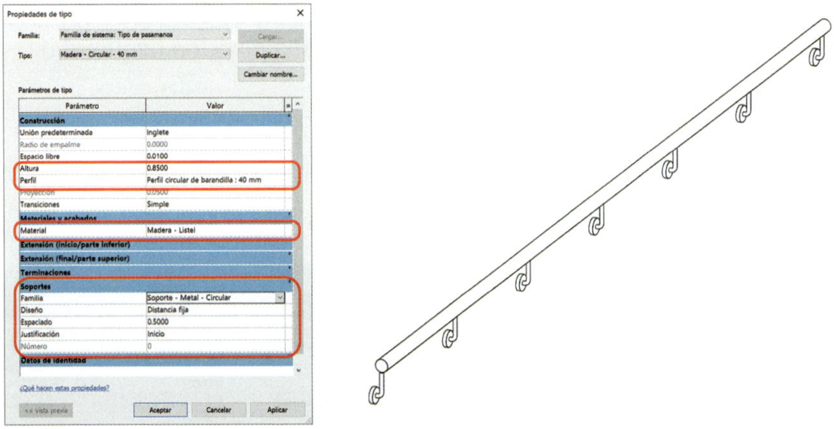

Figura 17.36. Pasamanos con soportes a pared.

Anfitriones de una barandilla

Una barandilla puede tener como anfitrión escaleras, rampas o suelos; pero también muros, incluso con coronación inclinada o topografías.

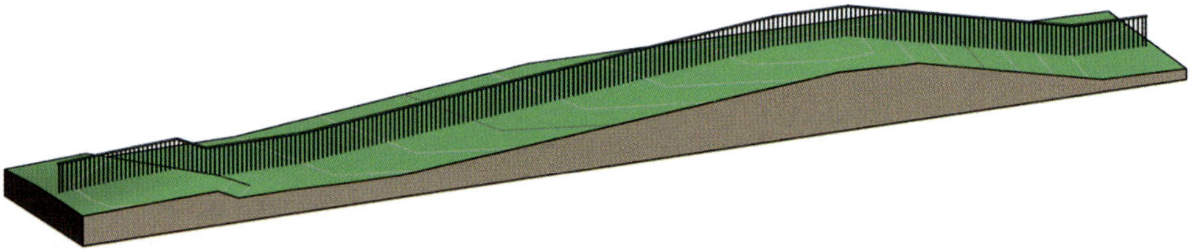

Figura 17.37. Barandilla con una topografía como anfitrión.

Agujeros

Existen varias formas de hacer agujeros en los objetos de Revit. Por una parte, disponemos de las órdenes específicas para agujeros y, por otra, de la propia edición del contorno, perfil o perímetro.

La edición de contorno, perfil, boceto o perímetro (según la familia correspondiente) nos permite modificar el perímetro del elemento; pero también, si dibujamos una figura dentro de la que ya tenemos (un contorno cerrado dentro del contorno cerrado existente), Revit hará un «agujero» en esa zona, comportándose igual que los sombreados por islas en CAD.

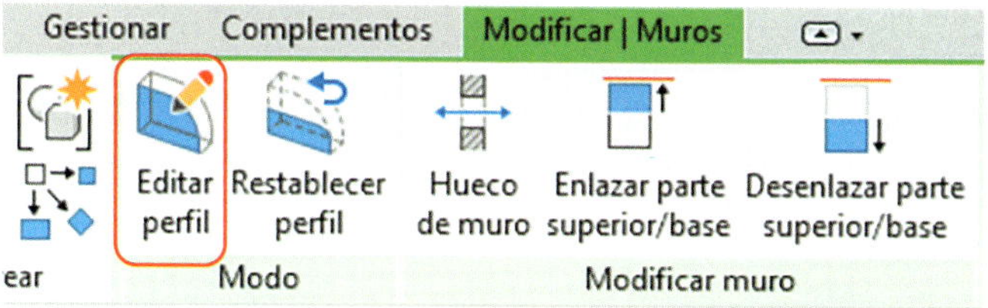

Figura 17.38. Seleccionando el muro, editar perfil.

TRUCO:

Con la orden Editar perfil en los muros se hacen auténticas maravillas. Podremos dibujar muros almenados, muros con coronación, base o laterales inclinados o curvos, múltiples agujeros, huecos de puertas orgánicos... La única condición es, como siempre, que ha de ser un perfil continuo y cerrado.

El otro modo de hacer agujeros es mediante las órdenes de huecos. Los huecos permiten «vaciar» una zona concreta, afectando cada vez a determinadas categorías. Tienen algunas ventajas respecto del método anterior:

- Permiten hacer huecos en pilares o vigas.
- Se puede controlar si el hueco es vertical o perpendicular a cara.
- Es posible modificar la posición del hueco arrastrando sin necesidad de editar el boceto.

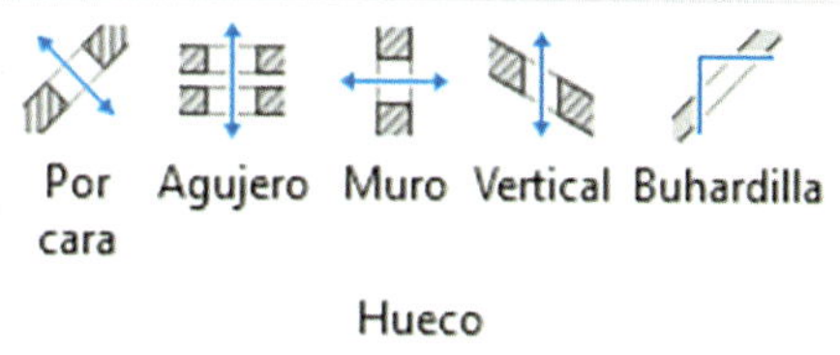

Figura 17.39. Tipos de huecos.

Todos ellos se localizan en la pestaña Arquitectura:

- **Hueco por cara.** Crea un corte perpendicular a la cara en cubiertas, suelos, techos, losas, plataformas de construcción, vigas y pilares estructurales. Funcionan en modo Boceto y, como siempre, debemos dibujar un contorno continuo y cerrado.
- **Hueco vertical.** Crea un corte vertical en cubierta, suelos, techos, losas y plataformas de construcción. También funciona en modo boceto.
- **Hueco de muro.** Solamente funciona en muros. Permite hacer huecos rectangulares. Es la única manera de hacer huecos en muros curvos, además de los cortes con elementos vacíos (familias o modelado *in situ*).
- **Agujero.** Es un hueco vertical con un rango de alturas, que afecta a todos los elementos que se crucen en su desarrollo (cubiertas, techos, suelos y losas). A efectos prácticos, es la mejor alternativa para patinillos de instalaciones, huecos de escaleras en un edificio multiplanta o agujeros de ascensor. Además, dentro de la orden Agujero, si seleccionamos Líneas simbólicas, podemos dibujar el grafismo que indique la existencia de un hueco y se verá en todas aquellas plantas que estén cortadas por nuestro agujero.

TRUCO:

En realidad, si el plano de corte del rango de vista corta el agujero, también se verán, así que debemos estar pendientes para subir un poco el agujero en caso necesario.

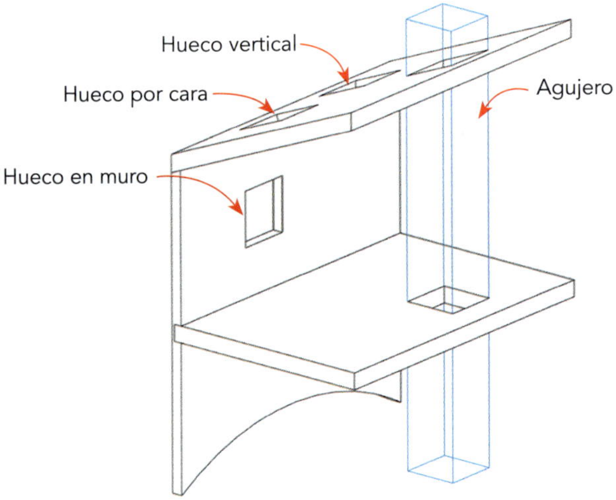

Figura 17.40. Tipos de huecos.

Ascensores

Dentro de las familias de Equipos especializados>Elevadores y ascensores, hay varios tipos de ascensores genéricos para insertar. Estas familias no hacen automáticamente los agujeros, que haremos por nuestra cuenta.

Para etapas tempranas de proyecto, una funcionalidad extra de la orden Agujero es utilizar el comando de Líneas simbólicas para dibujar la geometría en planta del ascensor. De esta forma, en una única orden tendremos el agujero y el grafismo en planta. Esto no nos libera de insertar las puertas de ascensor o de grafiar en sección.

Un fallo muy común es insertar un ascensor por planta. Se debe insertar un único ascensor (normalmente en la planta inferior de su recorrido) y, en el resto de las plantas, simplemente insertar las puertas de acceso.

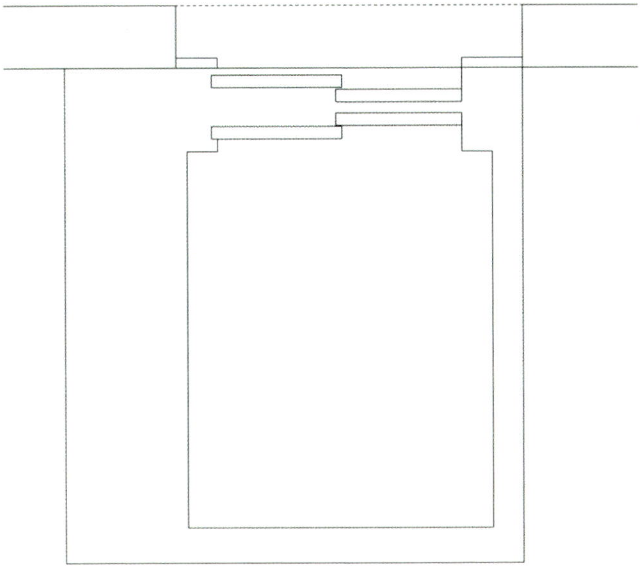

Figura 17.41. Ascensor en planta dibujado mediante líneas simbólicas.

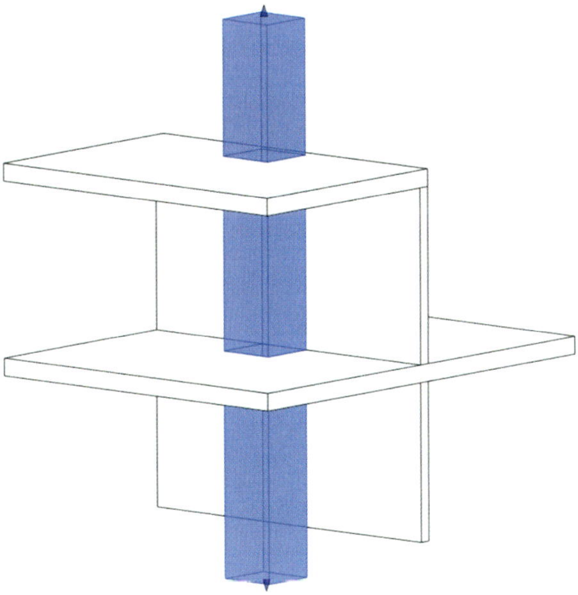

Figura 17.42. Agujero en 3D para simular el ascensor

18

Estructura

En este capítulo aprenderás a:

- Generar planos estructurales.
- Diferenciar entre pilares estructurales y arquitectónicos, y cómo crearlos.
- Modelar cimentaciones.
- Hacer vigas y configurar sus uniones.
- Generar alzados de estructura.
- Modelar elementos específicos: vigas de celosía, cruces de San Andrés, forjados de chapa grecada.

En Revit, además del modelado arquitectónico, podemos hacer todo el modelado estructural de nuestro proyecto. Es importante, no obstante, saber hasta dónde tenemos que llegar, pues puede ser un trabajo innecesario modelar todas las armaduras si después el cálculo estructural lo hace un calculista externo que nos devuelve todos los planos, mediciones y detalles. Si pensamos en términos de CAD, en nuestro modelo 3D deberíamos representar aquello que se ve: pilares, vigas y zapatas, principalmente. Queda a criterio del técnico el decidir hasta dónde detallar y documentar el modelo.

Todos los elementos necesarios para el modelado estructural están en la pestaña Estructura de la Cinta de opciones. No obstante, algunas de las órdenes coinciden con las equivalentes en la pestaña Arquitectura (Suelo – Muro). Es importante que especifiquemos esta diferencia de cara a evitar confusiones: la diferencia entre un muro (o suelo) Arquitectónico y uno Estructural es que el parámetro de ejemplar Estructura está desactivado en el primero y activado en el segundo. Es importante en tres niveles:

- Exportación a un programa de cálculo.
- Ayuda para filtros de visibilidad.
- En vistas de Disciplina>Estructura desaparecen los muros que no tienen Estructura marcado.

TRUCO:

Los elementos metálicos (pilares y vigas) se muestran como una línea en Nivel de Detalle bajo. Es importante recordarlo para no quedarse bloqueado buscando elementos que no aparecen.

Todos los elementos estructurales admiten carga de familias externas, y Revit tiene incluida una gran cantidad de elementos en la documentación por defecto del programa, entre ellos casi toda la perfilería metálica estructural que se usa en España.

Rejillas

Una de las aplicaciones de las rejillas es, precisamente, la de servir de base o modulación para la inserción de pilares, vigas o zapatas.

Planos estructurales

Un tipo de vista predeterminada en Revit son los planos estructurales.

Se insertan de la misma manera que el resto: Vista>Vista de plano>Plano estructural. Estos planos son idóneos para representar la estructura. Vienen con la disciplina Coordinación por defecto y un rango de vista modificado con respecto a las vistas de planta que hemos trabajado hasta ahora: el plano de corte está a 0,60 y la parte inferior está a -1,20, de manera que las vigas se ven sin problemas.

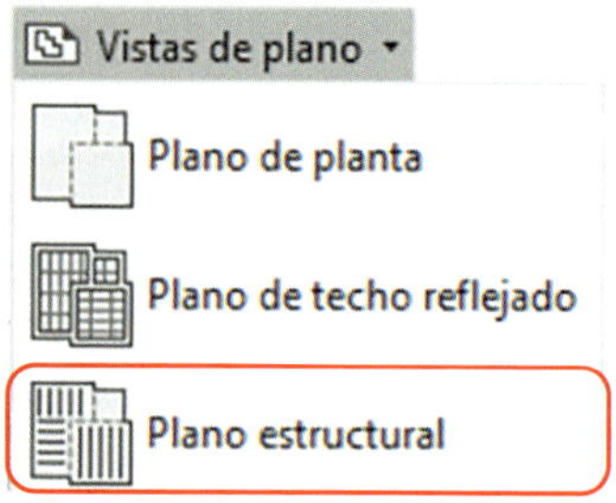

Pilares estructurales

Los pilares estructurales son sencillísimos. Solo hay que tener en cuenta dos cosas:

- **Pilar vertical / inclinado.** Desde la Cinta de opciones. El pilar inclinado pedirá dos clics (uno para la base y uno para la parte superior, cuyas alturas se indican desde la barra de opciones), mientras que el vertical necesitará un único clic.

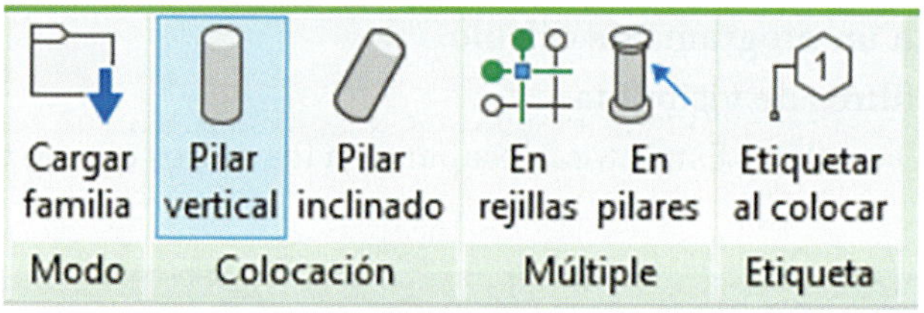

Figura 18.1. Pilares estructurales.

- **Profundidad / Altura.** Desde la barra de opciones. Un pilar definido por su Profundidad tiene su parte superior en el nivel desde donde lo insertamos y su base estará por debajo. Por su parte, un pilar definido por su Altura tiene la base en el nivel donde se inserta y la parte superior estará por encima. Esta segunda configuración es la que me gusta más.

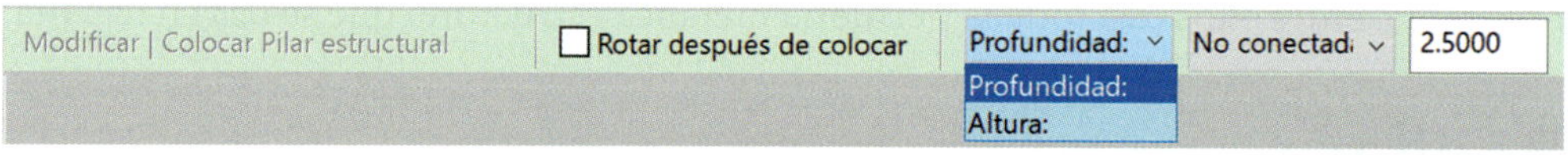

Figura 18.2. Profundidad / Altura.

Al hacer un pilar inclinado, es posible modificar los parámetros de ejemplar en la paleta Propiedades, para definir el estilo de corte de la parte superior y la base (Perpendicular a la directriz – Horizontal – Vertical).

Al marcar la orden para colocar un Pilar vertical, se activa el botón de colocar En rejillas. Al seleccionar varias de ellas, Revit insertará un pilar en cada intersección de las rejillas seleccionadas entre sí. Además, estos pilares dependerán de las rejillas, de manera que cualquier modificación posterior afectará directamente a la posición del pilar.

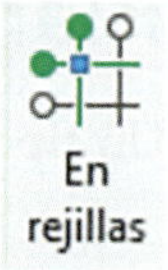

TRUCO:

En cualquier momento esta vinculación puede eliminarse seleccionando el pilar y desmarcando, en la paleta Propiedades, la casilla Se mueve con rejillas. También si se desplaza del eje de la rejilla (para marcar una excentricidad, por ejemplo).

Enlazar pilares. Los pilares se pueden enlazar, tanto por su parte superior como por su base, a los siguientes tipos de elementos:

- Suelos, techos, cubiertas, losas, plataformas de construcción y cimentación estructural.
- Planos de referencia y niveles.

Dentro de las opciones de enlace, se configura si es una intersección mínima, máxima o por la mitad, para reflejar cuánta parte del pilar se adapta al elemento.

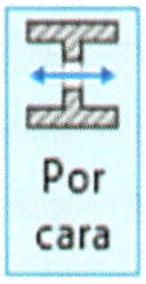

Agujeros. Para hacer un agujero en una cara de pilar, podemos usar la orden Hueco por cara, y realizaremos un corte o vacío en uno de los dos planos de referencia del pilar.

Otros tipos de pilares. Revit tiene, en su directorio de familias, toda una serie de pilares prefabricados listos para insertar y completamente paramétricos. Para hacer pilares más avanzados (con bisel o marcando las diferentes caras fijas de pilar), editaremos la familia y utilizaremos parámetros para conseguirlo.

Pilares arquitectónicos

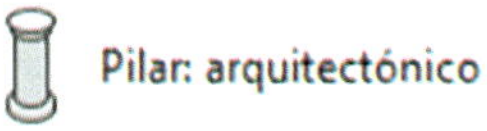

Los pilares arquitectónicos se pueden utilizar como el forro de los pilares estructurales; o, en ausencia de ellos, serían las pilastras de un muro (por ejemplo, uno de bloque de hormigón).

También sirven para hacer los falseados de instalaciones: solo debemos recordar que las capas que bordeen el perímetro del pilar arquitectónico han de estar fuera del muro. No obstante, para conseguir mayor precisión en las mediciones, recomiendo usar muros antes que este tipo de pilares, tanto para forrado como para falsear instalaciones.

Cimentación estructural: zapatas aisladas

Las zapatas aisladas pertenecen a la categoría Cimentación estructural. Pueden colocarse bajo pilares, sueltas o en rejillas (con procedimiento análogo al de colocar pilares en rejillas); el punto de inserción será la cara superior de la zapata. De todas las familias de Cimentación estructural, que están en la biblioteca por defecto de Revit, solamente una es una zapata; el resto serán pilotes y encepados.

Las zapatas son las familias más básicas: tienen las tres dimensiones (largo, ancho, alto) como parámetros de tipo y el material como propiedad de ejemplar.

Para hacer una zapata de dimensiones no rectangulares, realizamos un Modelado in situ o incluso optamos por una losa, ya que son de la misma categoría. Revit no contempla tampoco zapatas combinadas; haríamos una de las dimensiones necesarias.

Cimentación estructural: zapatas bajo muro

La categoría Cimentación estructural cuenta con una familia de sistema específica para documentar las zapatas bajo muro, que funcionan como elementos alojados en el muro (igual que las puertas: al seleccionar el muro se coloca la zapata).

Las propiedades de las zapatas corridas son, de nuevo, muy sencillas:

- **Grosor de cimentación.** Canto de la zapata.
- **Longitud de extensión.** Cuánto continúa la zapata una vez que termina el muro.
- **Anchura.** En dos familias diferentes, Revit permite configurar la anchura de las zapatas mediante uno de estos juegos de parámetros:
  - **Anchura.** Mide el ancho total de la zapata.
  - **Longitud del borde / lado interno.** Podemos establecer cuánto vuela la zapata en cada lado del muro, así es más fácil configurar zapatas de borde, por ejemplo.
- **No dividir en inserciones.** Indica si la zapata continúa o se interrumpe en las puertas.

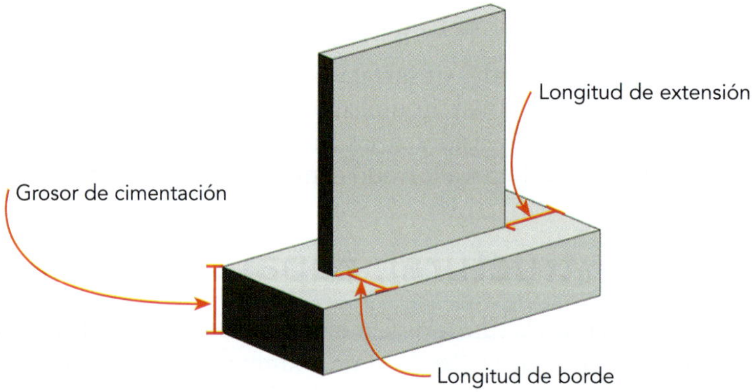

Figura 18.3. Propiedades de zapatas corridas.

Cimentación estructural: losas

Pertenece a la categoría Cimentación estructural. Son elementos multicapa para documentar cimentación por losas. Se comportan igual que los suelos. También pueden usarse para hacer zapatas irregulares.

Bordes de losa. Esta categoría funciona con suelos y losas de cimentación, de la misma manera que los canalones o impostas con las cubiertas: se compone de un perfil y un material, y recorre el perímetro de una losa o suelo. Aunque en España no se usan, en ciertos países de América se utilizan losas o soleras de espesores más contenidos, que se refuerzan perimetralmente con bordes de losa para ganar inercia.

Figura 18.4. Ejemplo de una losa con bordes de losa.

TRUCO:

Otra posibilidad de los bordes de losa es emplearlos para definir, por ejemplo, bordillos de una acera, ya que su colocación es muy rápida.

Vigas (armazón estructural)

Las vigas se dibujan seleccionando punto inicial y final. Revit se encarga de hacer las reducciones de junta pertinentes. Los dos grandes grupos de vigas serán las de hormigón y las metálicas:

- Para representar correctamente vigas de hormigón, se dibujan de una sola vez todos los vanos que tengan el mismo canto.
- Para dibujar vigas metálicas, se dibujan vano a vano, para que Revit dibuje los cortes con los pilares o vigas.

Al dibujar una viga, hay muchos parámetros posibles que modificar, pero son todos muy sencillos:

- **Desfases de nivel inicial / final.** Visibles tanto en el área de dibujo como en la paleta Propiedades, indican la altura de cada extremo de la viga. Necesario para hacer una viga inclinada o con un desfase concreto desde el nivel.
- **Justificación X/Y/Z y desfase.** Para definir el origen de la viga en los tres ejes. Además, definen el eje de rotación de la sección, en su caso.

- **Rotación de sección.** Para girar la viga respecto a la justificación en los ejes.
- **Uso estructural.** Para diferenciar unas vigas de otras por uso; muy útil de cara a los filtros, a las tablas de planificación y a la extracción de mediciones. Los usos son:
  - Jácena.
  - Tornapunta horizontal.
  - Vigueta.
  - Otro.
  - Correa.

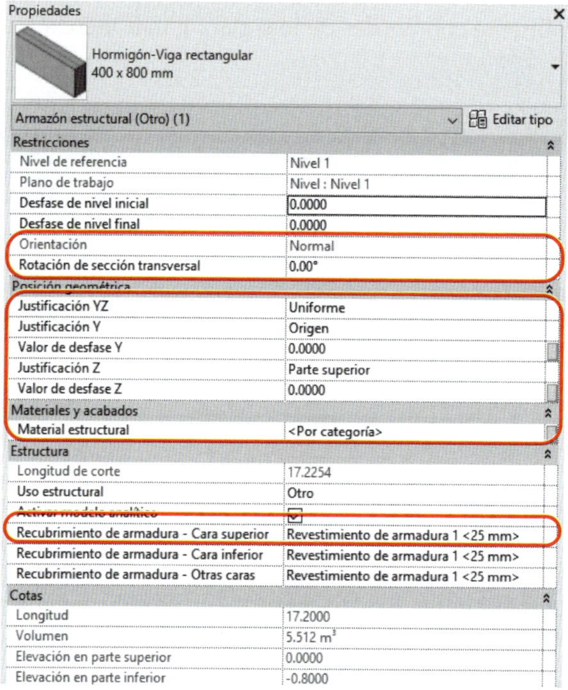

Figura 18.5. Parámetros de propiedades de una viga.

Bocetos de viga. Revit permite dibujar vigas rectas, curvas o incluso splines; todas las opciones son los tipos de boceto que podemos seleccionar dentro de la orden.

Vigas especiales. Es posible cargar, además de las vigas normales (de hormigón, metálicas o de madera), otros tipos de viga más específicos:

- Vigas prefabricadas.
- Losas alveolares (no recomendables porque cargan mucho el dibujo).

Vigas riostras para cimentación. Utilizaremos vigas también para documentar las riostras de cimentación, a partir de una familia de hormigón con las dimensiones y materiales necesarios.

Uniones de vigas

Las uniones de vigas entre sí, o con pilares, están regidas por los tres siguientes parámetros:

- **Referencia final.** En la Cinta de opciones, con una viga seleccionada, indicamos hasta qué parte del elemento al que está unida debe llegar. Por defecto Revit selecciona la envolvente, pero esto no es correcto en las uniones al alma del pilar o de otras vigas.

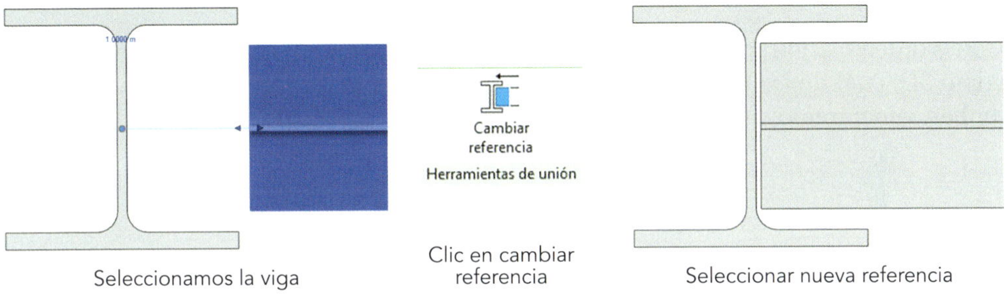

Figura 18.6. Proceso para la unión de vigas.

- **Reducción de junta inicial / final.** Permite controlar cuánto se separa la viga respecto del plano al que hace referencia el punto anterior. Se puede controlar mediante los pinzamientos en la vista o numéricamente en la paleta de Propiedades de la viga.

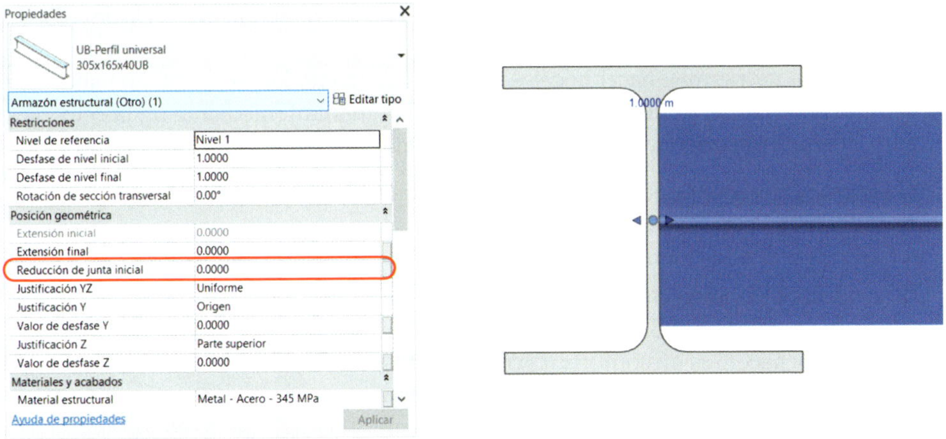

Figura 18.7. Reducción de junta inicial / final.

- **Modificar>Aplicar recorte.** Primero se selecciona el elemento a recortar y después el elemento cortante. Con esta orden, Revit recorta un elemento del otro según la distancia de recorte que esté establecida por ejemplar en la paleta Propiedades.

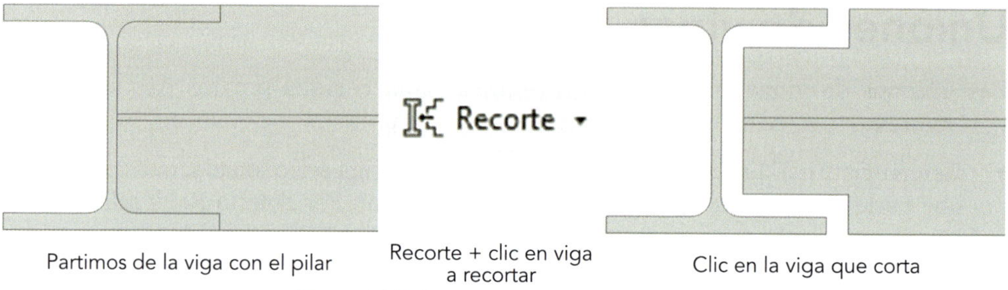

Figura 18.8. Proceso para recortar una viga.

Con la orden Modificar>unimos viga - pilar se controla fácilmente, tanto en planta como 3D, cuál de las vigas se adelanta con respecto a la otra. Si adelantamos ambas, generaremos un bisel.

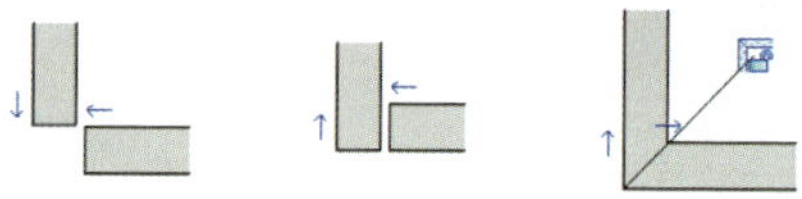

Figura 18.9. Modos de unión de viga.

Sistemas de vigas

Un sistema de vigas es un vano de forjado (o una superficie elegida por nosotros mediante boceto) que se rellena con un tipo de vigas a nuestra elección, siguiendo una regla de colocación concreta (distancia fija, número fijo, espaciado máximo y espaciado libre). La orden de Sistema de vigas permite hacer bocetos automáticos (como los techos) si un vano está cerrado por vigas en todos los lados; o de manera manual (mediante un boceto continuo y cerrado) si queremos hacer una forma a nuestra elección.

- El sistema de vigas puede seleccionarse mediante TAB y modificar sus parámetros en la paleta Propiedades, de manera que se actualicen todos los elementos.
- Para editar el boceto del sistema de vigas, se selecciona mediante TAB y hacemos clic en Editar contorno. Si hacemos un contorno cerrado dentro del contorno inicial, habremos definido un hueco dentro del sistema de vigas.
- Si está realizado mediante un boceto automático, cualquier modificación en su contorno se actualizará directamente.
- Si una de las vigas del contorno cambia de cota (tanto en horizontal como por un solo extremo), las vigas del sistema se adaptarán.

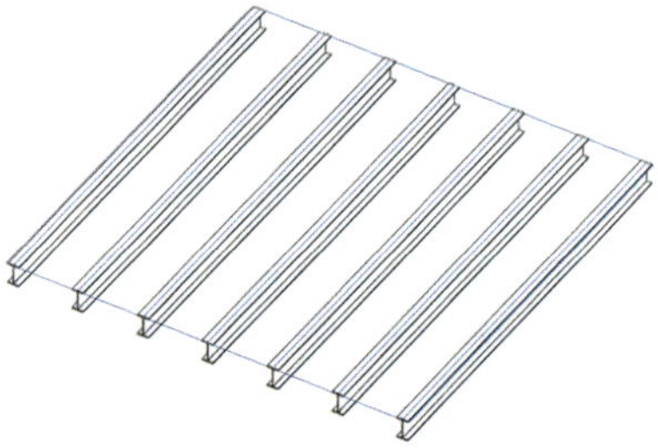

Figura 18.10. Sistema de vigas preseleccionado.

- El sistema de vigas puede eliminarse (Cinta de opciones>Eliminar sistema de vigas), pero mantenerse las vigas dibujadas como entidades independientes.
- Es posible cambiar la dirección de las vigas dentro del sistema de vigas. Al editar el boceto y seleccionar la orden Dirección de viga, podremos seleccionar una de las líneas del contorno o bien dibujar una a nuestra elección.

Alzados de estructura

Un alzado de estructura es un alzado (Vista>desplegar Alzado>Alzado de estructura) que depende de una rejilla y está pensado para documentar un vano estructural. Este tipo de alzados es peculiar porque:

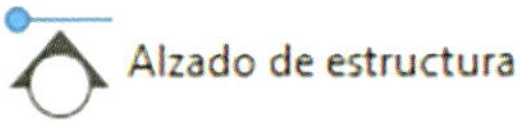

- Se alinea hacia una rejilla.
- Su ámbito en horizontal es un vano entre dos rejillas.
- Su profundidad de vista es muy corta.

Tornapuntas

Los tornapuntas, arriostramientos o cruces de San Andrés son elementos que difícilmente estaremos modelando en un proyecto habitual, salvo que estemos haciendo una nave industrial y sea una parte fundamental y visible del diseño.

La forma de dibujarlos es desde un Alzado de estructura, y los tipos que podremos usar serán los que tengamos cargados de la categoría Vigas (armazón estructural). También los parámetros son los mismos que los de las vigas, puesto que un tornapuntas en Revit no es otra cosa que la categoría Armazón estructural (viga) con el uso por defecto marcado como Otro.

Vigas de celosía

Las vigas de celosía, o cerchas estructurales, son combinaciones de cordón superior, cordón inferior, montantes y diagonales. Revit tiene una biblioteca de vigas de celosía listas para cargar. Las propiedades de cualquiera de ellas son las siguientes:

- **Altura de viga de celosía (ejemplar).**
- **Crear cordón superior / inferior (ejemplar).**
- **Distancia máxima entre paneles (ejemplar).** Solo en el caso de vigas rectas. Determina la distancia máxima entre los montantes, para que Revit los distribuya equitativamente entre el número necesario.
- **Cordón portante y justificación vertical (ejemplar).** Define cuál de los dos cordones, el inferior o el superior, es el portante y, en consecuencia, el que marca el nivel de la viga. Dentro del cordón portante, el nivel queda marcado por el parámetro de justificación vertical (parte superior, inferior o media del cordón).

- **Tipo de cordón superior / cordón inferior / montante / diagonal (tipo).** Define el perfil, ángulo y rotación de cada uno.
- **Editar perfil.** Es posible seleccionar una viga y editar la forma de sus cordones superior o inferior, mediante bocetos de línea.

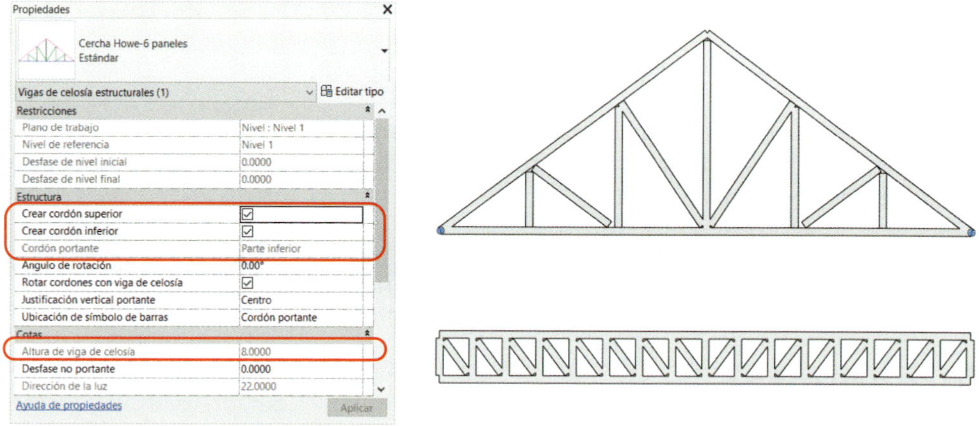

Figura 18.11. Propiedades de una viga de celosía.

Conexiones estructurales

Para acabar de modelar los elementos estructurales hay tres caminos principales:

- Cargar componentes como placas de anclaje, pletinas de refuerzo o angulares de montaje, totalmente paramétricos y configurables, desde Componente>Cargar familia>Conexiones estructurales.
- Utilizar la pestaña Acero para modelar *in situ* objetos inteligentes y paramétricos destinados a resolver cualquier tipo de unión entre vigas y pilares.
- Desde Estructura o Acero>Conexión>Configuración de conexión, cargar conexiones tipo para uniones metálicas y aplicarlas a cualquier unión de nuestro proyecto para que Revit la genere. Por lo general, aparecerán como subcategorías ocultas de Conexiones estructurales y habrá que activarlas desde Modificaciones de visibilidad/gráficos.

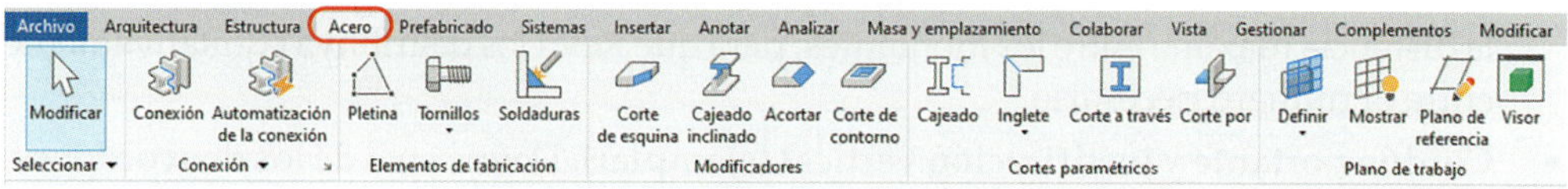

Figura 18.12. Cinta de opciones de Acero.

Suelos estructurales: plataforma estructural

Un suelo que hace las funciones de forjado *in situ* no es más que una superficie con espesor. Pero es posible que, si hacemos un forjado de chapa colaborante, nos interese poder mostrar en las secciones el corte real del mismo. Esto no será más que una representación en sección, ya que en 3D seguiremos viendo una caja maciza sin más detalle.

Vamos a crear un tipo de suelo que sea una chapa colaborante estándar de 60 / 220 con un espesor total de 140 mm. Para ello, haremos lo siguiente:

- Archivo>Nuevo>Familia>Perfil métrico.
- Dibujamos en mm el patrón de una chapa grecada de 60 x 220.

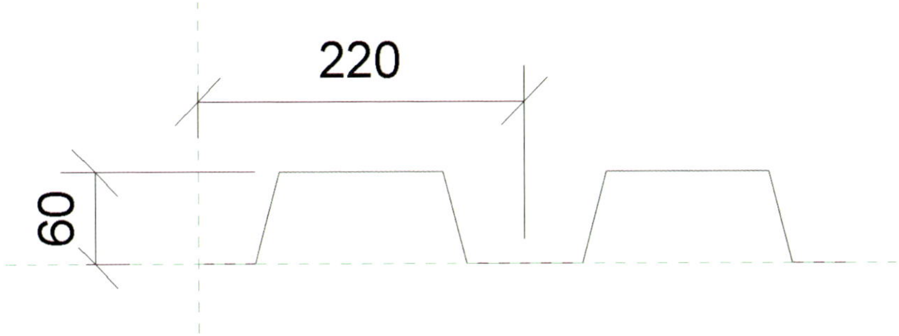

Figura 18.13. Perfil chapa grecada de 60 x 220.

- Guardar>Chapa grecada 60 / 220.
- Cargar en proyecto y cerrar.
- Arquitectura>Suelo.
- Elegimos el tipo: Por defecto – 30 cm.
- Editar tipo>Duplicar>Forjado chapa colaborante 60/200 140mm.
- Editar estructura.
- Insertar una capa. Con Arriba, la ponemos dentro del núcleo.
- Cambiamos el parámetro Función de la capa que hemos insertado a Plataforma estructural.
- En la parte inferior seleccionamos Chapa grecada 60 / 220 con el uso Delimitar capa de encima.
- Cambiamos el espesor de la capa superior a 0,14 y el material a Hormigón.

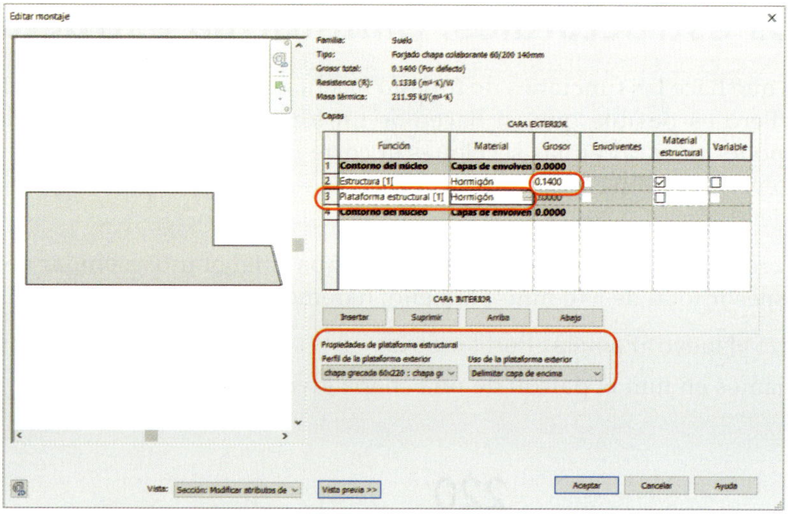

Figura 18.14. Estructura para crear la chapa colaborante.

- A partir de este momento, según desde qué dirección hagamos la sección, se verá la chapa seccionada transversal o longitudinalmente. Para controlar la dirección del forjado del suelo, editamos el contorno del suelo y con el botón Dirección de la luz lo definimos.

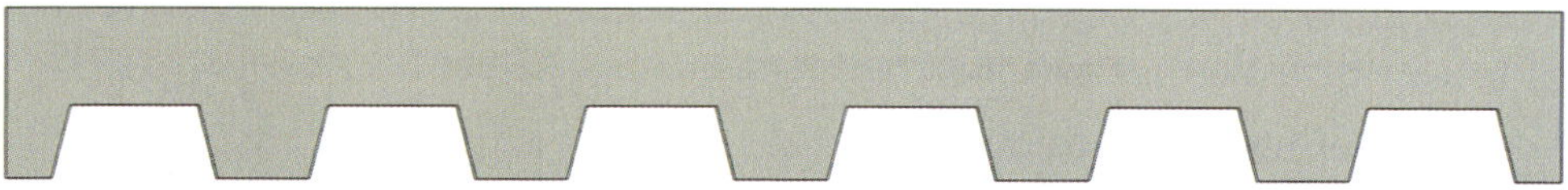

Figura 18.15. Resultado en sección. (Solo en una dirección).

Esta herramienta no es adecuada para representar forjados reticulares de casetones, porque no tenemos el control para indicar dónde empieza, qué partes se macizan y, en definitiva, cómo replantear los casetones. Parece más sencillo hacerlo mediante elementos 2D en planta y en sección o, si queremos representarlo en 3D, mediante la agrupación de elementos:

- Un suelo que haga las veces de losa.
- Vigas en ambos sentidos con un perfil adecuado para que haga la curvatura superior del casetón.
- Grupo de toda la planta.

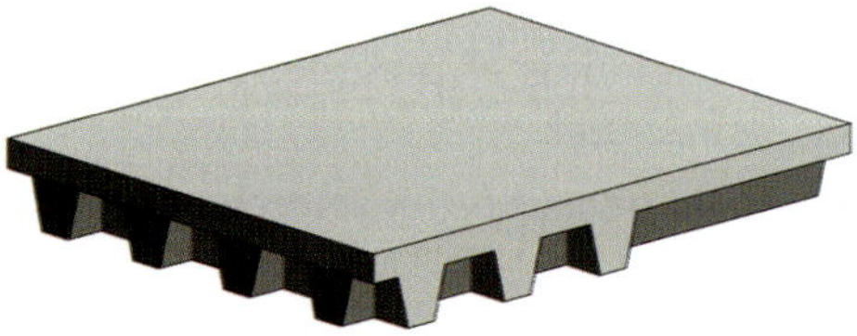

Figura 18.16. Forjado reticular con casetones, mediante vigas.

19

Emplazamiento y topografías

En este capítulo aprenderás a:

- Generar sólidos topográficos y editar su grafismo.
- Dividir sólidos topográficos.
- Crear excavaciones.
- Cargar familias de emplazamiento.
- Diferenciar entre norte real y de proyecto.
- Rotar el norte real y el de proyecto.

Dentro de la pestaña Masa y emplazamiento se hallan todas las órdenes necesarias para resolver con Revit el entorno cercano de nuestro proyecto. La orden principal es la generación de topografías: Sólido topográfico.

Topografía desde puntos

Dentro de la orden Sólido topográfico, entramos en el modo boceto; debemos crear un contorno cerrado y continuo similar a un suelo, techo o cubierta. Al terminar, hacemos clic en Finalizar modo de edición y ya tenemos nuestra topografía plana; es el momento de darle alturas modificando subelementos (como hicimos con las cubiertas) y añadiendo puntos o líneas.

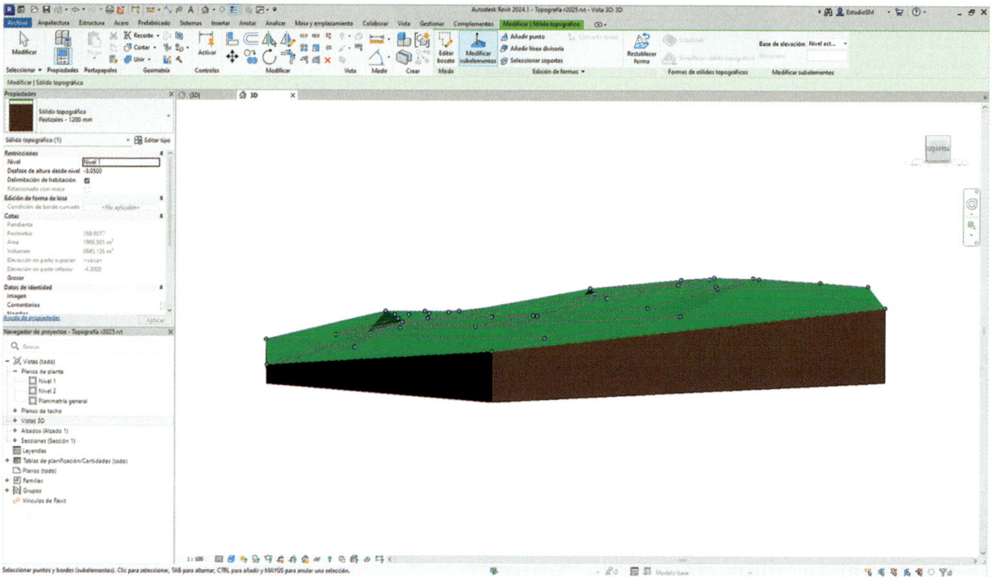

Figura 19.1. Sólido topográfico con modificar subelementos.

TRUCO:

La topografía puede verse muy facetada. Para suavizar visualmente las aristas, usa la orden de Suavizar Sólido topográfico (TS) y visualmente será más atractiva. Sin embargo, en topografías suavizadas no se visualizarán los patrones de superficie ni se podrá pintar sobre ella o sobrescribir su aspecto gráfico.

Por supuesto, una vez generada la topografía, se puede seleccionar y editar, añadir puntos nuevos, modificar la cota de los existentes o eliminar alguno sobrante, seleccionando el sólido y modificando los subelementos.

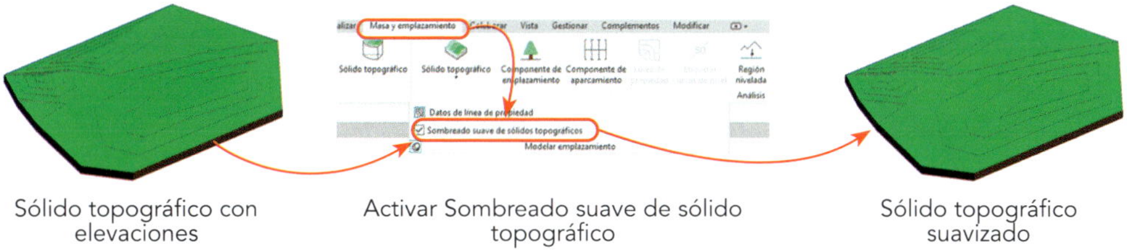

Figura 19.2. Sólido topográfico suavizado.

Topografía desde CAD

Si importamos unas curvas de nivel desde CAD —las curvas deben estar en 3D—, generaremos automáticamente la topografía mediante Masa y emplazamiento>Sólido topográfico>Crear desde importación>Crear desde CAD>seleccionamos la importación CAD>marcamos qué capas contienen la información>Aceptar. No hay que olvidar eliminar la importación CAD si ya no la necesitamos.

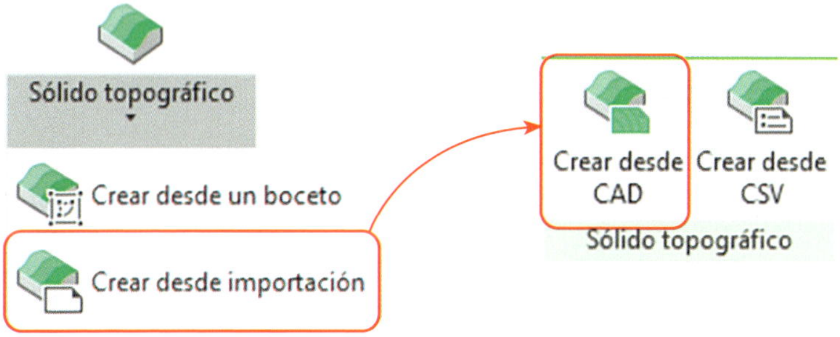

TRUCO:

Para insertar la topografía a la cota deseada, tendremos en cuenta que la parte inferior de la topografía se alineará con el nivel que hayamos seleccionado al importar la vista de CAD. Si controlamos estos parámetros, no habrá ningún problema.

Tipos de topografías

Los sólidos topográficos se comportan como los suelos; por tanto, puedes seleccionar entre los diferentes tipos desde el selector de tipos de la pestaña Propiedades. Como familia de sistema, también existe la posibilidad de editar su estructura o composición y generar nuevas combinaciones. Si marcas la casilla Variable, tu topografía tendrá, por ejemplo, una profundidad de tierra diferente, mientras que la capa superior es de tierra (en la plantilla arquitectónica, puedes probar con el tipo Pastizales – 1200mm).

TRUCO:

Si no activas ninguna casilla como Variable, tu topografía tendrá un espesor fijo, y quizá no sea adecuada para representar un terreno inclinado.

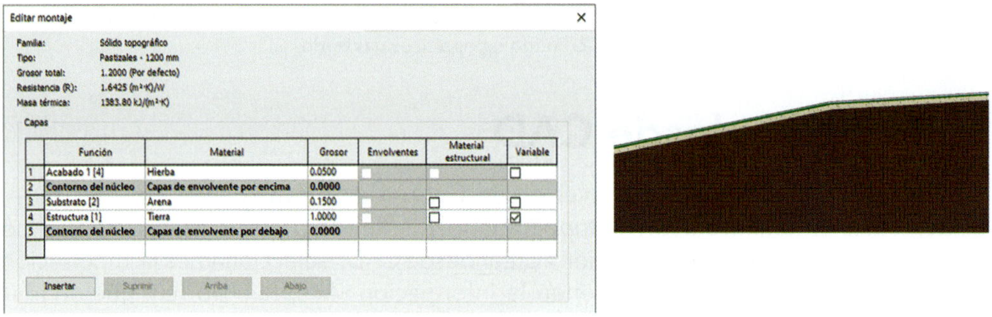

Figura 19.3. Capas Pastizales.

Curvas de nivel

Dentro de las propiedades de tipo de cada sólido topográfico se configuran las curvas de nivel, en el cuadro de diálogo de Visualización de curvas de nivel. En esta ventana, con los botones Insertar y Suprimir añadimos o eliminamos, respectivamente, tantas líneas de configuración de «tipos» de curvas de nivel como necesitemos, y así usaremos diferentes criterios, atendiendo a estos valores:

- **Inicio / Final.** Indica en qué cota empieza y termina ese tipo de curva de nivel.
- **Intervalo.** Cada cuánta distancia se repite ese tipo de curva de nivel.
- **Tipo de rango.** Si desplegamos y elegimos Un solo valor, este determina que esa curva de nivel es única (por ejemplo, para marcar una elevación concreta); si se elige Varios valores, se colocarán tantas curvas de nivel de ese tipo como quepan entre las elevaciones de Inicio y Final, con el Intervalo que hayas decidido.
- **Subcategoría.** Puedes clasificar tus curvas de nivel en diferentes tipos; los más utilizados son Curvas de nivel principales / secundarias; pero puedes elegir otras subcategorías.
- En Gestionar>Estilos de objeto>Sólidos topográficos, se cambia el grafismo general de todo el dibujo para las curvas de nivel. En Modificaciones de visibilidad/gráficos, lo cambiamos para una sola vista.

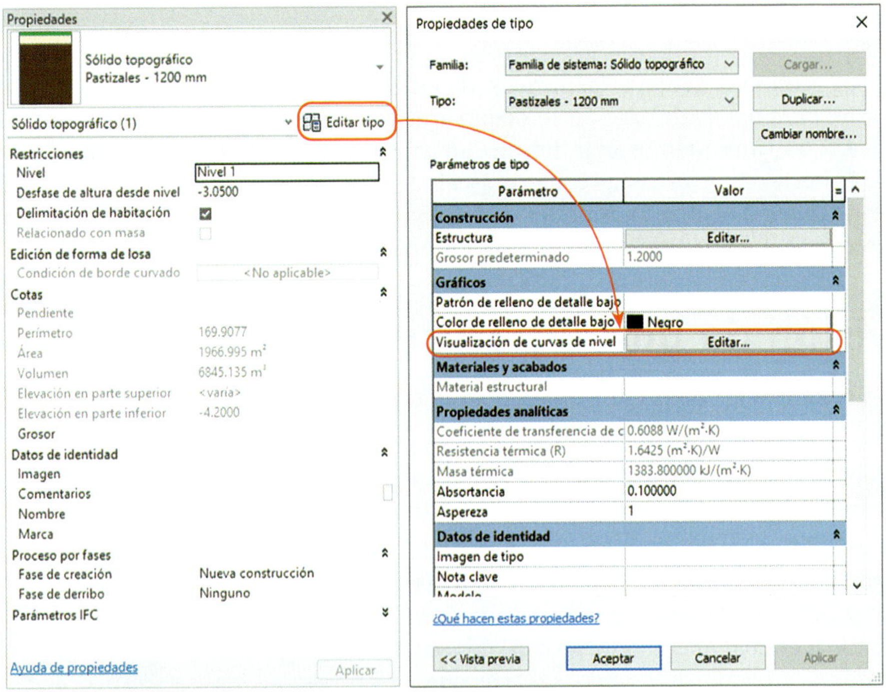

Figura 19.4. Curvas de nivel.

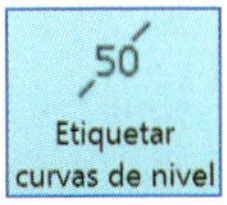

Para etiquetar las curvas de nivel, en la pestaña Masa y emplazamiento, a la derecha, aparece el botón correspondiente. Nos hará dibujar una línea y, donde esa línea interseque con las curvas de nivel, aparecerán las cotas.

Dentro de Editar tipo se modifican color, tipo de letra y tamaño. También estará a nuestro alcance decidir si queremos etiquetar todas las curvas o solo las principales y, por supuesto, el formato de unidades.

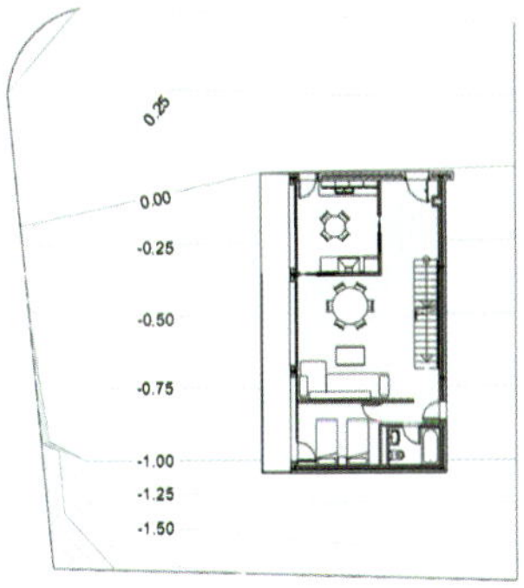

Figura 19.5. Etiqueta de curvas de nivel.

Secciones ocultas

Todas las secciones tienen el parámetro de ejemplar Ocultar en vistas con detalle más bajo que, para que cada sección se oculte automáticamente si la vista tiene una escala menor a la que indiquemos. Por defecto, en una vista que esté a 1:200, las secciones que hayamos hecho en otras vistas con una escala 1:100 o más cercana no aparecen. Esto nos resultará útil para ocultar los monitos de sección, por ejemplo, o para indicar exactamente qué secciones deben verse en un plano de emplazamiento, entre otros.

División de una superficie

Hay varias maneras de dividir una topografía en Revit.

- **Dividir.** Desde la Pestaña de Modificar, podemos seleccionar un sólido topo y entraremos en el modo boceto, donde debemos dibujar uno o varios segme línea que dividan nuestra topografía en dos.

- **Subdividir.** Genera un sólido fino encima de la topografía original y vinculado a ella (si cambia, se actualiza). Ese sólido se controla mediante dos parámetros: Material y Altura de subdivisión. Este nuevo sólido, llamado subregión en versiones anteriores, se puede eliminar en cualquier momento con DEL; se utiliza para generar c la misma orografía del terreno o para mostrar «manchas» o zonas c como tierra – césped – gravilla – arboleda – etc.

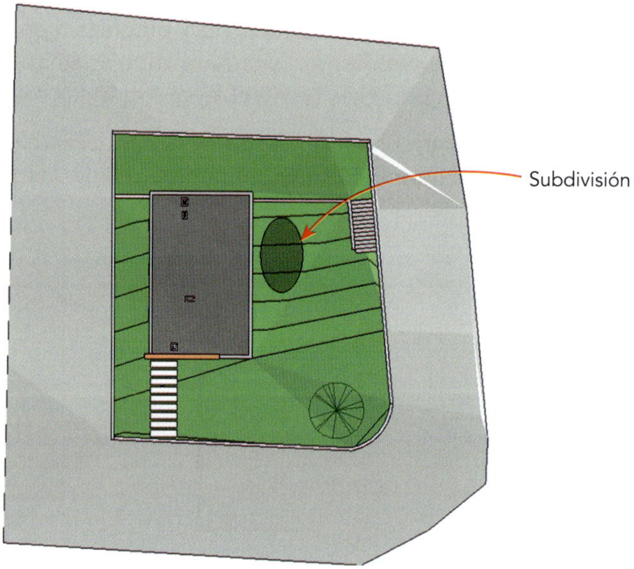

Figura 19.6. Ejemplo de subdivisión.

Excavaciones

En Revit hay dos maneras de modificar o vaciar un sólido topográfico para integrar nuestros edificios, piscinas o incluso túneles.

- **Cortar mediante una masa.** Si se modela una masa, tanto sólida como vacía, se puede utilizar la orden Cortar para seleccionar primero el sólido topográfico y después la masa, restando su volumen a, o pueden sobresalir de una topografía.
- **Excavar.** Cualquier suelo, muro, masa o modelo *in situ* puede cortar el terreno; simplemente selecciona el sólido topográfico, activa el comando Excavación y selecciona el elemento cortante.

Esta operación es reversible con el comando Deshacer excavación. Además, el volumen de excavación aparece como una propiedad de ejemplar del sólido topográfico.

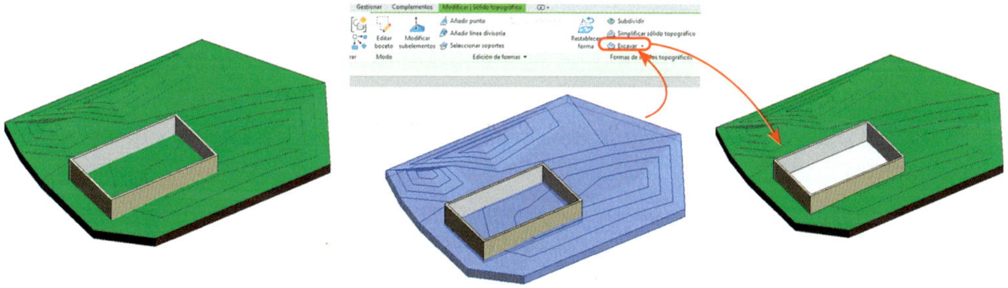

Suelo por debajo de sólido topográfico

Seleccionar sólido topográfico y activar Excavar

Sólido topográfico excavado

Figura 19.7. Ejemplo de excavación.

Componentes de emplazamiento

Son todos los componentes que tienen que ver con el entorno exterior. Revit incorpora varios en su biblioteca predefinida, desde bordillos hasta puertas y cancelas, pasando por vehículos o casetas de obra. Estos componentes se descargan de forma independiente desde Insertar>Cargar familia de Autodesk. Una vez estén cargados en el modelo, se pueden insertar desde Componente de emplazamiento (para familias de vegetación o personas). Ambos elementos son RPC (Rich Photorealistic Content) que se representan como dos planos perpendiculares muy sencillos, pero que, al verse en modo Realista, muestran una representación fotorrealista del elemento. Son una opción para dotar de mucha vegetación a una vista exterior, incluso con vistas simplificadas en alzados, sin por ello cargar el modelo. Además, el grafismo es personalizable tanto en planta como en alzado, de manera que podremos tener el aspecto deseado de nuestros árboles, con el añadido de que en un render se verán mucho más interesantes.

Líneas de propiedad

Línea de propiedad

Las líneas de propiedad permiten delimitar nuestra parcela mediante una serie de líneas, bien dibujadas como un boceto, bien mediante valores numéricos.

Estas líneas de propiedad nos dan información sobre la superficie de la parcela (en proyección, no en verdadera magnitud).

Terreno y muros

Cuando tenemos una topografía y muros que nacen desde ella (como cerramientos de parcela, por ejemplo), podemos sentirnos tentados de usar Enlazar/unir para conseguir que el muro nazca directamente del terreno, pero sin éxito: los muros no pueden enlazarse a terrenos. Sin embargo, no está todo perdido:

- Editar el perfil del muro puede ayudar a llevar tanto la base como la parte superior exactamente al lugar que queremos. Es interesante ayudarnos con la Caja de sección o con un alzado o sección hecho en especial para este muro.
- El uso de planos de referencia también es interesante, pues a ellos sí que es posible enlazar un muro.
- Las barandillas pueden enlazarse al terreno, no dejemos de hacer una prueba con el tipo de barandilla Muro 10 cm para ver los resultados.

Aparcamiento

Con la categoría Aparcamiento se insertan en nuestro modelo plazas de aparcamiento. ¿Con qué fin? Sobre todo, para cuantificarlas: si nuestro proyecto es una vivienda unifamiliar con una o dos plazas de aparcamiento, no tendrá demasiado sentido; pero si estamos proyectando un edificio de viviendas con 75 plazas o un centro comercial con 200 o 2000 plazas, sí será importante numerar y contar cuántas hay, e incluso organizarlas por niveles.

TRUCO:

Solamente hay una familia por defecto de Revit de la categoría Aparcamiento, llamada Plaza de aparcamiento 2D. El resto son componentes de categoría Emplazamiento.

Los componentes de Aparcamiento tienen el parámetro de ejemplar Marca, que es el que permitirá su numeración. Sin embargo, no existe una manera de numerar de forma directa y automática todas las plazas: recurriremos a plugins externos o a alguna programación sencilla con Dynamo.

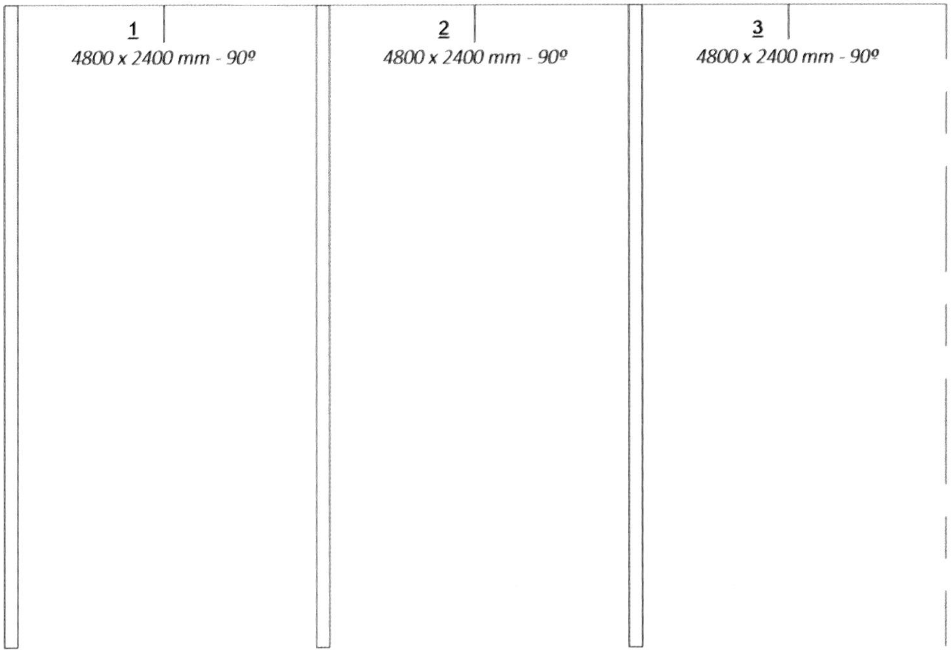

Figura 19.8. Plazas de aparcamiento con etiquetas.

Componentes de emplazamiento para señalización

Un uso interesante de componentes de emplazamiento es emplear extrusiones finas (el mínimo es 0,8 mm) para generar los símbolos 2D de aparcamiento (incluso las líneas de pavimento o las propias plazas) y así conseguir que sean visibles en todas las vistas, dejando de ser elementos 2D propios de una sola vista. De hecho, es el método empleado por las librerías de Revit que se instalan por defecto en familias como el símbolo de personas de movilidad reducida o la flecha de dirección de vial.

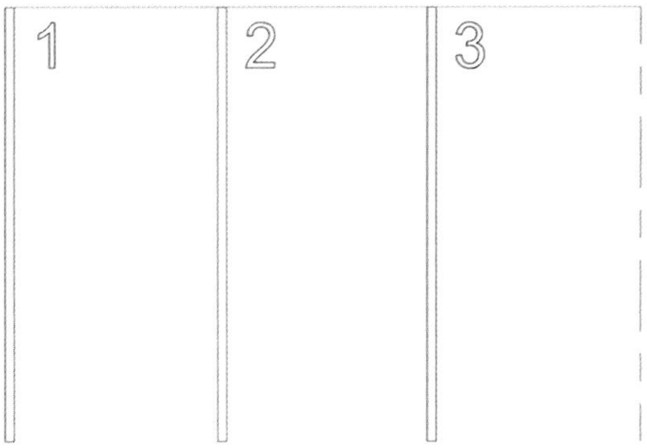

Figura 19.9. Plazas de aparcamiento con el texto modelado.

Siguiendo en la misma línea, es posible utilizar un pequeño truco para generar los números de las plazas de aparcamiento. Consiste en usar texto modelado dentro de la familia (de nuevo una extrusión mínima) y, en las propiedades, localizar el campo de Texto y hacer clic en el botón para asignar un parámetro, que será el que lleve el número o código de la plaza de aparcamiento.

Simplificar sólidos topográficos

Si el sólido topográfico tiene demasiados puntos (por ejemplo, si proviene de una importación CAD), es posible que debas simplificarlo. Para ello, selecciona el elemento y activa el comando Simplificar sólido topográfico; podrás elegir qué porcentaje de puntos mantener, y Revit lo simplificará para ti.

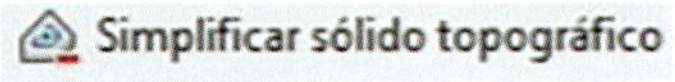

Crear sólidos topográficos desde caras de masa

Si en el modelo hay una masa, es posible utilizar sus caras superior o inferior para convertirlas en sólidos topográficos, desde el conjunto de herramientas de Modelo por cara, de forma análoga a crear suelos, muros o cubiertas a partir de una masa.

Actualizar superficies topográficas a sólidos topográficos

El sistema de sólidos topográficos se introdujo en Revit 2024; en versiones anteriores se utilizaban superficies topográficas. Si se abre un archivo de una versión anterior, Revit conservará la superficie topográfica y las excavaciones, antes llamadas plataformas de construcción; pero dará la opción de actualizarlas a sólidos para obtener todas sus funcionalidades.

¿Qué son el norte real y el norte de proyecto?

El norte real es la orientación auténtica de nuestro proyecto, o parcela, con respecto al norte geográfico.

El norte de proyecto, sin embargo, es la orientación cómoda que nosotros elegimos en un proyecto para representar las líneas con mayor facilidad, por lo general, alineando con la horizontal o vertical una de las caras principales de nuestro proyecto.

Rotar el norte real

Definir correctamente el Norte real tiene las siguientes ventajas:

- Creación de planos correctos de emplazamiento y situación.
- Ubicación auténtica del Sol de cara a estudios de soleamiento.

El proceso para definir el Norte real es el siguiente:

- Nos ubicamos en una vista de planta donde tengamos la información del norte real (por ejemplo, una flecha indicando hacia dónde señala el norte).
- Paleta de Propiedades>Orientación de vista>Norte real.
- Gestionar>Posición>Rotar Norte real.
- Debemos colocar el punto de rotación correctamente (por ejemplo, la base de la flecha que indica el norte). Para ello, podemos hacerlo de tres formas:
    - Pulsar una vez la tecla ESPACIO y elegir un nuevo origen de rotación.
    - Pulsar con el ratón en el pinzamiento de origen y moverlo.
    - Pulsar en Centro de rotación>Colocar y elegir un nuevo punto.
- El proceso para la rotación es el siguiente:
    - Clic en centro de rotación.
    - Clic en ángulo inicial o de referencia (en este caso, clic en la punta de la flecha que indique el norte real).
    - Clic en ángulo final (si teníamos una flecha marcando el norte real, debería quedar vertical).
- Paleta de Propiedades>Orientación de vista>Norte de proyecto para volver a la orientación más cómoda de nuestro proyecto.

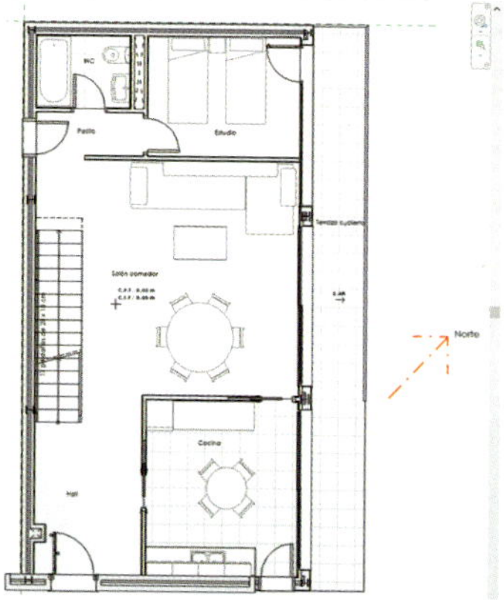

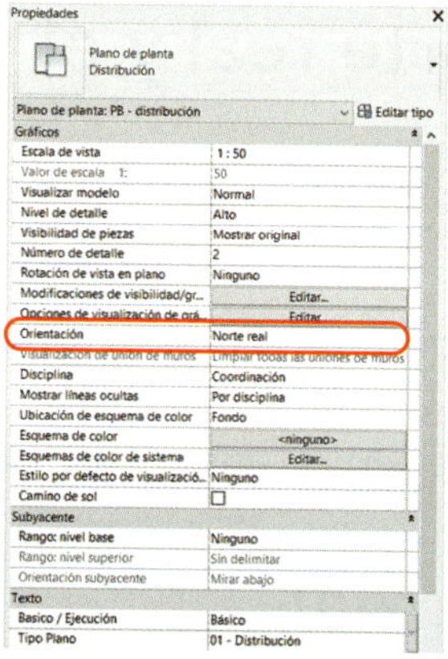

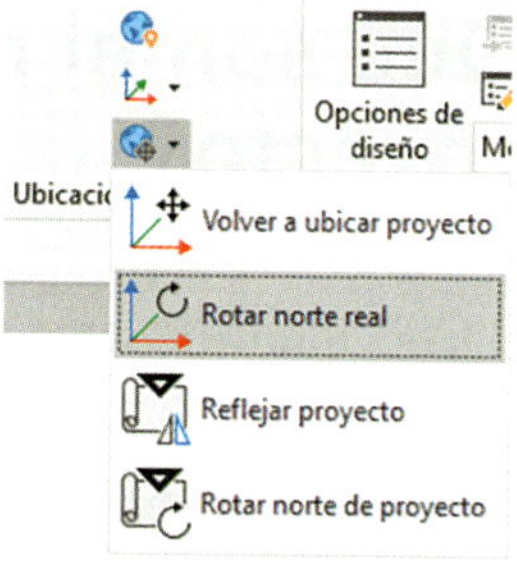

Gestionar>Rotar Norte real

Nos colocamos en una vista donde aparezca el norte: en Propiedades>Orientación, indicamos Norte real

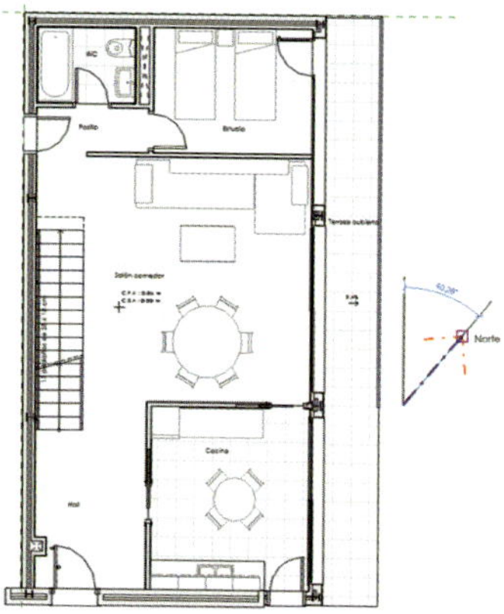

Marcamos el centro de rotación y el ángulo de giro

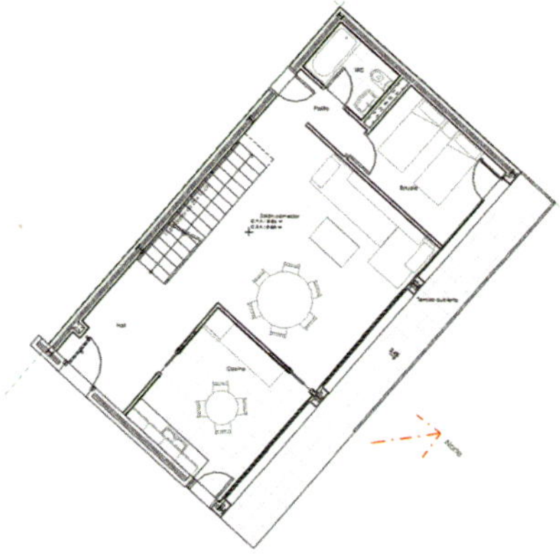

Vista orientada

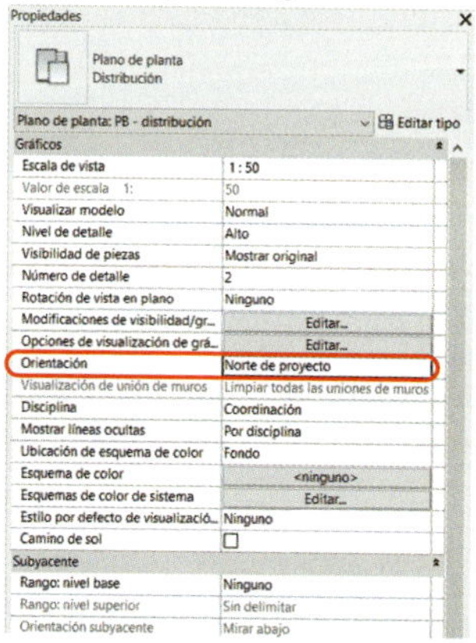

Volvemos a Norte de proyecto

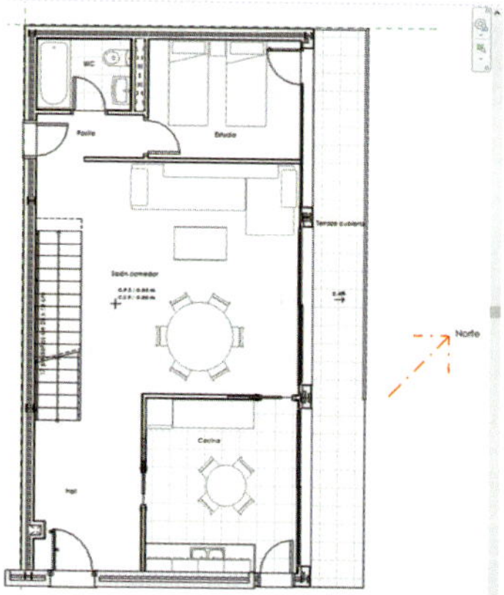

Esta información queda en el dibujo

Figura 19.10. Proceso para colocar el norte real.

Rotar el Norte de proyecto

Rotar el Norte de proyecto implica girar todas nuestras vistas para que se alineen a un nuevo eje. Esto tiene sentido si:

- Hemos empezado dibujando un proyecto con la alineación a norte real.
- Tenemos insertada una planimetría en CAD y queremos definir la orientación de nuestro proyecto.
- El norte de proyecto que tenemos actualmente no es el idóneo y queremos modificarlo.

El proceso para rotar el Norte de proyecto es el siguiente:

- Nos ubicamos en una vista de planta donde tengamos la información del norte real (por ejemplo, una importación CAD de una planimetría urbanística, o una flecha indicando hacia dónde señala el norte).
- Paleta de Propiedades>Orientación de vista>Norte de proyecto.
- Gestionar>Posición>Rotar Norte de proyecto.
- Aparece una ventana que nos pregunta si queremos rotar 90° en sentido horario o antihorario, 180°, o alinear una línea o plano hacia el plano principal más próximo (norte/sur o este/oeste). Si seleccionamos una línea, todo girará y tendremos nuestro norte de proyecto colocado correctamente. Si Revit ha girado nuestra vista 90° más (o 90° menos) con respecto a lo que esperábamos, simplemente repetimos la orden, pero esta vez marcando 90° en sentido horario o antihorario, según corresponda.

TRUCO:

Revit también nos pregunta si queremos mantener la orientación de las notas de texto durante la rotación.

TRUCO:

Algunos elementos no se giran al rotar el norte de proyecto, como las importaciones CAD. Si Revit deja sin rotar algún elemento, te muestra un aviso indicándolo.

20

Modelado in situ y trabajo con grupos

En este capítulo aprenderás a:

- Hacer modelados in situ.
- Crear cortes singulares.
- Hacer grupos de detalle y grupos de detalle enlazados.
- Copiar por niveles.
- Exportar grupos como archivos independientes y sustituir un grupo por un vínculo.

Modelado in situ

Sirve para modelar dentro del proyecto algo completamente personalizado, que no reutilizaremos en otros proyectos, sin necesidad de crear una nueva familia. Por ejemplo, una estantería de obra a medida; una zapata de cimentación cuya forma y dimensión se ciñe a la geometría irregular de la parcela; o una pieza de mobiliario de autor generada expresamente para este proyecto.

En estos casos, Revit pone a nuestra disposición la orden Arquitectura>desplegar Componente>Modelar in situ. Cuando nos pregunta la categoría, es muy importante: así podremos activar o desactivar lo que hemos dibujado, o modificar su grafismo, junto con el resto de los elementos de la categoría correspondiente.

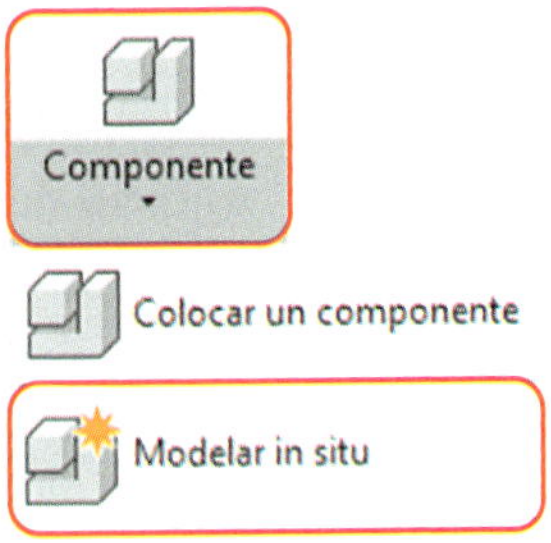

Modelar in situ ofrece una serie de herramientas muy sencillas que son la base de cualquier programa de modelado:

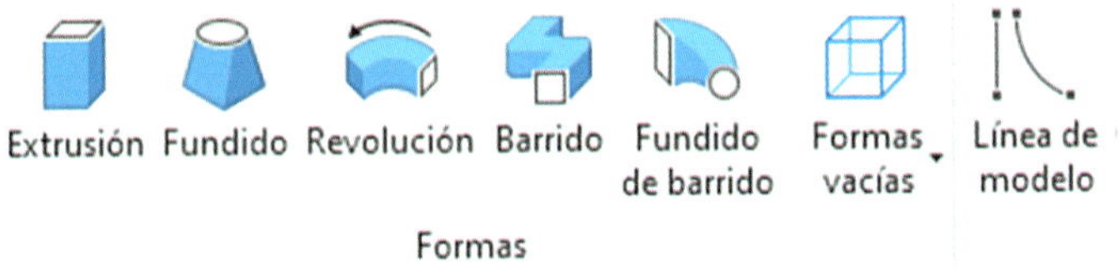

Figura 20.1. Herramientas de dibujo.

- **Extrusión.** Dado un perfil, lo extruye perpendicularmente una distancia concreta.
- **Fundido.** Dados dos perfiles y una distancia, genera la superficie que se amolda desde una forma a la otra.
- **Revolución.** Un perfil girando alrededor de un eje.
- **Barrido.** Un perfil que se desarrolla a lo largo de una trayectoria.
- **Fundido de barrido.** Combinación de los puntos 2 y 4.
- **Formas vacías.** Mismos criterios que los puntos 1 a 5, con el fin de modificar y complementar las formas sólidas creadas o los elementos del modelo.
- **Líneas de modelo.** Simples líneas 2D que se verán en cualquier vista.

En Modelar in situ, cada una de las piezas que modelemos podrá tener un material diferente. Al aceptar la orden, todas las piezas pertenecen a ese modelo *in situ*, aunque tengan distinto material (por ejemplo, una mesa compuesta de 4 patas de aluminio, con 4 tacos de goma y 1 tablero de vidrio).

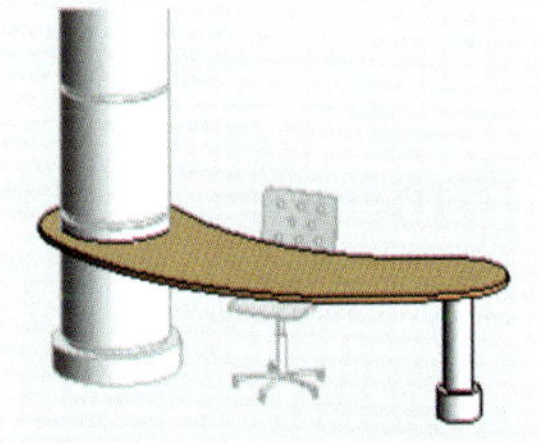

Figura 20.2. Ejemplo mesa modelada in situ.

Cortes mediante formas vacías

Si queremos editar un muro para que su coronación no sea plana sino curva, o hacer que el borde de un forjado no sea vertical, lo resolveremos mediante la creación de formas vacías desde Modelar in situ.

Las formas vacías intersecarán con los elementos de modelado *in situ* que hayamos creado, pero también con los elementos de nuestro dibujo; si antes de aceptar el modelo *in situ* usamos la orden Modificar>Cortar, seleccionaremos nuestra forma vacía y el elemento a recortar, y Revit hará la sustracción correspondiente.

Para el caso concreto de un muro cuya coronación deba ser inclinada, se puede resolver mediante un telar con la forma correcta.

Figura 20.3. Proceso para crear un corte mediante una forma vacía.

Plano de trabajo

Tanto para modelar *in situ* como para determinar correctamente el plano de las cubiertas por extrusión (entre otras muchas aplicaciones), debemos saber modificar el plano de trabajo. Desde Arquitectura>Definir plano de trabajo, seleccionaremos el plano que nos interese y dibujaremos sobre él. El comando Mostrar plano de trabajo nos ayuda a entender dónde estamos dibujando. No es necesario tenerlo activo, pero ayuda para saber en todo momento dónde nos encontramos.

TRUCO:

El plano de trabajo es infinito y podemos trabajar donde queramos. La representación azul que se obtiene cuando activamos Mostrar plano de trabajo es meramente eso: una representación a efectos prácticos. Podremos modificar el tamaño de ese plano estirando los pinzamientos.

Figura 20.4. Definir y mostrar plano de trabajo.

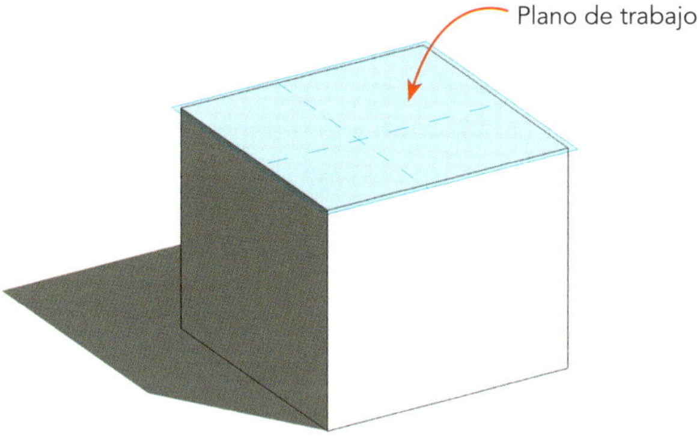

Figura 20.5. Ejemplo de visualización de un plano de trabajo.

Trabajo con grupos

Un grupo en Revit equivale, a grandes rasgos, a los bloques de CAD, sobre todo en lo que respecta a las relaciones: al modificar uno, se modifican todas las instancias de grupo.

Para crear un grupo de uno o más elementos, simplemente hay que seleccionarlos y hacer clic en la orden Crear grupo. Desde este momento, podremos:

- Insertar nuevas instancias del grupo arrastrando desde Navegador de proyectos>Grupos o desde Arquitectura>Grupo de modelo.
- Editar la definición de grupo, mediante doble clic sobre ella modificaremos lo necesario y clic en Aceptar / Finalizar.
- Insertar, de forma independiente, dentro de los muros del grupo, puertas o ventanas, siempre que lo hagamos desde fuera de la edición de grupo.
- Cambiar el origen del grupo, moviendo el icono SCP que se crea en el centro del mismo, para que en próximas inserciones se use ese nuevo punto.

Revit puede hacer grupos de modelo (con elementos 3D) o grupos de detalle (con elementos 2D). En función de qué tipos de elementos estemos seleccionando a la hora de crear el grupo, se generará uno u otro.

Grupos de detalle

Es posible crear un grupo de detalle que represente, por ejemplo, un círculo inscribible de accesibilidad, o para crear los símbolos de instalaciones si no estamos trabajando con MEP; en definitiva, para representar cualquier elemento en 2D sin necesidad de que vaya enlazado con ningún Grupo de modelo.

- Dibujamos las líneas con las que formaremos el grupo, por ejemplo, un círculo de 150 cm. Mediante la orden de Anotar>Línea de detalle, en un estilo de líneas generado para la ocasión, reproducimos las dimensiones lineales necesarias.
- Seleccionamos todo y generamos el grupo.
- Insertamos de forma habitual un grupo de detalle (Navegador de proyectos>Grupos>Detalle o desde la pestaña Anotar>Grupo de detalles).

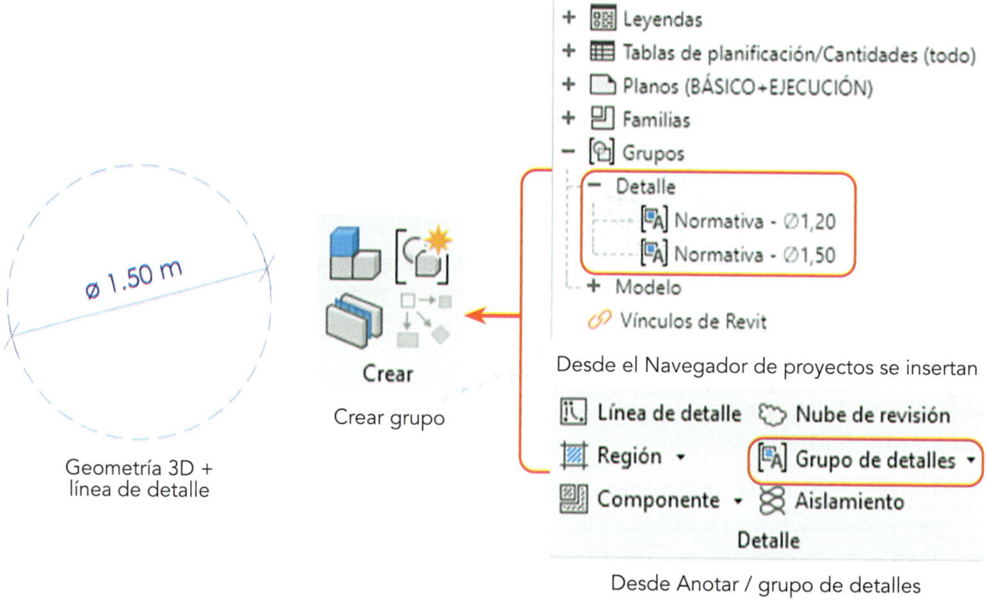

Figura 20.6. Grupo de detalle.

Grupos de detalle enlazados

Si hacemos un grupo que represente, por ejemplo, un dormitorio doble tipo, o un salón con su sofá, sillón, mesa de centro y mueble de TV, puede que nos resulte interesante hacer un grupo para insertarlo de forma mucho más automática en sucesivos proyectos.

Pero, además, si estos elementos deben responder a una normativa de espacios libre mínimos, podemos enlazar a estos grupos de modelo unas líneas de detalle que solamente se verán en las vistas que indiquemos, pero de una forma muy rápida.

- Insertamos toda la geometría 3D necesaria.
- Con la orden de Anotar>Línea de detalle, en un estilo de líneas generado para la ocasión, reproducimos las dimensiones lineales necesarias (por ejemplo, un rectángulo de 2,00 x 2,60 en una habitación doble).

- Seleccionamos todo y generamos el Grupo, observando que se crea también un Grupo de detalle enlazado.
- Insertamos de forma habitual un grupo de modelo (Familias>Grupos>Modelo).
- En cualquier otra vista, al seleccionar el grupo, en la Cinta de opciones aparece la orden de Grupos de detalle enlazados, con una ventana que nos permitirá marcar el/los detalle(s) y Aceptar.

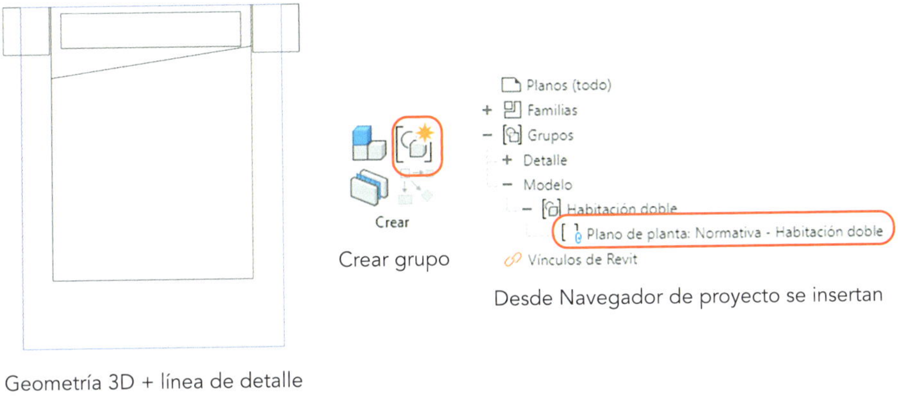

Figura 20.7. Grupo de detalle enlazado.

Copiar por niveles

Con Copiar por niveles se repite la información (sean grupos o no) en varios niveles. Un ejemplo de su utilidad pueden ser las ventanas repetidas de una fachada, una escalera que sube varios niveles o elementos de mobiliario que se repiten en cada planta e, incluso, como veremos ahora, el grupo de una planta tipo.

Una vez brindada la máxima información posible de una planta, se puede hacer un grupo de una «planta tipo» que incluya, además de la geometría, la información de habitaciones. A la hora de insertar esta planta tipo en x niveles, haremos lo siguiente:

- Seleccionamos el grupo de la planta tipo (o, en su defecto, lo creamos).
- Pulsamos el botón Modificar>Copiar al portapapeles.
- Opcionalmente, vamos a una vista 3D o un alzado donde se comprenda mejor la sección.
- Desplegamos el botón Pegar>Alinear con los niveles seleccionados.
- En la ventana que aparece, elegimos en qué niveles queremos pegar nuestro grupo y hacemos clic en Aceptar.

TRUCO:

Los muros solo se copiarán correctamente si todas las plantas tienen la misma altura; en caso de no ser así, no llegarán al siguiente nivel o lo rebasarán.

TRUCO:

Al crear un grupo, se seleccionan los elementos visibles en la vista. Por ejemplo, en una vista de planta se seleccionarán las habitaciones, pero en una vista 3D no; y en una vista de planta igual, no se ven los falsos techos. Siempre es posible cambiar de vista y seguir añadiendo elementos con Ctrl antes de hacer el grupo, o editarlo tras su creación y Añadir elementos.

Las estrategias de copiar entre niveles no están restringidas a los grupos: se puede copiar entre niveles cualquier elemento.

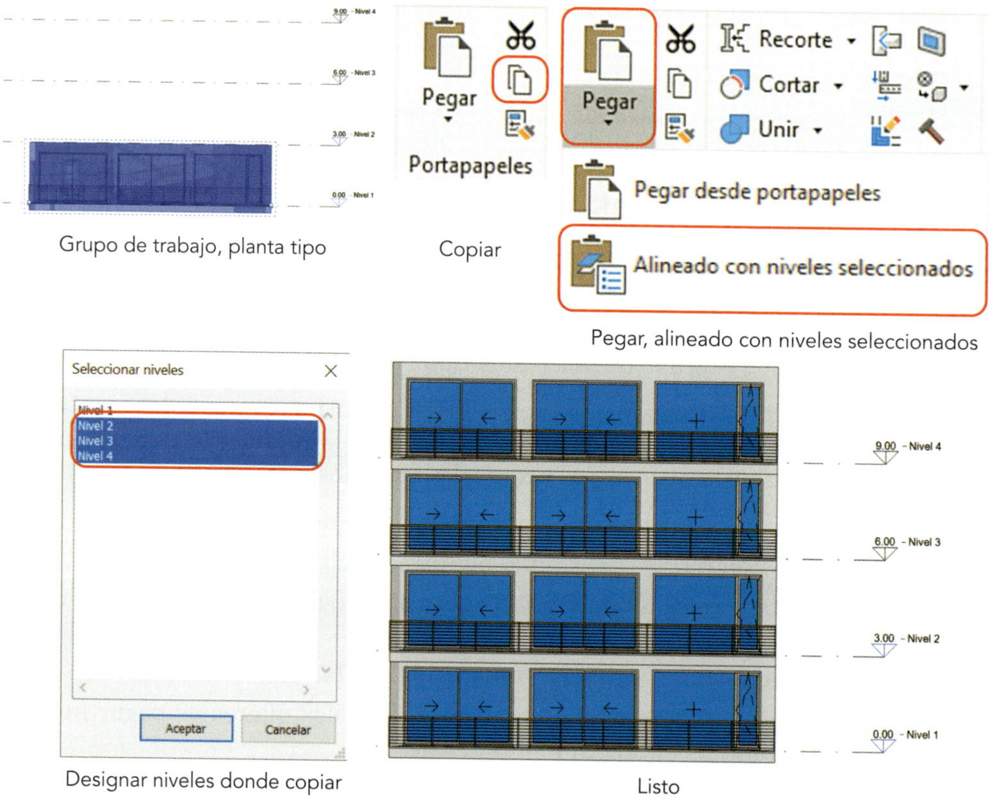

Figura 20.8. Proceso para pegar grupos en diferentes niveles.

Vínculos y exportación

Una vez creado un grupo, es posible hacer ciertas cosas con él a efectos de compartir la información o mejorar el rendimiento del dibujo:

- **Exportar el grupo como un archivo independiente.** Navegador de proyectos>Grupos> Modelo>seleccionar grupo>botón derecho: Guardar grupo.
- **Sustituir el grupo por un vínculo.** Cinta de opciones>Vincular.
- **Recargar el grupo con la información de un archivo externo.** Navegador de proyectos>Grupos>Modelo>seleccionar grupo>botón derecho: Volver a cargar.

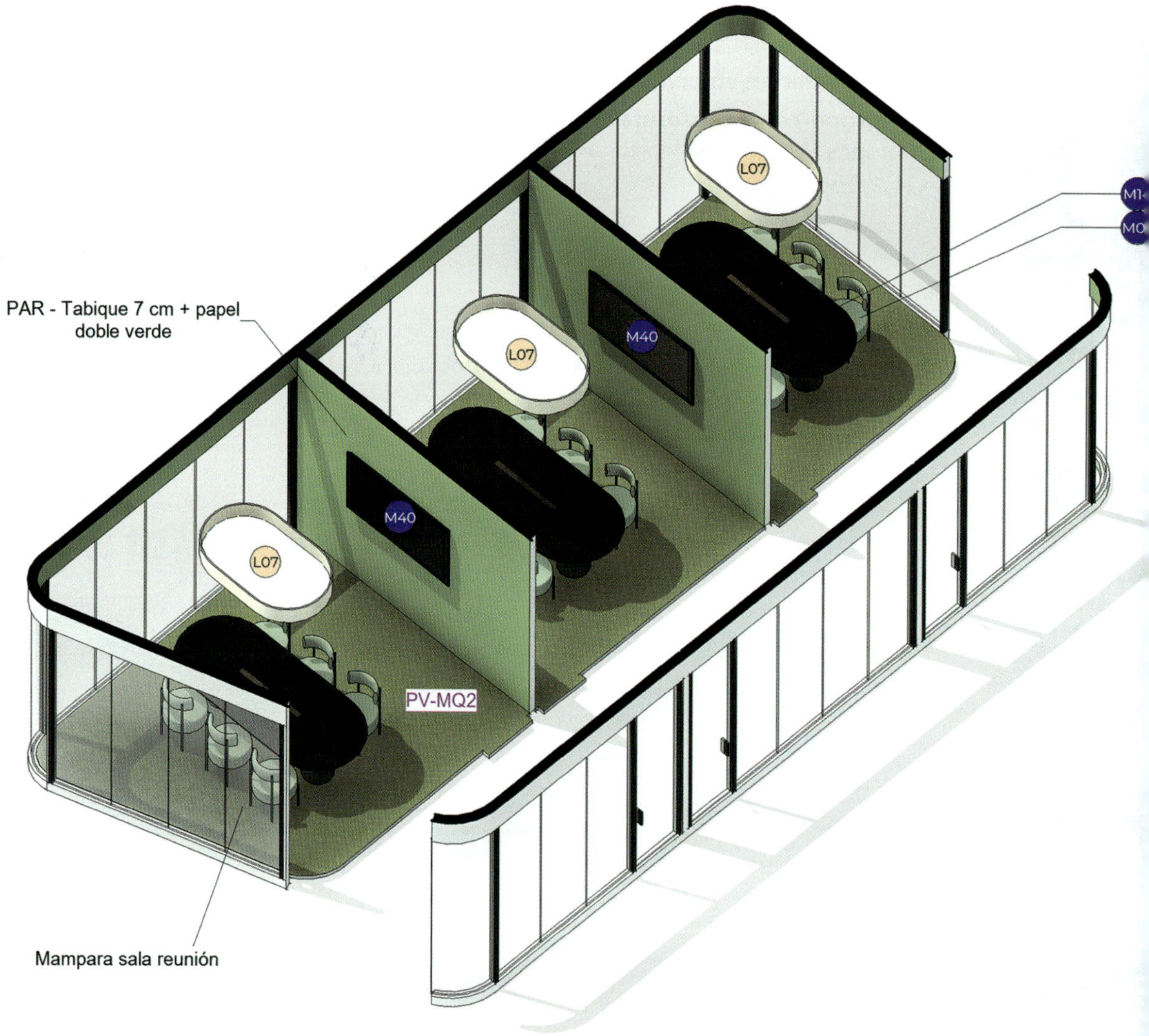
PAR - Tabique 7 cm + papel doble verde
L07
L07
L07
M40
M40
PV-MQ2
Mampara sala reunión

Parte 4

Documentación

21

Cotas y restricciones

En este capítulo aprenderás a:

- Modificar cotas temporales.
- Convertir cotas temporales en permanentes.
- Conocer las restricciones, sus diferentes tipos y cómo mostrarlas.
- Diferenciar el funcionamiento de las cotas lineales y alineadas.
- Cambiar las referencias de las cotas y editarles el grafismo.
- Modificar las unidades de proyecto.

Las cotas temporales son aquellas que aparecen cuando seleccionamos un elemento e indican la distancia del elemento seleccionado a otros cercanos. Si los elementos están inclinados y no hay ángulos rectos, no aparecerán.

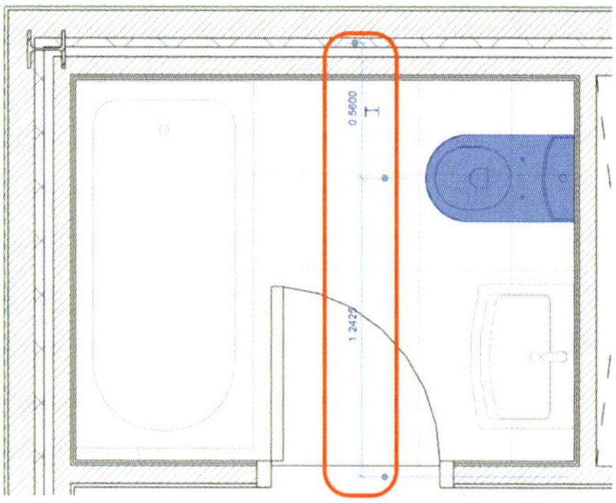

Figura 21.1. Cotas temporales.

Estas cotas son la manera rápida que Revit ofrece para ajustar las dimensiones de muros, puertas y demás. Se modifican siguiendo UNA regla muy sencilla: el elemento que tocas es el que se moverá con respecto al otro. Para cambiar el valor de la cota, simplemente hacemos clic en el número y escribimos la nueva distancia.

Cotas temporales a ejes o a caras

Para que Revit acote de forma predeterminada a ejes de muro o a caras o bien a centros de hueco o a anchos, iremos a Gestionar>Configuración adicional>anotaciones>cotas temporales y desde ahí modificaremos el valor. Esta propiedad es para este dibujo.

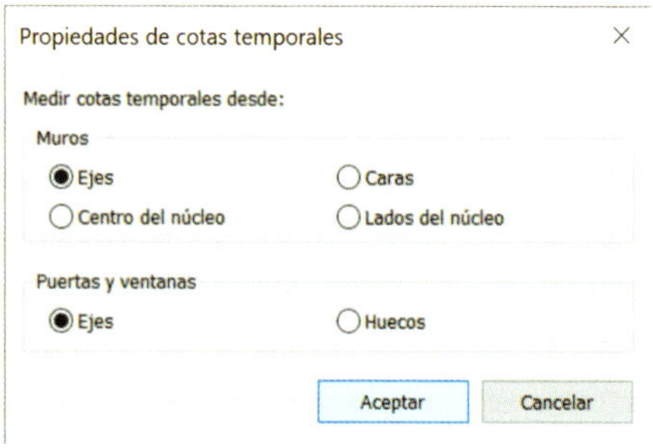

Figura 21.2. Ventana de propiedades de cotas temporales.

TRUCO:

Lo más cómodo es solo colocar las cotas de muro a cara: solo con esto, al seleccionar una puerta, ya tendremos cotas en los extremos de las caras de muro y también desde el eje.

Mover cotas temporales

Podemos hacer clic una vez en la bolita o pinzamiento central de una línea de la cota temporal y Revit alternará cada vez entre eje – cara de acabado exterior – cara de acabado interior.

El pinzamiento del extremo de las líneas de referencia de una cota sirve para controlar la separación visual hasta el elemento, no para modificar la cota.

También otra opción es mover la cota temporal arrastrando el pinzamiento a otro muro o elemento que queremos que actúe de referencia. Revit recordará dónde estaba referenciado el objeto la próxima vez que lo seleccionemos.

Cotas temporales a cotas permanentes

Al mostrar una cota temporal (que puede ser una cota solamente o varias cotas concatenadas), Revit muestra un icono con forma de una pequeña cota. Si clicamos en el símbolo, la cota temporal o conjunto de cotas se convierte en permanente y queda fija, aunque soltemos el elemento. Las cotas permanentes sí se pueden borrar, a diferencia de las temporales que NO se borran y simplemente desaparecen al soltar el objeto.

Uso de fórmulas en cotas

Con Revit podemos usar fórmulas que expresen una dimensión de manera más eficaz que con decimales. Por ejemplo, si dentro de una cota escribimos =10/3, la dimensión cambiará a 3,33 sin tener que preocuparnos por el número de decimales ni la precisión que tengamos. Recuerda escribir el símbolo = antes de la fórmula.

Aspecto

Desde Archivo>Opciones>Gráficos se modifican el tamaño de las cotas temporales (por defecto 8) y su transparencia o no.

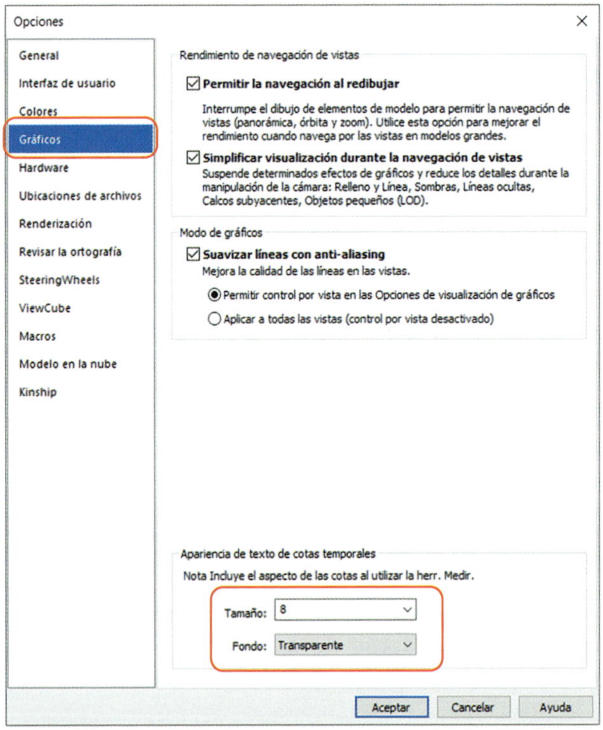

Figura 21.3. Modificación del aspecto de texto de cotas temporales.

Restricciones de cota

En Revit es posible bloquear la distancia o cota entre dos elementos. Algunos ejemplos:

- Mantener un pasillo de una anchura fija, independientemente de que podamos cambiar el espesor de los tabiques que lo delimitan.
- Hacer que la distancia del fondo de armario sea 60 cm.
- Bloquear la mocheta de una puerta en 15 cm, aunque corramos el tabique.
- Fijar el eje del inodoro a 75 cm de una de las divisiones del baño.
- Mantener la separación entre niveles.

Tipos de restricciones

Aunque las restricciones de cota siempre funcionan de la misma manera, se clasifican en cuatro grupos:

- **Alineación bloqueada.** Se produce cuando, al alinear dos elementos, cerramos el candado que aparece. Al mover uno de los elementos, el otro se mueve también.
- **Cota específica bloqueada.** Si bloqueamos el candado de una cota permanente, conseguiremos fijar la distancia entre los dos elementos a los que hace referencia la cota.
- **Igualdad bloqueada.** Cuando hay una cadena de cotas con varios elementos, aparece un símbolo EQ tachado que indica que no existe restricción de igualdad. Si lo clicamos, hará que todas las cotas de la cadena se repartan la longitud total de forma equitativa. Incluso si después se mueven los elementos laterales, se reajustará la distancia (por ejemplo, una ventana centrada a eje en el tabique).
- **Parámetros globales.** Consisten en generar una restricción o parámetro común a varios elementos del dibujo.

Cuando la restricción muestra una cota, suele interesarnos borrarla, para que no interfiera en nuestro dibujo. Revit nos avisa de que eliminar la cota NO terminará con la restricción, y nos da la opción de aceptar, de cancelar o de eliminar la restricción además de la cota.

Si tocamos un objeto que tiene una restricción aplicada, aparecerá una cota temporal discontinua con un candado en ella: al clicar en el candado, se anula la restricción.

Cuando tenemos un dibujo, puede ser difícil recordar todos los elementos con restricciones. La orden Mostrar restricciones en la barra de controles de vista nos las visualizará en carmín; funciona igual que el botón Mostrar elementos ocultos.

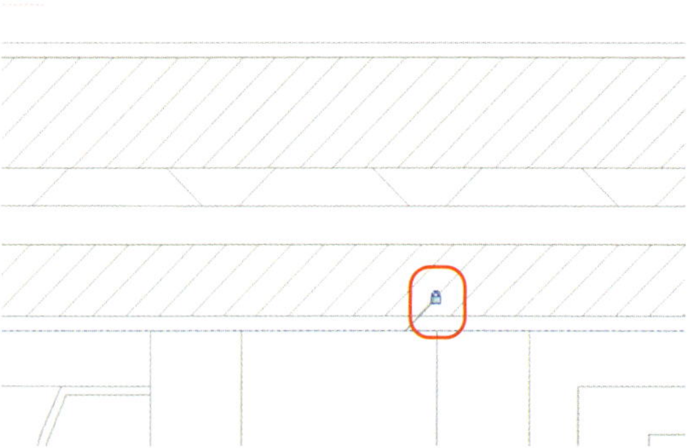

Figura 21.4. Alineación bloqueada.

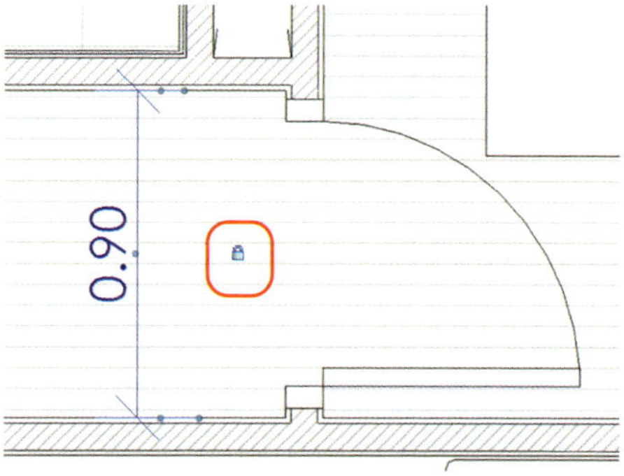

Figura 21.5. Cota específica bloqueada.

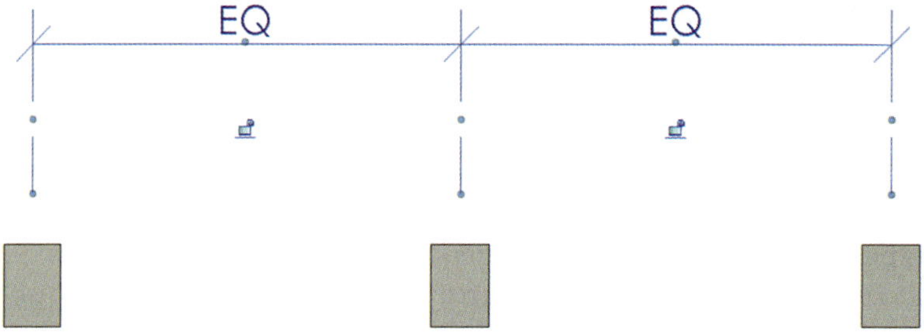

Figura 21.6. Igualdad bloqueada.

Fórmulas de igualdad

Cuando se realiza una restricción de igualdad, aparece, por defecto, el símbolo EQ en todos los segmentos de cota. No obstante, seleccionando la cota, en las propiedades de ejemplar se puede elegir si se muestra:

- El texto de igualdad.
- El valor de la cota.
- La fórmula de igualdad.

El texto de igualdad se configura desde las propiedades de tipo. En la última sección (Otros) definimos cuál es el texto de igualdad (por defecto «EQ»). Aquí especificamos la visibilidad de las marcas de igualdad: líneas de referencia y marca (opción por defecto), solamente las marcas o nada en absoluto.

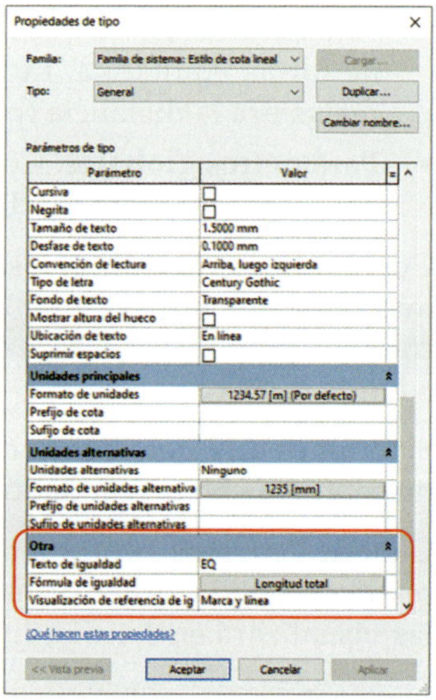

Figura 21.7. Modificación Texto, Fórmula y visualización de la igualdad.

Por último, también desde aquí establecemos la fórmula de igualdad. Los parámetros que podemos combinar son:

- Longitud de segmento.
- Longitud total.
- Número de líneas de referencia.
- Número de segmentos.

Por tanto, podríamos hacer una fórmula de igualdad que indicase cuántos segmentos tenemos, de cuánta longitud cada uno, para llegar a la longitud total.

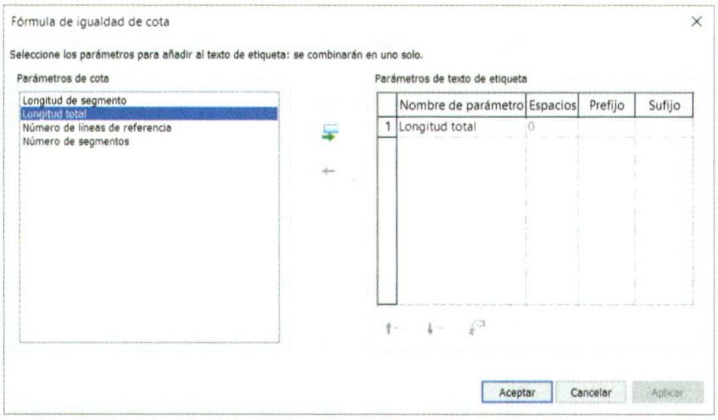

Figura 21.8. Ventana para modificar la fórmula de igualdad de cota.

Parámetros globales

Un parámetro global es una restricción que se genera y se almacena en el dibujo, aplicable a varios elementos. Si en algún momento, desde Gestionar>Parámetros globales, modificamos alguno de los valores, todos aquellos elementos restringidos por este parámetro se actualizarán.

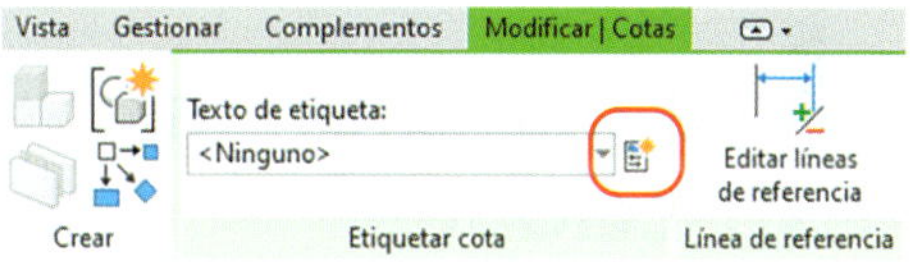

Figura 21.9. Parámetros globales.

Muy útil para, por ejemplo, distancia de las puertas al tabique contiguo, o desfase superior/inferior de nivel para los muros. Si se modifica el parámetro global, cambian todos a la vez.

Para aplicar un parámetro global, los pasos son los siguientes:

- Generamos manualmente la cota que queremos convertir en restricción.
- En la Cinta de opciones aparece el campo de Texto de etiqueta>Ninguno junto con un icono llamado Crear parámetro>clic.
- Dentro de la ventana que nos aparece le damos un nombre.
- Los elementos con algún parámetro global aplicado se distinguirán por el icono de un lápiz al seleccionar la cota o restricción.

Desde Gestionar>Parámetros globales se trabaja sobre ellos: se modifica el nombre, se eliminan, se crean otros nuevos o se ordena la forma en que aparecen listados.

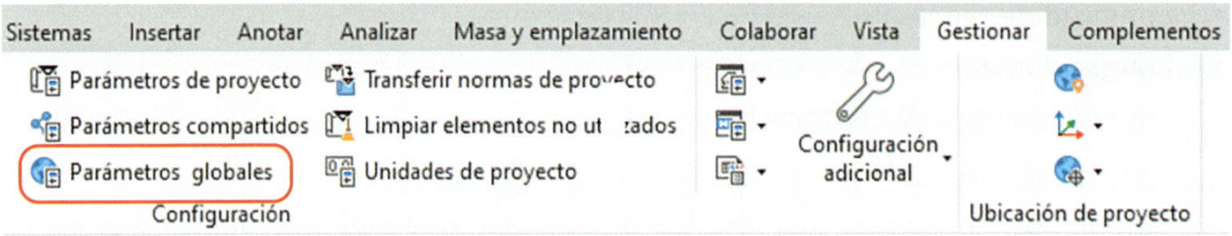

Figura 21.10. Parámetros globales desde la pestaña Gestionar.

Restricciones de niveles

Es posible utilizar estos bloqueos de cota para gestionar de forma rápida las distancias entre niveles. Por ejemplo, si tenemos 4 plantas tipo de viviendas, se puede hacer una cota continua que englobe las 4 plantas, aplicarles una restricción de igualdad y, con otra cota, bloquear la altura de nivel. De esta manera, si se modifica la altura de la planta baja, todos los niveles de planta tipo se mantienen sin modificarse.

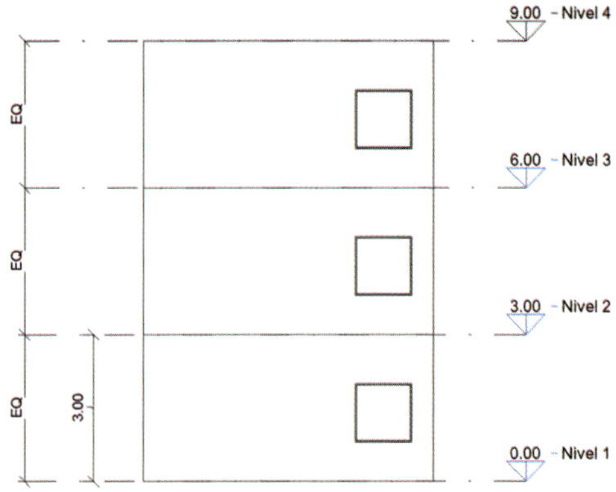

Figura 21.11. Restricciones de niveles.

No se cumplen las restricciones

Esta ventana aparecerá muchas veces a lo largo de nuestro trabajo con Revit. No hay que alarmarse, sino entenderla. Lo que nos está diciendo es, simplemente, que alguna de las restricciones que previamente habíamos establecido no es posible mantenerla con la operación que estamos intentando efectuar.

Además, para saber qué restricción o restricciones se van a eliminar, los elementos se resaltan en naranja; y en el cuadro de diálogo se halla el botón Siguiente si hay varios casos y veremos sombreados en la vista, cada vez, qué elementos dejarán de estar vinculados por la restricción. Siempre es posible cancelar el comando o aceptarlo si es necesario y, posteriormente, rehacer o revisar la restricción eliminada.

Mostrar restricciones y activar controles de cotas

Hay un icono en la barra de controles de vista para mostrar u ocultar las restricciones aplicadas en la vista. Es tremendamente útil porque así no estamos obligados a recordar qué elementos restringimos en su momento o cuáles ha restringido nuestro compañero.

Si seleccionamos uno de los elementos (cota o plano de alineación) resaltados en carmín, se marcarán en azul los elementos a los que afecta esta restricción.

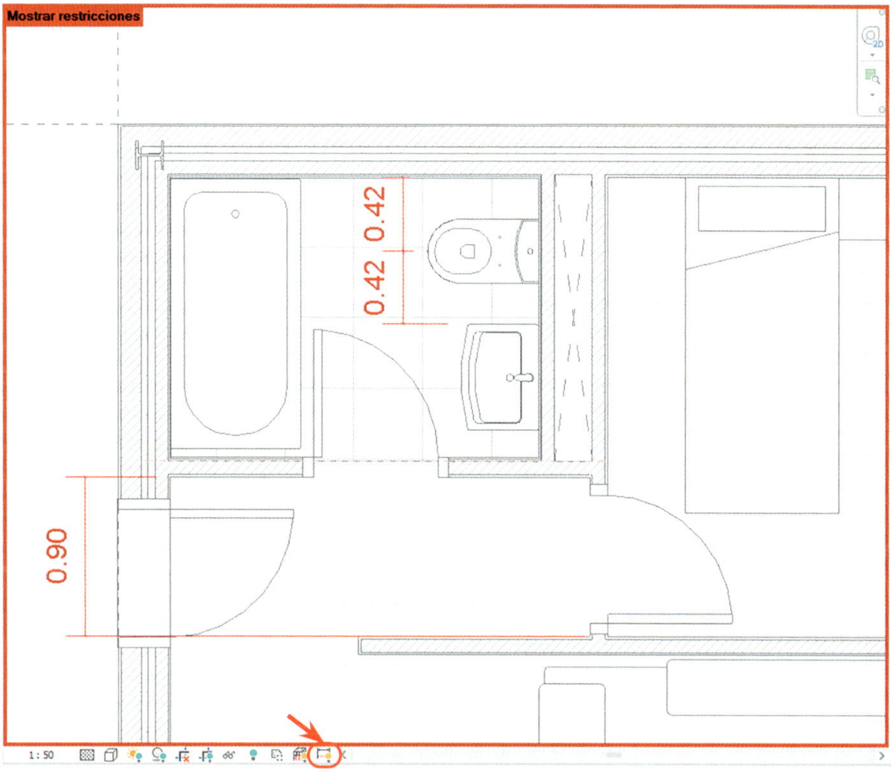

Figura 21.12. Mostrar restricciones.

En la barra de herramientas de acceso rápido hay un icono llamado Activar controles y cotas, que sirve para alternar la visibilidad o no de los pines o chinchetas de bloqueo en elementos como rejillas y montantes de muro cortina. Puede que te interese activarlo o desactivarlo según en qué momento del trabajo te encuentres.

Tipos de cota

La acotación es la representación de las dimensiones de los elementos. En Revit es un procedimiento mucho más sencillo y rápido de lo que podría ser en CAD. No obstante, además de lo evidente habrá una serie de cosas que hemos de tener en cuenta. Empecemos enumerando los tipos de cota que Revit nos permite hacer:

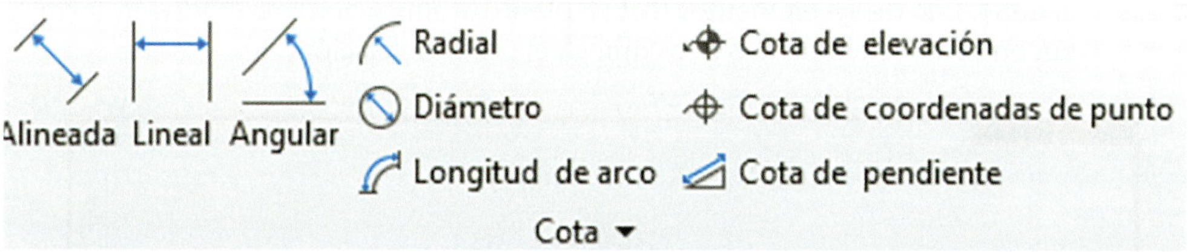

Figura 21.13. Tipos de cota.

- **Alineada.** La más común. Sirve para acotar tanto elementos ortogonales como inclinados.
- **Lineal.** Es únicamente horizontal o vertical y, a diferencia de la cota alineada, toma como referencia puntos e intersecciones, no los elementos tridimensionales como tales.
- **Angular.** Al seleccionar dos elementos, acotará el ángulo que hay entre ellos.
- **Radial / Diámetro.** Al seleccionar un elemento curvo, nos devolverá el valor.
- **Elevación.** Informa de la altura de un punto, tanto relativa como absoluta.
- **Coordenadas de punto.** Devuelve las coordenadas norte/sur y este/oeste.
- **Pendiente.** Indica la inclinación del elemento en grados, porcentaje y otras unidades.

Propiedades básicas de cota

Todas las cotas funcionan de manera similar: dentro de Propiedades>Editar tipo, cambiaremos los siguientes parámetros generales:

- **Tipo de letra, altura del texto y fondo transparente u opaco.**
- **Color,** para todo el conjunto de la cota.
- **Formato de unidades** (por defecto, las del propio dibujo; si se edita, es posible cambiar la precisión o las unidades).
- **Unidades alternativas** (ninguna – derecha – abajo). Útil si estamos preparando algún proyecto para un país con otras unidades de medida y queremos enviar los planos con las cotas en ambos sistemas (por ejemplo, en metros y en pulgadas).
- **Marca,** o directriz de punta de flecha (el símbolo de la cota).

Funcionamiento básico de las cotas lineales y alineadas

Con un clic en un muro comenzamos la cota (en la barra de opciones elegiremos si el muro es a eje o a caras, y con TAB alternaremos en cualquier momento) y a partir de este momento cada clic adicional sobre un muro u otro elemento (incluso un patrón de sombreado de modelo) generará una línea de cota adicional. Al final, NO hay que apretar ESC o, de lo contrario, estamos cancelando la cota. Hay que hacer clic sobre un espacio vacío.

TRUCO:

Las cotas a ejes tendrán la línea de referencia discontinua. Una cota a cara será una línea continua.

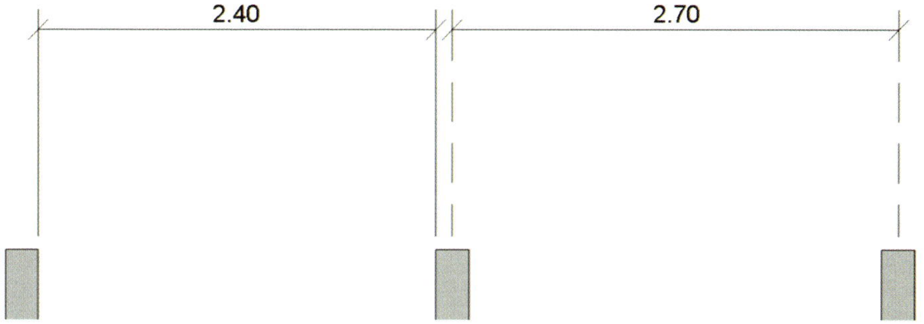

Figura 21.14. Cota a cara del muro con línea continua y cota a eje con línea discontinua.

Este conjunto de cotas se comportará como uno solo, y podremos añadir o eliminar referencias tocando en la cota y haciendo clic en Cinta de opciones>Editar líneas de referencia, pero es imposible borrar una cota intermedia. Es decir, si acotamos una habitación, luego el espesor del tabique y después otra habitación, no podremos eliminar la cota del interior del tabique y mantener las otras dos intactas.

La acotación es increíblemente rápida y, por supuesto, está por completo ligada a los elementos: si movemos muro o puertas, se actualizarán; y si los eliminamos, desaparecerán.

Referencias individuales o muros enteros

En la barra de opciones, especificaremos si acotamos Referencias individuales (cada clic determina de dónde o a dónde se acota) o bien Muros enteros, donde con un solo clic designamos el muro completo. En el caso de muros enteros, en el botón de Opciones indicaremos a Revit que, además, acote también los huecos de puertas y ventanas (a eje o su anchura) o la distancia a rejillas o muros intersecantes.

Figura 21.15. Barra de opciones donde se puede indicar si acotar referencias individuales o muros enteros.

Este concepto, que parece una maravilla, se ve un poco mermado cuando nos damos cuenta de que los muros están, muchas veces, partidos o divididos (por ejemplo, como consecuencia de un acabado interior diferente); con lo que con frecuencia usaremos la acotación tradicional.

Acotar un muro inclinado

Para este caso concreto, desde la cota alineada utilizaremos la tecla TAB para ir alternando referencias hasta que se marque Intersección de Muro A y muro B en la barra de estado. Vamos al segundo muro (aunque aún no vemos la cota) y de nuevo pulsamos TAB hasta que salga de nuevo intersección; y entonces hacemos clic con el ratón.

Cota de pendiente

Podremos acotar la pendiente de cubiertas o suelos inclinados, tanto en planta como en alzado o sección, simplemente con la orden Cota de pendiente. Para personalizar la cota, te propongo una serie de pasos a realizar desde Propiedades> Editar tipo:

1. Dentro de Formato de unidades, si desmarcamos Utilizar configuración de proyecto, es posible cambiar las unidades a grados decimales o a porcentaje, con un decimal y el símbolo de unidad correspondiente, según nos interese.
2. En Directriz de punta de flecha, modificamos el tipo de flecha al gusto; por ejemplo, a Flecha abierta 90°.
3. Establecemos la Longitud de línea directriz en 5 mm.
4. Desfase de texto desde directriz define la distancia entre la flecha y el texto.

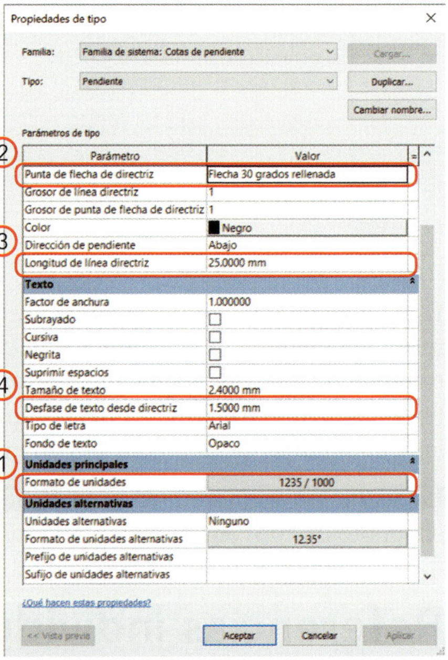

Figura 21.16. Ejemplo de configuración de cota de pendiente.

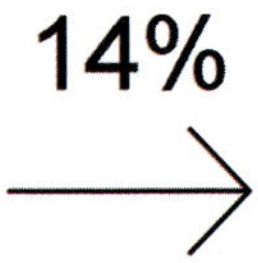

Figura 21.17. Cota de pendiente.

Cotas de elevación

Indican la altura del elemento donde están hospedadas.

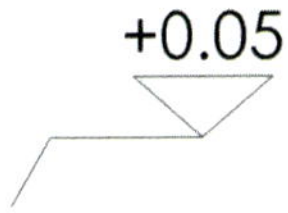

Figura 21.18. Cota de elevación.

1. Dentro de Editar tipo>Base de elevación, determinamos si son absolutas o relativas (según hagan referencia al punto de base del proyecto, al punto de reconocimiento o incluso al nivel actual).
2. En las propiedades de ejemplar, existe la posibilidad de mostrar la cota superior, la inferior o ambas del elemento donde se hospedan (esto es útil para marcar la cota de pavimento y la cota de forjado, por ejemplo).
3. Siguiendo con el punto anterior, si deseamos que cada elevación tenga un prefijo o sufijo, lo estableceremos desde Editar tipo>Indicador superior / inferior.

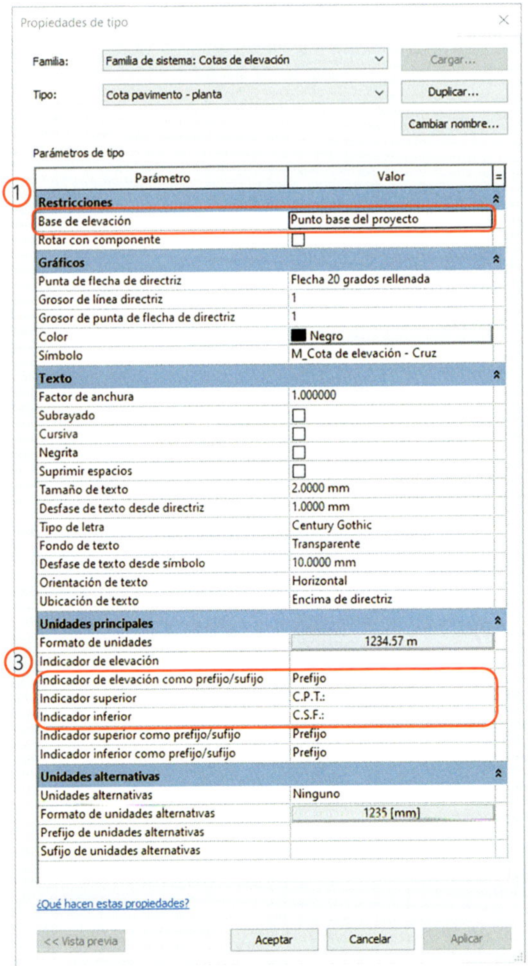

Figura 21.19. Configuración cotas de elevación.

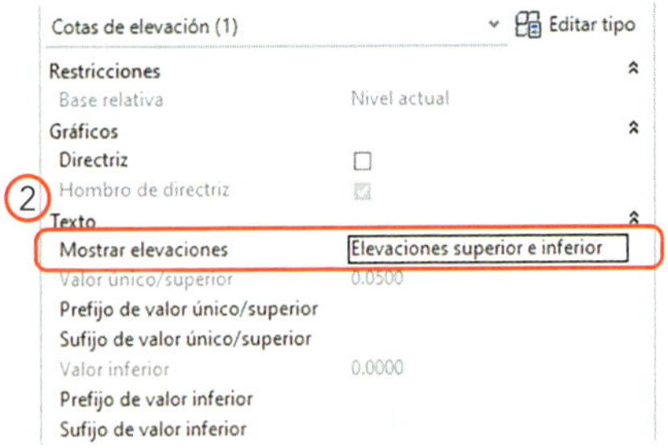

Figura 21.20. Opción de mostrar elevaciones.

Cotas acumulativas y por línea base

Dentro de las cotas lineales y alineadas, la primera propiedad es Tipo de cadena de cota.

- **Continuo.** La tradicional.
- **Por coordenadas.** Son cotas acumulativas, como las que tomaríamos en un levantamiento para evitar el error acumulado en una cota lineal larga.
- **Línea base.** Más utilizadas en mecánica que en arquitectura, crea una cota encima de otra con cada clic adicional que se hace.

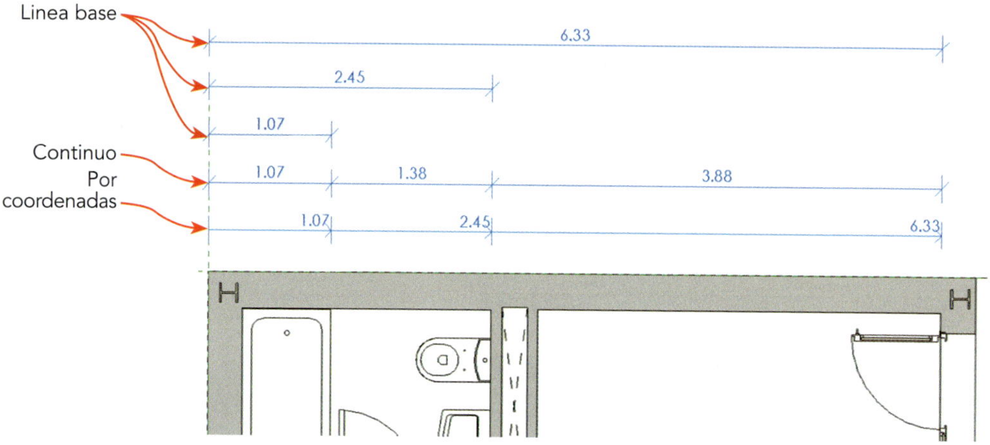

Figura 21.21. Tipos de cotas lineales y alineadas.

Personalizar la punta de flecha

La marca, o punta de flecha, es un elemento totalmente personalizable en Revit; para modificarlo o crear uno nuevo a nuestro antojo, iremos a Gestionar> Configuración adicional>Anotaciones>Puntas de flecha. Dentro de los estilos disponibles (además de flecha, hay otro como diagonal – punto – triángulo – etc.), decidiremos si es hueca o rellena, cerrada o abierta, el tamaño de la flecha y el ángulo.

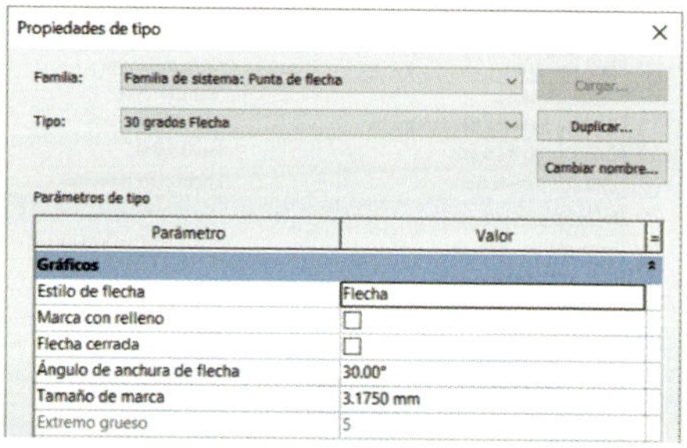

Figura 21.22. Propiedades tipo para personalizar la punta de flecha.

TRUCO:

Al personalizar la punta de una flecha, no se le puede dar un ángulo mayor de 90°.

Directrices de cota

Si el texto no cabe correctamente entre las dos líneas de referencia, si hay varias cotas pequeñas muy juntas o si dos cotas perpendiculares se cruzan entre sí, puede que se solapen los textos entre ellos o con las marcas de extremo de cota. Para evitar o arreglar esto, desplazamos el texto de cota manualmente y quedará referenciado a su cota mediante una directriz configurable.

- **Cuándo aparece la directriz.** Puede mostrarse al desplazarse el texto «lejos del punto inicial» o bien al salir «más allá de las líneas de referencia». Esta segunda opción da más flexibilidad.
- **Cómo se muestra la directriz.** El tipo de directriz puede ser en arco o en línea. Si es una línea, podemos definir una longitud de hombro (o distancia horizontal).

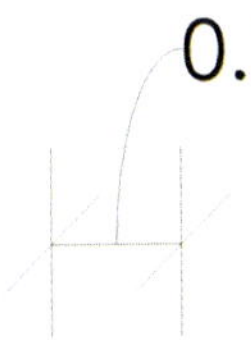

Figura 21.23. Línea de directriz con arco.

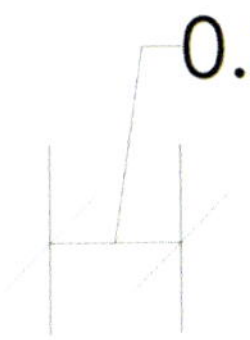

Figura 21.24. Línea de directriz con línea y longitud de hombro = 1 mm.

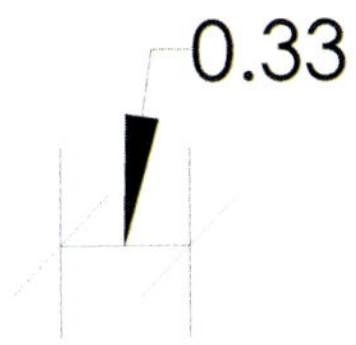

Figura 21.25. Línea de directriz con línea + longitud de hombro = 1 mm + marca de directriz = flecha 15°.

Prefijos y sufijos

Dentro del texto de cota (doble clic sobre el valor del texto) colocaremos un sufijo, prefijo, texto encima y texto abajo. Las posibilidades son muy amplias, pues añadir comentarios a las cotas habituales es una posibilidad. Como ejemplos de utilización:

- En una sección, podemos incluir el prefijo «Altura libre =» y el sufijo «> 2,50 m».
- En un alzado, podemos colocar el prefijo «Altura de cornisa =» y el sufijo «>7 m».

TRUCO:

La configuración de prefijo y sufijo se hace por ejemplar, pero también como parámetros de tipo.

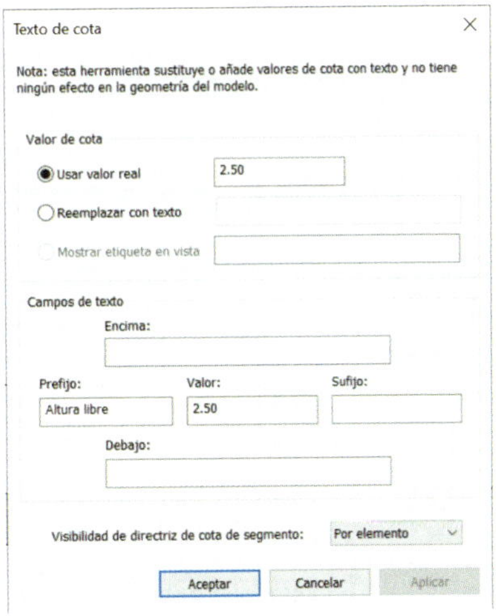

Figura 21.26. Prefijos y sufijos en una cota. Ejemplo prefijo de altura libre.

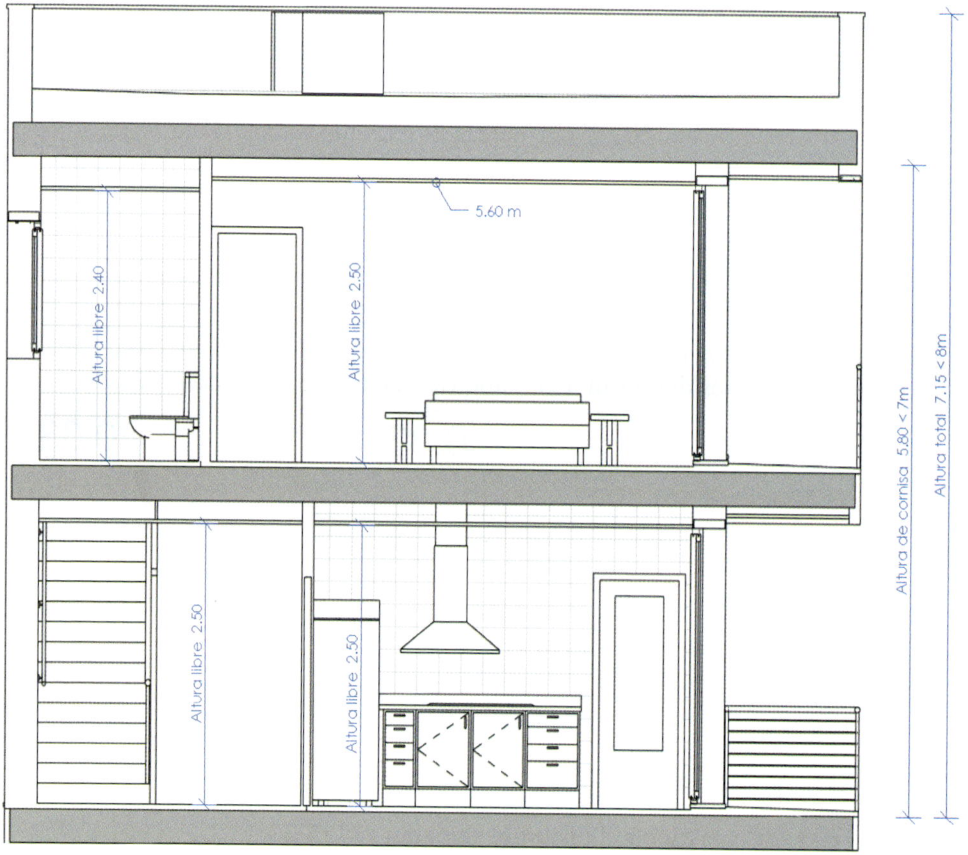

Figura 21.27. Ejemplo de sección con cotas que llevan prefijo y sufijo.

Unidades de acotación y unidades alternativas

Las cotas, por defecto, utilizan las unidades de proyecto. Podemos modificarlas desde Gestionar>Unidades de proyecto; y ahí tendremos las unidades de uso común (longitud, área, volumen o pendiente, entre otros) y las unidades del resto de disciplinas (estructura, fontanería, climatización, electricidad o energía).

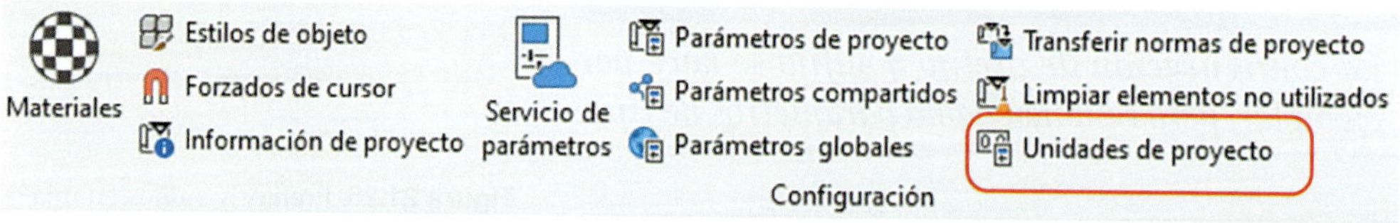

En Revit se dibuja a escala real. Significa que un muro de 2 metros de longitud, si cambiamos las unidades a pulgadas, medirá algo más de 78 pulgadas. Esto facilita mucho la comunicación internacional entre despachos que utilicen diferentes sistemas de unidades.

Dentro del estilo de cota también podemos añadir unas unidades alternativas, con la opción de colocar a la derecha o abajo con respecto a las unidades principales. De esta manera, una misma cota puede mostrar su valor en unidades métricas e imperiales y servir así de forma simultánea para su revisión por dos equipos diferentes, sin necesidad de reimprimir ni hacer mayores alteraciones.

Alterar el texto de cota

«Mentir» en la cota es contrario a la filosofía BIM, donde todo es exactamente lo que es. Podemos, eso sí, usar algún truco cuando pulsamos doble clic en el texto de cota y entramos en la ventana de modificación.

- Reemplazar el valor real por un texto descriptivo (no deja que sean números).
- Si escribes una secuencia numérica y usas el botón derecho>Insertar carácter de control Unicode (sea cual sea), que es invisible, entonces sí acepta la secuencia.

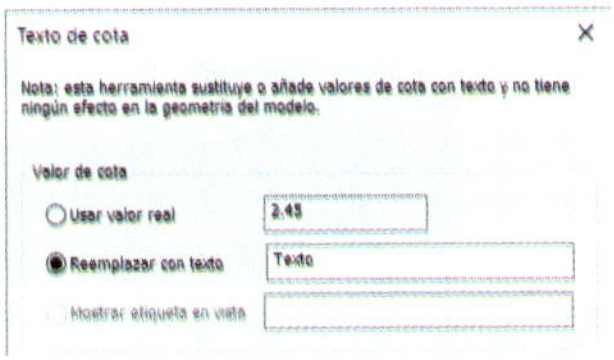

Figura 21.28. Reemplazar con texto una cota.

Unidades de proyecto y decimales

Revit separa los decimales con un punto y las agrupaciones de millares, con comas. Para cambiarlo y hacer que los decimales sean coma y la agrupación de millares sean puntos —en nuestro proyecto—, solo iremos a Gestionar>Unidades de proyecto. En la parte inferior de la ventana se especifican la agrupación de cifras y la separación decimal.

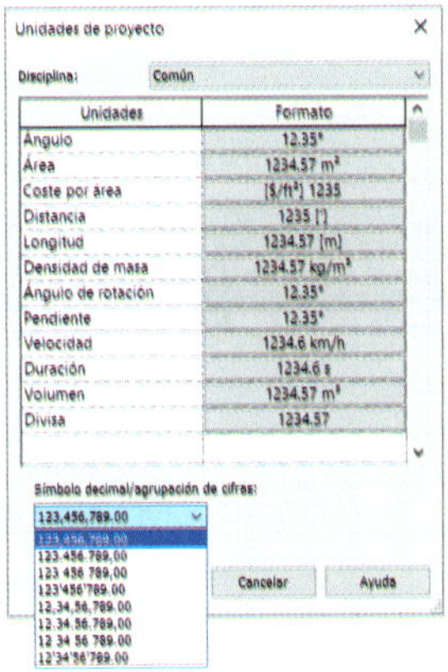

Figura 21.29. Modificar el símbolo decimal de la numeración en el proyecto.

22

Habitaciones y áreas

En este capítulo aprenderás a:

- Colocar habitaciones y etiquetarlas.
- Añadir separadores de habitación y editar delimitación de los muros.
- Editar etiquetas de habitación.
- Crear planos de áreas y nuevos tipos de área.
- Delimitar áreas y etiquetarlas.
- Hacer esquema de color y colocar su leyenda.

En Revit, una habitación es un concepto bastante potente. Es un «volumen de aire» contenido entre muros, suelos y techos. Ese volumen tiene un nombre (que suele ser el de la estancia) y de él se conocen, entre otras propiedades, su superficie, su perímetro, nivel o departamento. Por todas estas propiedades del «volumen» o habitación, es la herramienta que emplearemos para superficiar estancias e identificarlas.

El proceso es muy sencillo: Arquitectura>Habitación y clic dentro de cada estancia. Revit automáticamente genera una habitación contenida entre muros cerrados, y la nombra «Habitación». Podemos renombrarla con clic-clic sobre el nombre predeterminado.

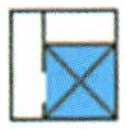
Habitación

TRUCO:

Es mucho más rápido cambiar los nombres desde una tabla de planificación de habitaciones.

Al colocar una habitación, si está marcado en la Cinta de opciones>Etiquetar al colocar, pondrá una etiqueta junto con la habitación.

También podrás hacerlo más rápido con la orden Colocar habitaciones automáticamente, ya que inserta habitaciones en todos los contornos cerrados de ese nivel.

En las habitaciones resulta muy gratificante ver cómo se actualizan sus parámetros en tiempo real: si movemos un muro, la etiqueta de habitación muestra de forma instantánea su nueva superficie; y si desde la paleta de Propiedades cambiamos el nombre de la habitación, se actualizará también automáticamente una vez salgamos de la paleta o pulsemos Aplicar.

Etiqueta vs. habitación

Cuando creamos una habitación y nos aparece una etiqueta con un nombre y una superficie, hemos creado dos elementos. Uno es la habitación: el volumen de aire invisible, que se puede ver en planta o en sección; y otro, una etiqueta, un texto que muestra información seleccionada y que solamente se visualiza en la vista donde se ha creado.

El elemento importante es siempre el de habitación; la etiqueta no existe sin ella. Una etiqueta es personalizable y puede contener solo el nombre, la superficie, el volumen o la combinación que nosotros elijamos; pero siempre estará mostrando la información del «volumen de aire» que habremos creado nosotros.

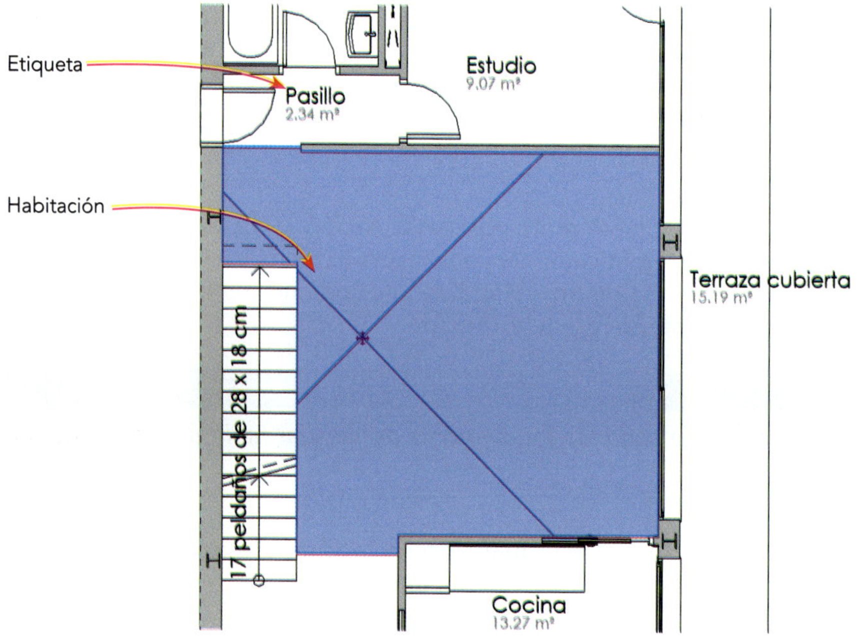

Figura 22.1. Habitación y etiqueta.

Para seleccionar la etiqueta, simplemente hacemos clic sobre ella. Sin embargo, para seleccionar la habitación hay que poner el ratón sobre la etiqueta y hacer clic una o varias veces en TAB hasta que aparezcan unas aspas, y en la barra de estado inferior ponga «Habitación». Si no hay etiqueta, sobrevolamos con el ratón hasta que las dos aspas se marquen o probamos también con TAB.

Si, por error, borramos la etiqueta de habitación, Revit nos avisa de que la habitación sigue estando ahí. Para volver a etiquetarla, usaremos la orden Etiquetar habitación.

TRUCO:

Es posible —y cuenta con posibilidades muy interesantes— colocar etiquetas de habitación en vistas de sección.

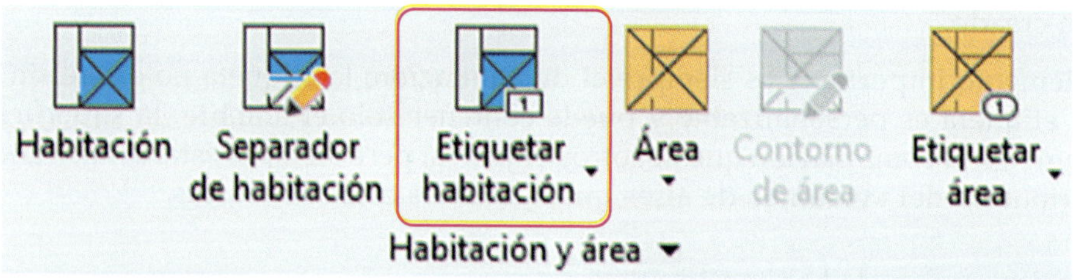

Figura 22.2. Etiquetar habitación.

TRUCO:

Desde la ventana de Visibilidad/Gráficos, desplegando Habitaciones, se activa Referencia para ver siempre las aspas y saber dónde hacer clic con el ratón para seleccionar la habitación.

También es frecuente confundirnos y hacer dos habitaciones en el mismo recinto; sobre todo si habíamos borrado la etiqueta y no hemos reparado en que esa estancia ya disponía de un relleno azul (que indica que ya cuenta con una habitación). En este caso, Revit nos informará que habrá una habitación redundante. Hay que seleccionarla y eliminarla, bien desde una vista o desde una tabla. Al borrar una habitación, esta sigue estando guardada en la memoria de Revit; para eliminarla por completo, debemos ir a la tabla de planificación de habitaciones, seleccionarla (se diferencian porque tienen el parámetro «sin colocar») y eliminar la fila desde ahí.

Planta baja			
Salón comedor	27.52 m²	1	27.52 m²
Terraza cubierta	15.19 m²	0.5	7.60 m²
Cocina	13.27 m²	1	13.27 m²
Estudio	9.07 m²	1	9.07 m²
Hall	8.94 m²	1	8.94 m²
WC	3.37 m²	1	3.37 m²
Pasillo	2.34 m²	1	2.34 m²
Habitación	Habitación redundante		
	79.69 m²		72.10 m²

Figura 22.3. Habitación redundante.

Habitaciones no cerradas por muros

Separador de habitación

Un balcón o una terraza no están cerrados por muros en su cara exterior. Una cocina abierta no posee un muro que la separe del salón comedor, y un hall o un pasillo también se pueden comunicar sin puerta entre sí o con otras estancias. Aquí Revit solo detecta una habitación continua, pero existe la opción de separarlas de forma virtual.

Con la orden Separador de habitación, dibujamos una línea cian discontinua que separe las estancias. Es una partición virtual, que no existe en la realidad, pero hace que Revit entienda que ahí termina una estancia. Estas líneas se ocultan con facilidad con Visibilidad/Gráficos>Categorías de modelo>Líneas>Separación de habitación u ocultando la categoría.

Otra posibilidad que no hay que descartar es alterar el grafismo de las líneas de separación de habitación para que se muestren de una forma aceptable en nuestros proyectos (por ejemplo, líneas finas en gris claro con patrón de puntos). Podemos personalizar el estilo de línea en Gestionar>Configuración adicional>Estilos de línea>Separación de habitación.

Los separadores de habitación no «parten» una habitación en dos, solamente limitan una; de manera que, una vez limitada la habitación, será necesario crear la que falte.

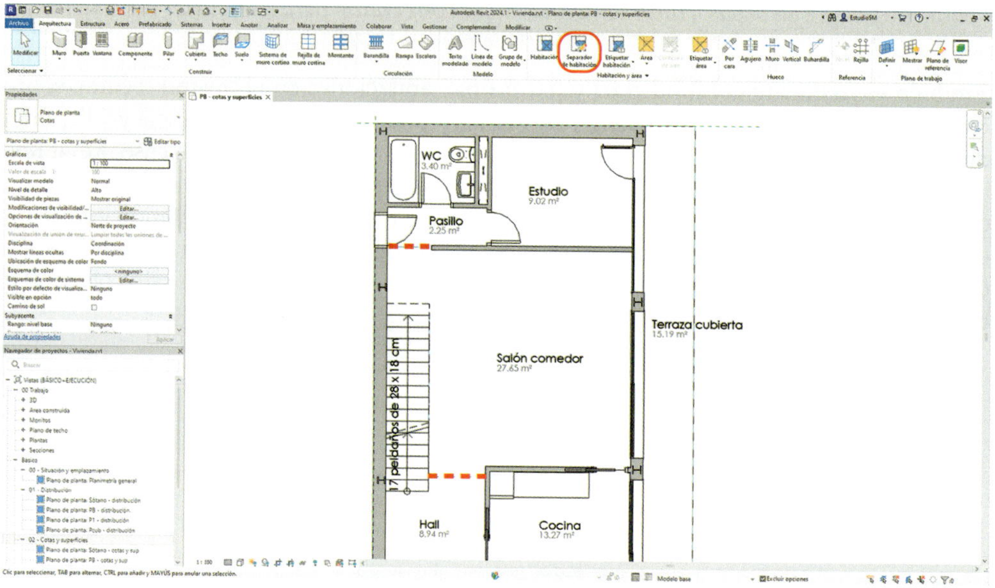

Figura 22.4. Ejemplo de habitaciones abiertas con separadores.

Editar etiquetas de habitación

Podemos generar, o cargar, tantas cuantas etiquetas de habitación queramos. Para eso, vamos a seleccionar una etiqueta>Editar familia, y hacer las modificaciones pertinentes, o empezamos de cero en Archivo>Nuevo>Familia>Anotaciones> Etiqueta de habitación métrica o en Archivo>Nuevo>Símbolo de anotación>Etiqueta de habitación métrica. Se llega al mismo sitio desde ambos lados.

Si empezamos una familia desde cero, es posible que estén activados los planos de referencia que indican dónde estará el punto de inserción. Si no estuvieran activados, desde Visibilidad/ Gráficos>Categorías de anotación>Planos de referencia lo hacemos, para saber exactamente desde dónde insertaremos nuestra etiqueta.

Aquí debemos Crear>Texto de etiqueta y hacer clic donde queremos insertarlo, para que aparezca una ventana donde seleccionar los campos que Revit conoce de las habitaciones, y entonces hacer clic en el botón con flecha verde que se llama Añadir parámetros a texto de etiqueta. Hay muchos parámetros, pero es posible que nos baste con Nombre y superficie. Podemos enfocarlo de dos maneras:

- Insertar todos los campos en la misma etiqueta.

TRUCO:

Para hacer que estén en líneas diferentes, dentro de la edición de texto de etiqueta, marcamos la casilla Dividir.

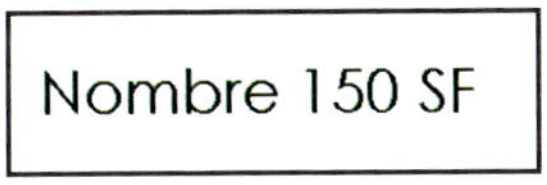

Figura 22.5. Varios campos en un solo texto de etiqueta.

- Insertar tantos textos de etiqueta diferentes como campos tengamos; aquí contamos con la ventaja de poder dar un formato diferente a cada uno.

Figura 22.6. Un solo campo por texto de etiqueta.

En ambos casos, podremos completar nuestra etiqueta con varios procesos:

- **Editando el texto de etiqueta:** poner un sufijo o prefijo que complemente la información.
- **Paleta Propiedades:** cambia la justificación horizontal y vertical del texto.
- **Editar tipo:** cambia tipo de letra, tamaño y color de impresión, y valor transparente/opaco para el fondo del texto.
- **Con líneas o regiones:** para personalizar el aspecto gráfico.

Cuando terminemos la etiqueta, la guardamos y entonces la cargamos en proyecto.

Algunas etiquetas interesantes

- Nombre de estancia.
- Nombre y superficie.
- Acabados de suelo, muro y texto.
- Departamento o tipo de vivienda al que pertenecen.
- Nombre de estancia y volumen neto.
- Nombre y ocupación de incendios.

Muros que no delimitan habitaciones

Si queremos contabilizar la superficie de un armario empotrado dentro de una habitación, o generar una sola estancia dentro de unos vestuarios con diferentes cabinas y zonas de ducha, debemos seleccionar el/los muro/s que están conteniendo o «bloqueando» el volumen de la habitación, y en la paleta Propiedades desmarcar la casilla de Delimitación de habitación. A partir de este momento, el muro no interrumpe el flujo de la habitación y llegará hasta el siguiente muro.

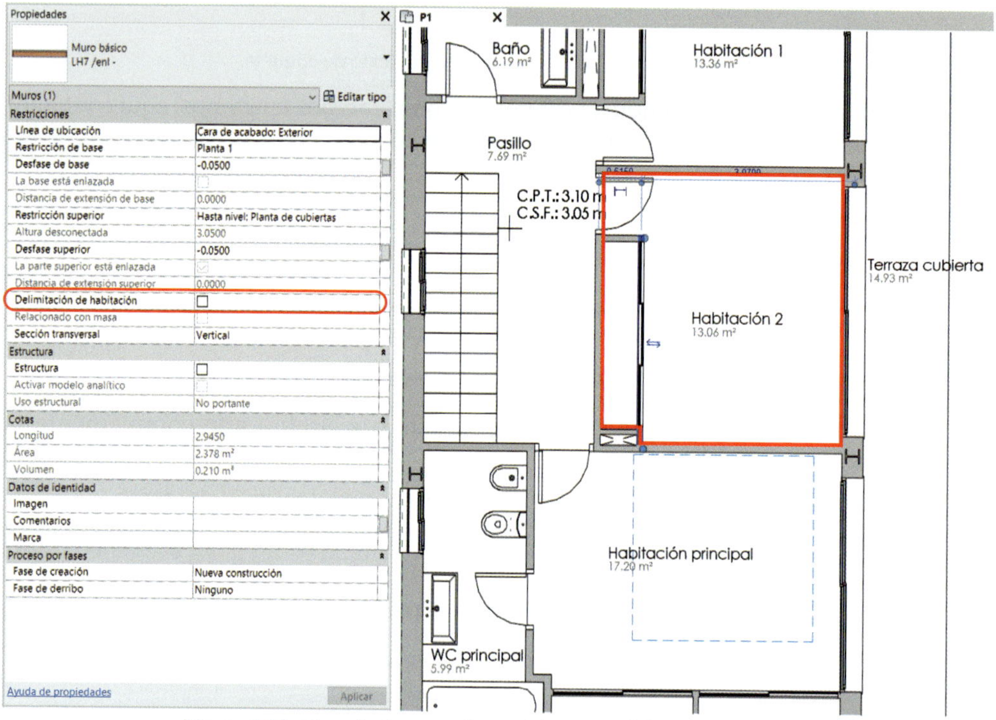

Figura 22.7. Ejemplo de muro (armario) que no delimita habitación.

Familia de etiquetas con varios tipos

Podemos hacer una sola familia de etiquetas que englobe varios tipos. Por ejemplo, una etiqueta que pueda ser solo el nombre de la estancia o también el nombre y el área. Dentro de la familia de etiqueta, el proceso sería:

1. Crear>Texto de etiqueta y hacer dos textos de etiqueta separados (uno Nombre, otro Superficie).
2. Seleccionar Superficie y, en la paleta de Propiedades, clic en el botón que hay a la derecha de la casilla de verificación del parámetro Visible.
3. Añadir parámetro>Nombre «superficie»>Aceptar.
4. Guardar>Cargar en proyecto>Sobrescribir información de parámetros.
5. Seleccionar la etiqueta, Editar tipo>Cambiar nombre>Solo Nombre de estancia; y Duplicar>Nombre y superficie. En la que se llama Sólo nombre, desmarcar la casilla de verificación de «superficie».

Este proceso (muy simplificado en estas líneas) abre muchas posibilidades, siempre con la misma operativa.

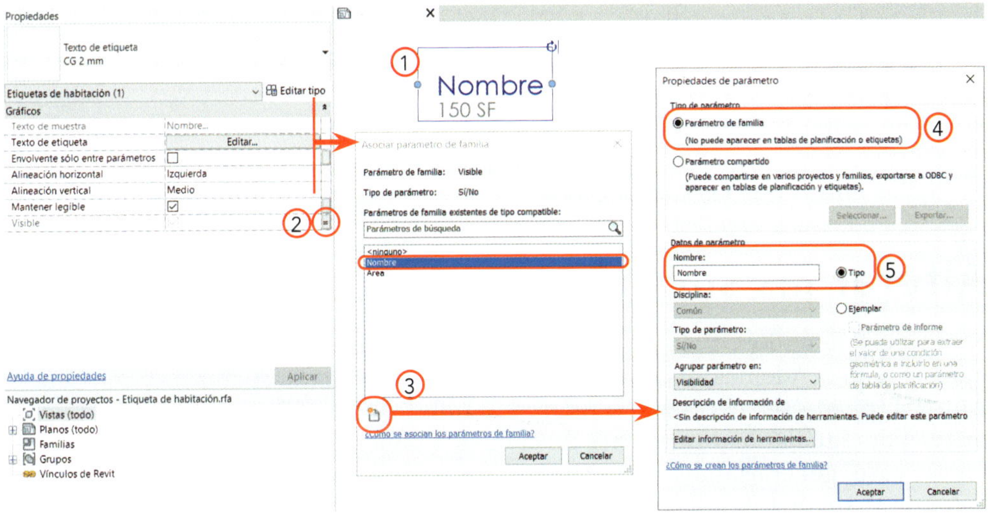

Figura 22.8. Proceso para crear una familia de etiqueta con varios tipos.

Campos de habitación importantes

- **Departamento.** Lo extrapolaremos como «tipo de vivienda» para poder diferenciar, en un edificio de viviendas, entre vivienda tipo A, vivienda tipo B, zonas comunes, etc. Cualquier otra clasificación también es posible, esta es solamente una propuesta.
- **Acabado de suelo – muro – techo.** Lo usaremos para generar planos de acabados, para modificar grafismos basados en esta propiedad y para extraer mediciones tempranas basadas en qué tipos de habitaciones tenemos.

Área de las puertas

Revit desprecia el área que hay debajo de las puertas a la hora de computar sus habitaciones; y no disponemos de una forma automática y rápida para conseguir que tenga en cuenta esa superficie. En cualquier caso, es importante conocer el alcance real de lo que se está «dejando de medir». Una vivienda estándar de 3 habitaciones y dos baños, por ejemplo, tendrá una media de 8 puertas: una para cada estancia (incluyendo salón comedor y cocina) y una más de regalo (por ejemplo, si se cierra el pasillo en algún punto). Suponiendo una anchura de paso de 72,5 cm, en un espesor estándar de tabique de 10 cm, esto hace 0,0725 m^2 por cada puerta y un total de tan solo 0,58 m^2 de diferencia. Sin embargo, si fuera algo indispensable, existen varios procedimientos manuales alternativos que pueden ayudan a contabilizarlo:

- En la tabla de superficies, añadir una serie de columnas (con parámetros personalizados) que sean «Número de puertas» y un valor calculado que sume al área de la habitación 0,0725 m^2 por cada puerta.
- Generar líneas de separación de habitación muro a muro, que incluyan el hueco de la puerta, desmarcando además el parámetro de Delimitación de habitación de los muros que las contengan.

Alterar las superficies

No es posible en Revit alterar una superficie de habitación para «redondearla» a nuestro antojo. Además, es contrario a la filosofía BIM de transparencia y coherencia. Aun así, puede ser necesario o imprescindible hacer esto en promoción de obra nueva para igualar las superficies de la misma vivienda tipo en diferentes plantas. En ese caso, generaríamos un parámetro compartido extra, en el que introducir el valor de la superficie útil comercial.

Habitaciones en edificios muy extensos

Si estamos trabajando con un proyecto muy grande, el rendimiento de Revit se mejora indicándole que, en las habitaciones, solamente calcule las áreas, sin considerar los volúmenes. Esto lo haremos desde Arquitectura> Desplegar Habitación y área>Cálculos de área y volumen>seleccionar Sólo áreas (más rápido).

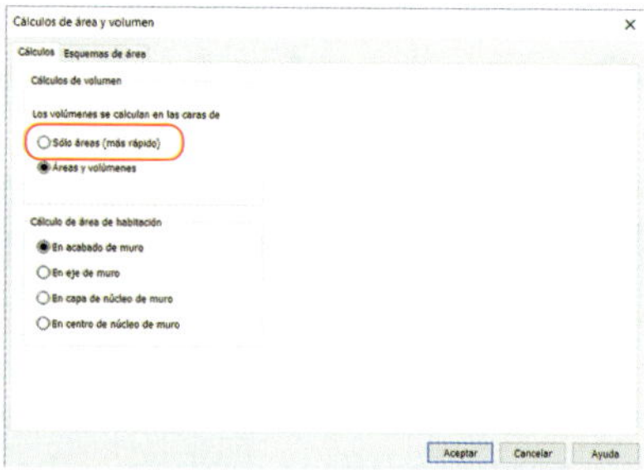

Figura 22.9. Ventana para indicar que solo trabaje con las áreas.

Habitaciones para instalaciones

Para nombrar recintos de instalaciones, patinillos o huecos de ascensor, entre otros, nos encontramos con el inconveniente de que se convierten en estancias de superficie útil y probablemente no sea nuestra intención. De entre las muchas posibilidades para resolver esto, te planteo dos:

- Usar, en vez de habitaciones, Espacios para estas zonas (pestaña Analizar). El comportamiento es equivalente, pero nunca aparecerán en los cómputos de habitaciones. Es la solución más ingenieril.
- Añadir un parámetro de ejemplar a las habitaciones (por ejemplo, «instalaciones») y marcarlo en estos casos. Después, en las tablas, filtrar para que no aparezcan. Puede servirte para comprender la posibilidad de que ciertas estancias no aparezcan en las tablas.

Planos de área

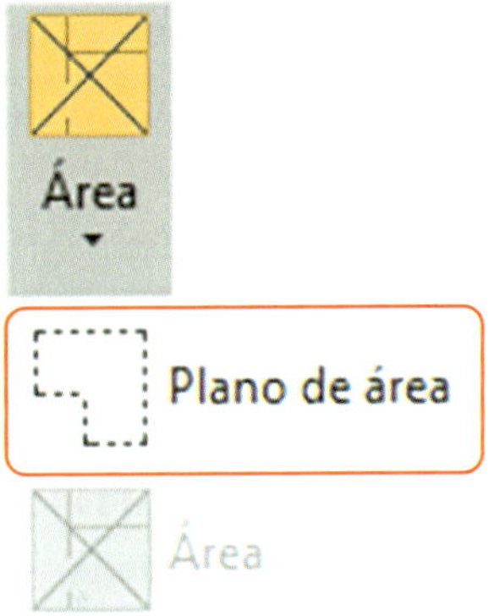

Figura 22.10. Plano de área.

Las áreas en Revit tienen cierta similitud con las habitaciones, tanto en concepto como en su flujo de trabajo. La diferencia fundamental entre ambas es que, mientras las habitaciones dependen de unos elementos delimitadores como son los muros (y opcionalmente de elementos Separador de habitación), las áreas solamente dependen de los Contornos de área, ignorando completamente muros y demás categorías de modelo.

Lo primero que hay que hacer para crear un área es crear un Plano de área. Esto se genera de dos maneras diferentes:

- Vista>Vistas de plano>Plano de área.
- Arquitectura>Área>Plano de área.

Revit nos preguntará qué Tipo de plano de área, o Esquemas de área, deseamos hacer. De las dos opciones que nos ofrece, te propongo empezar con Superficie construida bruta; seleccionamos de qué niveles queremos hacer las vistas y aceptamos.

Revit nos preguntará si ha de generar unos contornos automáticos, pero vamos a decirle que no; lo pregunta una vez por cada nivel, así que paciencia. El motivo de decirle que no es que Revit no es capaz de saber exactamente qué muros delimitan las áreas, y se equivocará con los contornos muchas más veces de las que acertará.

Por último, en el Navegador de proyectos, debajo de las vistas de secciones, aparecerán los planos de área que especifican entre paréntesis a qué Esquema de área pertenecen.

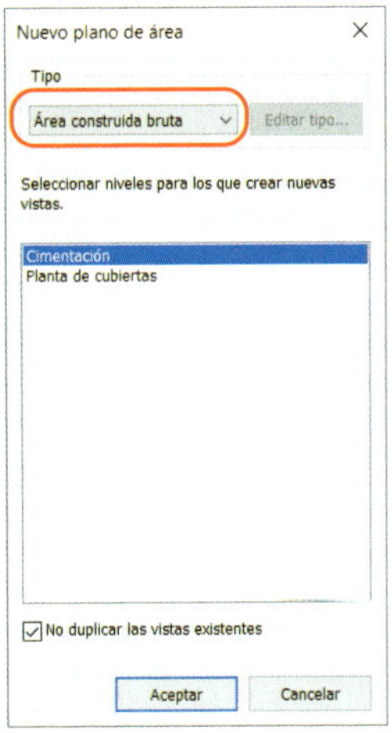

Figura 22.11. Área construida bruta.

Esquemas de área

Vamos a aprender cómo crear diferentes Esquemas de área a nuestra conveniencia. En la pestaña Arquitectura, si desplegamos la sección de Habitación y área, accedemos al botón de Cálculos de área y volumen, donde seleccionaremos la pestaña derecha, Esquemas de área.

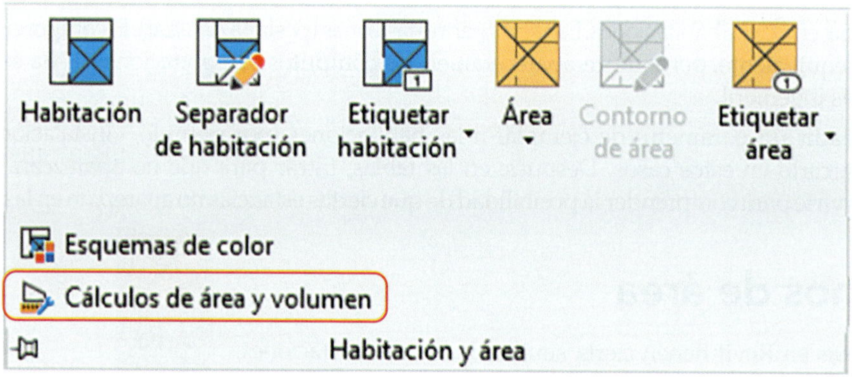

Figura 22.12. Cálculos de área y volumen.

Aquí generaremos cuantos esquemas de área requiramos. Algunas sugerencias pueden ser:

- Sectorización de incendios.
- Público / privado.
- Día / noche.
- Usos: circulaciones – habitaciones – privado – zonas húmedas.

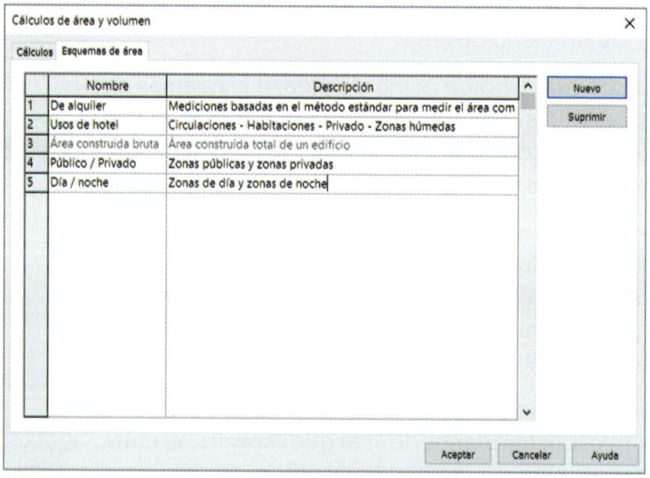

Figura 22.13. Esquemas de área.

Contornos de área

Una vez disponemos de los planos de área, según el esquema que hayamos designado, generaremos los contornos de área. Esto lo hacemos con el botón del mismo nombre dentro la pestaña Arquitectura. Podemos dibujar bocetos de líneas, arcos y demás, que deben formar contornos cerrados, pero no necesariamente continuos: es posible cruzar e intersecar líneas sin problemas.

Los contornos pueden obedecer a las reglas de área: hacen que las líneas de área se coloquen a eje de muro hasta que detecten cuál es la zona exterior y entonces se ponen en el borde exterior del muro. No obstante, no siempre se computan como uno espera, ya que hay muchas casuísticas, así que no es imprescindible utilizarlos: puedes hacerlo con líneas normales.

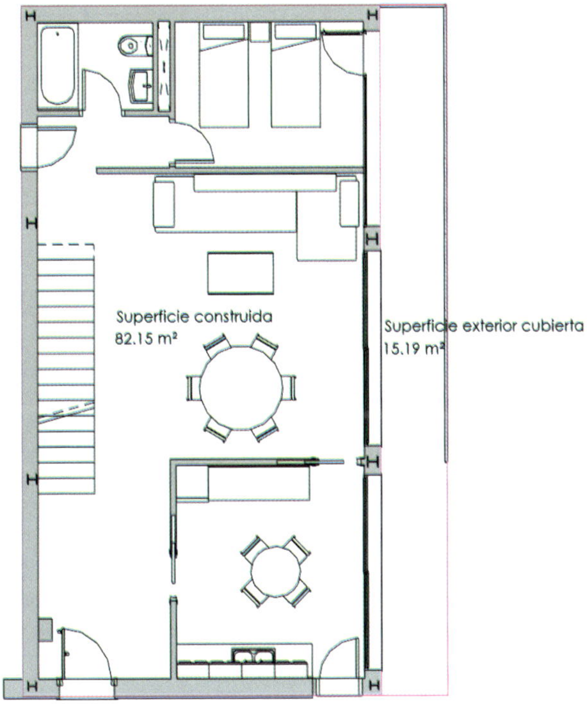

Figura 22.14. Contornos de área.

Áreas

Tras decidir el esquema y los niveles, y haber dibujado los contornos de área, colocamos las áreas: con el botón Área de la pestaña Arquitectura, iremos haciendo clic en los espacios delimitados por los contornos de área y se irán generando estas.

Las áreas cuentan con menos propiedades que las habitaciones. Por una parte, poseen un nombre (que puede ser el elemento que usemos para diferenciar) y también un Tipo. Los tipos de área que Revit maneja difieren un poco según el esquema de área:

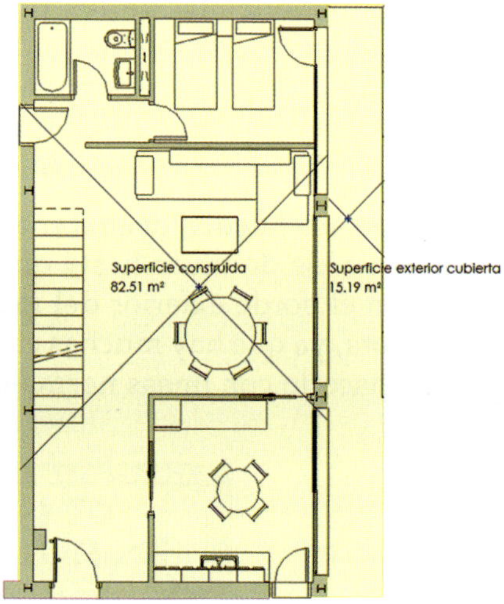

Figura 22.15. Colocación de áreas.

- Para el esquema de área construida bruta:
  - Área construida bruta (superficie interior).
  - Área exterior.
- Para cualquier otro esquema de área:
  - Área común del edificio (lo que llamaríamos zonas comunes).
  - Área de oficinas (para edificios administrativos).
  - Área exterior.
  - Área común del piso (interior de la vivienda, tienda o local).
  - Área de almacenamiento (zonas de almacén).
  - Penetración vertical máxima.

Al hacer un esquema de área personalizado, no es imprescindible seguir los tipos de área de Revit: por ejemplo, podrás diferenciar tus áreas (tanto en el esquema de color como en las tablas) utilizando cualquier campo, como Nombre o Comentarios, entre otros.

Conceptualmente, debes dividir los planos de área en dos grandes grupos: los que van a salir impresos, donde cuidaremos el aspecto gráfico y aplicaremos esquemas de colores; y aquellos de los que solamente pretendemos extraer información (por ejemplo, superficies construidas), donde el grafismo pasa a un segundo plano y trabajaremos más las tablas.

Esquemas de color

Un esquema de color es una propiedad de cada vista, donde podemos colorear las habitaciones, áreas y espacios o zonas de climatización siguiendo un criterio, por ejemplo, por Nombre o por Departamento (para ver en un mismo color todas las habitaciones de la misma vivienda, en un edificio plurifamiliar) o incluso por acabados de suelo, de forma que obtenemos una visión global de dónde se localizan las zonas húmedas.

Para entrar en los esquemas de color, debemos ir a la paleta Propiedades>parámetro Esquema de color>clic sobre <ninguno>. En la ventana que aparece:

- Desplegamos Espacios>Habitaciones. En un plano de áreas seleccionamos Áreas, por supuesto.
- En la parte inferior izquierda, podemos duplicar, renombrar o eliminar diferentes esquemas. Seleccionando uno de los existentes, haciendo clic en Duplicar, y cambiando el nombre de «Esquema de color 1» al que nos interese, habremos creado un esquema nuevo.
- En la parte central de la vista, desplegamos en Color para elegir el criterio de ordenaciones de colores; al desplegar, aparecerán los departamentos o nombres o acabados (según el criterio que deseemos).
- Es posible poner nombre a la Leyenda de esquemas de color.
- En la lista de los valores, cambiamos el color y/o el patrón, incluso decidimos si es visible o no esa entrada.

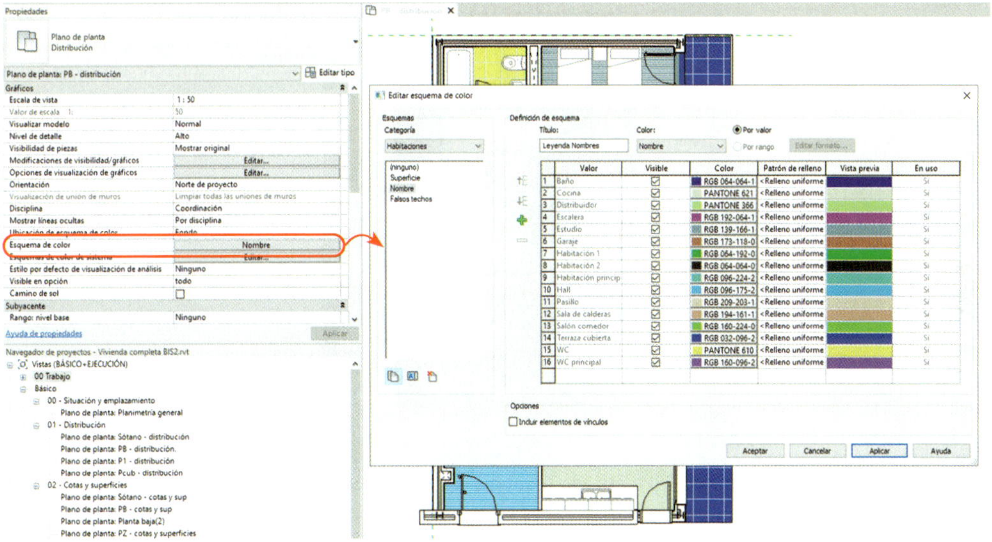

Figura 22.16. Esquemas de color.

Al aceptar, nuestra vista se ha coloreado con el esquema deseado; y si queremos documentarlo con una leyenda, lo hacemos dentro de Anotar>Leyenda de relleno de color y colocándola en la vista. Veamos todo lo que podemos hacer con ella:

- Seleccionando la leyenda y estirando el pinzamiento inferior, se divide en columnas e incluso se logra que sea una fila por columna para hacer una ordenación horizontal.

- Seleccionando la leyenda>Editar tipo, tenemos acceso a:
  - Tipo y color de letra de título y datos.
  - Tamaño de las cajas de muestra.
  - Ver todas las entradas del esquema de color o solamente las que aparecen en la vista actual.

Para eliminar un esquema de color en la vista, hay que elegir «ninguno».

Los esquemas de color son una forma muy efectiva de mostrar el funcionamiento global de nuestro proyecto. Es posible mostrar circulaciones generales, hacer manchas de color en las zonas húmedas o diferenciar la vista rápidamente según el tipo de techo que tenga.

Un esquema de color puede aplicarse a una vista de planta o a una sección.

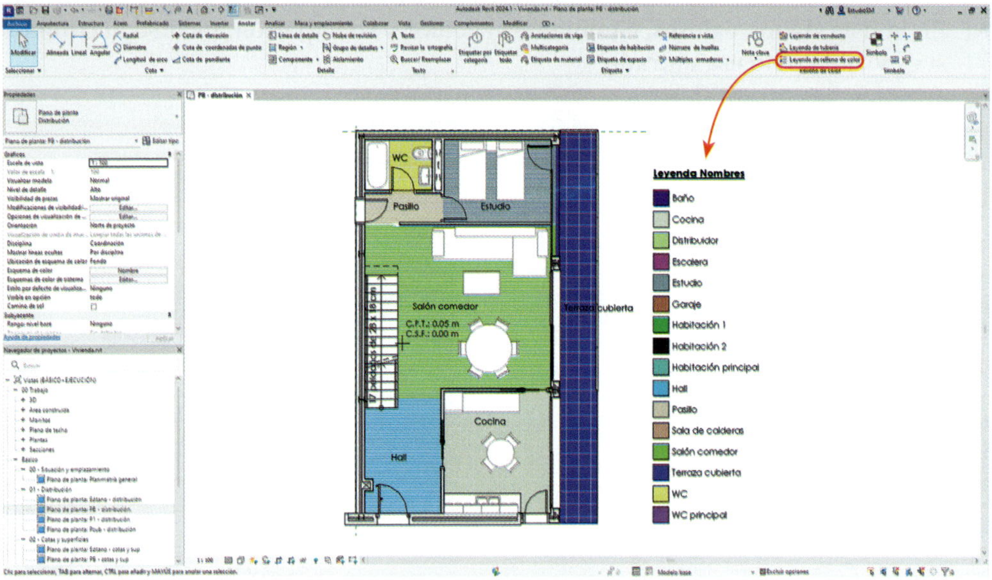

Figura 22.17. Planta con esquema de color aplicado y leyenda.

23

Tablas de planificación

En este capítulo aprenderás a:

- Crear tablas y configurarlas.
- Añadir nuevos parámetros, valores calculados e imágenes.
- Editar el formato de los parámetros, redondear unidades y combinarlos.
- Exportar e importar tablas.
- Diferenciar entre tablas de cantidades, cómputo de materiales, claves de estilo e incrustadas.
- Generar y aplicar plantillas de vista a tablas.

Las tablas de planificación son uno de los puntos de inflexión entre un programa de modelado 3D genérico y un programa BIM como Revit. Permiten la comunicación entre nosotros y Revit, y la capacidad de extraer cuantos datos sobre nuestro modelo necesitemos. Podemos encontrar las tablas dentro del Navegador de proyectos. En la plantilla arquitectónica hay dos tablas por defecto: una de habitaciones y una de puertas. Entrando en cada una de ellas veremos las habitaciones, o las puertas, que tenemos en el modelo. La actualización siempre es en tiempo real: no es necesaria ninguna acción especial. Veamos un ejemplo global y potente mediante una tabla de superficies útiles.

Crear una nueva tabla

- Con el botón derecho sobre el apartado de Tablas de planificación/cantidades seleccionamos Nueva tabla de planificación/cantidades. También es posible ir a Vista>Tabla de planificación.
- Escogemos la categoría Habitaciones y le damos un nombre a la tabla; por ejemplo, «Cuadro de superficies útiles».
- Añadimos los campos que queremos. De momento, Nivel, Nombre y Área.

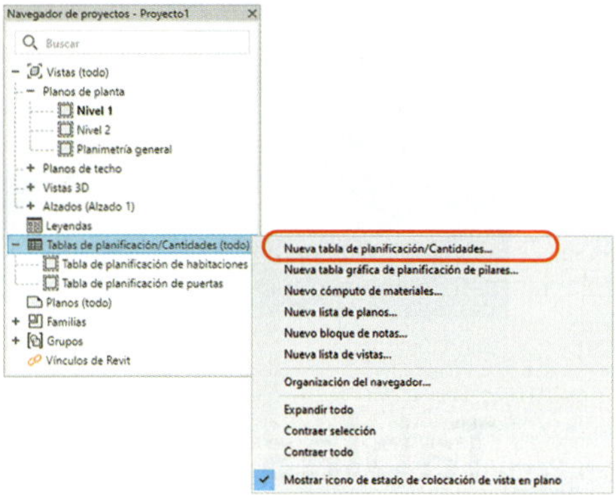

Figura 23.1. Crear nueva tabla de planificación y cantidades.

TRUCO:

Aunque las categorías y los campos están siempre ordenados alfabéticamente, en español Área lleva tilde y se sitúa al final de la lista.

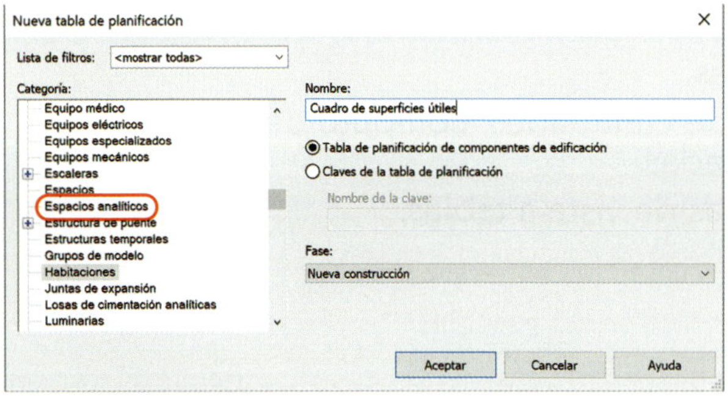

Figura 23.2. Tabla de categoría habitaciones.

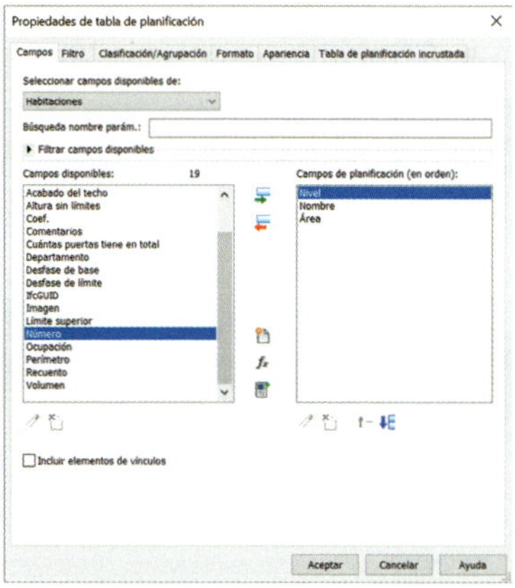

Figura 23.3. Campos de la tabla.

Si aceptamos, tenemos todas las habitaciones sin ningún tipo de clasificación. Incluso puede que haya habitaciones «Sin colocar», porque hayamos eliminado habitaciones (no etiquetas) desde alguna vista; habitaciones no cerradas, si no se han delimitado bien; o incluso habitaciones redundantes, si hay varias en el mismo espacio. Podemos eliminar definitivamente las habitaciones redundantes o sin colocar haciendo clic en el botón Suprimir fila.

Otra posibilidad es modificar, desde la parte derecha de la Cinta de opciones, el comportamiento de las habitaciones sin colocar. Es posible mostrarlas, ocultarlas o aislarlas, según nos convenga.

En la paleta de Propiedades, se halla el botón de Editar por cada pestaña de la ventana de Propiedades de tabla. Todos los botones llevan a la misma ventana, pero a una pestaña diferente; podemos volver a la pestaña Campos y añadir o eliminar campos, o ir descubriendo el resto de pestañas.

En pantallas pequeñas, o de gran resolución, agradecerás poder hacer zoom en la tabla de planificación, manteniendo pulsado Ctrl y moviendo la rueda del ratón: esto facilita la lectura y nuestro trabajo, pero no tiene ninguna repercusión sobre el tamaño de la tabla en los planos.

Clasificación / agrupación

Desde aquí decidiremos la forma de presentar toda la información que hemos reunido (los campos). Para una tabla de habitaciones, tiene sentido clasificar

<Tabla de planificación de habitaciones>		
A	B	C
Nivel	Nombre	Área
Planta baja	Salón comedor	27.61 m²
Planta baja	Cocina	13.27 m²
Planta baja	Estudio	9.02 m²
Planta baja	WC	3.40 m²
Planta 1	Baño	6.19 m²
Planta 1	Habitación 1	13.36 m²
Planta 1	Habitación 2	13.06 m²
Planta 1	Habitación principal	17.20 m²
Planta 1	WC principal	5.99 m²
Planta 1	Pasillo	7.69 m²
Planta Sótano	Garaje	54.99 m²
Planta Sótano	Sala de calderas	4.90 m²
Planta Sótano	Distribuidor	2.23 m²
Planta Sótano	Escalera	3.43 m²
Planta baja	Hall	8.94 m²
Planta baja	Pasillo	2.26 m²
Planta baja	Terraza cubierta	15.19 m²
Planta 1	Terraza cubierta	14.93 m²

Figura 23.4. Ejemplo tabla de habitaciones.

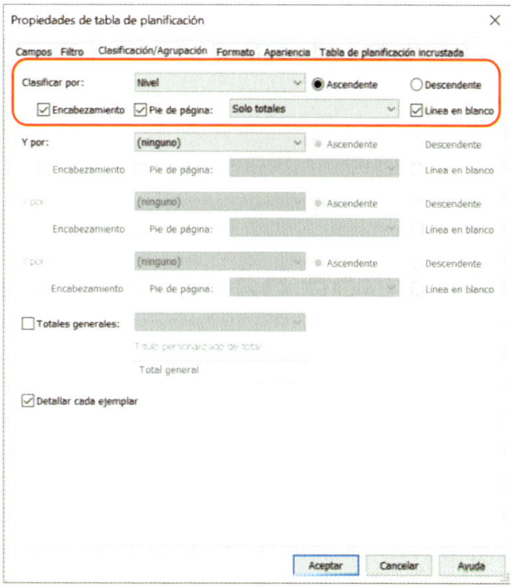

Figura 23.5. Clasificación / Agrupación por nivel.

primero por Nivel. Al marcar Encabezado, Pie de página>Sólo totales y Línea en blanco, conseguimos que exista un encabezado con el nivel, una línea en blanco entre niveles y (en teoría) el total de superficie de habitaciones por planta.

Para que la columna de Nivel no sea redundante, podemos ocultarla (que no eliminarla) seleccionando cualquier celda de la columna y haciendo clic en Ocultar (Cinta de opciones o botón derecho). Este resultado también se consigue desde la pestaña Formato al marcar Campo oculto dentro de Nivel.

Para que Revit muestre los cálculos totales, hay que ir a la pestaña Formato, seleccionar los campos cuyos totales queremos tener calculados y marcar Calcular totales.

El segundo orden de clasificación (es decir, cómo se ordenan las habitaciones dentro de cada nivel) podría ser por Nombre (en orden alfabético) o, por ejemplo, por Superficie (en orden descendente de más grande a menos).

Una posibilidad muy habitual para ordenar las habitaciones es seguir un criterio personal. Para esto, viene muy bien usar «número». Aunque Revit coloca automáticamente un número a cada habitación, nosotros lo modificaremos para que se adecue a lo que necesitamos. Por ejemplo, puedes escribir P01-01 para indicar información de planta y número, sin tener que preocuparte de renumerar todas las habitaciones ante un cambio de numeración.

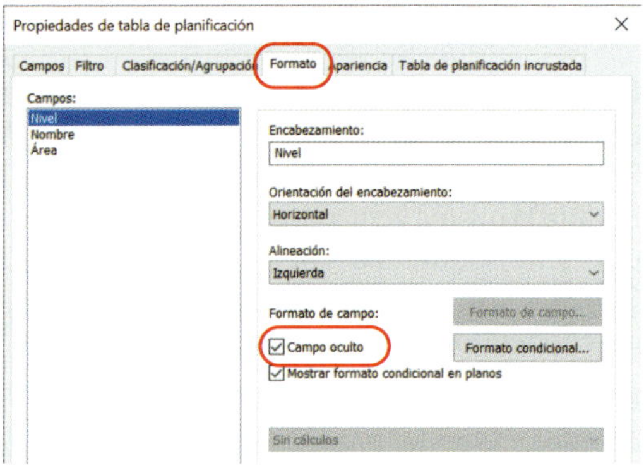

Figura 23.6. Campo oculto.

Medición básica de elementos por superficie

Uno de los usos de las tablas es servir como base a las mediciones. En estas, se utilizan normalmente los campos Tipo (o Familia y tipo), la unidad a medir (Área para suelos o cubiertas, o Longitud en el caso de barandillas) y después el Nivel. La agrupación más habitual suele ser por Tipo (con encabezamiento y pie de página con totales) y después por Nivel, desmarcando la casilla de Detallar cada ejemplar. Para organizar mejor la tabla, una buena solución es ocultar la columna Tipo. Si Calcular totales no está activo y hay varios ejemplares con valores distintos, la casilla correspondiente se mostrará en blanco o, desde Revit 2022, con el texto <Varía>. Es posible cambiar ese texto predeterminado desde la pestaña Formato.

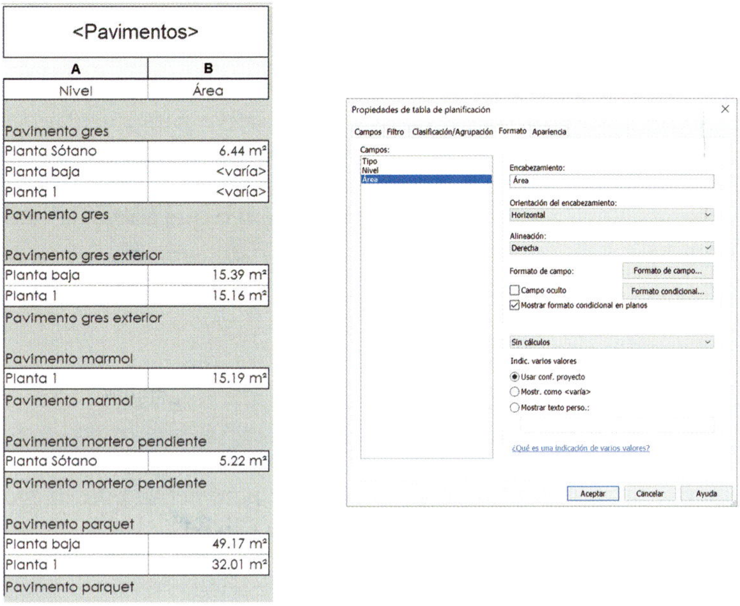

Figura 23.7. Medición de elementos por superficie.

Filtros

La segunda pestaña de las tablas, Filtros, controla cuáles de los valores se van a mostrar, siempre que sigan una serie de criterios lógicos. Es decir, en una tabla de multicategoría, filtraremos por «Categoría = no es igual que» para ocultar una categoría concreta o bien un acabado de habitación.

La principal limitación de esta pestaña es que los filtros son acumulativos y no permiten el uso de operadores lógicos tipo OR, solamente tipo AND (no es posible filtrar por elementos de la categoría Puerta o Ventana).

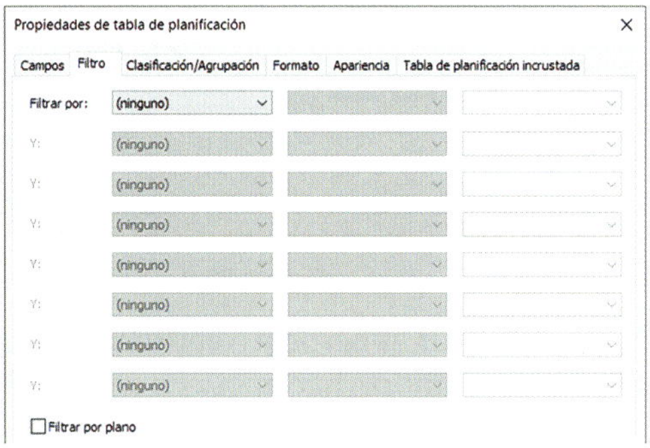

Figura 23.8. Pestaña de filtro.

Los filtros son perfectos para identificar subconjuntos específicos. Por ejemplo, no todas las puertas, sino, por ejemplo, solamente aquellas con función «Exterior». Otros filtros más específicos pueden ser «tiene un valor» o «no tiene ningún valor». Habitualmente, usar el filtro «mayor que» sirve también para filtrar elementos vacíos.

Nuevos parámetros y parámetro calculado

En una tabla de superficies útiles, es importante notar que habrá estancias que no computen, es decir, que no cuenten a nivel administrativo para calcular ocupación (en algunos municipios no computan los espacios bajo la rasante) o que computen con un porcentaje inferior al 100 % (como terrazas cubiertas, pero abiertas que computan al 50 %). Sin embargo, Revit no tiene un parámetro nativo que hable de esto, así que lo crearemos nosotros.

Desde la pestaña Campos, clic en Nuevo parámetro y en la ventana que aparece:

- Ponemos un nombre descriptivo: Coef. Sup. Útil.
- Elegimos un tipo de parámetro: número.

TRUCO:

Es muy importante que se coloque bien el tipo de parámetro, pues luego no habrá ocasión de modificarlo; habría que borrarlo y volver a hacerlo.

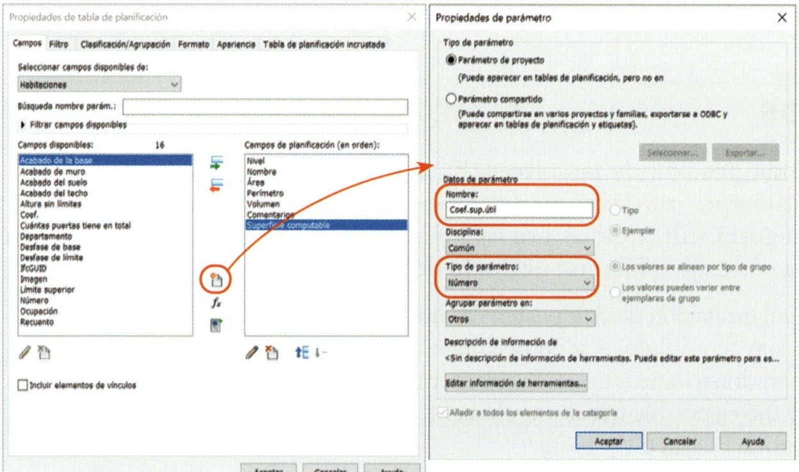

Figura 23.9. Crear un parámetro nuevo: Coef. Sup. Útil.

Para calcular la superficie computable, necesitamos crear un Valor Calculado. Dentro de la pestaña Campos, hacemos clic en el icono fx, que tiene el nombre de Añadir parámetro calculado, y dentro de Fórmula, marcamos Área * Coef. Sup. Útil (nos podemos ayudar de los puntos suspensivos para buscar cada campo y así no tener que escribirlo entero). También es muy importante escribir que el tipo es Área, para que no nos dé errores del tipo «unidades incoherentes».

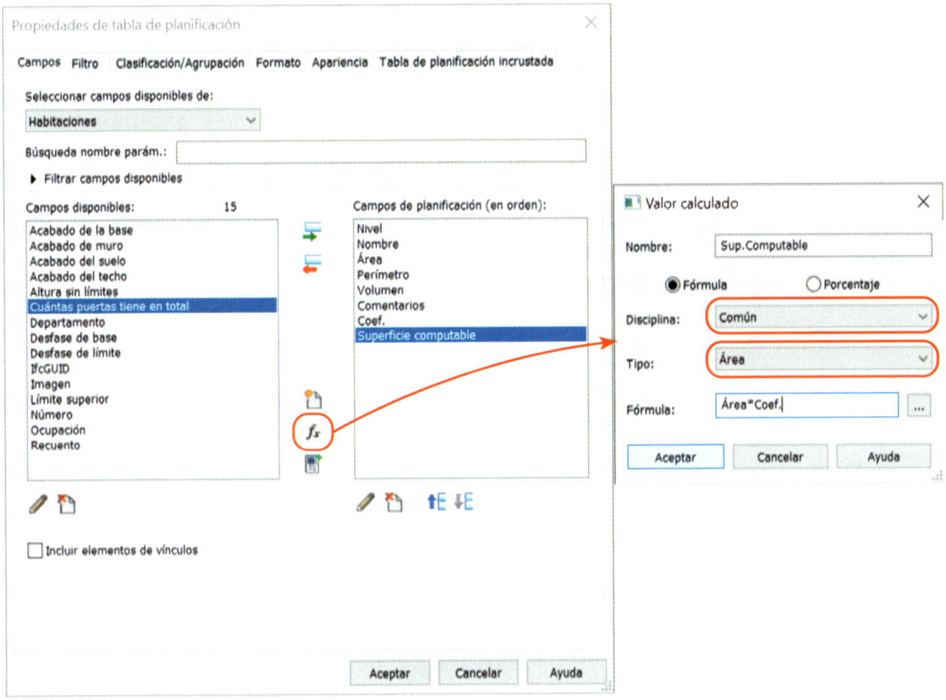

Figura 23.10. Crear un parámetro calculado.

Con todos los campos colocados, solamente queda ir introduciendo los valores en nuestra tabla. Para que la superficie computable también calcule totales, hay que volver a Formato> calcular totales.

Por último, si nos interesa conocer la superficie útil total, tanto real como computable, en Clasificación – agrupación marcaremos Totales generales con título y totales, y pondremos un texto a nuestra elección: por ejemplo, «Superficie útil total vivienda».

<Cuadro de superficies útiles>			
A	B	C	D
Nombre	Sup. real	Coef. Sup.	Sup. computable
Planta Sótano			
Garaje	54.99 m²	0	0.00 m²
Sala de calderas	4.90 m²	0	0.00 m²
Escalera	3.43 m²	0	0.00 m²
Distribuidor	2.23 m²	0	0.00 m²
	65.54 m²		0.00 m²
Planta baja			
Salón comedor	27.46 m²	1	27.46 m²
Terraza cubierta	15.19 m²	0.5	7.60 m²
Cocina	13.27 m²	1	13.27 m²
Estudio	9.11 m²	1	9.11 m²
Hall	8.94 m²	1	8.94 m²
WC	3.40 m²	1	3.40 m²
Pasillo	2.32 m²	1	2.32 m²
	79.69 m²		72.09 m²
Planta 1			
Habitación principal	17.20 m²	1	17.20 m²
Terraza cubierta	14.93 m²	0.5	7.47 m²
Habitación 1	13.36 m²	1	13.36 m²
Habitación 2	13.06 m²	1	13.06 m²
Pasillo	7.69 m²	1	7.69 m²
Baño	6.19 m²	1	6.19 m²
WC principal	5.99 m²	1	5.99 m²
	78.42 m²		70.96 m²
Superficie útil total vivienda: 1	223.66 m²		143.05 m²

Figura 23.11. Cuadro de superficies útiles.

Formato de los campos numéricos

El campo de coeficiente útil (o de cualquier otro campo numérico) se formatea a nuestra elección. Dentro de la pestaña Formato, seleccionamos ese campo y hacemos clic sobre Formato de campo. Al desmarcar la casilla de Utilizar configuración por defecto, elegiremos —para un parámetro de tipo Número— entre General, Fijo, Divisa y Porcentaje. En el ejemplo que estamos realizando, Porcentaje parece el más apropiado. Además, controlamos manualmente cuántos decimales deseamos y, si procede, qué símbolo de unidad tendrá (en este caso, el símbolo de %).

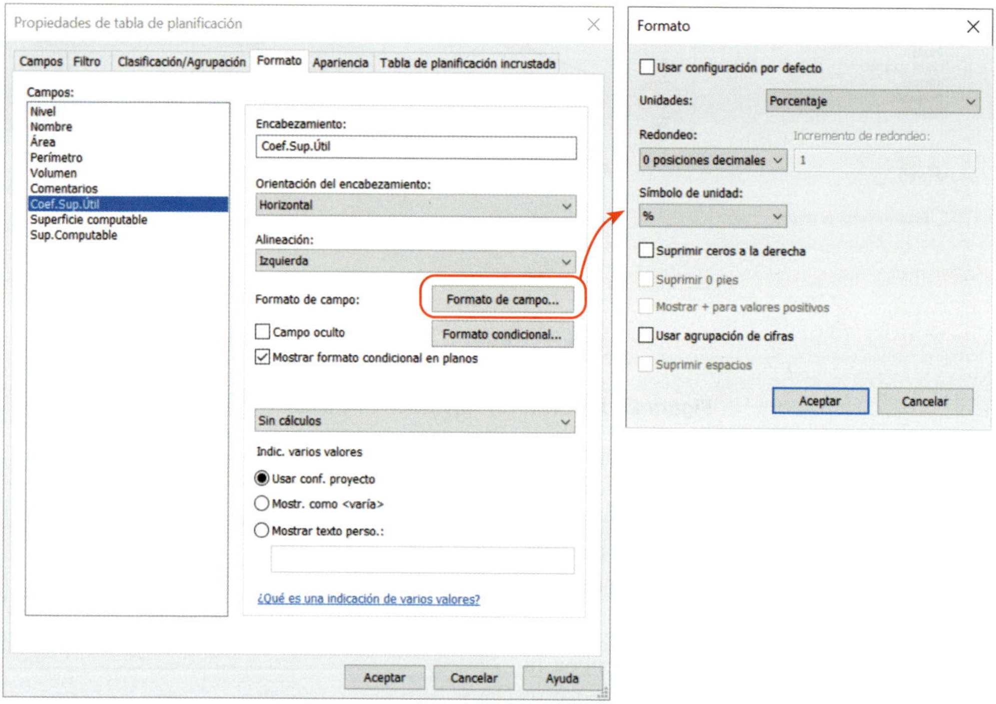

Figura 23.12. Formato.

Combinar parámetros

En casos como una tabla de puertas o ventanas, es interesante combinar en una columna varios parámetros a nuestro gusto; por ejemplo, el ancho x alto de nuestro elemento.

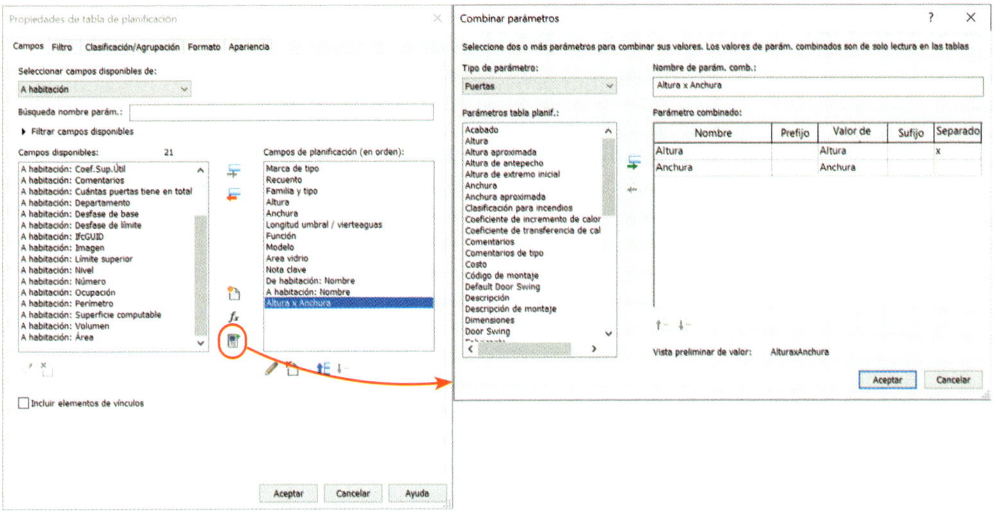

Figura 23.13. Combinar parámetros: altura x anchura.

Para hacer esto, desde la pestaña de Campos, localizamos Combinar parámetros, que es el último botón en el espacio entre los dos grandes grupos de Campos disponibles y Campos de planificación. Dentro de la ventana que aparece, es posible arrastrar tantos campos como queramos y establecer prefijos, sufijos o separadores. Por supuesto, se pueden combinar campos de texto con campos numéricos.

Redondeo de decimales en las tablas

Un problema habitual en Revit es que redondea las superficies de cada habitación en la tabla, pero internamente las suma de manera correcta (con todos los decimales). Esto puede hacer que tres habitaciones de 3,3333 m^2 aparezcan como 3,33, mientras que el total sea 10 m^2.

Lo anterior se corrige mediante una columna de valor calculado con esta fórmula: (round ((Área / 1 m^2) * 100) / 100) * 1 m^2.

TRUCO:

Para poner el símbolo de elevado al cuadrado existen tres opciones:

- *m^2.*
- *Mantener pulsado Alt y escribir la secuencia 0178 en el teclado numérico.*
- *Mantener pulsado Alt y escribir la secuencia 253 en el teclado numérico.*

Otras fórmulas en Revit

Para la generación de valores calculados (o en cotas; si empleamos el símbolo = al inicio de la expresión, no es necesario restringirlo a las tablas), Revit soporta una gran variedad de fórmulas aritméticas, con sus símbolos habituales:

- Adición. x + y
- Sustracción. x - y
- Multiplicación. x * y
- División. x / y
- Exponenciación. x^y
- Potencias de 10. exp(x)
- Raíz cuadrada. SQRT(x)
- Logaritmo. log(x)
- Valor absoluto. abs(x)
- Pi
- Funciones trigonométricas (sin | cos | tan | asin | atan)

Además de con la fórmula ROUND(X), un redondeo se fuerza hacia arriba con la fórmula ROUNDUP(X) o hacia abajo con la fórmula ROUNDDOWN(X).

Tabla de planificación de superficies construidas

Para hacer la tabla de superficies construidas, seguiremos parcialmente los pasos de la tabla de superficies útiles. La diferencia principal radica en que, esta vez, la tabla de planificación es de la categoría Área (área construida bruta) y, de nuevo, está al final de la lista por llevar tilde. Por supuesto, previo a la tabla, realizaremos los planos de área correspondientes.

Desde este momento, el proceso es por completo igual al punto anterior. Una propuesta para la clasificación final quedaría como sigue:

- Campos. Nombre – nivel – área.
- Parámetros añadidos. Coef. Sup. Construida.
- Valores calculados. Superf. Computable (área x coef. Sup. ct.).
- Clasificación – agrupación.

<Cuadro de superficies construidas>

A	B	C	D
Nombre	Sup. real	Coef.	Sup. computable
Planta Sótano			
Planta Sótano	81.82 m²	0	0.00 m²
	81.82 m²		0.00 m²
Planta baja			
Planta baja	82.15 m²	1	82.15 m²
Planta baja	15.19 m²	0.5	7.60 m²
	97.34 m²		89.75 m²
Planta 1			
Planta 1	82.15 m²	1	82.15 m²
Planta 1	15.19 m²	0.5	7.60 m²
	97.34 m²		89.75 m²
Sup. construida total	276.50 m²		179.49 m²

Figura 23.14. Ejemplo tabla superficie construida.

- Clasificar por nivel. Con encabezado, pie de página (totales) y línea en blanco.
- Clasificar por nombre.
- No detallar cada ejemplar.
- Totales generales – Título y totales.

- Formato.
  - Nombre – campo oculto.
  - Superf. Real y Superf. Computable – calcular totales.

Apariencia

El nombre de los encabezados se modifica seleccionando y escribiendo. Esto solamente afecta a cómo se mostrará, pero no al valor o nombre del parámetro.

Para cambiar la alineación de los textos, seleccionamos una celda o columna y en la Cinta de opciones elegimos su justificación. También se cambia el tipo de letra, pero para hacerlo de forma automática, en la pestaña Apariencia podemos seleccionar tipos de letra diferentes para Título – Encabezado – Datos. También se controla desde aquí la configuración de líneas de rejilla y de contorno; o la posibilidad de ver las filas a franjas en los planos.

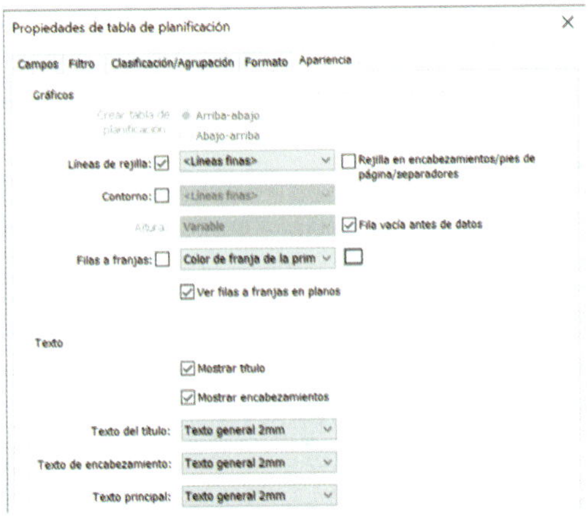

Figura 23.15. Pestaña de Apariencia.

Desde esta pestaña no se crean nuevos tipos de texto, sino que se aplican los que ya existan. Para crear nuevos tipos de texto, desde una ventana del proyecto marcamos Anotar>Texto>Editar tipo>Duplicar y creamos los que sean necesarios.

Desde la propia Cinta de opciones también es posible cambiar ciertos valores de aspecto, como añadir negrita o cursiva a una columna entera o alterar la justificación del texto.

TRUCO:

Para que el encabezado esté en negrita, pero los datos no, escogemos un estilo para datos en negrita (así afectará al encabezado), luego seleccionamos todas las columnas y, desde la Cinta de opciones, accedemos a Tipo de letra y desmarcamos la negrita.

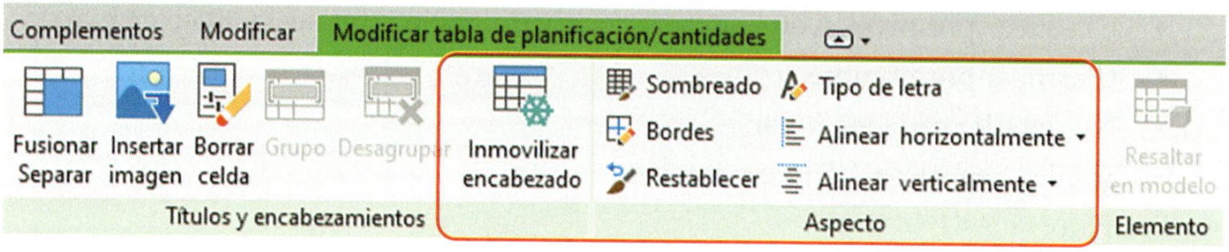

Figura 23.16. Cinta de opciones.

Cuando trabajamos con tablas, existe la posibilidad de inmovilizar el encabezado (accesible desde la Cinta de opciones), que nos permite bloquear la fila de encabezado para que, cuando hagamos scroll hacia abajo en tablas grandes, no se pierda la noción de qué información recoge. También aparecen por defecto las filas coloreadas a franjas; esta funcionalidad se modifica desde la pestaña Apariencia de las tablas.

Filas de información encima del título de la tabla

Si seleccionamos la fila del título de la tabla, podemos insertar nuevas filas o columnas. En este espacio contamos con la opción de incorporar estos elementos:

- **Texto simple.** Cualquier información adicional que queramos resaltar en la tabla.
- **Parámetros de tabla.** Nombre – Fase - Filtro.
- **Información de proyecto.** Admite parámetros como Autor - Estado de proyecto - Fecha de emisión de proyecto - Nombre de cliente / proyecto o Número de proyecto, entre otros.
- **Imágenes.**
- **Borrar celda.** De este modo, desvinculamos el nombre de la tabla en el Navegador de proyectos, del título a mostrar en planos.

Nueva fila

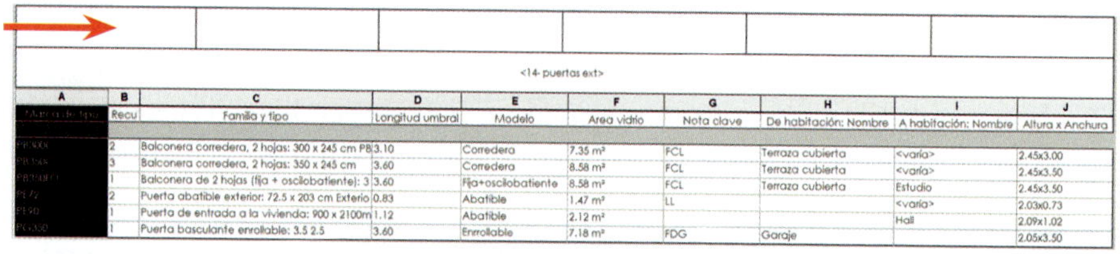

Figura 23.17. Nueva fila superior.

Una utilidad interesante de esta funcionalidad sería agrupar encabezados que hagan referencia al mismo concepto. Por ejemplo, en una tabla de habitaciones grande, podríamos insertar una fila superior que englobase los acabados de habitación dentro de un mismo grupo, para darle más unión y cuerpo a la tabla final.

También existe la posibilidad de insertar más filas, pero esta vez encima de los encabezados de la tabla, seleccionando dos encabezados y haciendo clic en el icono de Fusionar.

Insertar imágenes en una tabla

Es posible insertar tres tipos de imágenes en las tablas.

- **Imagen en encabezado.** Seleccionando el encabezado, se activa la orden Insertar imagen, dentro de la Cinta de opciones.
- **Imagen de ejemplar.** Si la categoría que hemos seleccionado para nuestra tabla lo admite, añadimos el campo «imagen» e incorporamos una imagen en cada uno de nuestros ejemplares.
- **Imagen de tipo.** De forma similar al punto anterior, podemos asignar una imagen a cada tipo de las familias que lo permiten, para una mejor identificación y documentación.

14- puertas ext					
Marca de tipo	Recuento	Familia y tipo	Altura	Anchura	Imagen
PE90	1	Puerta de entrada a la vivienda: 900 x 2100mm	2.09	1.02	
PG350	1	Puerta basculante enrollable: 3.5 2.5	2.20	3.50	

Figura 23.18. Tabla de puertas con imagen por ejemplar.

Para añadir una imagen de ejemplar o de tipo, con un clic en la celda correspondiente se activa el botón de puntos suspensivos que nos lleva a la ventana de Gestionar imágenes, desde la que añadiremos las imágenes que necesitemos. Esta pantalla también es accesible desde Insertar>Gestionar imágenes.

Tamaño de las imágenes

Dentro del plano, si seleccionamos la tabla, se activan los pinzamientos triangulares para modificar el ancho de una columna. Al desplazar el ancho, las imágenes se ajustarán automáticamente y se modifica de forma proporcional la altura de la celda.

Para devolver las imágenes a su tamaño original, seleccionamos la tabla y en la Cinta de opciones marcamos la orden de Restablecer tamaño.

Por último, si lo que deseamos es establecer una altura concreta para todas las imágenes, seleccionaremos la tabla dentro del plano y haremos clic en el botón de la Cinta de opciones>Cambiar tamaño, estableciendo una altura en milímetros para todas las celdas que contengan imágenes; también puedes usar este comando para decidir la altura de la celda de título.

Ancho de tabla en planos

Dentro de un plano se estiran los pinzamientos entre columnas para determinar su ancho, pero no se hace de forma precisa o numérica, sino simplemente arrastrando. No obstante, desde la propia tabla, al seleccionar una columna, modificaremos su anchura con precisión desde Cinta de opciones>Cambiar tamaño.

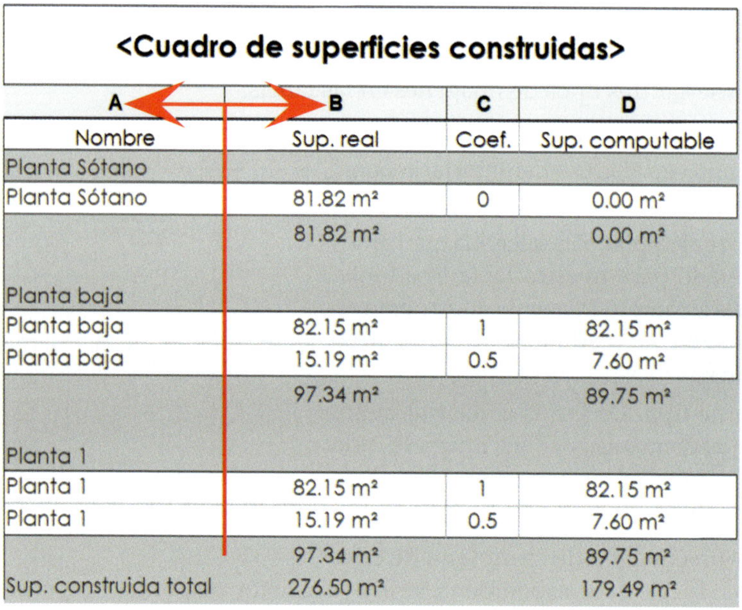

<Cuadro de superficies construidas>			
A	B	C	D
Nombre	Sup. real	Coef.	Sup. computable
Planta Sótano			
Planta Sótano	81.82 m^2	0	0.00 m^2
	81.82 m^2		0.00 m^2
Planta baja			
Planta baja	82.15 m^2	1	82.15 m^2
Planta baja	15.19 m^2	0.5	7.60 m^2
	97.34 m^2		89.75 m^2
Planta 1			
Planta 1	82.15 m^2	1	82.15 m^2
Planta 1	15.19 m^2	0.5	7.60 m^2
	97.34 m^2		89.75 m^2
Sup. construida total	276.50 m^2		179.49 m^2

Figura 23.19. Ajustar tamaño de columnas.

Dividir una tabla entre planos diferentes

Para dividir una tabla entre varios planos, lo haremos en Cinta de opciones>Dividir y colocar en planos. En la ventana que aparece, seleccionamos en qué planos la colocaremos y si nos interesa dividir uniformemente o si queremos que los trozos tengan una dimensión específica (en este caso, el último segmento podrá tener una longitud diferente). Una vez hayamos aceptado, se mostrará el primer plano para que elijamos el punto inicial de colocación de la tabla; en el resto de planos, se colocará en el mismo sitio.

Después de colocar esta tabla dividida, es posible mover indistintamente cada segmento de la tabla dentro de su plano: ese cambio de posición no afectará al resto. Sin embargo, si estiramos la tabla para que sea más larga o corta y, por tanto, muestre más o menos valores, sí que se repartirá en el resto. Por ejemplo, si nuestra tabla tiene 40 filas y se reparte entre 4 planos, cada uno de ellos tendrá, inicialmente, 10 filas. Sin embargo, si estiramos la tabla del primer plano hasta que muestre 15 filas, en el segundo plano aparecerán las filas 16 a 25, en el tercero de la 26 a la 35, y el cuarto y último plano mostrará, solamente, de la 36 a la 40.

En el Navegador de proyectos veremos que nuestra tabla original tiene un símbolo + que, al clicar sobre él, visualiza en cuántas partes se ha dividido. No obstante, desde aquí no se ve por separado cada sección de tabla para distinguir qué filas incluye, sino que eso debemos hacerlo desde el plano directamente.

Filtrar el contenido de una tabla según el plano

Desde la pestaña Filtro de una tabla, se activa la casilla Filtrar por plano; de este modo, aunque estemos viendo la tabla completa, al arrastrarla a un plano solamente se mostrarán los elementos que estén visibles en alguna de las vistas del plano. Por ejemplo, en una tabla de superficies únicamente se verán las habitaciones mostradas en las plantas que haya insertadas.

Importar tabla desde otro dibujo

Si tenemos una tabla en otro dibujo, la insertamos en el nuestro de forma muy rápida desde Insertar>Insertar desde archivo>Insertar vistas desde archivo. Con la ventana de selección de archivo navegamos por el ordenador y elegimos qué archivo buscamos; y una vez seleccionado, nos aparecerá una nueva ventana donde indicar si importaremos tablas e informes, planos o vistas de diseño. También podrás hacerlo fácilmente con Ctrl-C y Ctrl-V.

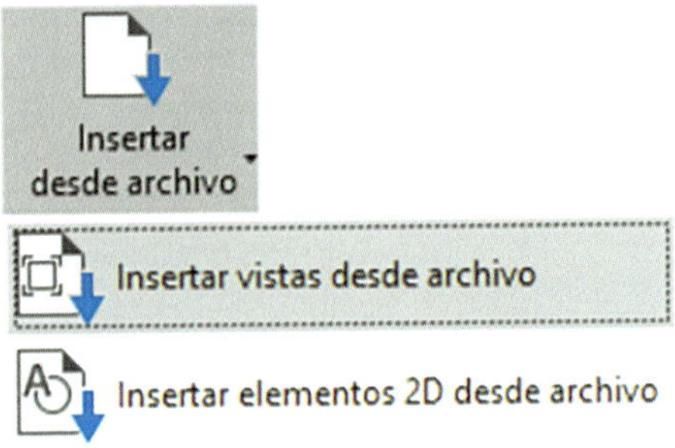

Figura 23.20. Insertar vistas desde archivo.

Exportar tabla a Excel

Para exportar cualquier tabla de planificación a Excel, vamos a Archivo>Exportar> Informes>Tabla de planificación. Se puede guardar en formato .TXT o .CSV, y tanto en Excel como en cualquier otra hoja de cálculo se importa perfectamente. Es importante recordar que Revit exporta los valores, no las fórmulas.

Formato

Además de servir para marcar Calcular totales, dentro de Formato se configura el formato de unidades, decimales y prefijos o sufijos de cada celda numérica. Esto será muy útil no solo para controlar la precisión de la tabla, sino de cara a exportar a Excel (por ejemplo, para eliminar el sufijo de «m²» de cada celda de superficie, y que así Excel lo reconozca como un número).

Para cambiar el formato de unidades global para todo el proyecto, iremos a Gestionar>Unidades de proyecto y seleccionamos desde aquí dentro el tipo de unidades que modificaremos y sus parámetros. También desde aquí seleccionamos el separador de decimales; si usamos punto, Excel no reconocerá los valores como números.

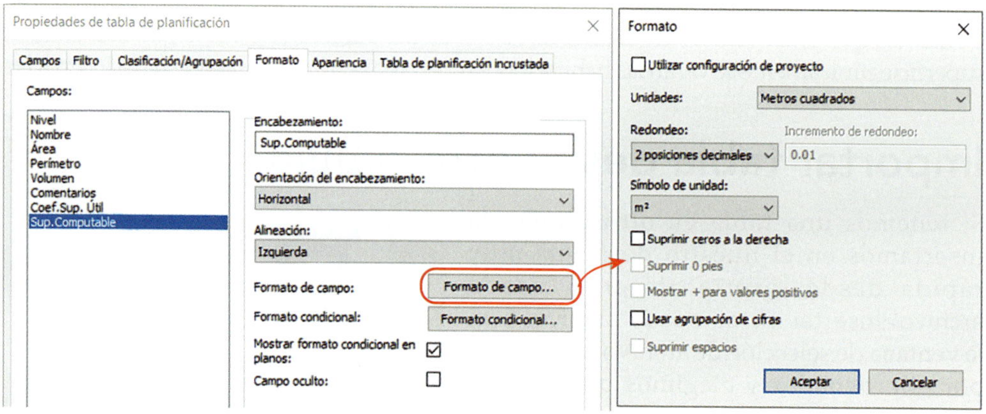

Figura 23.21. Formato.

Tabla de cómputo de materiales

Para extraer una medición de qué materiales se están usando en el proyecto, una tabla de planificación no siempre es la mejor opción, puesto que, por ejemplo, una tabla de planificación de muros no nos ayuda a sacar los metros cuadrados de enlucido. Sin embargo, si seleccionamos con el botón derecho en Tablas de planificación / cantidades y marcamos Nuevo cómputo de materiales, el resultado es mucho mejor. Hagamos una tabla de cómputo de materiales de muro. Los campos que vamos a elegir son Material – Nombre, Material – Área y Restricción de base.

La lista que aparece es muy larga y no nos ayuda demasiado; vayamos, pues, a Clasificación / agrupación para trabajar con ella.

- Clasificar por Material – nombre. Marcar encabezado, pie de página (solo totales) y línea en blanco.
- Debajo, clasificar por Restricción de base.
- Abajo, desmarcar Detallar cada ejemplar. Así no hay una línea por cada muro, sino que todos los que cumplan las condiciones de arriba estarán en una sola línea.
- En Formato, ocultamos el campo Material – nombre.
- Seleccionamos Material – Área y activamos Calcular totales.

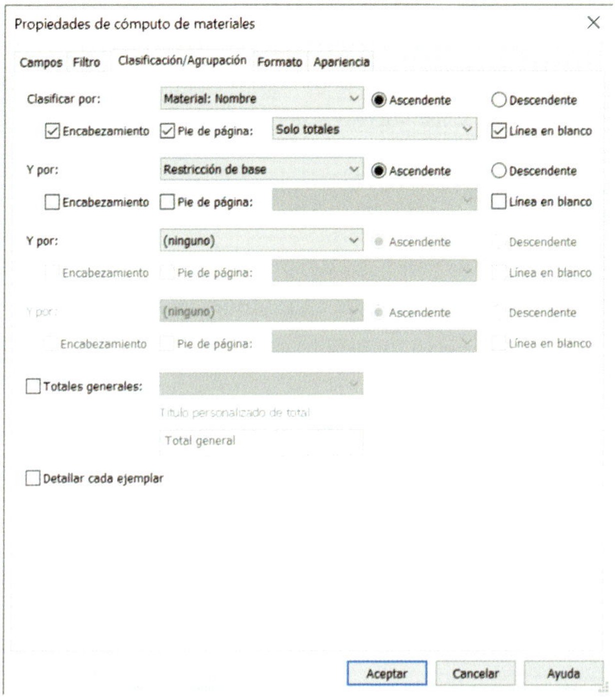

Figura 23.22. Clasificación / agrupación para una tabla de cómputo de materiales.

Planificación vs. cómputo de materiales

Los revestimientos verticales y las fábricas de muro se miden mejor por materiales. Sin embargo, los suelos o cubiertas se miden perfectamente mediante tablas de planificación. Será nuestra decisión utilizar un método u otro.

Criterios de medición en Revit

Revit tiene dos criterios de medición básicos que hay que conocer para saber qué información estamos recibiendo.

- **Revit mide a Ejes de muro.** Suponiendo un cobertizo de una sola estancia, tendremos la misma medida de pintura exterior que de interior, cuando la realidad es que hay más por fuera que por dentro.
- **Revit descuenta todos los huecos.** No existe un criterio de medición que indique restar los huecos a partir de determinada distancia, o no restarlos. Siempre los elimina.

Tabla de planificación de carpinterías

Una tabla de carpinterías puede separarse en tablas distintas: una para puertas, otra para ventanas, una de barandillas, y así sucesivamente. Pero, si queremos una única tabla que agrupe los elementos que miden por conteo, un camino posible puede ser la tabla multicategoría. Este ejemplo representa, quizá, la tabla más compleja que acometeremos. Si necesitas una tabla que recoja todas nuestras puertas y ventanas en una única tabla, haremos lo siguiente:

- Tablas de planificación/cantidades>botón derecho>Nueva tabla de planificación.
- Multicategoría; la llamamos Cuadro de carpintería.
- Añadimos los campos de Marca de tipo – Categoría – Descripción – Recuento – Familia y tipo.
- Clasificación / agrupación por Categoría. Y desmarcamos Detallar cada ejemplar. Así observamos qué categorías no queremos listar.

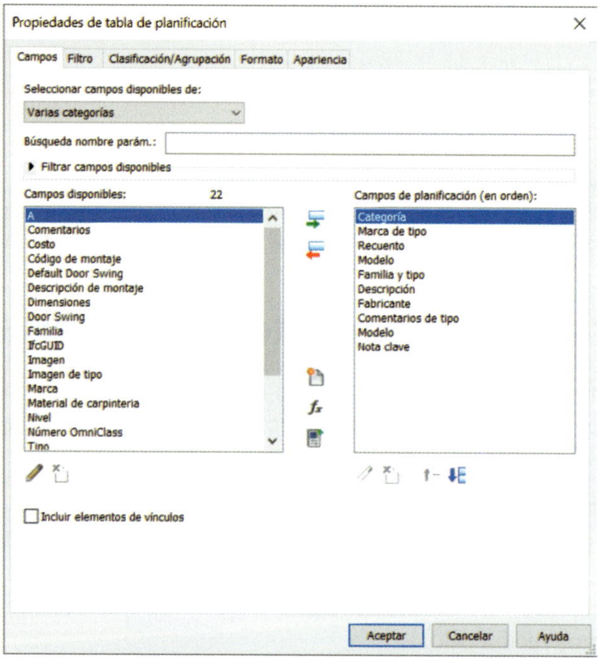

Figura 23.23. Campos para una tabla de carpintería.

TRUCO:

Puedes generar un parámetro nuevo desde Campo>nuevo parámetro o desde Gestionar>Parámetros de proyecto>nuevo parámetro que afecte a puertas y ventanas, y entonces filtrar en función de él.

- Ocultamos la columna Categorías y agrupamos por Familia y Tipo.
- Escribimos una marca de tipo para cada elemento. Como ejemplos:
    - PA72 para puerta abatible de 72 cm.
    - VC90 para ventana corredera de 90 cm.
    - PB315 para puerta balconera corredera de 315 cm.
    - A220 para puerta de armario de 220 cm.
    - (Y así sucesivamente; recuerda que cualquier codificación coherente y escalable es buena).
- Escribimos una descripción para cada elemento:
- Puerta de paso de 1 hoja, ciega, abatible, de madera, etc.
- Para hacer una categorización potente, te propongo clasificar tu carpintería por interior / exterior y por material de carpintería; sin embargo, Revit no incluye esos parámetros en su lista. Por tanto, desde la pestaña Campos, podemos tomar parámetros que no se estén usando (como Modelo, Fabricante o Comentarios de tipo, por ejemplo) o bien crear parámetros nuevos de tipo Texto que afecten a Puertas y Ventanas.
- El siguiente paso es rellenar los valores: interior o exterior, y material (madera, aluminio o hierro, por ejemplo).
- El último paso es hacer la clasificación definitiva; vamos a Clasificación / Agrupación:
    - Clasificar por exterior / interior. Con encabezamiento y línea en blanco.
    - Clasificar por el segundo parámetro (por ejemplo, Material). Con encabezamiento.
    - Clasificar por Marca de tipo.
- Al aceptar, solamente faltará ocultar las columnas de interior / exterior y Material.

<Cuadro de carpintería>

A	B	C	D	E
Cód.	Ud.	Mecanismo	Descripcion del elemento	Dimensiones
EXTERIOR				
Aluminio				
PB300C	2	Corredera	Puerta balconera de 2 hojas lacado blanco, con vidrio 3+3/6/4	300 x 245
PB350C	3	Corredera	Puerta balconera de 2 hojas lacado blanco, con vidrio 3+3/6/4	350 x 245
PB350FO	1	Fija+oscilobatient	Puerta balconera de 2 hojas lacado blanco, con vidrio 3+3/6/4	300 x 245
PE72	2	Abatible	Puerta balconera de 1 hoja lacado blanco, con vidrio 3+3/6/4	72.5 x 203
PE90	1	Abatible	Puerta de entrada a vivienda, de 1 hoja, con mirilla, 3 puntos de cierre y retenedo	90 x 210
VC90	3	Corredera	Ventana de 2 hojas lacado blanco, con vidrio 5/6/4	90 x 120
Hierro				
PG350	1	Enrrollable	Puerta de garaje de 1 hoja, lacada, con mecanismo automático	350 x 250
INTERIOR				
Madera				
A220	2	Corredera	Puerta de armario de 2 hojas, canteada a 4 lados	200 x 220
A260	1	Corredera	Puerta de armario de 3 hojas, canteada a 4 lados	260 x 220
A280	1	Corredera	Puerta de armario de 3 hojas, canteada a 4 lados	280 x 220
PA72	10	Abatible	Puerta de paso, ciega, de una hoja, canteada a 4 lados	72.5 x 203
PC72	2	Corredera	Puerta de paso, con cristalera, de una hoja, canteada a 4 lados	72.5 x 203
Vidrio				
PV80	1	Abatible	Puerta de paso, cristalera, de una hoja, con fijo de vidrio en paño	80 x 210

Figura 23.24. Tabla de carpintería.

Tabla de acabados de habitación

Para agilizar el trabajo de rellenar los valores de acabado de suelo – techo – muro, de las habitaciones, una forma muy operativa es generar una tabla de planificación de habitaciones, donde se insertan los campos de acabados. Eso permite, además, filtrar las tablas de habitación por acabado de muro / suelo / techo y obtener unas mediciones rápidas de falsos techos, perímetros y demás.

<19 - Acabados hab>							
A	B	C	D	E	F	G	H
Nombre	Área	Volumen	Altura real	Acabado de muro	Acabado del suelo	Acabado del techo	Perímetro
Planta Sótano							
Garaje	54.99 m^2	134.11 m^3	2.44	ENF	HH	ENF	32.35
Sala de calderas	4.90 m^2	11.92 m^3	2.44	ENF	HH	ENF	9.54
Escalera	3.43 m^2	8.34 m^3	2.44	ENL	PM	ENL	8.63
Distribuidor	2.23 m^2	5.43 m^3	2.44	ENL	PM	ENL	5.98
	65.54 m^2						
Planta baja							
Salón comedor	27.46 m^2	68.78 m^3	2.50	ENL	PM	FTL	22.72
Terraza cubierta	15.19 m^2	36.81 m^3	2.42	ENF	PGE	FTM	27.25
Cocina	13.27 m^2	33.17 m^3	2.50	ALI	PG	FTD	14.59
Estudio	9.11 m^2	22.77 m^3	2.50	ENL	PM	FTL	12.19
Hall	8.94 m^2	22.34 m^3	2.50	ENL	PM	FTL	12.80
WC	3.40 m^2	8.16 m^3	2.40	ALI	PG	FTD	7.46
Pasillo	2.32 m^2	5.81 m^3	2.50	ENL	PM	FTL	6.86
	79.69 m^2						
Planta 1							
Habitación princi	17.20 m^2	43.50 m^3	2.53	ENL	PP	FTL	16.73
Terraza cubierta	14.93 m^2	36.19 m^3	2.42	ENF	PGE	FTM	26.82
Habitación 1	13.36 m^2	33.74 m^3	2.53	ENL	PM	FTL	15.80
Habitación 2	13.06 m^2	32.98 m^3	2.52	ENL	PM	FTL	15.68
Pasillo	7.69 m^2	19.23 m^3	2.50	ENL	PM	FTL	14.41
Baño	6.19 m^2	14.85 m^3	2.40	ALI	PG	FTD	10.06
WC principal	5.99 m^2	14.43 m^3	2.41	ALI	PG	FTD	11.34
	78.42 m^2						
Superficie útil vivi	223.66 m^2						

Figura 23.25. Tabla de acabados de habitación.

Estilos de habitación

Un estilo de habitación se obtiene a través de una tabla de planificación de claves. La forma de generarla es siguiendo los pasos habituales para una tabla de planificación, pero marcando la selección de Tabla de claves.

Un estilo de habitación es una agrupación de parámetros que permite, asignando el estilo a una habitación concreta, que esta adquiera esos valores predefinidos que hemos generado. Por ejemplo, si creamos un estilo de habitación que sea «Garaje», podemos asignar a este estilo un acabado de muro que siempre será «Enfoscado» o un acabado del suelo que será «Hormigón pintado».

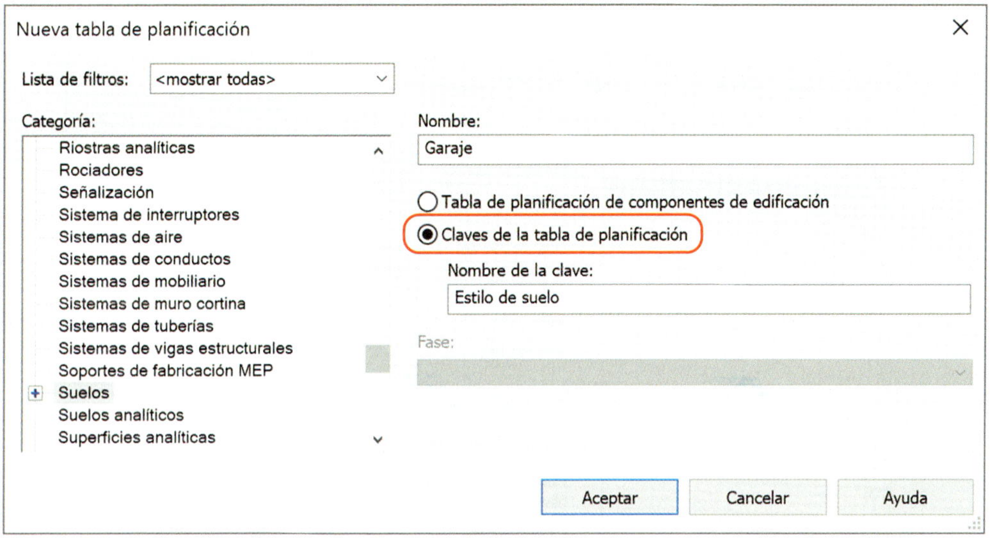

Figura 23.26. Claves de tabla de planificación.

Tiene la ventaja de que, ante una estandarización de parámetros (en este caso estamos usando el ejemplo de los acabados), se asigna la información mucho más rápido. La desventaja es precisamente esa rigidez: no podremos asignar un estilo a una habitación que no cumpla todos los parámetros simultáneamente.

La tabla de planificación de claves no es, ni mucho menos, una funcionalidad exclusiva de habitaciones: es posible aplicarla a prácticamente todas las categorías de nuestros proyectos.

Calcular totales

Revit calcula no solo los totales de una columna, sino que también puede mostrar sus valores mínimos o máximos. Simplemente hay que ir a la pestaña Formato, seleccionar el campo deseado y desplegar donde aparece Ningún cálculo para seleccionar el valor que queramos: Calcular totales es muy interesante para áreas, pero Calcular máximo y mínimo es muy útil en una tabla de planificación de diámetros de tuberías o luminarias, donde nos interese conocer el rango de valores empleados.

TRUCO:

Para que Calcular mínimo o máximo (o ambos) funcione correctamente, debe estar desmarcada la casilla Detallar cada ejemplar.

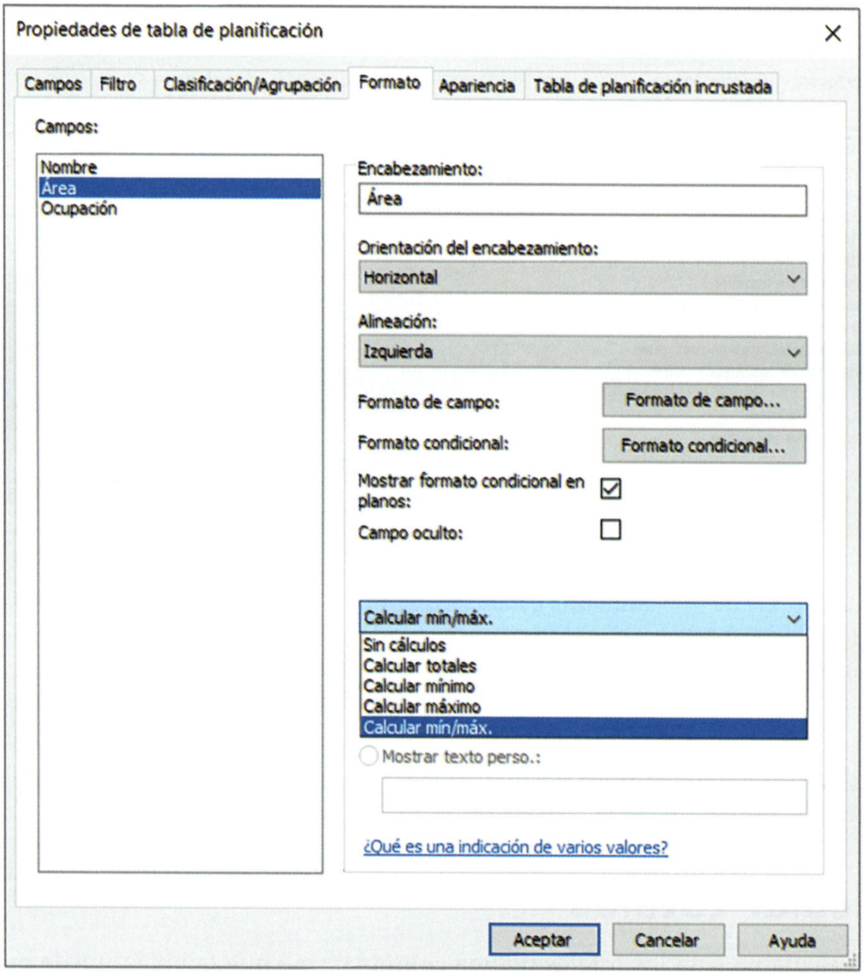

Figura 23.27. Calcular mínimo y máximo.

Tabla de ocupación de incendios

El campo Ocupación que incorpora Revit en los parámetros de habitación es un campo de texto. No es adecuado para calcular la ocupación numérica que nos suele pedir la normativa de incendios. Para conseguirlo, hay que seguir unos pasos.

- Crear una tabla de habitaciones que contenga, al menos, nombre y área.

- Crear un nuevo parámetro que podemos llamar Ocupación o M2/P. Puede ser en formato número o área. A nuestra elección, en ambos casos funcionará correctamente.
- Crear un parámetro calculado que use la expresión ROUNDUP(Área/Ocupación).

Si hemos utilizado el parámetro Ocupación como un Número, tendremos que dividir la expresión anterior por 1 m², para que el área se convierta en un número: ROUNDUP(Área / Ocupación / 1 m²).

TRUCO:

Con una tabla de planificación de claves se genera un Estilo que responda a los diferentes recintos de ocupación según la normativa vigente y así se aplica más rápido a las diferentes habitaciones.

Si hemos utilizado el parámetro Ocupación como un área, es probable que queramos editar el formato de campo, dentro de la pestaña Formato, y desactivar la configuración por defecto para eliminar decimales o borrar el símbolo de unidad.

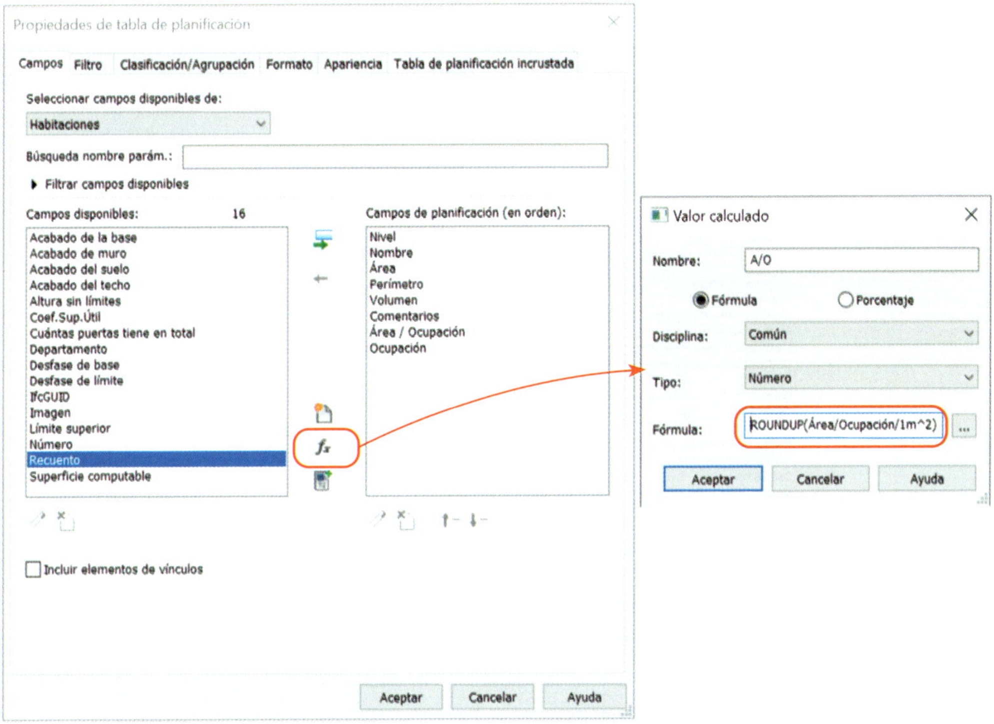

Figura 23.28. Parámetro de calculado.

Plantillas de vista

Revit puede guardar las tablas como plantillas de vista, con un procedimiento análogo a como lo haríamos con una vista normal. Esta plantilla puede guardar toda la información de campos, filtros, clasificación y agrupación, formato y apariencia. Puede ser interesante guardar al menos la parte de apariencia, para unificar el aspecto de todas nuestras tablas.

Información de habitaciones en una tabla de puertas

En una tabla de planificación de puertas, podemos insertar valores que hagan referencia a las habitaciones que quedan conectadas por la puerta. Son los valores llamados De habitación y A habitación, y multiplican las posibilidades de una tabla de puertas. Para añadirlos, creamos una nueva tabla. En la pestaña de Campos, en el desplegable Seleccionar campos disponibles de:, marcamos De habitación o A habitación, según nos interese, y añadimos los campos que necesitemos.

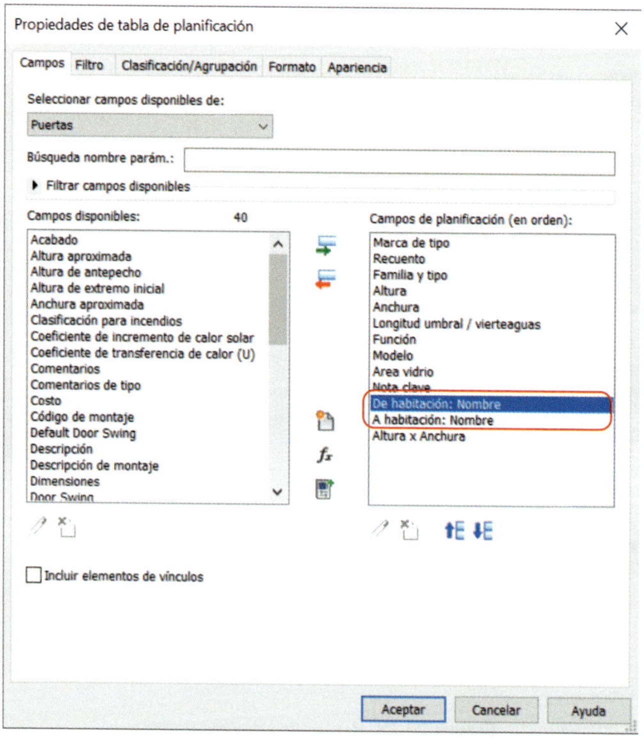

Figura 23.29. De habitación a habitación.

Tablas incrustadas

Con este tipo de tablas se nos abre la posibilidad de incrustar, como su nombre sugiere, una tabla complementaria dentro de una de habitaciones. Así sabremos, por ejemplo, qué puertas hay dentro de cada habitación. También resulta muy útil para localizar cada elemento de mobiliario utilizado en el proyecto (pensando en interiorismo) o qué aparatos sanitarios tiene cada estancia húmeda.

Para hacer una tabla incrustada debemos ir, dentro de la paleta de Propiedades, a Tabla de planificación incrustada y hacer clic en Editar. Activamos la incrustación y decidimos de qué categoría (y qué campos) será la nueva tabla.

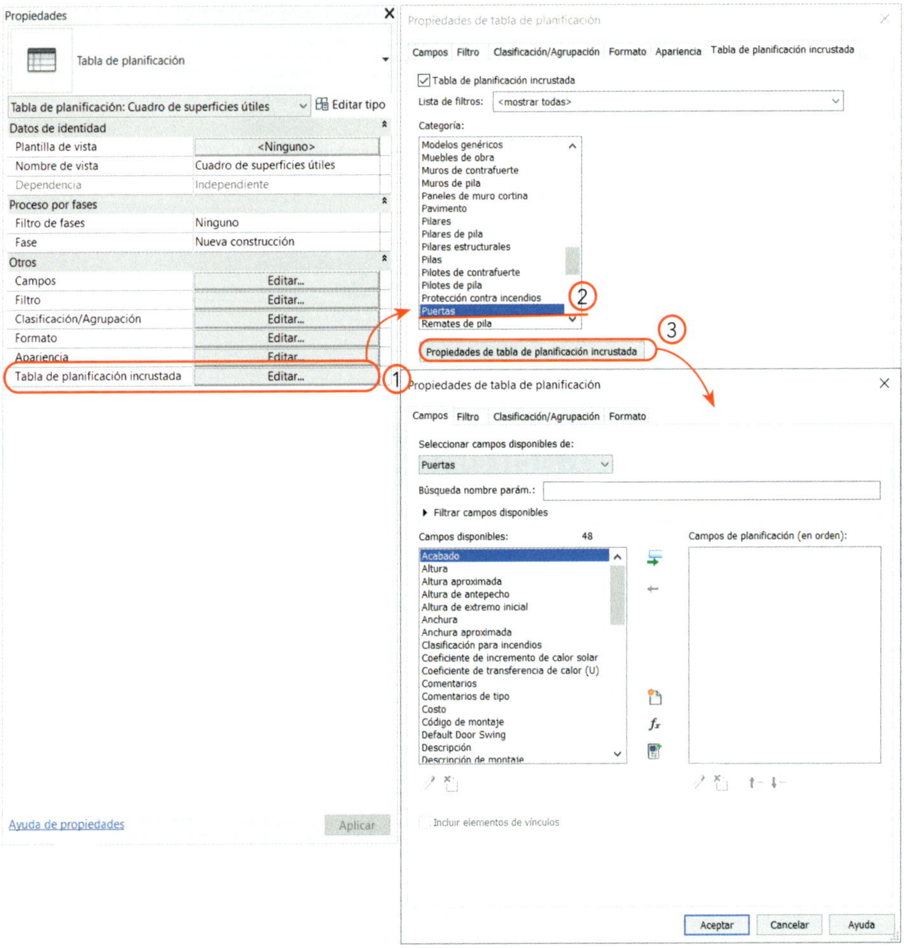

Figura 23.30. Ejemplo de tabla de habitación con una tabla de puertas incrustada.

24

Trabajo con vistas

En este capítulo aprenderás a:

- Duplicar vistas.
- Modificar el grafismo de las vistas.
- Crear plantillas de vista y aplicarlas.
- Generar filtros y cajas de referencia.
- Crear leyendas.
- Colocar componentes de leyenda y elementos 2D.

Las vistas son el elemento fundamental del trabajo en Revit. No solo nos permiten trabajar en cada planta, ocultar y mostrar elementos, sino que, además, todos los planos o láminas se generarán directamente de una combinación de una o más vistas. Debemos, por tanto, cuidarlas y aprender a extraer toda la información posible de ellas.

Abrir varias vistas

Una funcionalidad sencilla, pero que puede ser útil, es abrir varias vistas al mismo tiempo; simplemente, selecciónalas con Ctrl o Mayús y, con el botón derecho del ratón, elige Abrir.

Duplicar vistas

Si requerimos una vista de planta baja para el plano de distribución, otra para el plano de cotas y superficies, y una más para el plano de acabados, necesariamente hemos de Duplicar la vista de planta baja tantas veces como sea preciso. Para ello, con el botón derecho sobre el nombre de la vista, vamos a Duplicar vista y emplearemos una de las siguientes órdenes:

- **Duplicar.** Duplica todos los elementos de modelo, pero no los detalles (cotas, textos o etiquetas, por ejemplo).
- **Duplicar con detalles.** Además de los elementos de modelo, duplica los detalles.
- **Duplicar como dependiente.** Genera una vista dentro del árbol de la vista «madre» con detalles, y está vinculada en cuanto al resto de parámetros de visualización (escala – modo de visualización – nivel de detalle).

Las vistas dependientes se usarán para varios fines:

- Hacer el *keyplan* o monito de planta o de sección.
- Una planta que sea demasiado grande para mostrarse entera se puede dividir en varias vistas dependientes que muestren una zona en cada una.

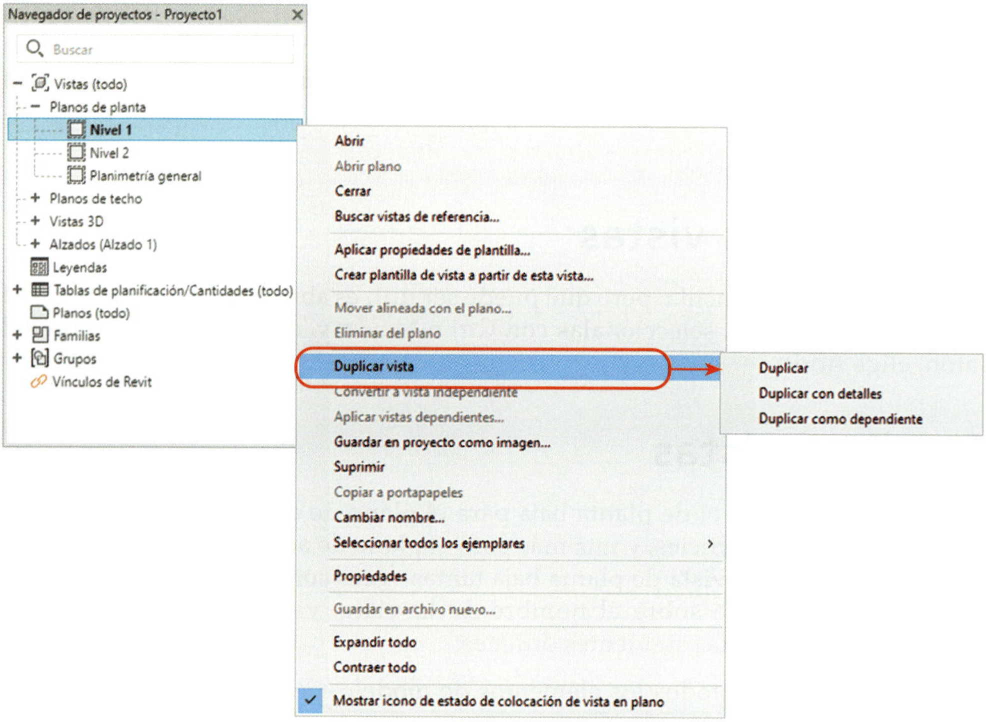

Figura 24.1. Duplicar una vista.

Visibilidad / Gráficos

La orden Visibilidad/Gráficos (Vista>Visibilidad/Gráficos y también VV o VG) es una de las más potentes dentro de Revit. Nos ayudará a modificar el grafismo de cada categoría a nuestra elección. Imaginemos, para hacer un ejemplo, que queremos desarrollar una vista de planta de cotas y superficies.

- Desde la propia vista, ocultamos las categorías que nos sobran, como mobiliario.
- Entramos en Visibilidad/Gráficos y observamos que tenemos un listado con todas las categorías del modelo: si vemos que hay muchas, es posible filtrarlas por disciplina (Arquitectura – Mecánica – Estructura – Electricidad – Fontanería – Infraestructuras).
- Observamos que cada categoría dispone de, a la izquierda, una casilla de verificación. Si buscamos Mobiliario, veremos que está desactivada. También podemos desactivar desde aquí las categorías que no queramos.
- Si vamos a la pestaña Anotación, desactivaremos los símbolos de Alzado o Sección, si no nos interesa que aparezcan.

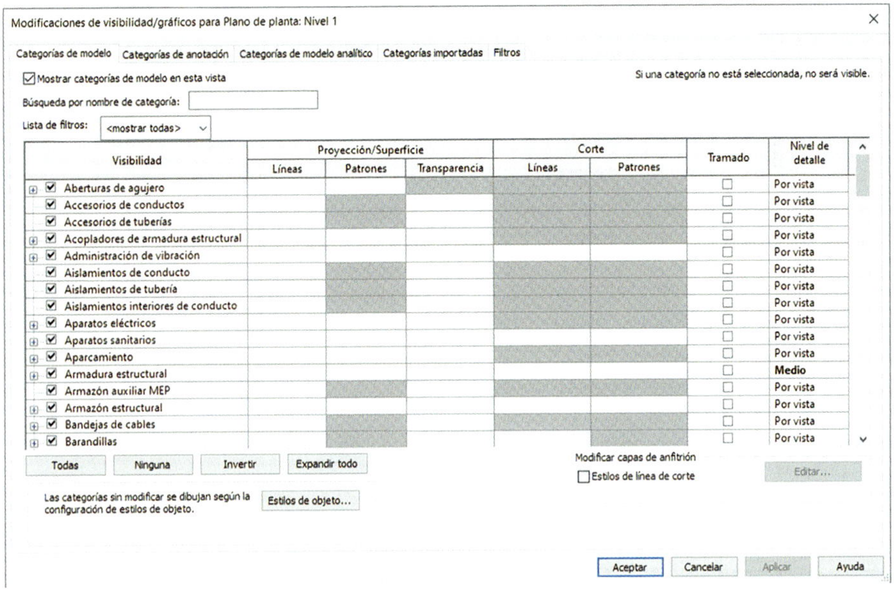

Figura 24.2. Visibilidad/Gráficos.

- De nuevo en la pestaña Modelo, nos centramos en la columna de la derecha: Nivel de detalle. En casi todas las categorías pone Por vista, pero nosotros queremos que en esta vista —y solamente en esta vista— los muros tengan un Nivel de detalle>Bajo. Seleccionamos y hacemos clic en Aplicar. Nuestros muros se ven en detalle bajo. Solo los muros y solo en esa vista.
- En la columna que queda a la izquierda de Nivel de detalle, Tramado, marcamos la casilla de verificación para las categorías de Puertas, Ventanas y Barandillas. Veremos que se vuelven de color gris, atenuado.

TRUCO:

Para controlar la cantidad de tramado, vamos a Gestionar>Configuración adicional> Tramado / Subyacente y modificamos el porcentaje.

- Buscamos de nuevo la categoría muros y en la columna Corte – Patrones clicamos en Modificar. Decidimos que el patrón de corte en primer plano de los muros ha de ser de color azul claro, con el patrón Relleno uniforme.
- En la categoría Suelos>columna Proyección/superficie – Patrones>clic en Modificar>desmarcar casilla Visible tanto en Primer plano como en Fondo. Ahora no se verán las tramas de los suelos.

TRUCO:

Si queremos un plano de cotas y superficies donde no se vean los revestimientos de los muros, podemos entrar en Visibilidad/Gráficos y, desplegando la categoría Muros, desmarcamos la casilla Capas que no son de núcleo. De esta manera, contaremos con un plano de cotas o de replanteo de tabiquería más preciso. Esta opción no funcionará, sin embargo, si estamos modelando muros independientes para los revestimientos.

- Por último, a título anecdótico, en las categorías de Aparatos sanitarios, Muebles de obra y Equipos especializados, en la columna de Proyección/Superficie – Transparencia, la subimos al 100 %, para que estos elementos no enmascaren el suelo o sus patrones (si se vieran, aunque los hemos desactivado antes).

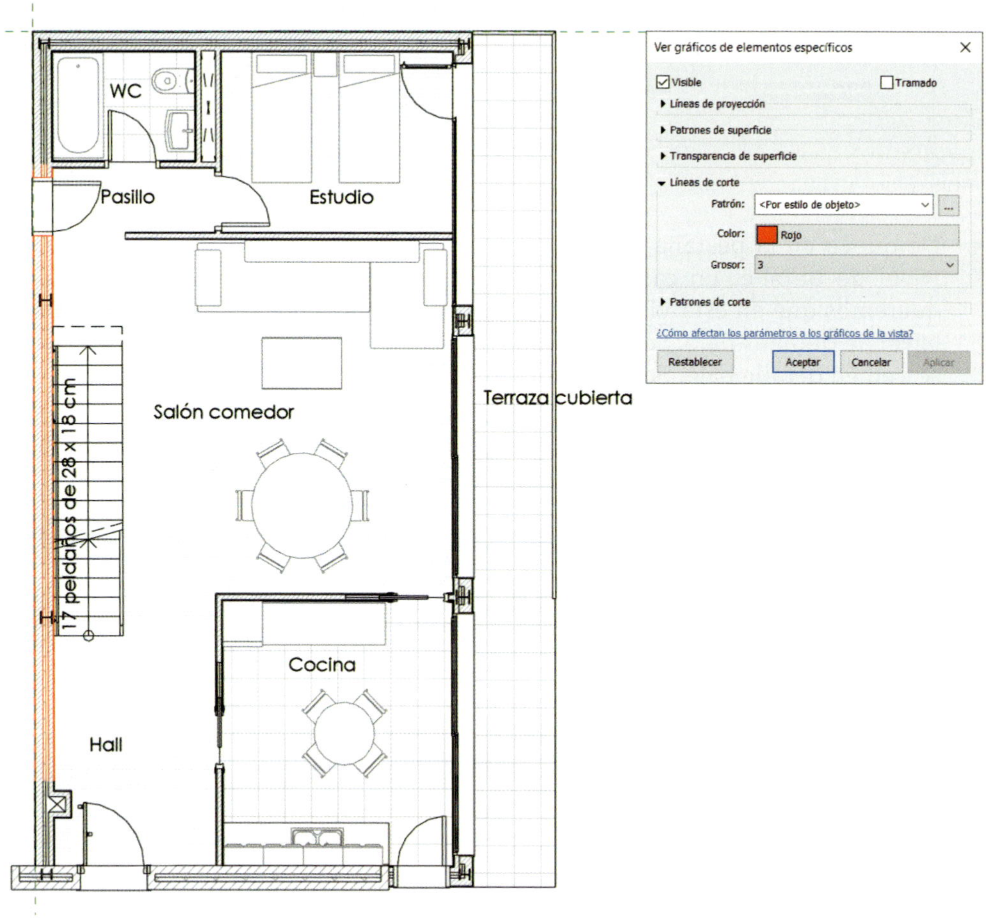

Figura 24.3. Cambiar el grafismo de un elemento concreto.

No solo es posible emplear Visibilidad/Gráficos para modificar las categorías, sino también, si tocamos uno o varios elementos, con el botón derecho>Modificar gráficos en vista>Por elemento, para cambiar el grafismo de esos elementos en concreto. Por ejemplo, existe un muro crucial en el proyecto y queremos grafiarlo en rojo: pues se modifica desde aquí; o atenuar (tramado) una serie de objetos. Si con el mismo proceso seleccionamos la opción Por categoría, entraremos en un comando alternativo de VV donde se modifica la visualización de esa categoría.

Plantillas de vista

La creación de plantillas de vista es una estrategia fundamental en Revit. Permite extrapolar un grafismo hacia una serie de vistas adicionales. Mediante la orden Visibilidad/Gráficos hemos modificado el grafismo de las categorías, pero ahora queremos guardar esta configuración para aplicarla de forma masiva en el resto de plantas de cotas y superficies y también —por qué no— guardarla para próximos proyectos.

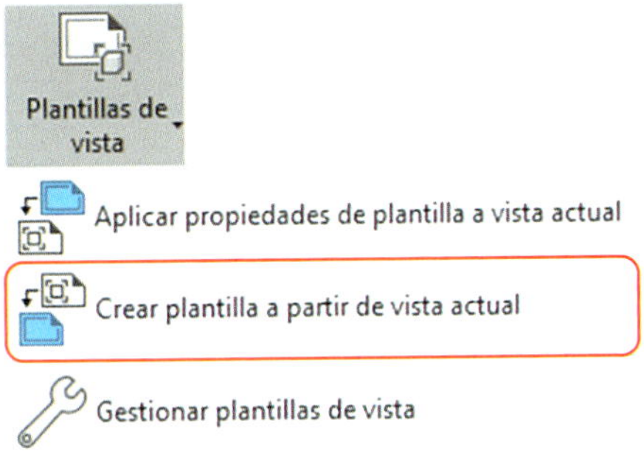

Figura 24.4. Crear plantilla a partir de la vista actual.

Cuando hacemos una plantilla de vista, se guardan solamente las cosas aplicadas a categoría: ni los cambios hechos a elementos sueltos ni los elementos de detalle o anotación.

La forma de generar una plantilla de vista es sobre el nombre de la vista en el Navegador de proyectos>clic con el botón derecho>Crear plantilla de vista a partir de esta vista. Le ponemos un nombre y elegimos qué parámetros incluirá la plantilla: escala, nivel de detalle, modo de visualización, etc. El primer botón de Editar equivale a Visibilidad/Gráficos, para que lo encontremos rápido. El resto de líneas corresponden siempre a más parámetros de la vista.

Una vez generada una plantilla de vista, para aplicarla a una vista seleccionamos la que deseamos y en la paleta Propiedades>Plantilla (ninguno)>elegir la que hemos creado. Esta operación no es necesario hacerla vista a vista: podemos seleccionar varias vistas (con Mayús o con Ctrl) y aplicarlas de golpe.

TRUCO:

Si no nos interesa aplicar una plantilla, sino copiar el grafismo (sin tener mayor trascendencia), seleccionamos una vista con el botón derecho>Aplicar propiedades de plantilla.

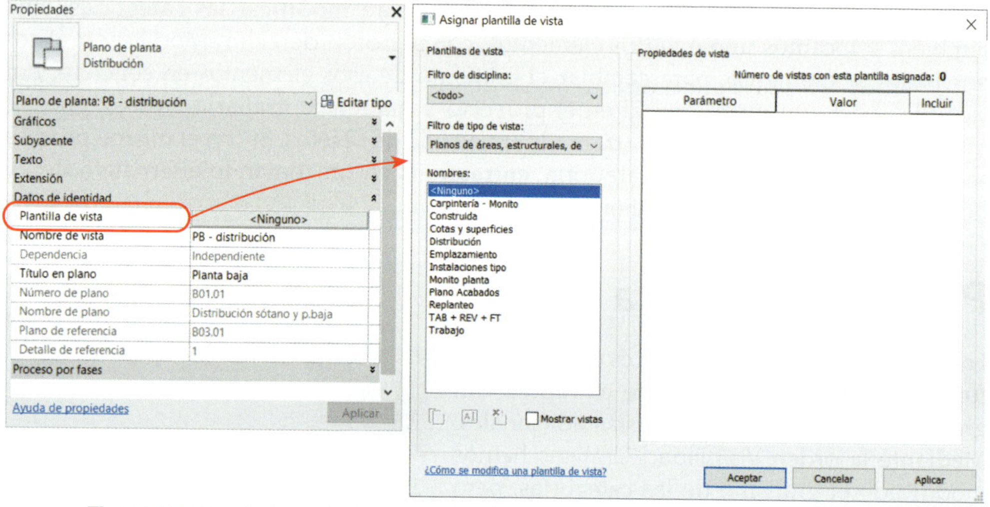

Figura 24.5. Desde Propiedades se accede a la ventana para aplicar una plantilla de vista.

Para abrir, duplicar, renombrar, eliminar o gestionar las plantillas de vista que hemos generado, iremos a Vista>Plantillas de vista>Gestionar plantillas de vista.

Tipos de vista

Una estrategia interesante es duplicar el tipo de vista (por defecto se llama Plano de planta) y así generar tipos de vista que tengan aplicadas las plantillas correspondientes por defecto, por ejemplo, un tipo de vista llamado «Distribución», «Cotas y superficies» o «Trabajo», entre otros.

Dentro de un tipo de vista, en Editar tipo, se cambia la plantilla por defecto aplicada a nuevas vistas.

Filtros de vista

Uno de los aspectos más avanzados para controlar la visibilidad de una vista es la aplicación de filtros de vista. Dentro de Visibilidad/Gráficos, la pestaña más a la derecha es Filtros, y es posible añadir o eliminar filtros cuando los creemos, con el botón Editar/Nuevo...

Crear un filtro no es complejo; le damos un nombre, seleccionamos una o varias categorías a las que afectará y marcamos uno o varios criterios de selección. Por ejemplo, si nos interesa que las familias de mobiliario cuyo nombre contenga la palabra «mesa» se vean en otro color, o incluso que se oculten, crearemos un filtro para mobiliario cuya condición sea que el Nombre de familia CONTIENE «Mesa».

Aceptamos y añadimos ese filtro a la vista, o vistas, que nos interese. Una vez añadido el filtro, modificamos la visibilidad de esos elementos, de la misma manera que si estuviéramos modificando dentro de Visibilidad/Gráficos, pero sabiendo que estos cambios afectarán solamente a un grupo concreto de mobiliario. Podemos, por ejemplo, ocultarlos o cambiar el color de las líneas o del relleno.

TRUCO:

Cuando añadimos un filtro a una vista, existe la opción de activar o desactivar los filtros. Esto ahorra mucho más trabajo que eliminarlos y volver a generarlos más adelante.

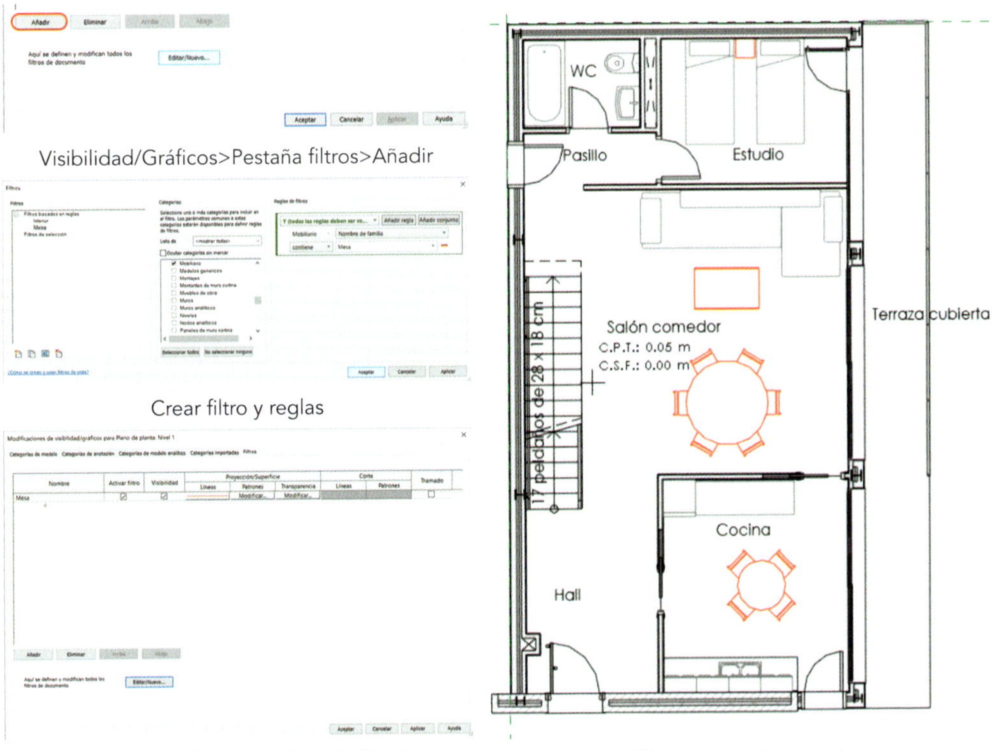

Visibilidad/Gráficos>Pestaña filtros>Añadir

Crear filtro y reglas

Cambiar configuración de visibilidad

Obtenemos el resaltado

Figura 24.6. Proceso para la creación de un filtro.

Es posible hacer filtros de vista con tres mejoras muy potentes: conjuntos de reglas de filtros; el uso de operadores lógicos AND / OR; y la distinción de categoría para cada regla.

Mediante los operadores lógicos, determinamos cómo afecta cada regla o conjunto de reglas: podemos poner el operador lógico OR, para indicar qué puede activar si se cumple una u otra. Por ejemplo, si aplicamos un conjunto de reglas con la condición AND, deben cumplirse todas las reglas de filtros que definamos dentro del conjunto: en este caso, que el muro tenga uso estructural de arriostramiento y que su clasificación para incendios sea dos horas.

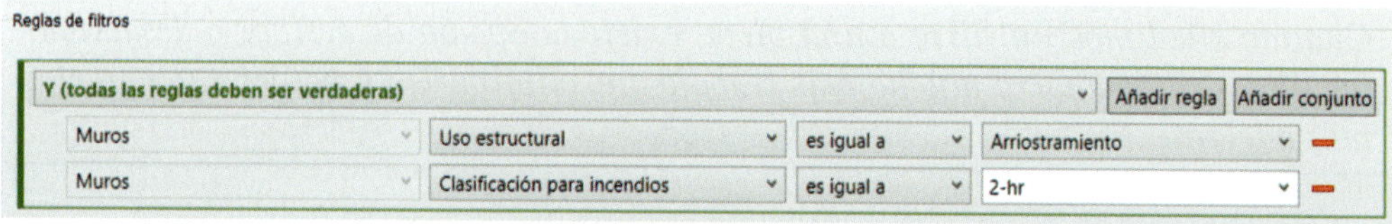

Figura 24.7. Reglas de filtros.

Sin embargo, si hubiéramos puesto OR, seleccionaría todos los muros que cumpliesen al menos una de las dos opciones. También es posible utilizar conjuntos de reglas anidados, que añaden una capa de precisión adicional a nuestros filtros. No hay límite en cuanto al número de conjuntos de reglas que podamos definir.

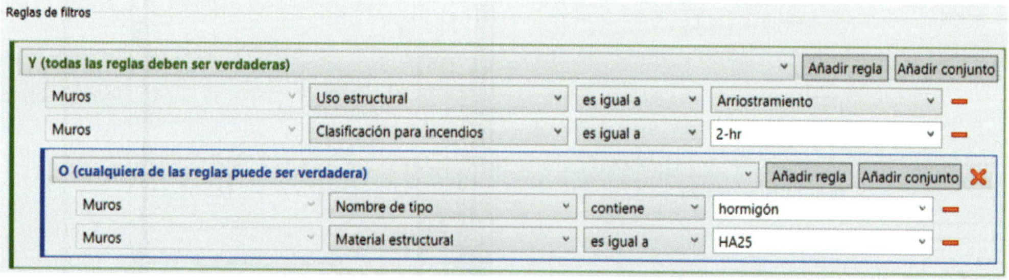

Figura 24.8. Conjuntos de reglas anidados.

Cajas de referencia

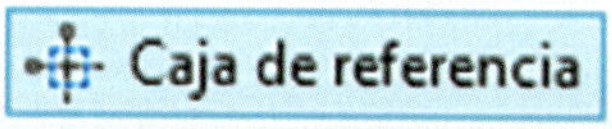

Una caja de referencia es una caja delimitadora de una vista, guardada en Revit para poder aplicarla a diferentes vistas y así igualar la extensión de estas.

Creamos una caja de referencia desde Vista>Caja de referencia; definimos un rectángulo, un nombre y una altura (en la Barra de opciones); y podemos aplicarla a varias vistas simultáneamente, pues es un parámetro de la paleta de Propiedades.

Estas cajas de referencias nos serán de mucha utilidad a la hora de alinear las vistas dentro de los planos o láminas de impresión.

Las cajas de referencia, además, permiten igualar los ámbitos de alzado de un proyecto, asegurándonos de que se muestra siempre el mismo tamaño en alzados 2 a 2. Por otro lado, para conseguir que todas las plantas de diferentes planos muestren la misma cantidad de información, también nos interesa crear una caja de referencia. Al usar esta orden marcaremos un antes y un después en la limpieza y coherencia de nuestras láminas.

Si una caja de referencia se gira, la vista también lo hará. Esto permite hacer partes de una planta y rotarlas a conveniencia (por ejemplo, planos comerciales de cada tipo de vivienda), porque además mantiene todas las anotaciones horizontales.

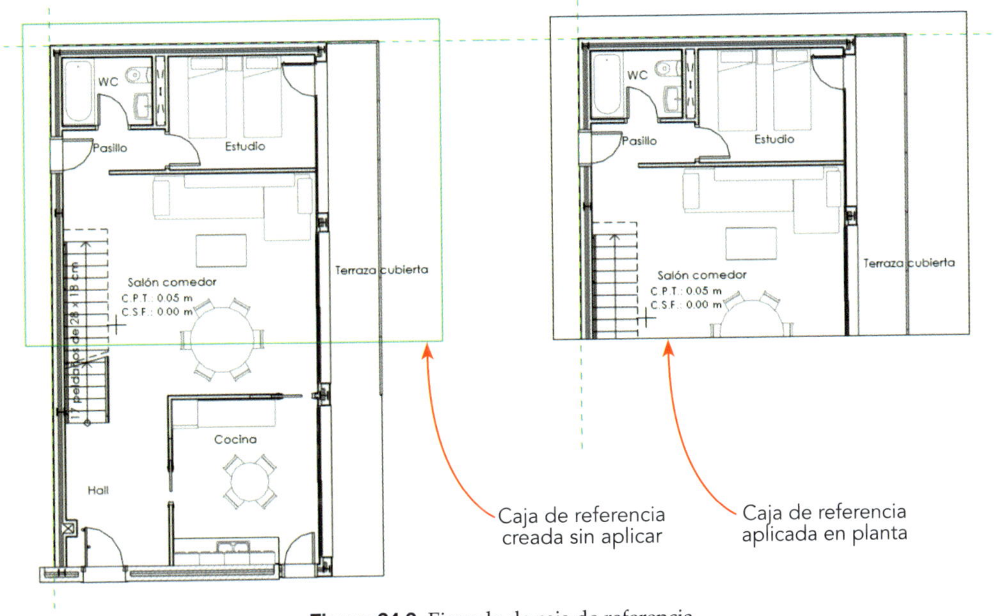

Figura 24.9. Ejemplo de caja de referencia.

Vistas de leyenda

Las vistas de leyenda son un tipo de vista en Revit que tienen ciertas particularidades:

- A diferencia de las vistas normales, que solo pueden insertarse una vez en un plano, las vistas de leyenda pueden insertarse tantas veces como se necesite.

- En las vistas de leyenda es posible insertar componentes o familias para su identificación o descripción, que no se tienen en cuenta a la hora de computar unidades o metros (si insertamos una puerta, no añade una unidad en la tabla de planificación, por ejemplo).

Por esto, las vistas de leyenda se usan, fundamentalmente, para lo siguiente:

- Leyendas clásicas de apoyo en planos (una leyenda de información de fontanería o de las características de un forjado o de símbolos de un plano de electricidad).
- Escalas gráficas para un plano.
- Relación de elementos para la composición principal de un plano.
  - Puertas y ventanas, en planta y/o alzado, acotadas e identificadas, para el plano de carpintería.
  - Tipos de muro usados en un proyecto, en planta o sección, especificando material y descripción, para los planos de detalles de tabiquería.
  - Forjados, pavimentos y cubiertas como apoyo a la leyenda de acabados.

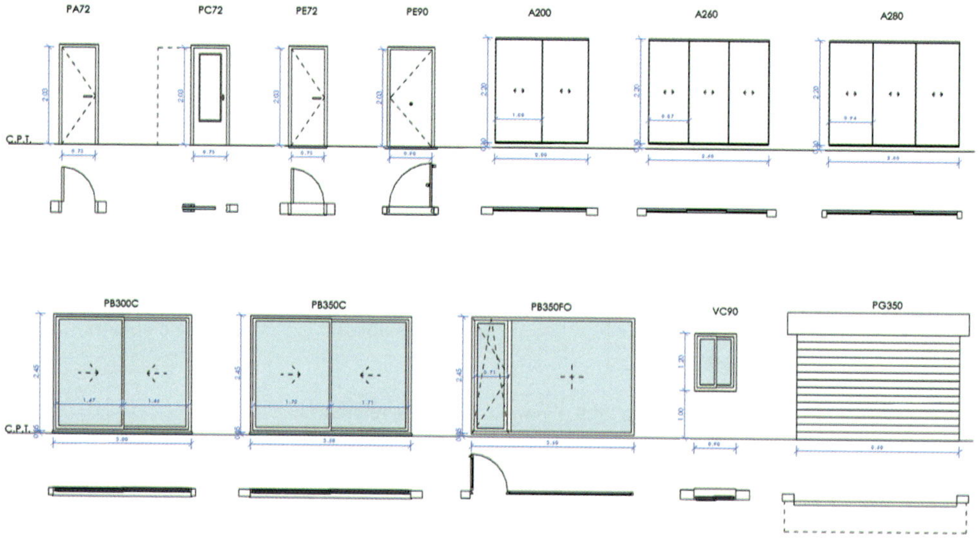

Figura 24.10. Vista de leyenda para carpintería.

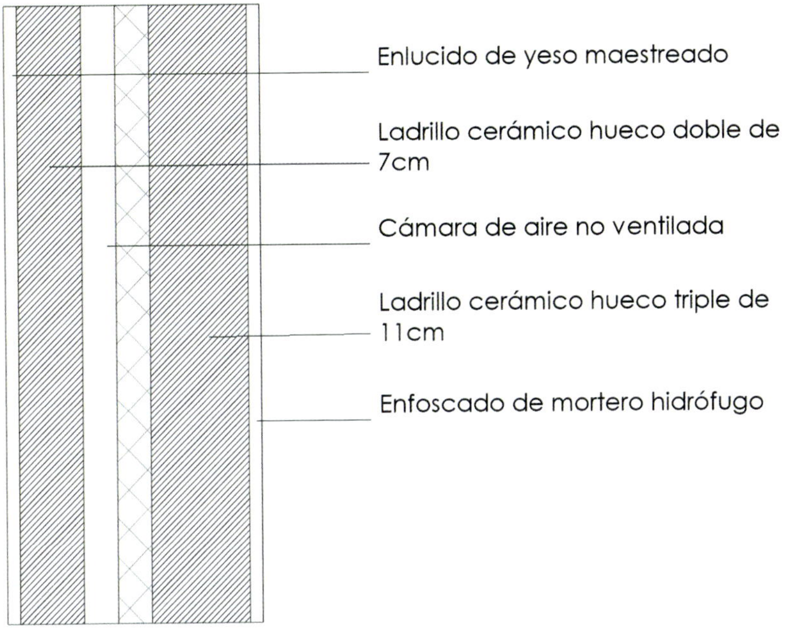

Figura 24.11. Vista de leyenda para muros.

Para generar una vista de leyenda, hay que ir a Vista>Leyendas>Leyenda o bien en el Navegador de proyectos>botón derecho sobre Leyendas>Nueva leyenda. En ambos casos, Revit nos preguntará el nombre y la escala de impresión.

Insertar elementos en una vista de leyenda

Desde el Navegador de proyectos>Familias, buscamos el tipo deseado y simplemente lo arrastramos. Otro método es hacerlo desde Anotar>Componente>Componente de leyenda.

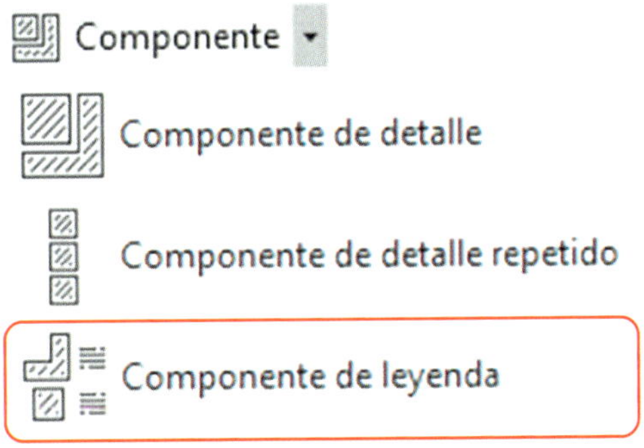

Figura 24.12. Insertar componente de leyenda.

Una vez insertado, según la categoría del elemento, podremos elegir si se visualiza en Planta o en Alzado/Sección. Al insertar la primera, el método más rápido para generar el resto de copias suele ser usar la orden Copiar y después, seleccionando el componente de leyenda, cambiar el tipo y la orientación en el desplegable que aparece en la barra de opciones.

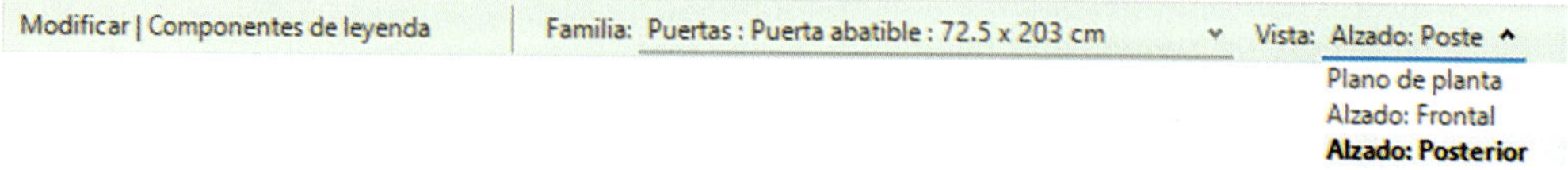

Figura 24.13. Elegir la vista de visualización del componente, planta o alzado.

TRUCO:

Si la categoría insertada es un suelo o una cubierta, no podremos ponerla en planta; y si es un muro, además de elegir la orientación, es posible controlar su longitud en Longitud de anfitrión; lo que es imposible hacer es invertir cuál es la cara exterior (por defecto siempre está a la derecha).

Existe la posibilidad de insertar elementos desde archivos CAD, con el proceso habitual de Insertar>Importar CAD.

Anotaciones en vistas de leyenda

Para completar nuestra vista de leyenda, usaremos las siguientes órdenes:

- **Acotaciones.** Funcionan con puertas y ventanas, aunque no en muros, suelos o cubiertas.
- **Texto.** Anotar>Texto para escribir descripciones o símbolos.
- **Elementos de detalle.** Líneas – Componentes de detalle – Aislamientos – etc.
- **Etiquetas.** Solo funcionan las etiquetas de material.

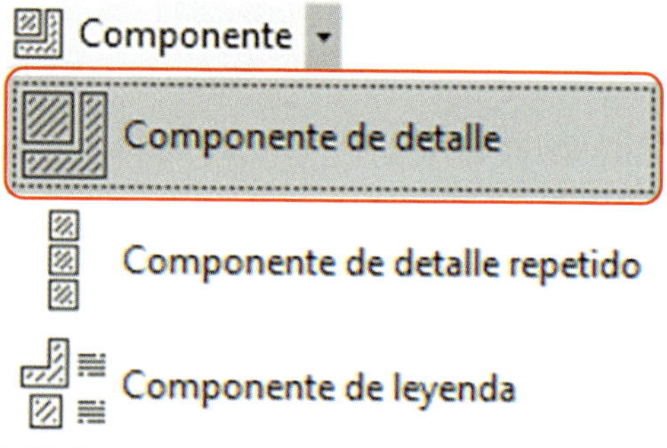

Figura 24.14. Insertar componentes de detalle.

TRUCO:

Existen varios plugins, como TagLegends for Revit de BIM Learning, que permiten compensar las limitaciones nativas de las leyendas de Revit a la hora de etiquetar elementos, generando memorias gráficas de carpintería, tabiquería o cualquier otra categoría.

25

Etiquetar, anotar y analizar

En este capítulo aprenderás a:

- Etiquetar uno o varios elementos a la vez.
- Generar nuevas etiquetas.
- Acotar camino de recorrido y gestionar flujos de personas.

Las etiquetas son elementos de detalle que muestran, en la vista, información del objeto al que están etiquetando; por ejemplo, el nombre y la superficie en una etiqueta de habitación. Veamos una serie de etiquetas que requeriremos para hacer un proyecto.

Figura 25.1. Etiqueta de puerta.

- **Etiqueta de puerta / ventana.** Una etiqueta para puertas y para ventanas, con el texto de etiqueta Marca de tipo, servirá para complementar la tabla de carpintería. Si no nos interesa que la etiqueta gire junto con la puerta o ventana, hay que editar la familia y desmarcar en Propiedades>Rotar con componente.
- **Etiqueta de acabados de habitación.** Es conveniente para hacer un plano de acabados, y se puede materializar de muchas formas distintas, pero en todas precisa un texto de etiqueta que refleje los parámetros de acabado de muro – suelo – techo. Mediante el uso de Regiones de máscara, la etiqueta se hace opaca, e incluso con los Prefijos y Sufijos en el texto de etiqueta se aumenta la comprensión de los datos de la misma.

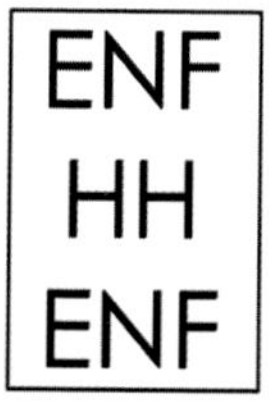

Figura 25.2. Etiqueta de acabados.

LEYENDA DE REVESTIMIENTOS						
	Revestimiento de muros		Revestimiento de suelos		Revestimiento de techos	
MURO SUELO TECHO	ENF	Enfoscado de mortero	HH	Fratasado hormigón helicóptero	ENL	Enlucido bajo forjado
	ENL	Enlucido de yeso	PG	Pavimento de gres	ENF	Enfoscado bajo forjado
	ALI	Alicatado cerámico	PGE	Pavimento de gres exterior	FTL	Falso techo liso
			PM	Pavimento de mármol	FTD	Falso techo desmontable
			PP	Pavimento de madera	FTM	Falso techo de lamas metálicas

Figura 25.3. Leyenda de acabados.

- **Etiqueta de muros.** En un plano de tabiquería o acabados, probablemente quieras documentar e identificar los muros. Es posible utilizar el parámetro Marca de tipo para aplicar un código. No obstante, si dos tipos diferentes de muro tienen la misma marca (porque solo se diferencian en el revestimiento, por ejemplo), nos avisará de que las marcas de tipo están duplicadas. Si queremos evitar estos avisos, puedes usar otro campo, como Comentarios de tipo.

  En las etiquetas de muro, a veces será conveniente que la etiqueta se vaya girando junto con el muro. Desde la familia, paleta Propiedades, activa la casilla Rotar con componente.

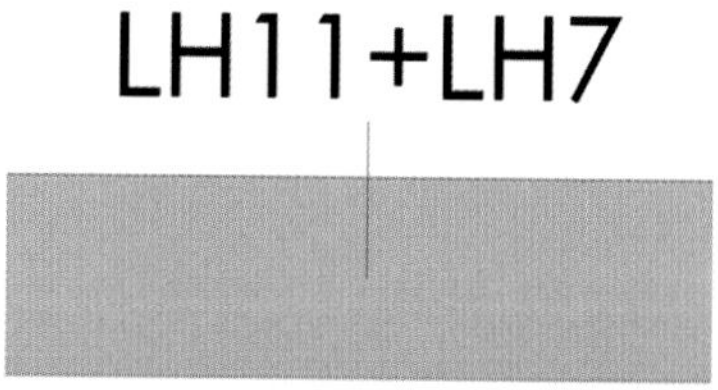

Figura 25.4. Ejemplo etiqueta muro.

- **Etiquetas varias de habitación.**
  - Solo nombre de estancia (para un plano de distribución, por ejemplo).
  - Nombre y superficie (para un plano de cotas y superficies).
  - Departamento de la habitación (tipo de vivienda).

Figura 25.5. Etiqueta solo nombre.

Figura 25.6. Etiqueta nombre y superficie.

- **Textos.**

Etiquetar uno o varios elementos

En Anotar>Etiquetar por categoría, podemos pasar el ratón por encima de un objeto y que se previsualice la etiqueta correspondiente para esa categoría. Es la forma rápida para anotar un elemento o unos pocos.

Sin embargo, habrá veces en que deseemos etiquetar toda una vista completa:

- Hemos duplicado la vista de planta baja para sacar las láminas de distribución, cotas y superficies, y acabados, y queremos colocar todas las etiquetas de habitación de golpe para no tener que ir una a una.
- Nos interesa colocar todas las etiquetas de puertas y ventanas en la vista de carpintería.
- Tenemos que etiquetar rápidamente todos los muros en el plano de tabiquería.

Para esto, vamos a Anotar>Etiquetar todo. En la ventana seleccionamos qué categoría anotaremos y, desplegando la etiqueta, cuál de las etiquetas de esa categoría usaremos (al hacer clic en el nombre se desplegará si hay varios tipos disponibles); y aceptamos.

TRUCO:

Si marcamos la opción Directriz y damos una longitud, podremos hacer que cada etiqueta tenga una línea que la separa del elemento: esto es especialmente interesante en los planos de tabiquería, con una longitud de entre 4 y 6 mm. Si nos gusta la separación, pero no la directriz, es posible quitarlas todas de golpe: seleccionamos una de las etiquetas>Seleccionar todos los elementos visibles en la vista>desmarcamos Directriz en la barra de opciones.

Si varios elementos cuentan con el mismo valor de etiqueta, es habitual querer unificarlos en una única etiqueta que abarque todos. Para esto, etiquetamos un elemento (por ejemplo, una ventana); con la etiqueta seleccionada, aparece una opción en la Cinta de opciones llamada Añadir/eliminar anfitrión. Solo seleccionamos más elementos cuyo valor de etiqueta coincida, y Revit añadirá una línea directriz desde la posición de nuestra etiqueta hasta el nuevo elemento. En esa situación, seleccionando la etiqueta, Revit también te da la posibilidad de Fusionar directrices o mostrar solamente alguna de ellas, para que el resultado sea más ordenado y atractivo.

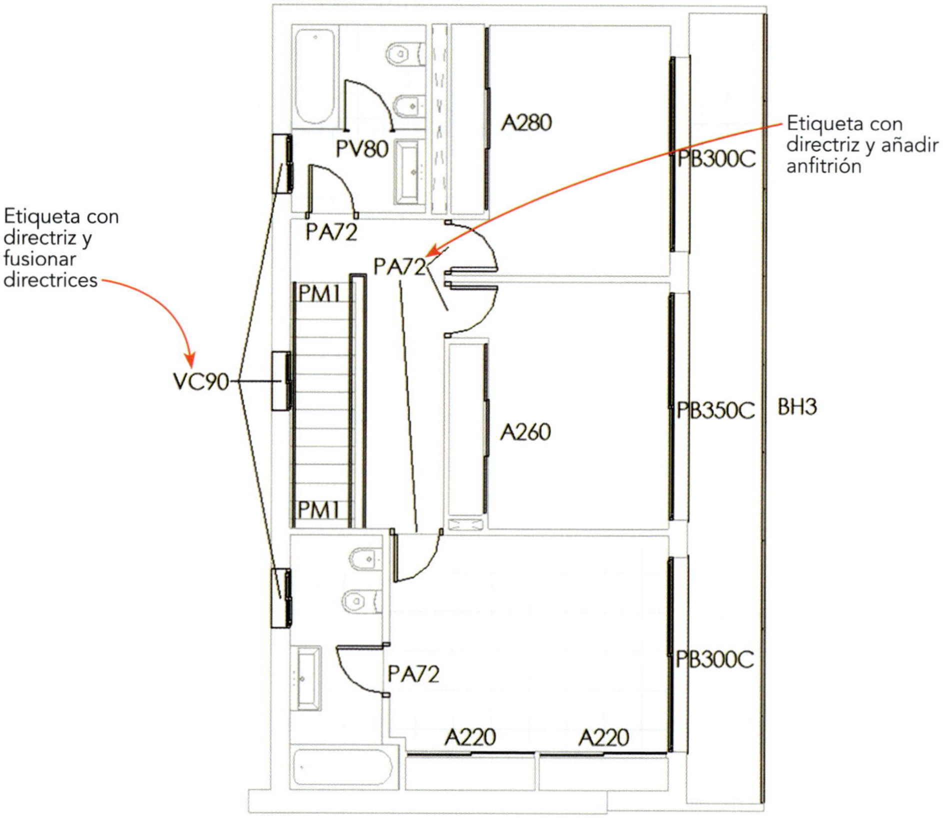

Figura 25.7. Etiqueta con múltiples directrices.

Elementos creados, modificados o eliminados tras etiquetar

Las etiquetas están vinculadas al elemento del cual provienen: si una puerta PA72 cambia en proyecto a una PC80, la etiqueta se modifica de forma automática; y si la puerta se elimina, la etiqueta desaparece con ella.

Además, para los elementos que se hubieran añadido en el último momento, no hay mayor problema, pues el nombre completo de la orden Etiquetar todo es, precisamente, «Etiquetar todos los elementos no etiquetados». Esto significa que solo añadirá etiquetas a los objetos de la categoría seleccionada que no tengan ninguna.

Anotar en una vista 3D

Figura 25.8. Bloquear una vista 3D desde el control de vista.

Editor de texto

Mediante la orden Anotar>Texto generamos cualquier tipo de anotación manual que se deba añadir. Por ejemplo, si en un detalle hemos dibujado un rodapié, o queremos indicar una anotación especial en el proyecto, es buena opción describirlo mediante un texto. Los textos pueden llevar o no directrices, con o sin hombro (el hombro es la línea horizontal que sigue a la línea inclinada).

La altura del texto se mide en milímetros y coincide generalmente con la altura de las letras mayúsculas del tipo de letra que se esté usando.

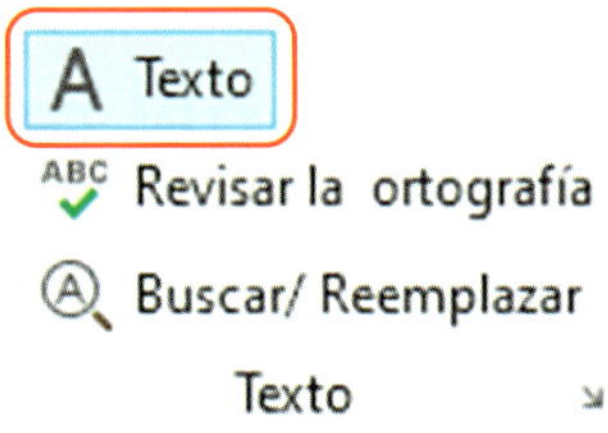

Figura 25.9. Texto.

Al hacer doble clic para editar un texto, las opciones de formato son muy obvias, pero no por ello menos interesantes. Todas estas opciones se aplican a los caracteres de texto que nosotros marquemos, no a todo el texto:

- Negrita, itálica o subrayada.
- Subíndice o superíndice.
- Alternar texto entre mayúsculas y minúsculas.
- Generar listas de viñetas, numeradas o alfabéticas, todas multinivel.
- Aumentar o disminuir el número de comienzo de una lista.

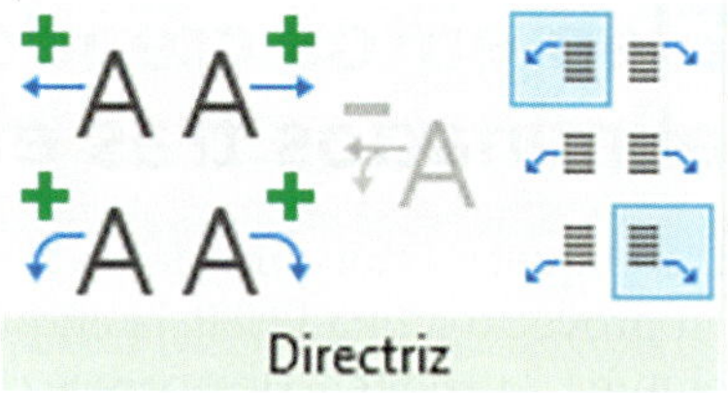

Figura 25.10. Directriz de texto.

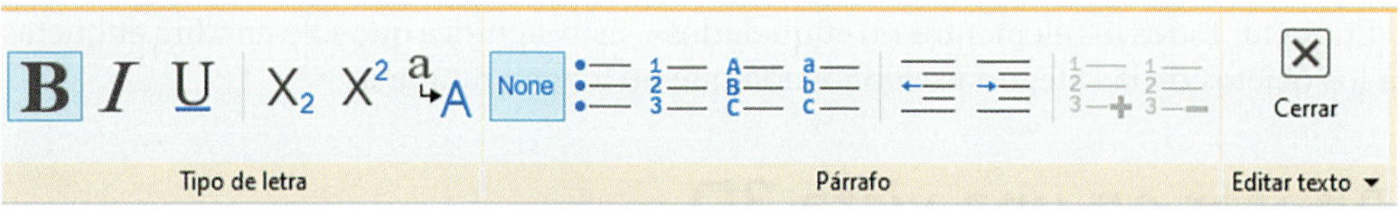

Figura 25.11. Editor de texto.

TRUCO:

Desde las propiedades de tipo del texto, se controla la Distancia de tabulación, que es la separación entre la lista o viñeta, y el principio del texto.

TRUCO:

Durante una lista numerada o de viñetas, podemos insertar una línea sin viñeta o numeración pulsando Mayús-Intro, en vez de solo Intro.

Al seleccionar un texto y hacer clic en el icono correspondiente en la Cinta de opciones, es posible añadir una o varias directrices, con o sin hombro, y alinear estas a la parte superior, media o inferior del bloque de texto. También es posible crear solo una directriz, sin texto. Basta con dejarlo vacío.

Camino del recorrido y flujos de personas

Revit es capaz de analizar la ruta entre dos puntos de nuestro proyecto. Desde Analizar>Camino del recorrido, marcamos dos puntos cualesquiera en nuestra planta, y Revit nos indicará cómo desplazarse de uno a otro evitando los obstáculos. Además, el camino queda colocado como un elemento de anotación con su propia categoría, y podremos etiquetarlo para obtener su nombre, distancia y duración en segundos para completar el recorrido.

TRUCO:

La velocidad está fijada en 4,828 km/h, que equivale a 3 millas/hora.

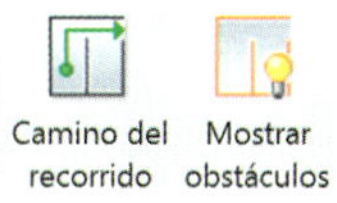

Para que el camino del recorrido funcione correctamente, tenemos que haber definido qué elementos son obstáculos en el camino. El icono de Analizar>Mostrar obstáculos nos marcará en naranja qué elementos y categorías están configurados como obstáculos.

Para indicar qué categorías no deben ser consideradas obstáculos (por ejemplo, las puertas), haremos clic en la flechita inferior derecha del grupo Análisis de ruta, que nos llevará a la ventana de Configuración de análisis de ruta. Desde esta ventana es posible marcar en qué franja de alturas de la vista debe Revit analizar estos obstáculos. Recuerda que el espacio mínimo para ser considerado un camino viable son 60 centímetros; en menos de esa distancia, Revit descartará esa ruta.

Además, el análisis del recorrido tiene varios elementos interesantes que lo convierten en una herramienta muy versátil:

- Si el proyecto cambia, seleccionando el camino, es posible Actualizar el recorrido.
- Para adecuar la forma del camino puedes Añadir punto de paso o eliminarlo.
- Cambia el Estilo de línea de cada recorrido a tu conveniencia, o modifícalos todos desde Gestionar>Configuración adicional>Estilos de línea.
- Si necesitas dos o más rutas alternativas para llegar al mismo punto, utiliza el comando Varias rutas e indica número y separación mínima entre ellas; Revit te dirá cuántas ha podido encontrar con esas condiciones.
- ¿Hay una puerta o un ámbito que solamente debe ser utilizado en una dirección? Inserta un Indicador unidireccional y personaliza todavía más tu camino del recorrido.
- Si en tu recorrido de evacuación prevés la presencia de personas quietas (por ejemplo, señalizando las rutas o prestando ayuda), puedes colocar un Contenido de personas para que los recorridos las esquiven.
- Para visualizar con precisión cómo pueden organizarse las personas en una estancia que tenga creada una habitación, utiliza el comando Rejilla espacial y decide no solo entre Rectangular y Hexagonal, sino también la distancia entre celdas; generará regiones rellenadas en las habitaciones que selecciones (y después las podrás estirar o incluso restringir a los muros para que se actualicen automáticamente) y, combinando con el Contenido de personas, tendrás una visión muy clara de la ocupación de cada sala.

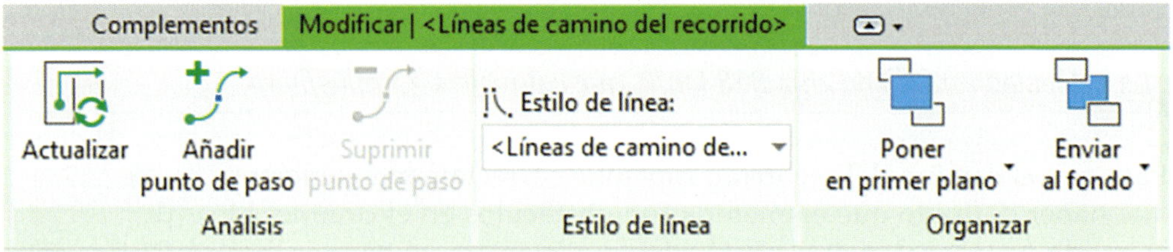

Figura 25.12. Modificar camino del recorrido.

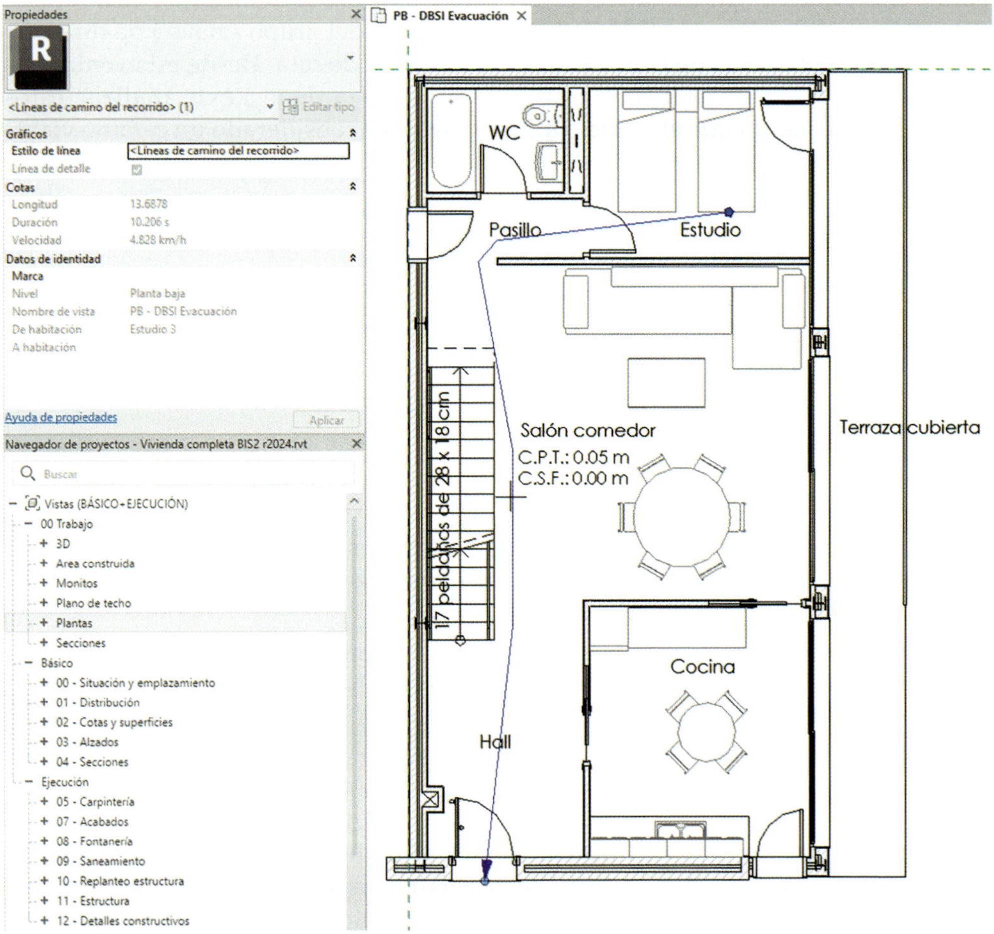

Figura 25.13. Camino del recorrido.

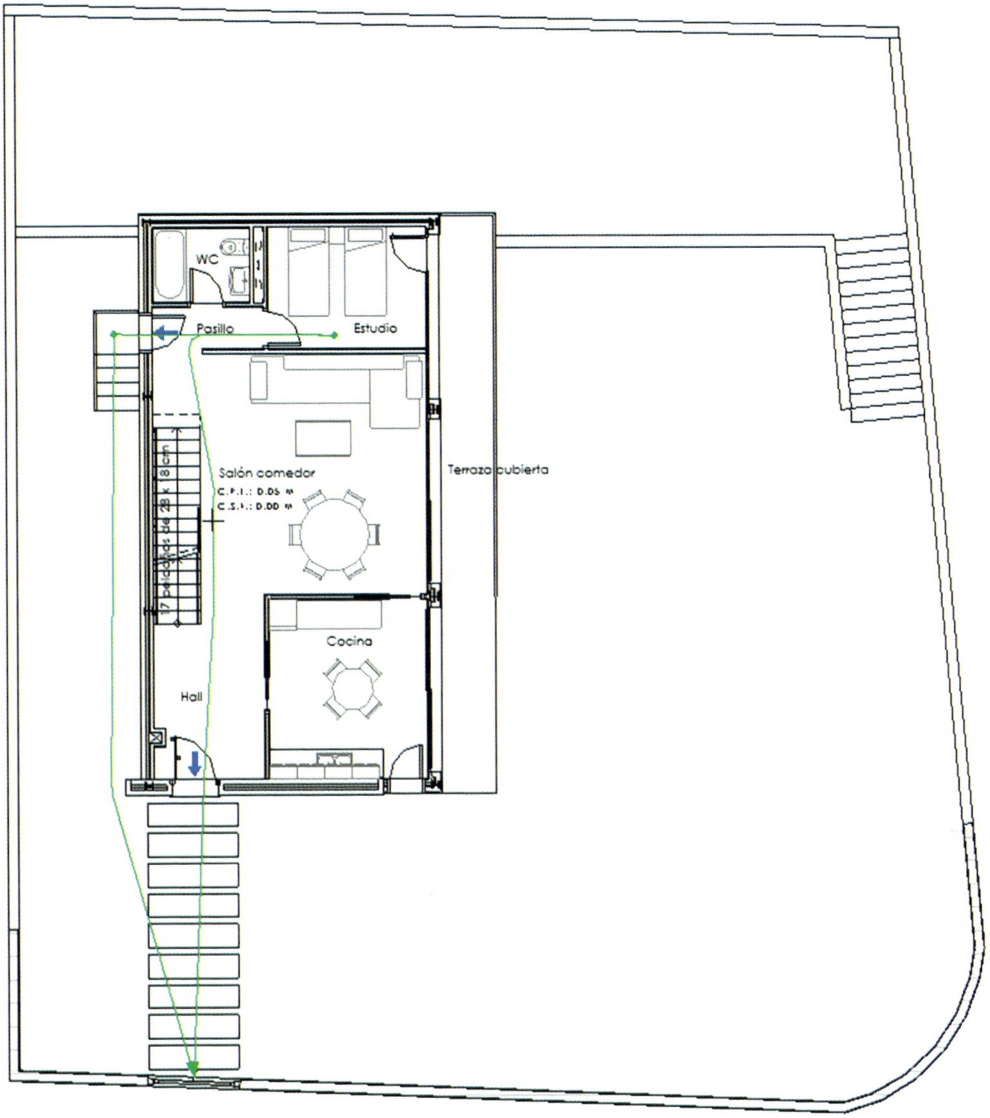

Figura 25.14. Varios caminos del recorrido.

26

Planos

En este capítulo aprenderás a:

- Añadir vistas a un plano y trabajar con ellas.
- Colocar vistas alineadas, sustituirlas y copiar elementos entre planos.
- Personalizar títulos de vista.
- Hacer un cajetín.
- Colocar escalas, norte e importaciones en planos.
- Hacer revisiones de planos.

Los planos son, como el espacio papel en AutoCAD, la base de las láminas de impresión (o exportación a PDF) de nuestro proyecto; la documentación final que entregaremos a nuestro cliente. Se hallan en la parte inferior del Navegador de proyectos y, para crear un nuevo plano, disponemos de dos métodos:

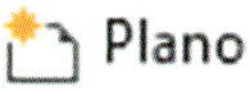

1. Botón derecho sobre Planos>Nuevo plano.
2. Vistas>Plano.

En la ventana que sale a continuación se elige el formato de papel que usaremos. Si no tenemos cargado el formato de plano que nos interesa, hacemos clic en Cargar para buscarlo en nuestro ordenador. Una vez generado nuestro plano, debemos comenzar a agregar vistas.

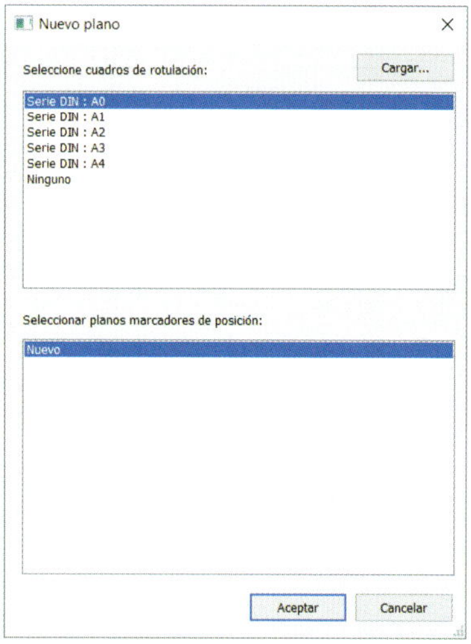

Figura 26.1. Elegir el tipo de plano.

Añadir vistas a un plano

Simplemente localizamos la vista deseada en el Navegador de proyectos (bien sea vista de plano, alzado, sección, 3D, tabla, montaje o leyenda) y la arrastramos hasta nuestro plano; soltamos el ratón, elegimos la ubicación de la envolvente de la vista, y hacemos clic para confirmar la posición. Se insertará con la escala que estaba definida en la vista, y se mostrará exactamente igual que en la vista. También puedes arrastrar varias vistas de golpe al plano, aunque después tendrás que reubicarlas.

TRUCO:

Desde el Navegador de proyectos se ve si una vista está insertada en un plano, al tener el cuadrado izquierdo de color azul; recuerda que este comportamiento se desactiva con el botón derecho, desmarcando la opción de Mostrar icono de estado de colocación de la vista en plano.

Los conceptos fundamentales que hay que tener claros son:

- Lo que se ve en la vista se ve en el plano.
- Lo que se ve en el plano es lo que se imprime.
- Una vista de plano solo puede aparecer UNA VEZ en un plano: para que aparezca más veces habrá que duplicarla.

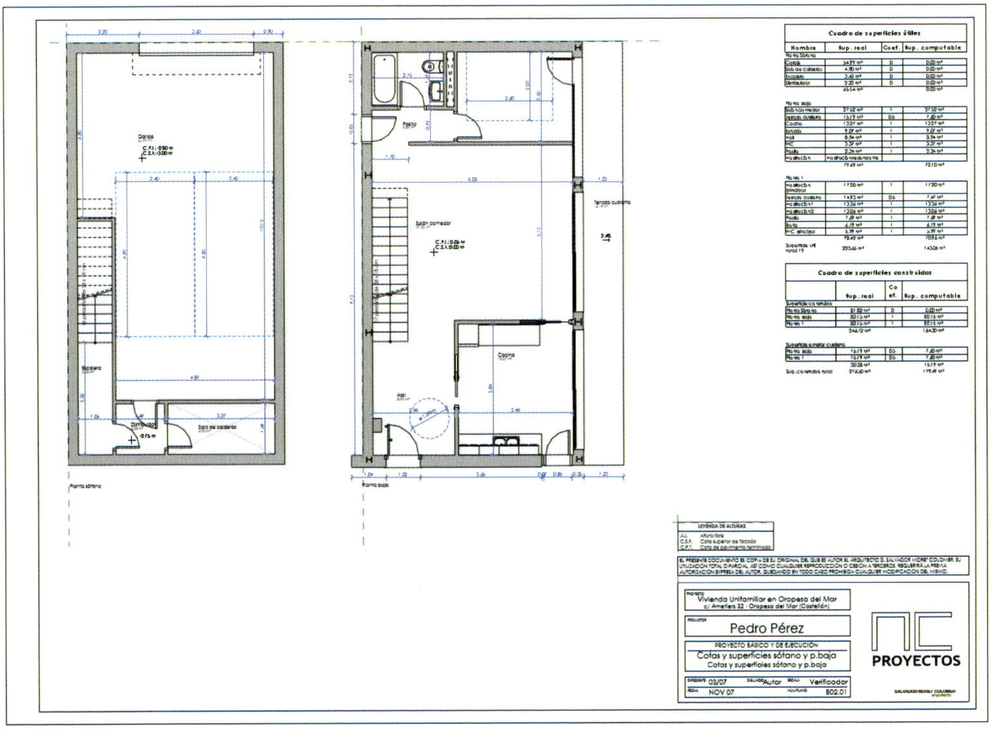

Figura 26.2. Ejemplo de un plano de cotas y superficies.

- Como excepción al punto anterior, si se activan las casillas correspondientes dentro de la configuración de impresión, hay ciertos elementos que pueden no imprimirse:
  - Rejillas guía.
  - Planos de referencia.
  - Cajas de referencia.
  - Contornos de recorte.

TRUCO:

Desde las opciones de configuración de impresión es posible hacer que se impriman estos elementos si fuera necesario.

Tamaño de las vistas

Cada vista se verá en un plano con el tamaño de impresión adecuado a la escala con que está dibujada esa vista. Sin embargo, cuando se añaden tablas, vistas 3D en perspectiva o renderizaciones, es importante saber controlar el tamaño de dichos elementos en la lámina.

- Las vistas 3D en perspectiva se controlan desde la orden Tamaño de recorte al seleccionar la vista. En la ventana que aparece hay que marcar Escala para no modificar las proporciones.

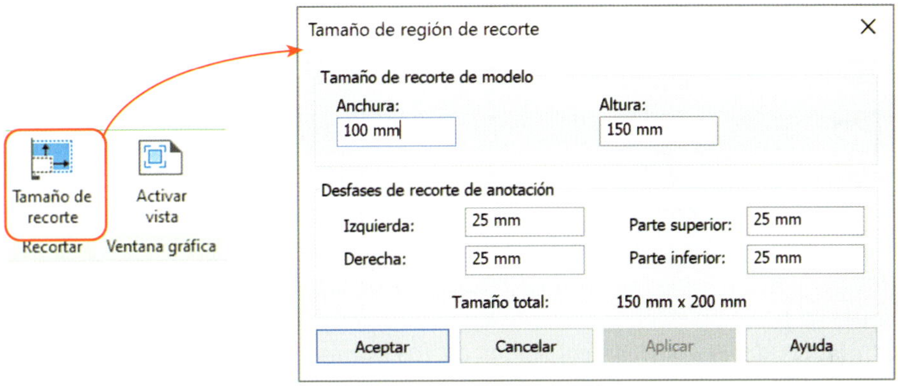

Figura 26.3. Especificar el tamaño de recorte de una vista 3D.

- Las renderizaciones se controlan activando la vista y seleccionando la imagen. En la paleta Propiedades se pueden definir sus dimensiones.

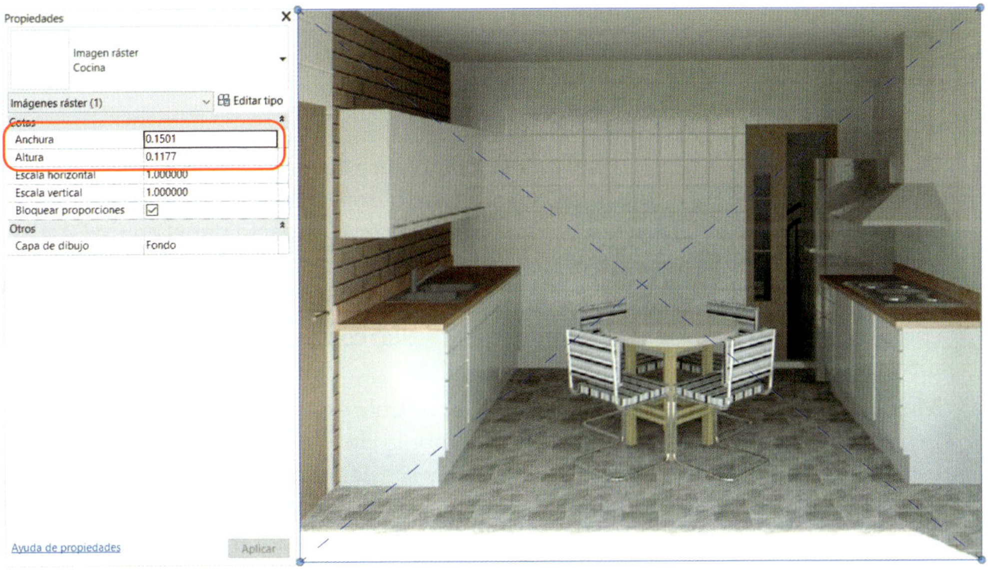

Figura 26.4. Tamaño en un render.

- Las tablas se controlan en un plano estirando los pinzamientos triangulares que hay en cada columna. Si la tabla es muy larga, el pinzamiento circular en la parte inferior central sirve para «partir» la tabla en varias partes.

TRUCO:

Desde la propia tabla puedes definir con precisión el ancho de cada columna; y aunque no es posible «escalar» la tabla en el plano, sí puedes, desde la configuración de Apariencia de la tabla, cambiar el tipo y tamaño de letra para que tenga las dimensiones deseadas.

TRUCO:

Para partir el contenido de una tabla en varios planos, selecciónala desde el Navegador de proyectos y, con el botón derecho, activa la orden Dividir y Colocar. Podrás elegir en qué planos quieres que se reparta la información, y si se divide uniformemente o seleccionando una altura de cada segmento. Te pedirá que indiques su posición en el primero de los planos; y a partir de ese momento, tendrás unas «tablas dependientes» colocadas en los planos indicados. Siempre cuentas con la posibilidad de borrar, desde el propio navegador, esas tablas dependientes para volver a la configuración inicial.

La orden Tamaño de recorte funciona para cualquier tipo de vista, y permite modificar las dimensiones tanto de la región de recorte como del recorte de anotación.

Trabajo con vistas en un plano

- **Activar la vista.** Para modificar algo de la vista, no es necesario ir a la vista en el Navegador de proyectos o desplegar el plano para hacer doble clic en la vista que te interese. Puedes hacer doble clic en la vista (o Botón derecho>Activar vista) y se activará (de forma similar a las ventanas gráficas en el espacio papel en CAD). Para salir, haz doble clic fuera del área de la vista o Botón derecho>Desactivar vista.
- **Ir al plano desde una vista.** Si estamos en una vista del Navegador de proyectos, con el botón derecho sobre el nombre de la vista, con la orden Abrir plano iremos directamente al plano.
- **Mostrar / Ocultar el contorno de la vista.** Se controla desde dentro de la propia vista. En la barra de controles de vista, está el símbolo de Recortar con una bombilla. Si esta aparece encendida, se verá el contorno; y si está apagada, no se verá.
- **Recortar parte de la vista.** En algunas plantas es posible que queramos elegir hasta dónde mostrar. También será muy útil en alzados o secciones para controlar el alcance de la vista. Se hace desde la barra de controles de vista: es el símbolo de Recortar vista; si está desactivado (con una cruz diagonal roja), el contorno de la vista NO recorta; si está activada, el contorno de la vista sí que recortará (independientemente de que el contorno sea visible o no).

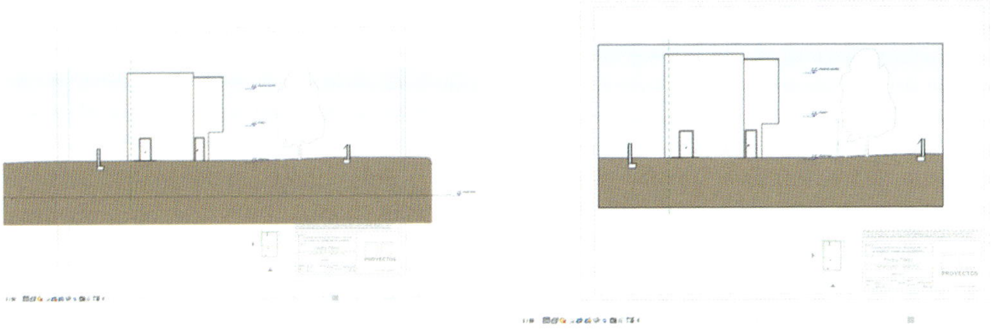

Figura 26.5. Vistas sin recortar y recortada.

- **Rotar vista en plano.** Revit permite seleccionar una vista de un plano y, en la barra de opciones, rotarla +-90º. Esta operación rota todos los elementos, incluso las anotaciones.

TRUCO:

Para rotar otro ángulo o que las anotaciones permanezcan horizontales, usaremos una caja de referencia en la vista, y rotaremos la caja el ángulo deseado.

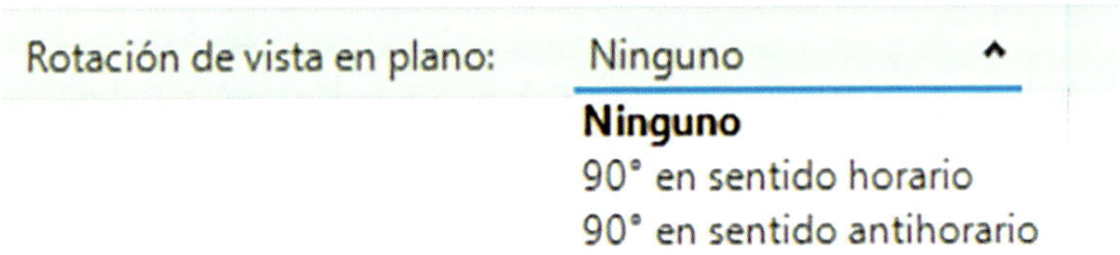

Figura 26.6. Rotar vista.

- **Completar el plano.** Mediante los elementos básicos de detalle y anotación completaremos nuestra lámina: dibujar líneas, escribir texto o insertar imágenes, entre otros.
- **Cambiar el nombre de la vista.** Si nuestra planta baja de distribución se llama «00 PB – distr», quizá no sea el nombre más idóneo. Quizá nos interese un simple «Planta baja» ya que el nombre del plano es «Plantas de distribución» y no queremos ser redundantes. O en un plano de alzados, preferimos un nombre más descriptivo para el alzado sur, algo así como «Alzado frontal sureste – recayente a la c/ Pino Panera». Revit nos permite poner un título diferente del nombre de la vista; la forma de hacerlo es cambiando el parámetro Título en plano desde la paleta de Propiedades de la vista: si está en blanco, Revit empleará el nombre de la vista; si lo rellenamos, usará ese valor.

Cajetines de plano

El cajetín (también llamado «rótulo» o, según Revit, Cuadro de rotulación o «Bloque de título») es la parte del plano donde introduciremos los datos que lo identifican de forma inequívoca: nombre, número y escala de plano, título de proyecto, y otros. Una forma cómoda de trabajar es editar el formato del papel y Editar familia. Dentro del editor, se modifican las dimensiones del plano y sus márgenes, o añadimos nuevos elementos, como líneas y texto para el cajetín o imágenes.

TRUCO:

Es posible poner varios bloques de título en cada plano (uno para el papel y otro para el cajetín, por ejemplo) o unificar ambas cosas en uno.

A la hora de generar los textos para un cajetín, no está de más distinguir entre estos tipos:

- **Texto estático.** Siempre es el mismo para todos los proyectos. Suele ser el «texto de guía» que indica a quien lee nuestro cajetín por primera vez qué es cada sección o cada texto. Es el texto que utilizaremos para escribir los textos de identificación de «Escala» o «Número de plano». Si siempre firmamos nosotros los planos, también es el texto con el que escribimos nuestro nombre, título y número de colegiado. Se hace con la orden Texto.

- **Texto vinculado al proyecto.** El nombre del cliente, la dirección del proyecto o la fecha de entrega son números que varían entre proyectos, pero que dentro del mismo son siempre iguales. Estos textos se harán con Texto de etiqueta; y los campos más usuales que vamos a colocar son, entre otros:

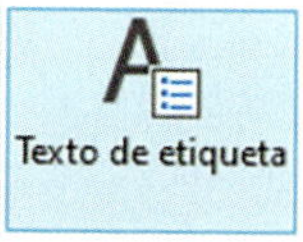

  - Nombre de proyecto.
  - Dirección de proyecto.
  - Nombre de cliente (promotor).
  - Fecha de emisión de proyecto.
  - Número de proyecto (referencia).
  - Estado de proyecto (anteproyecto – proyecto básico – proyecto de ejecución).
- **Texto vinculado al plano.** El nombre del plano o la escala son valores que se colocan cada vez. Los haremos con Texto de etiqueta y pondremos al menos:
  - Escala.
  - Nombre de plano.
  - Número de plano.

Figura 26.7. Textos en un cajetín.

La información de texto vinculado al proyecto se encuentra dentro del dibujo —no dentro de la familia del plano— en Gestionar>Información de proyecto.

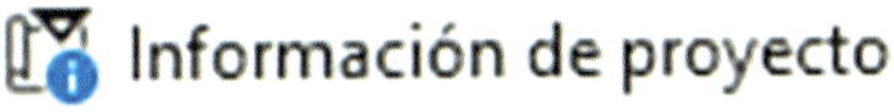

Figura 26.8. Información de proyecto.

Si hay líneas que no deseamos imprimir, pero que necesitamos como referencia para montar el plano (por ejemplo, márgenes que no queremos sobrepasar o espacios que nos interesa dejar en blanco para el sello del visado colegial), existen dos métodos, ambos dentro de la familia del Cuadro de rotulación (del formato del plano):

- El más habitual es dibujar las líneas que no deben imprimirse con estilo de línea <líneas invisibles>. No se imprimirán: solo las veremos al preseleccionar el Cuadro de rotulación con el ratón.
- Otra posibilidad es, desde Gestionar>Estilos de objeto, generar una nueva subcategoría de Cuadros de rotulación llamada, por ejemplo, «No imprimible», donde dibujar las líneas deseadas. Al cargar en proyecto, habremos transmitido la categoría a nuestro dibujo. Sin embargo, hay que tener la precaución de desactivar ese tipo de líneas en cada plano mediante Visibilidad/Gráficos.

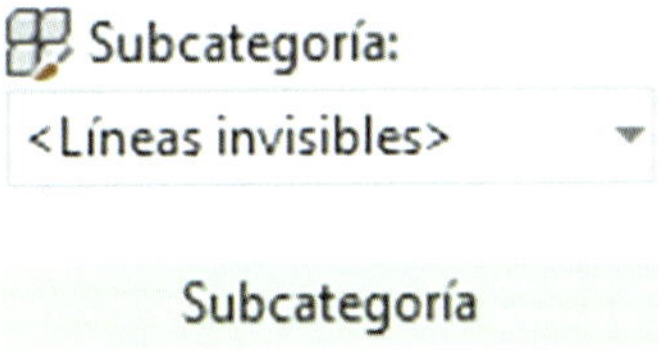

Figura 26.9. Líneas invisibles.

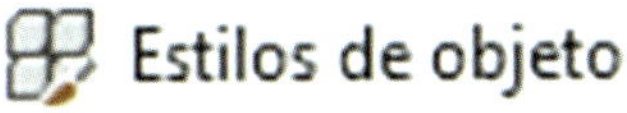

Figura 26.10. Estilos de objeto.

Duplicar e intercambiar planos

En Revit los planos se duplican con el botón derecho sobre el mismo. Existen tres opciones: duplicar el plano vacío; duplicar el plano y los elementos de anotación, como leyendas o líneas; y duplicarlo con las vistas, momento en el que Revit te preguntará si quieres duplicar las vistas de forma normal, con detalles o como dependientes, en función de lo que necesites.

Para intercambiar una vista colocada en un plano por otra vista de tu proyecto, selecciona la vista y, en la Cinta de opciones, localiza el apartado Colocación y vista. Dentro de él, podremos buscar o desplegar y seleccionar qué vista sustituirá a la nuestra, y cuál es el punto de referencia de nuestra vista: el centro o el origen. Si la vista que queremos colocar ya está en un plano, se eliminará de aquel para mostrarse en el plano actual.

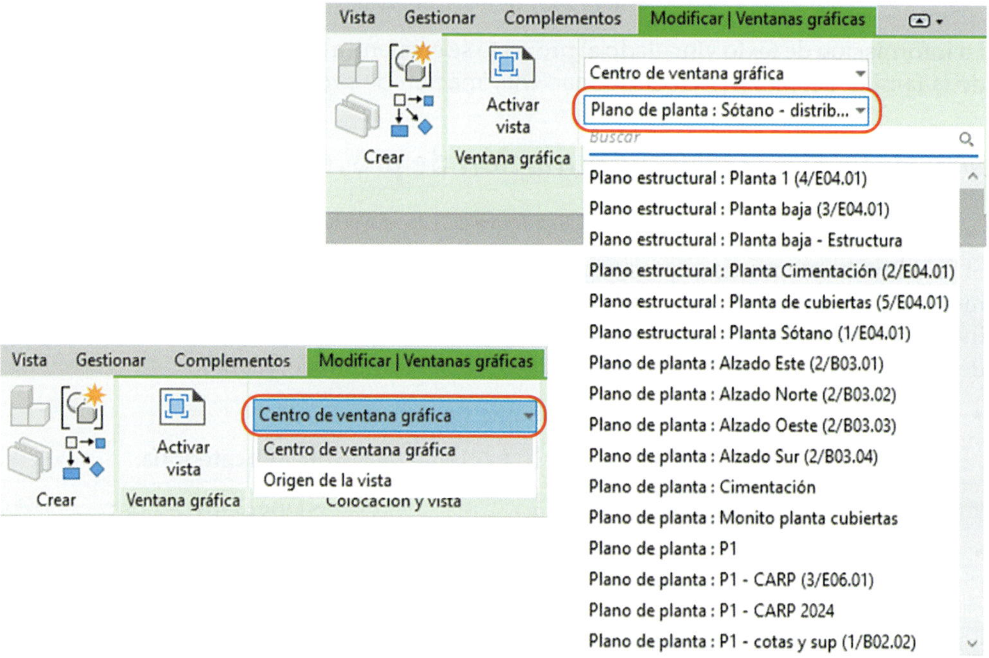

Figura 26.11. Intercambiar una vista colocada en un plano.

Otra forma de cambiar vistas de plano es, desde el Navegador de proyectos, desplegar un plano para mostrar sus vistas colocadas, seleccionar una y arrastrarla hasta otro plano; Revit la cambiará automáticamente de plano, colocándola en la misma posición relativa.

Región de recorte no rectangular

Si no queremos que la región de recorte de nuestra vista sea rectangular y preferimos una forma poligonal, es posible hacerlo de forma muy rápida desde la vista (o desde el plano, activando la vista) y seleccionando la región de recorte. En la Cinta de opciones hallaremos Editar recorte y podremos hacer un contorno mediante líneas. Como viene siendo habitual, debe ser un contorno continuo (sin líneas intersecantes ni superpuestas) y cerrado (sin extremos sueltos).

Esta opción no está disponible si la vista depende de una caja de referencia.

Alineación de vistas en plano

Para alinear vistas entre sí en un plano o entre varios, Revit ofrece una serie de estrategias. Todas funcionan con la orden Mover, pero ninguna con Alinear:

- **Arrastrar vistas.** Revit detectará que el origen de proyecto está alineado, mostrando una línea azul discontinua.
- **Rejillas guía.** En Vista>Rejilla guía, es posible crear varios tipos de rejilla guía que envuelven todo el plano (y no son imprimibles). A estas rejillas es posible cambiarles el espaciado y la extensión; y si el mismo tipo de rejilla está en varios planos, cualquier modificación en la rejilla (por ejemplo, desplazarla o cambiar el espaciado) se traslada al resto de planos.
- **Rejillas.** Es posible alinear vistas entre sí y a la rejilla guía, mediante las Rejillas de Revit y la orden Mover. Si seleccionamos una vista y hacemos clic en Mover, tomaremos como puntos de referencia las intersecciones de rejillas con la rejilla guía.
- **Niveles.** Funcionan igual que las rejillas.
- **Región de recorte.** Si activamos el contorno o región de recorte en las vistas, contamos con la opción de usar la orden Mover para forzar el contorno a la rejilla. Si, además, utilizamos cajas de referencia, haremos que todas las vistas que nos interesen tengan la misma extensión y sea aún más sencillo alinearlas. Es posible desactivar la impresión de las regiones de recorte desde el botón Configurar de la ventana de impresión.
- **Planos de referencia.** Se pueden alinear a las rejillas guía, y por defecto está desactivada su impresión; se configura del mismo modo que en el punto anterior.

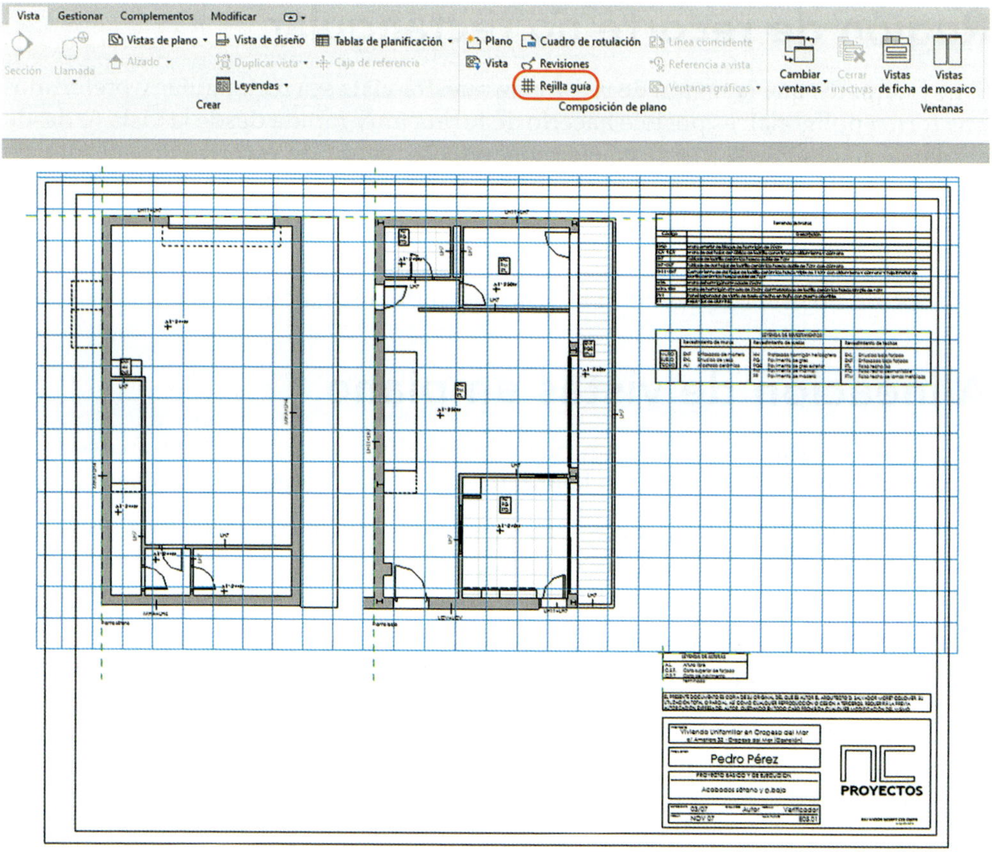

Figura 26.12. Rejilla guía.

TRUCO:

Para eliminar la rejilla guía de un plano, no hay que suprimirla. Esto borraría esa rejilla guía de todos los planos que la tengan. Desde las propiedades de vista, selecciona Rejilla guía>Ninguno y desaparece. Aun así, la rejilla guía no es imprimible, así que no es imprescindible desactivarla antes de imprimir.

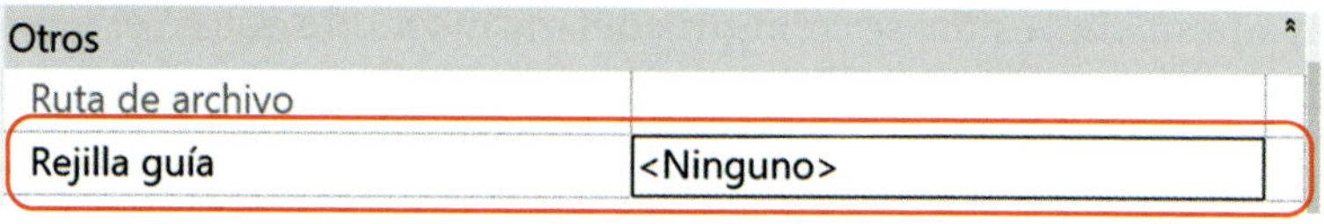

Figura 26.13. Para ocultar la rejilla guía, especifica ninguno en propiedades.

TRUCO:

Es recomendable intentar que los planos de referencia no salgan del límite del papel para evitar problemas a la hora de la impresión.

Personalizar títulos de vista

El título de vista es el texto informativo que está ligado a las ventanas gráficas como una etiqueta, que muestra información de nombre, escala, etc. Para editar el título de vista que viene en la plantilla arquitectónica, iremos al Navegador de proyectos>Familias> Símbolos de anotación>Título de vista>botón derecho>Editar. Para empezar uno desde cero, vamos a Archivo>Nuevo>Símbolo de anotación>Título de vista métrico. En cualquiera de los dos casos, mediante líneas de detalle y textos de etiqueta, se confeccionan cuantos queramos y se cargan en nuestro proyecto.

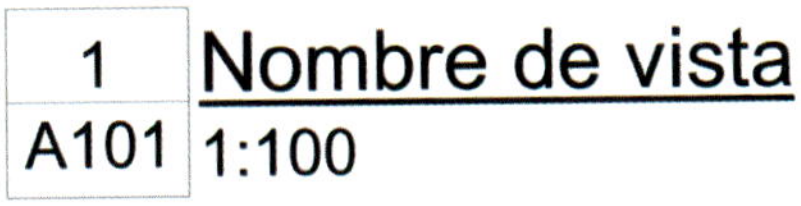

Figura 26.14. Título de vista.

El título de vista está vinculado a las ventanas gráficas. Lo normal es que nos interese tener varios títulos diferentes según la ocasión: por ejemplo, en algunas ventanas no queremos que aparezca ninguna información (por ejemplo, en una vista de leyenda) y en otras sí deseamos mostrar el título de la vista (con o sin escala).

Para ello, seleccionamos una ventana gráfica y hacemos clic en Editar tipo. Le cambiamos el nombre a Sin título de vista y, en las propiedades, ponemos Título de vista>Ninguno. Con Duplicar, creamos sucesivos tipos de Ventana gráfica, cada una con el título de vista que nos interese colocar.

TRUCO:

Revit no permite elegir qué título de vista se pone por defecto. Así, la jugada más interesante es duplicar varias veces, pero hacer que el tipo original sea el que queramos nosotros por defecto.

TRUCO:

Para que el título de vista no cambie de posición al intercambiar una vista por otra, edita el tipo de ventana gráfica y activa la opción Conservar la posición del título.

Escalas en los planos

Revit de forma automática coloca el campo de Escala en nuestro cajetín; pero ¿qué pasa cuando hay varias vistas a diferentes escalas? Pone el valor «Como se indica» y no es modificable. Esta situación es más común de lo que pensamos:

- *Keyplan* o monito de planta o de sección (casi en todos nuestros planos de alzados y secciones, y en los detalles constructivos o zonas más detalladas de una planta).
- Planos de carpintería o tabiquería con referencias.
- Detalles constructivos a diferentes escalas.

No hay una forma de cambiar el código de «Como se indica» por algo que nos guste más. La única manera es utilizar otro parámetro que nos haga la entrada manual. Una opción es recurrir a alguno de los parámetros de Revit que no se están usando o bien generar un parámetro nuevo. Por facilidad, utilicemos un parámetro normal (por ejemplo, quizá algunos de los parámetros de Revisiones de planos lo dejemos sin usar); si no, si queremos un parámetro nuevo y dedicado, habrá que hacer un parámetro compartido (Gestionar>Parámetros compartidos), que se guarda en un archivo .TXT fuera del documento de Revit.

Escalas gráficas y norte en planos

Una forma práctica de enfocar todos los elementos complementarios a un plano, que deben aparecer en varios planos, es hacerlos como vistas de leyenda.

Figura 26.15. Escala gráfica realizada mediante una vista de leyenda.

Una escala gráfica se hace solo dibujando, desde una vista de leyenda, las líneas, regiones y textos necesarios.

Posicionar el norte en los planos se hace con un símbolo, que se coloca en los planos necesarios.

Figura 26.16. Norte.

Importación de elementos

Es posible importar diferentes tipos de objetos en Revit, ya sea en vistas o en planos:

- **Texto.** Con el proceso clásico de Ctrl-C desde el procesador de textos, y Ctrl-V en Revit desde dentro de la orden Texto.
- **Imágenes.** Desde Insertar>Imagen o bien arrastrando y soltando.
- **Objetos CAD.** Desde Insertar>Importar CAD.
  - **PDF.** Podremos elegir la página y la resolución. Además, al activar Coordenadas aumentaremos la precisión, ya que activamos la referencia a objecto del PDF.
  - **Modelos 3D.** Revit importa archivos 3DM (Rhinoceros ®) o SKP (Sketchup ®).

Revisiones de planos

Es muy habitual utilizar revisiones de planos en proyectos grandes o con equipos de muchas personas, donde hay diversas versiones que tienen que ir documentadas. El proceso más sencillo para dejar plasmadas las diferentes revisiones es:

- Debe existir un cajetín que incluya revisiones. Esto se consigue desde dentro de la familia del cuadro de rotulación.
  - Vista>Tabla de planificación de revisiones. Elegimos los campos necesarios y se genera esa tabla.
  - Desde la tabla, en Aspecto, se indica si se rellenará de arriba abajo o de abajo arriba. Ambas soluciones son buenas, dependerá del diseño del cajetín.
  - Desde el Navegador de proyectos arrastramos la tabla de planificación al plano, y la colocamos en el sitio que nos interese; y se carga en proyecto.
- Generar revisiones en el proyecto (según se requieran). Desde Vista>Composición de plano>Revisiones. Desde esta ventana es posible ajustar y describir la revisión o revisiones necesarias. Entre los parámetros más destacables están los siguientes:

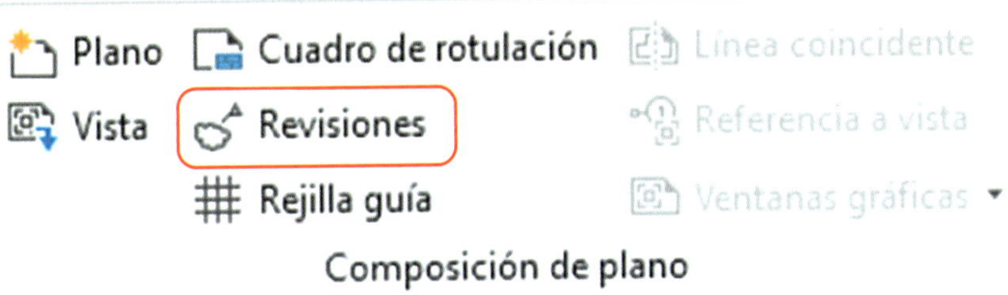

Figura 26.17. Revisiones.

- Casilla de verificación Emitida. Bloquea el resto de los parámetros para que no se puedan modificar. También impide que se borren las nubes de revisión insertadas que hagan referencia a esta revisión.
- Numeración por proyecto / por plano y secuencia de revisiones numérica o alfanumérica (personalizable).

- Colocar nubes de revisión. Desde Anotar>Nube de revisión, encuadramos la parte necesaria de una vista. Al seleccionar la nube, en sus propiedades de ejemplar se despliega a qué revisión hace referencia.

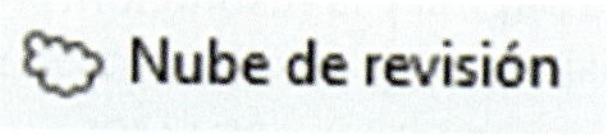

Figura 26.18. Nube de revisión.

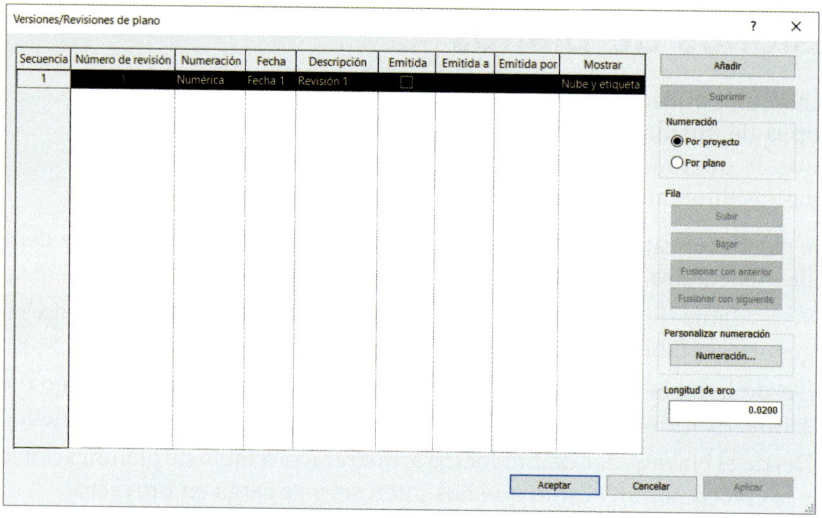

Figura 26.19. Ventana de revisión.

- Anotar las nubes de revisión.
  - Desde Anotar>Etiquetar por categoría, seleccionamos la nube y se colocará su etiqueta.
  - Si no existe etiqueta de nubes de revisión, desde Archivo>Nuevo>Símbolo de anotación, generamos una Anotación genérica.
  - Cambiamos su categoría desde el botón de Crear>Parámetros y categoría de familia, eligiendo Etiqueta de Nube de revisión.
  - Insertamos un texto de etiqueta que contenga los parámetros que nos interesen y formateamos el texto al gusto.
  - Guardamos la familia con un nombre apropiado y la cargamos en proyecto.

Al arrastrar una vista a un plano, el cajetín solo mostrará las revisiones que aparezcan reflejadas en ese plano concreto.

Monito de sección

Es un elemento muy utilizado en los planos. Para hacer uno, seleccionamos cualquier planta o sección de nuestro proyecto y duplicamos la vista, llamándola «Monito sección», por ejemplo.

Si contamos con una plantilla de vista para el monito de sección, es el momento de aplicarla; si no, una buena práctica es crearla ya, ajustando previamente el grafismo de los elementos necesarios, ocultando las categorías correspondientes, calibrando la escala de impresión y demás operaciones. En los apartados Visibilidad / Gráficos y Plantillas de vista se detallan más estos procesos.

TRUCO:

Si no queremos que en los planos de planta (o alzado) aparezca una nueva línea de sección (correspondiente a la sección que acabamos de duplicar y renombrar), cambiamos el parámetro de la paleta Propiedades, donde pone «Ocultar en escalas con detalle más bajo que», y ponemos 1:10 o cualquier medida similar.

Para ubicar el monito de sección en todas las plantas igual, recurriremos a los elementos citados antes, como:

- Una rejilla guía llamada «monito» donde tengamos localizado el punto de inserción.
- Unos planos de referencia que se anclen al borde del plano, a la rejilla guía o al cajetín.

Copiar elementos entre planos

Ciertos elementos, como tablas de planificación y leyendas, pueden copiarse entre planos para facilitar su colocación repetitiva. Si seleccionamos una leyenda o una tabla colocada en un plano (desde Revit 2020) y, desde la Cinta de opciones>Copiar al portapapeles>desplegar la orden Pegar y elegir Alineado con las vistas seleccionadas, es posible indicar en qué planos queremos colocar nuestros elementos.

27

Impresión y exportación

En este capítulo aprenderás a:

- Imprimir.
- Editar grosores de línea.
- Exportar en formatos PDF, DWG, FBX, IFC, imagen y HTML.

Los procesos de impresión y exportación son fundamentales para generar los documentos de un proyecto, tanto en formato papel como digitalmente.

Introducción

Desde Revit es posible imprimir de forma muy sencilla y automatizada. Lo primero que haremos es ponernos en el plano —o vista— que deseamos imprimir y seleccionar Archivo>Imprimir.

En la ventana que aparece hay cuatro bloques principales:

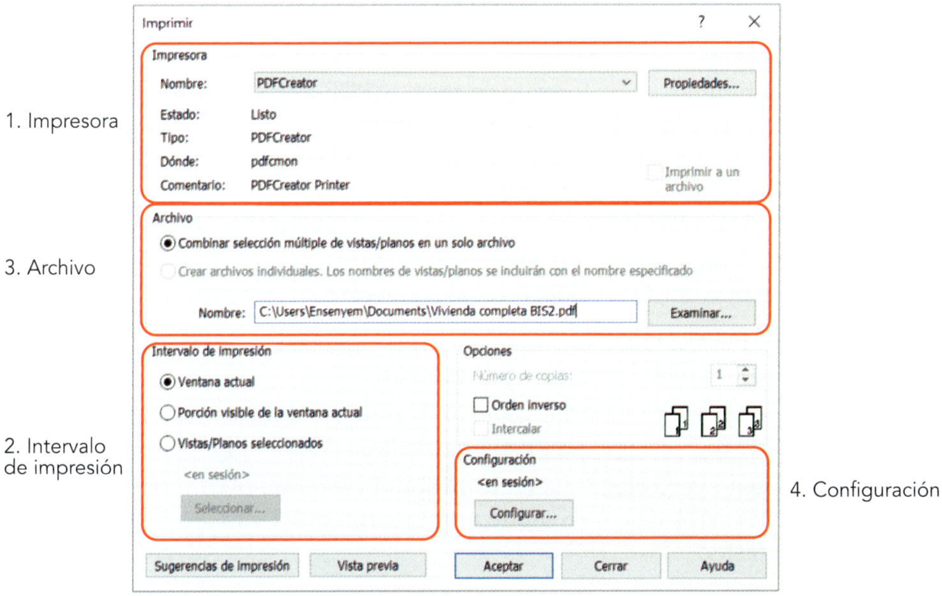

Figura 27.1. Bloques principales de la ventana Imprimir.

1. **Impresora.** Con qué impresora vamos a imprimir. Aunque puedes usar esta ventana para imprimir en PDF, si quieres emplear la impresora PDF nativa de Revit, revisa el funcionamiento en el apartado «Exportación de PDF» en este mismo capítulo.
2. **Intervalo de impresión.** Qué vistas deseamos imprimir.
   - **Ventana actual.** La ventana definida por el contorno de recorte.
   - **Porción visible de la ventana actual.** La parte que estamos viendo.
   - **Vistas / planos seleccionados.** Llegamos a una lista donde podemos filtrar por vistas 2D, 3D y planos de nuestro proyecto, para seleccionar los que queramos. Para facilitar la revisión y filtrado, puedes obtener una vista preliminar de tus planos o vistas, ordenarlos por tipo o nombre, ocultar las que no estén seleccionadas, marcar o desmarcarlas todas, e incluso Editar orden de impresión: con esta orden,

podrás elegir entre ordenarlas automáticamente según cuándo aparecen en el navegador o por número de plano; incluso manualmente, arrastrando cada vista o plano al orden que deseas. Además, desde la ventana de selección de vistas y planos, es posible guardar la selección (duplicando el conjunto de impresión y poniendo un nombre) para reutilizarla más veces posteriormente.

TRUCO:

La casilla «Ocultar vistas/planos sin marcar», si está activada, puede llevar a confusión por no encontrar ciertas vistas o planos. Aunque resulta muy cómodo tenerla activada para repasar fácilmente qué imprimiremos, es igual de efectivo desmarcarla para comprobar que no pasamos ningún plano o vista por alto.

3. **Archivo.** Si imprimimos en un formato de archivo (PDF o XPS, por ejemplo), además de indicar la ubicación de guardado, debemos elegir si todos los planos estarán en un único archivo multipágina o si cada plano tendrá su propio archivo. Recuerda que la impresión PDF suele ser mejor desde la orden Exportar PDF.
4. **Configuración.** Si pone <en sesión>, conviene que lo revisemos. Si pusiese «A3 color», podemos tener cierta seguridad de que es una configuración que previamente habremos guardado. Entremos ahí; las opciones son muy directas.
   - Tamaño del papel y orientación.
   - Colocación del papel al centro o a una esquina.
   - Zoom. Importante, hay que poner zoom 100 %, salvo que estemos creando expresamente algo escalado (por ejemplo, una copia ajustada en A3 para planos de obra).
   - Procesamiento vectorial / ráster. Es mejor el vectorial, pero si hay alguna vista con sombras arrojadas, o en modo Sombreado, procesará esa vista (y solo esa) mediante ráster.

TRUCO:

Ráster son píxeles, mientras que vectorial son vectores. A efectos de agrandar una imagen, tendrá mejor calidad y menos pérdida la vectorial.

- Calidad ráster. Si algo se imprime en ráster, pongamos Presentación: es la más alta posible.
- Ocultar contornos de recorte, cajas o planos de referencia y demás elementos. Si quisieras imprimir viendo los contornos de recorte de la vista, deberías desmarcar la opción correspondiente.
- Al aceptar, nos preguntará si queremos guardar esta configuración. Al decir que sí, podemos generar una configuración del estilo «A3 color» o «A2 B/N», para desplegarla en la parte superior en sucesivas impresiones.

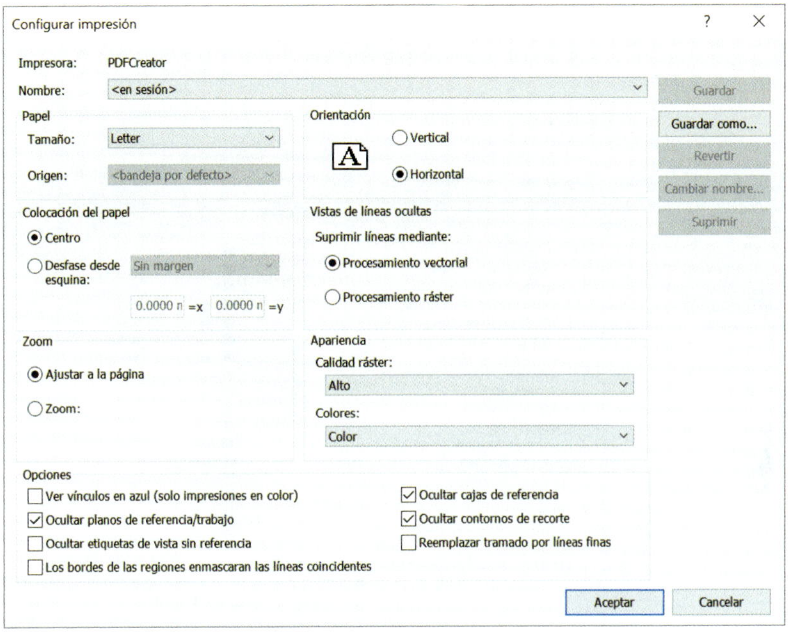

Figura 27.2. Ventana de configuración de impresión.

Grosores de línea

Uno de los puntos clave a la hora de imprimir es gestionar correctamente los grosores de línea. Se configuran desde Gestionar>Configuración adicional>Grosores de línea. Revit ha ideado un sistema de gestión de grosores de línea bastante completo y muy sencillo una vez entendido el funcionamiento. Veámoslo.

Revit asigna un grosor a cada categoría en corte, y un grosor a cada categoría en sección. Estos grosores se nombran del 1 al 16; y aunque no es necesario que vayan en orden correlativo de más fino a más grueso, parece un orden lógico y sencillo de entender. Estos grosores se controlan desde Gestionar>Estilos de objeto. Es decir, ahora ya es posible establecer que un Muro en corte tenga grosor 4, mientras que un Muro en proyección tenga un grosor 1; y así para el resto de categorías.

A cada grosor (desde Grosor 1 hasta Grosor 16) se le asigna un valor en milímetros de impresión para cada una de las escalas. El valor mínimo no es cero, son 0,025 mm.

El punto fundamental, y aquí está la clave, es que el mismo grosor de impresión no es válido para todas las escalas de un plano. Si seccionamos un muro a 1:500 buscaremos un espesor muy fino, mientras que un muro seccionado a 1:50 debería verse algo más grueso, y un muro en un detalle a 1:10 todavía más grueso. Por eso, podemos asignar al grosor 4 un valor en mm para cada escala.

En definitiva, el proceso para establecer bien los grosores de línea en Revit es:

- Desde Gestionar>Estilos de objeto, observamos o modificamos el número de grosor.

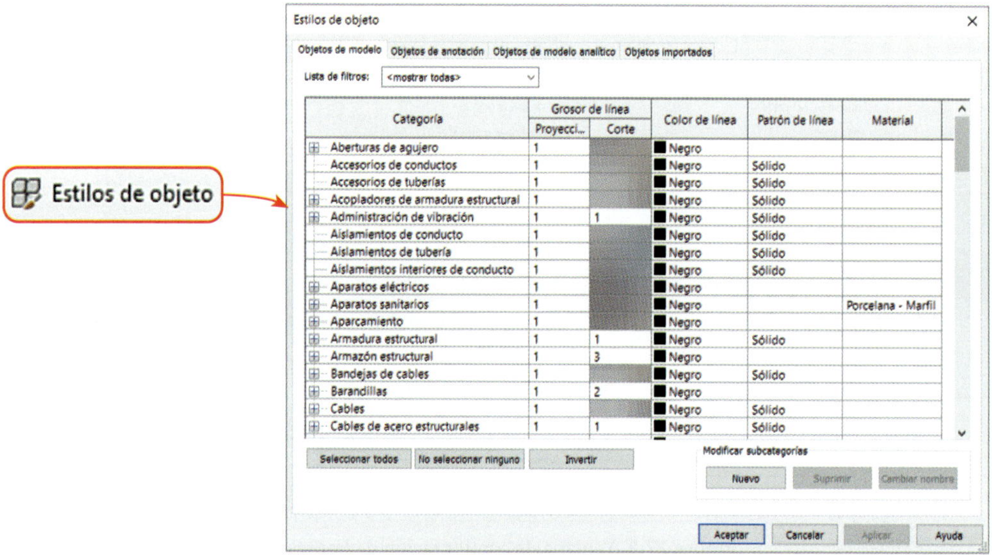

Figura 27.3. Gestionar estilos de objeto.

- Desde Gestionar>Configuración adicional>Grosores de línea, aplicamos el grosor adecuado, en milímetros, a cada una de las escalas.

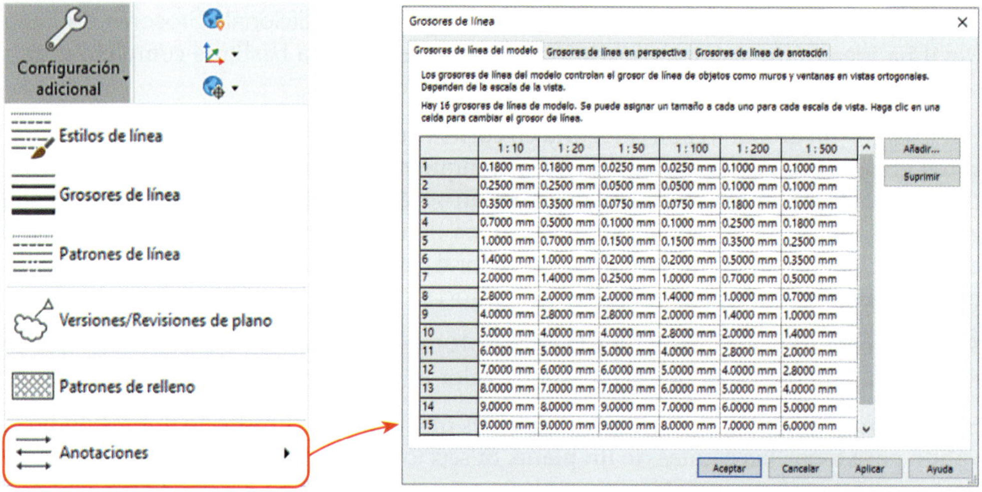

Figura 27.4. Gestionar los grosores de línea.

Exportación de PDF

Revit incorpora su propio exportador a PDF, separado del menú de impresión; se localiza tanto en Archivo>Exportar>PDF como en Archivo>Imprimir>PDF. Para quienes ya estén familiarizados con la impresión desde Revit, la ventana que aparece resultará familiar, pues contiene una reorganización de los apartados que se encuentran en el menú Imprimir.

- El intervalo de impresión aquí se llama Rango de exportación. Podemos exportar la vista actual o solo su parte visible o un listado de planos o vistas; este último se edita desde el icono de Editar representado por un lápiz, que lleva al mismo que aparece en la ventana de impresión.
- **Configuración de exportación.** Permite guardar todos los parámetros establecidos en la ventana, para automatizar el proceso de exportar a PDF en iteraciones sucesivas.
- **Archivo.** En este apartado indicamos dónde se guarda el PDF y si queremos que sea un único PDF multipágina o varios archivos independientes. Si se eligen archivos independientes, Revit incorpora un menú fantástico para configurar las reglas de nombrado de los archivos; al pulsar en el icono, aparece una ventana donde elegir qué parámetros de vista, de plano o de información de proyecto queremos que sigan nuestros diferentes elementos. Imprescindible para automatizar el proceso de nombrar cada uno de los archivos resultantes. Por ejemplo, una configuración interesante puede ser añadir, desde la parte de Información de proyecto, el Número de proyecto; tras un separador, puedes poner el Número de plano y el Nombre de plano; ambos se añaden desde la parte de Planos e incorporan sus propios separadores. Así, el plano P02 de Distribución del proyecto 310387 sería nombrado como «310387 – P02 – Distribución».
- **Tamaño de PDF.** Además de los tamaños generales de papel, te recomiendo la opción Usar tamaño de plano: Revit genera un papel PDF con el tamaño de nuestro cuadro de rotulación o plano. Por otro lado, se mantiene la opción del zoom al 100 % o Ajustar a página, aunque generalmente recomiendo zoom 100 % para no perder parte de la escala.
- **Colocación del papel.** Repite el esquema de impresión, donde podemos colocar el plano centrado en el papel o en alguno de los bordes. Si se elige Ajustar a página, este apartado no es seleccionable.
- **Orientación de papel.** Añade a los apartados habituales de horizontal y vertical, el modo Automático, que detecta cuál es el tamaño mayor y lo utiliza en consecuencia.
- **Apariencia.** Podemos cambiar la calidad de las vistas que se impriman necesariamente en ráster (por tener sombras arrojadas o degradados). Son las mismas que hallamos en Imprimir, y la que mayor calidad ofrece es Presentación.
- **Apartado Crear salida mediante.** Nos permite elegir entre vectorial y ráster. La mejor alternativa es la vectorial.
- Las opciones adicionales son las mismas que en el cuadro de impresión. Por defecto, no se imprimen los planos de referencia, los planos de trabajo, los contornos de recorte, las etiquetas de vista sin referencia ni las cajas de referencia. Para que se incluyan en la impresión, hay que anular las opciones correspondientes.

Exportación desde Revit

En un flujo de trabajo normal, es posible que debamos exportar nuestro modelo 3D de Revit —o parte de él— a otros programas. Aunque la casuística es muy amplia, nos centraremos en un rango que recoja gran parte de las posibilidades.

En Revit es posible compartir nuestro diseño fácilmente con cualquier persona, aunque no tengan Revit instalado ni conocimientos del programa. Para eso, iremos a la pestaña Colaborar y desplegaremos la orden Compartir>Vistas compartidas. Aparecerá una paleta en la que veremos qué vistas hemos compartido antes desde nuestro usuario de Autodesk y la posibilidad de generar una nueva vista compartida. Nos pedirá un nombre y, tras un breve tiempo en el que se genera y exporta la vista, tendremos listo un vínculo que podremos compartir con quien deseemos. Con ese vínculo se tiene acceso al visor *online* Autodesk Viewer, al que se accede sin necesidad de tener una cuenta de Autodesk, y donde se ven las vistas 2D o 3D y se navega por ellas.

Estos accesos duran 30 días por defecto, pero desde la paleta de vistas compartidas o desde nuestra sesión de Autodesk Viewer se prorroga la visibilidad del vínculo o se suprime. Además, si quien visita nuestro vínculo inicia sesión con su cuenta de Autodesk, podrá hacer comentarios e interactuar con nuestro diseño.

La vista es una fotografía estática de nuestro proyecto. Si tras haber compartido la vista actualizamos o modificamos de algún modo nuestro proyecto, no se reflejará en ella, sino que habría que volver a exportarla. Es, por así decirlo, un PDF *online* con capacidades 3D.

Exportación CAD 2D y 3D

Si nuestro propósito es exportar nuestro modelo 3D para seguir trabajando en un modelado externo, iremos a una vista 3D y activamos la orden Archivo>Exportar> Formatos CAD>DWG. Es la apropiada para llevarnos nuestro modelo 3D a los siguientes programas, entre otros:

- Rhinoceros®
- Sketchup®
- AutoCAD® 3D

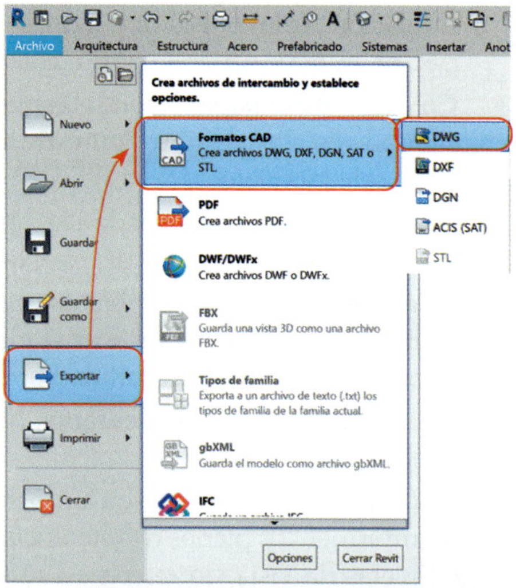

Figura 27.5. Exportar DWG.

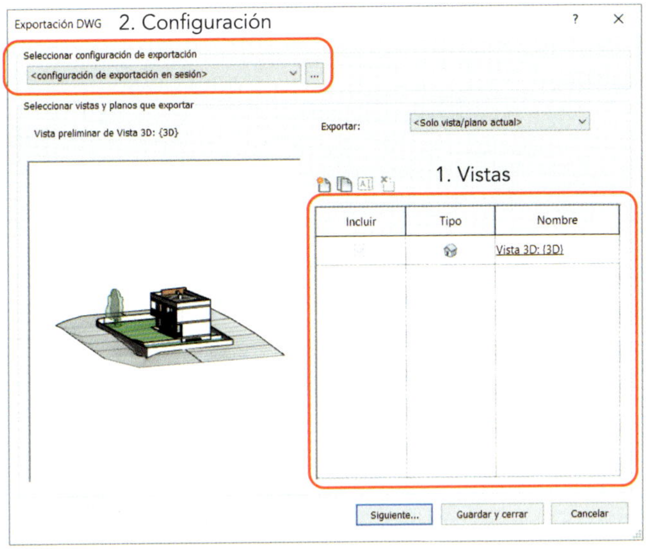

Figura 27.6. Ventana de impresión.

La configuración de exportación a formato CAD es muy importante, porque hacer un perfil adecuado dejará las opciones ya predeterminadas para las siguientes exportaciones. Una vez en la exportación de formato DWG, la ventana está dividida en dos partes.

1. Qué vistas o planos exportar, en la parte derecha. Por defecto aparece la vista actual; pero si desplegamos podremos elegir selecciones de vistas/planos que ya tuviéramos guardados en la ventana de impresión o exportación PDF, o marcar Conjunto de vistas/planos en sesión. Al seleccionar esta opción aparece la posibilidad de filtrar la lista de vistas por vistas o planos: optaremos por Todas las vistas y planos en el modelo, para que aparezca la lista completa y así escoger las deseadas, marcando cada una con su casilla de verificación. Además, con doble clic en cada vista, se visualizará una vista previa en la parte izquierda.
2. Qué configuración aplicar, en el desplegable de la parte superior izquierda. Si aquí aparece una configuración ya nombrada por nosotros, perfecto; pero si lo único que aparece es Configuración de exportación en sesión, entraremos en los puntos suspensivos y crearemos la nuestra. Vayamos a ello.

Lo primero que haremos es, en la parte inferior izquierda, seleccionar Nueva configuración de exportación y darle un nombre: por ejemplo, Exportación CAD general. Podemos generar todos los perfiles de exportación que sean necesarios: por ejemplo, según para quién vaya destinado. Vamos a plantear que la exportación es para un colaborador que no tiene demasiados conocimientos avanzados de CAD. Para entender las pestañas, empecemos de derecha a izquierda:

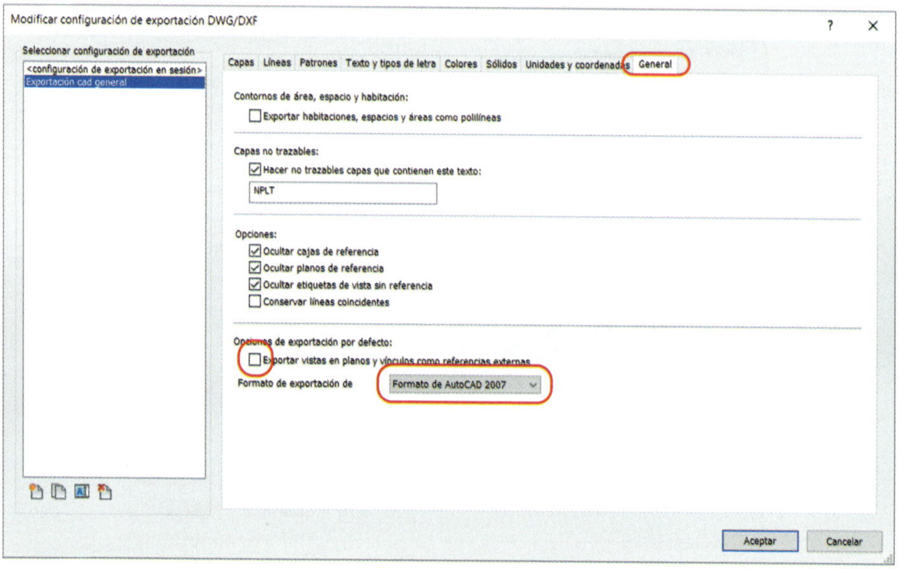

Figura 27.7. Pestaña General. Modificaciones a realizar para la exportación.

- **Pestaña General.** Dos parámetros importantes que debemos considerar.
  - **Formato de exportación.** La versión más antigua posible: funciona exactamente igual, y así evitamos que nos llamen para decirnos que no lo pueden abrir.
  - **Desmarcar Exportar vistas en planos y vínculos como referencias externas.** Aunque es interesante trabajar con referencias externas, si nuestro colaborador no trabaja con ellas o solo va a añadir algunos elementos en nuestro plano (como instalaciones, por ejemplo), no le hacemos ningún favor.
- **Pestaña Unidades y coordenadas.** Poner en metros.
- **Pestaña Sólidos.** Seleccionamos Sólidos ACIS. Es la mejor configuración para cualquier modelador 3D diferente de 3DSMAX.

El resto de pestañas se pueden quedar como están: tanto colores como patrones y tipos de línea se exportarán correctamente. Por supuesto que la pestaña Capas, la primera de todas, permite personalizar cómo se exporta cada una de las categorías de Revit, y que con un poco de trabajo conseguiremos dejarla perfecta. Pero valora si es necesario invertir tu tiempo en ajustar esa configuración. En cualquier caso, la exportación de capas predeterminada, que sigue las directrices del *American Institute of Architects* (AIA), es fácilmente comprensible si se tienen nociones de inglés.

Si, aun así, queremos renombrar la exportación de capas, tenemos todas las categorías de Revit, tanto de modelo como de anotación, con las columnas de Proyección y Corte. Debemos asignar una capa y un color a cada una de las categorías y, muy importante, a las subcategorías (desplegando las categorías).

Exportar a Excel®

Es posible exportar tablas de planificación a Excel® si entramos en una tabla y vamos a Archivo>Exportar>Informes>Tabla de planificación. La exportará en formato TXT o CSV, y las opciones por defecto serán suficientes para que, desde Excel® (o cualquier otra hoja de cálculo, como Calc), se importen los datos.

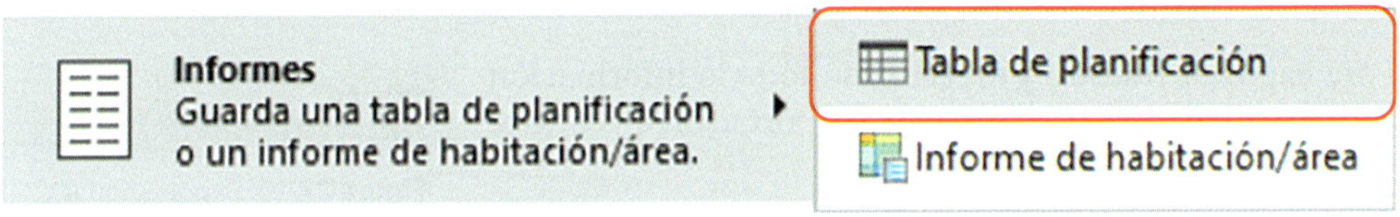

Figura 27.8. Revit / Exportar / Informes / Tabla de planificación.

TRUCO:

Si en Revit tenemos sufijos de unidades, tales como «m²» o similares, se exportarán también; y Excel® entenderá las celdas como de texto. O bien desde Revit desactivamos el sufijo de unidades (modificando la configuración de las columnas correspondientes, dentro de la pestaña Formato>Formato de campo) o bien desde Excel® utilizamos la orden Buscar/reemplazar para localizar todos los «m²» y sustituirlos por «» (vacío).

Exportación FBX

3DSMAX® dispone de dos alternativas para leer la información que llevamos desde Revit. Se hallan dentro de 3DSMAX y son las opciones:

- Link Revit
- Link FBX

Para la importación de archivos Revit, no es necesario que nosotros hagamos nada; pero si queremos facilitar el modelo en FBX, vamos a una vista 3D y a Archivo>Exportar>FBX. Especificamos si exportaremos a FBX de la versión 2015 y anteriores o solo a FBX (para las versiones nuevas).

Desde MAX se importa perfectamente la geometría 3D de Revit, lo que posibilita además indicar entre una serie de Presets cómo se agrupan los objetos en el momento de la importación:

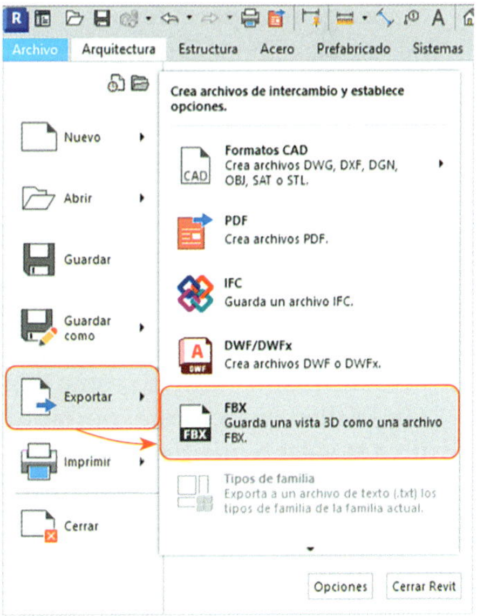

Figura 27.9. Exportar FBX.

- Por categoría.
- Por material (perfecta para renderizar).
- Por tipo de familia.
- También se puede importar como un único objeto o sin agrupar nada.

Exportación IFC

Para exportar nuestro proyecto con toda la información en 3D y categorizada usaremos la exportación IFC que se localiza en Archivo>Exportar>IFC.

Figura 27.10. Exportación IFC.

El estándar IFC (*Industry Foundation Class*) persigue la interoperabilidad entre diferentes plataformas BIM. Por ejemplo, un proyecto de ArchiCAD® o Sketchup® puede importarse mediante IFC, para que Revit reconozca las categorías de muro o pilar, entre otros. Del mismo modo, un proyecto de Revit podría enviarse a otra plataforma mediante IFC. Estos elementos no serán editables habitualmente, sino solo visibles y cuantificables.

El proceso de estandarización de la información pasa por un modelo abierto y bidireccional. IFC ofrece ambas funcionalidades.

Para trabajar correctamente la exportación IFC, el punto clave es hacer un mapeo de elementos: asegurarse de que cada elemento de Revit, ya sea como categoría, tipo o ejemplar, se exporta a la clase IFC correspondiente.

- **Mapeo general por categorías.** Desde Archivo>Exportar>Opciones>Configuración de exportación IFC escogerás a qué clase IFC se corresponde cada categoría de Revit, o si no se exporta.
- **Mapeo por tipos.** Seleccionando un elemento y, entrando en la orden Editar tipo, en el comando Exportar a IFC se elige si se exportará Por defecto (según el mapeado de categorías anterior), o si SÍ o NO se exportará. No solo eso, sino que también existe la opción de cambiar la clase IFC de ese tipo de Revit desde el apartado Exportar a IFC como, o incluso el tipo predefinido de IFC.
- **Mapeo por ejemplar.** Cada elemento tiene, en la Paleta de propiedades, las mismas opciones de exportación que desde el tipo, con la posibilidad de personalizar al máximo cómo exportar elemento a elemento. Esto puede resultar muy útil si queremos exportar algo puntual a una clase diferente. Por ejemplo, un antepecho que hemos modelado desde un muro general y nos interesa que se exporte como un «IFCWall» de tipo «PARAPET».

Exportar imagen

Es posible guardar cualquier vista de nuestro proyecto como un archivo de imagen. Para ello, iremos a Archivo>Exportar>Imágenes y animaciones>Imagen. En la ventana que aparece tendremos en cuenta los siguientes aspectos:

- **Tamaño de imagen.** Pongamos un número de píxeles suficiente.
- **Formato.** JPG (sin pérdida) o PNG.

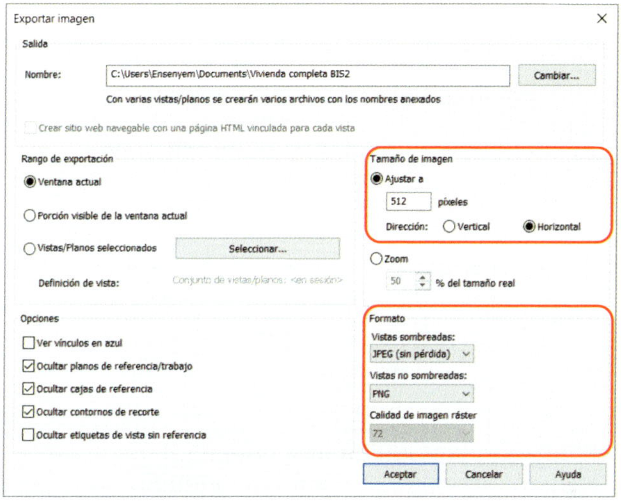

Figura 27.11. Exportar imagen.

Exportación en HTML

Revit permite exportar las vistas y planos del proyecto en formato HTML, para su inclusión en una página web. Para ello, haremos lo siguiente:

1. Archivo>Exportar>Imágenes y animaciones.
2. Especificar un nombre y una dirección para el archivo HTML.
3. Marcar Vistas / planos seleccionados y elegir los deseados en la ventana Seleccionar.
4. Marcar la casilla Crear sitio web navegable con una página HTML vinculada para cada vista.
5. Ajustar el tamaño de imagen a unas dimensiones correctas (1000 px es suficiente).
6. Marcar la calidad de las vistas como JPG – sin pérdida o PNG.
7. Aceptar.

Esto genera un archivo HTML y una carpeta que contiene las imágenes. Con algo de conocimientos de HTML y CSS se modifica la hoja de estilos para personalizarla a nuestro gusto o necesidad.

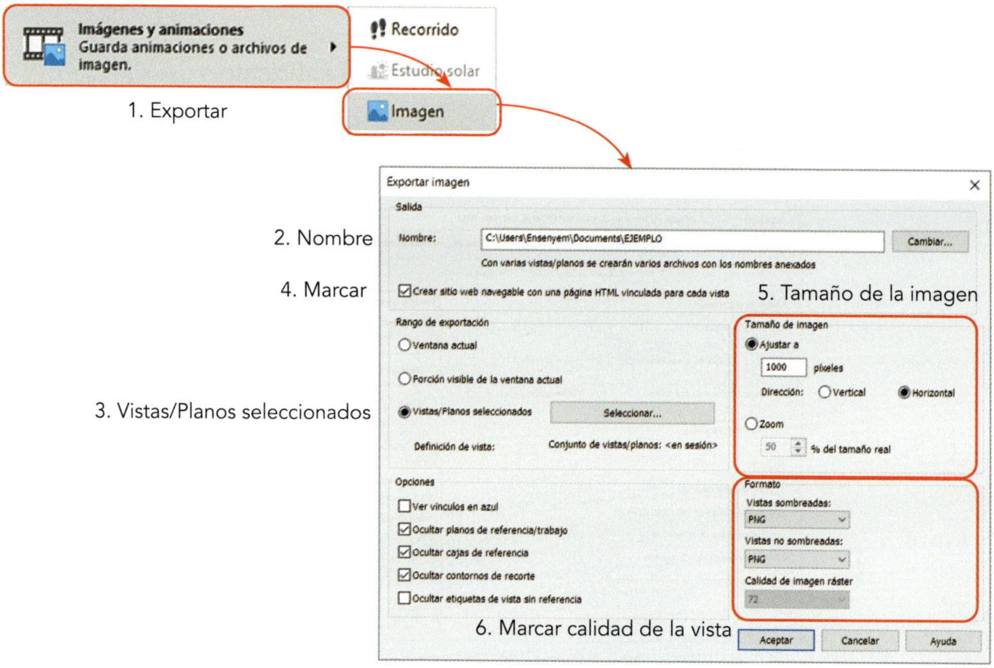

Figura 27.12. Proceso para exportar en HTML.

28

Detalles constructivos

En este capítulo aprenderás a:

- Hacer esquemas o monitos de planta y de sección.
- Generar vistas de detalle, editar su profundidad y recortarlas.
- Ajustar el grafismo de un elemento.
- Hacer líneas de detalle, aislamientos, regiones de máscara y rellenadas.
- Editar estilos y patrones de línea.
- Usar las funciones perfil de corte, líneas ocultas y buscar y reemplazar texto.
- Usar componentes de detalle y componentes de detalle repetidos.
- Escribir textos con directrices y caracteres especiales.
- Etiquetar materiales.
- Emplear los recortes de anotación y las vistas de diseño.

Aunque el nombre de esta sección se llame «Detalles constructivos», todo lo que se expone aquí se aplica a cualquier vista del proyecto; los detalles se usan como un medio para explicar cómo anotar, detallar y documentar cualquier vista. Y el proceso que va a quedar reflejado es similar al que deberíamos usar para elaborar uno o varios detalles constructivos desde cero.

Esquema o monito de sección

Lo primero, a la hora de generar unos detalles constructivos, es tener un *keyplan*, plano guía, esquema, monito de sección o, en algunos casos, de planta, desde el cual partir. Para ello, seleccionamos cualquier sección de nuestro proyecto y duplicamos la vista, llamándola «Monito sección», por ejemplo.

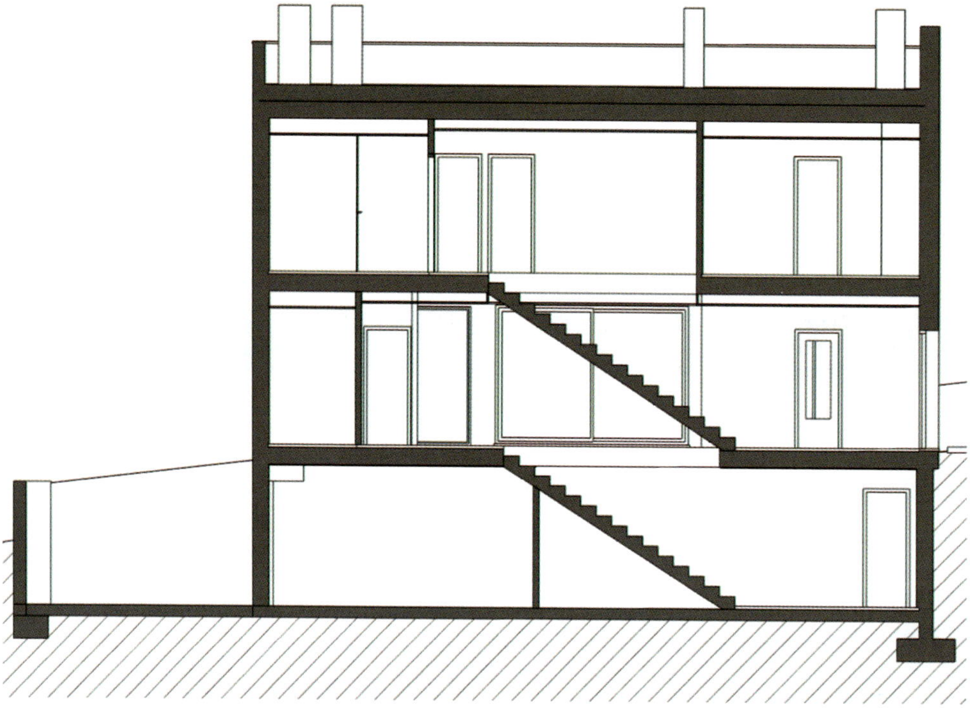

Figura 28.1. Monito de sección.

Si tenemos una plantilla de vista para el monito de sección, es el momento de aplicarla; si no, una buena práctica es crearla ya: ajustar previamente el grafismo de los elementos necesarios, ocultar las categorías correspondientes, calibrar la escala de impresión y realizar las demás operaciones.

Ocultar la sección de monito en planta

Para que la sección que hemos generado —y que hace las veces de monito de sección— no se vea en planta, debemos seleccionarla y, en la paleta Propiedades, modificar el parámetro Ocultar en escalas con detalle más bajo que, poniendo un valor muy extremo: 1:10 o cualquier escala similar. Así no veremos la línea de sección en ninguna planta que esté dibujada a una escala más pequeña que esa.

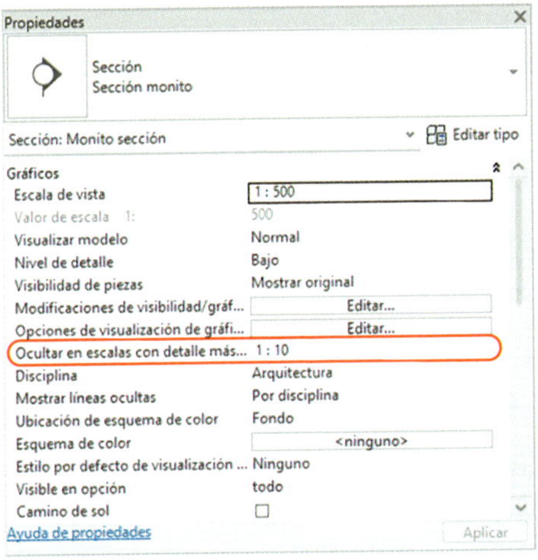

Figura 28.2. Ocultar en escalas con detalle más bajo que.

TRUCO:

La operación Ocultar en detalle más bajo que también sirve para alzados; y nos permitiría ocultar en planta, por ejemplo, los símbolos de alzados interiores.

Si, además, queremos agrupar esta sección junto al resto de detalles constructivos, una vez hecha la línea de sección, podemos cambiarla desde el selector de tipo a Vista de Detalle.

Generar vistas de detalle

Para generar vistas de detalle, iremos a Vista>Llamada y generaremos un rectángulo para cada detalle, con la precaución de que en el selector de tipo esté activado «Vista de detalle 1» y no «Sección 1», para que vaya colocando cada vista en la categoría Vistas de detalle dentro del Navegador de proyectos.

Dentro de cada una de estas vistas, la región de recorte equivale al rectángulo inicial que hemos dibujado, y están enlazados: al modificar una, varía el otro. También es momento de establecer nivel de detalle alto, escala 1:20 (por ejemplo) y modo de visualización de líneas ocultas.

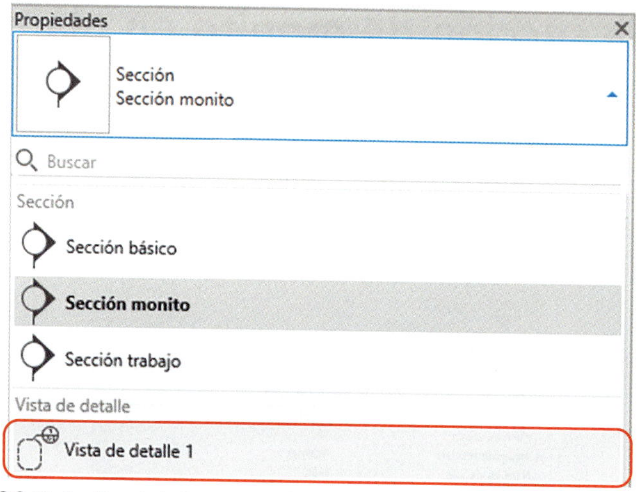

Figura 28.3. En las Propiedades, comprobamos que está seleccionada Vista de detalle 1.

Profundidad de las vistas de detalle

La profundidad de las vistas de detalle es, por defecto, la misma que la de la sección principal, y eso por lo general no es lo que queremos. En un detalle constructivo es más habitual representar una rodaja muy fina, una porción con apenas profundidad de la sección. Para conseguir esto, hay que cambiar el parámetro de la paleta Propiedades llamado Configuración de delimitación lejana, y no utilizar Igual que en la vista principal, sino Independiente; entonces podrás modificar el valor numérico del campo superior Desfase de delimitación lejano a, por ejemplo, 50 cm o 1 m.

Antes de empezar a añadir elementos es conveniente que, con Visibilidad/Gráficos, filtros o plantillas de vista, modifiques y ajustes el grafismo de los elementos a tu elección. Si lo que quieres es modificar el grafismo de un único elemento, con el botón derecho>Modificar gráficos en vista>Por elemento también puedes hacerlo.

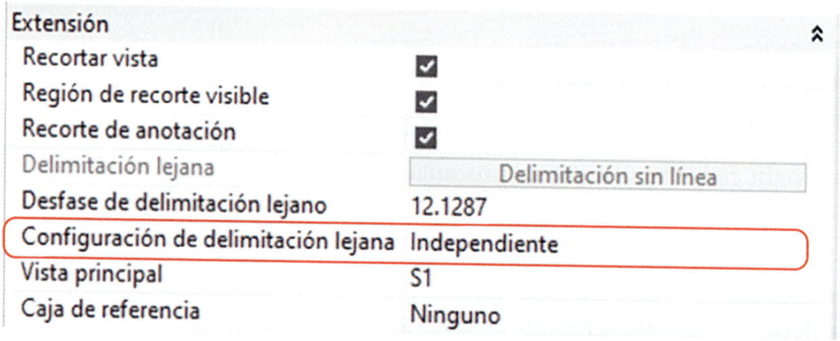

Figura 28.4. Configuración de delimitación lejana.

Recortar una vista de detalle

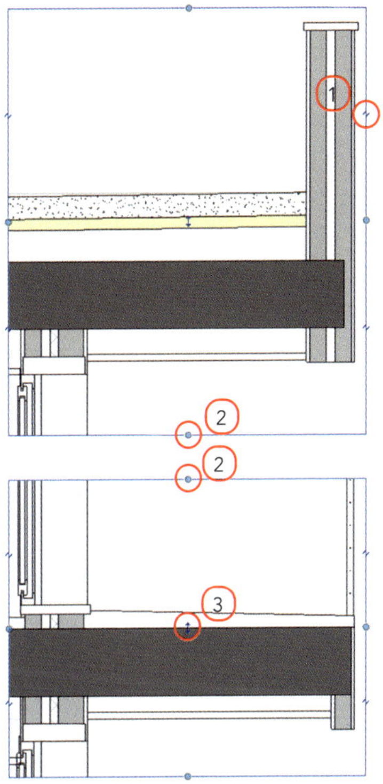

Figura 28.5. Recorte de vista.

Si la vista de detalle que hemos escogido abarca varios niveles o plantas, es más que probable que no quepa en un formato estándar por ser demasiado grande. La solución habitual en dibujo técnico es dividir y recortar la vista para obviar las partes repetitivas o sin interés constructivo; en Revit es posible hacer lo mismo. Para ello, seleccionamos la Región de recorte y localizamos los símbolos de discontinuidad (1) que aparecen. Con un clic sobre uno de los símbolos de la línea vertical, dividiremos el detalle en dos; con los pinzamientos de bola azul (2) movemos el ámbito de las dos piezas y repetimos esta operación tantas veces como sea necesario hasta tener nuestros «subdetalles» perfectamente colocados.

Por último, si lo que necesitamos es «acercarlos» entre sí, es posible hacerlo tocando la región de recorte y localizando una flecha vertical (3) con dos sentidos en el centro justo de cada una de las ventanas: al desplazar esta flecha, la ventana entera se mueve sin modificar el interior (salvo si se junta con otra ventana, entonces se pierde el recorte entre ambas).

Ajustar el grafismo de un elemento

Aprendamos desde aquí los 5 niveles de modificación de grafismo, porque en Revit se requiere ajustar y personalizar el grafismo de cada elemento para adecuarlo a nuestro modo de representar los planos. Aquí hay una lista, en el orden que recomiendo seguir (de más a menos probable), y que permitirá resolver gran parte de las cuestiones relacionadas con el grafismo en Revit.

- **Editar tipo.** Algunas de las opciones de visualización se controlan desde aquí. Por ejemplo, todo lo referente al grafismo de niveles o de rejillas (color de línea, patrón, símbolo de extremo) se gestiona desde Editar tipo. Otros elementos, como las secciones, tienen aquí alguna parte (el tipo de extremo final, por ejemplo), pero no todo.
- **Visibilidad / Gráficos.** Modificaremos el grafismo exclusivamente para una vista. Probablemente sea lo que necesitamos para configurar una plantilla de vista.
- **Gestionar>Estilos de objeto.** Controla cómo se representa por defecto cada categoría de Revit, tanto de modelo como de anotación. Por ejemplo, el tipo de Línea de sección o de Contorno de llamada se modifica desde este comando.
- **Gestionar>Configuración adicional.** Desde este desplegable configuraremos los patrones, estilos y grosores de línea (o las puntas de flecha, entre otros).

- **Editar familia.** Ciertos elementos cuentan con familias asociadas que no se editan directamente (como el título de una vista de plano, la burbuja de una rejilla o el extremo de un nivel) y debemos localizarlas en el Navegador de proyectos para editarlas con el botón derecho y modificarlas desde el editor de familias.
- **Filtros.** El método más avanzado y preciso son los filtros de vista. Accesibles tanto desde Visibilidad/Gráficos, en la pestaña llamada Filtros, como desde Vista>Filtros, permiten generar una serie de «reglas» a partir de propiedades de tipo y reglas lógicas.

En este caso particular, para editar los contornos de llamada para adecuarlos a nuestro gusto, lo hacemos en tres fases. Por un lado, desde Editar tipo, ponemos el radio de esquina a cero e incluso desactivamos la etiqueta de vista; en segundo lugar, desde Estilos de objeto> Anotación>Contorno de llamada, cambiamos el color y el patrón de línea. Y, por último, para editar la etiqueta de vista, lo haremos editando la familia desde el Navegador de proyectos.

Líneas de detalle

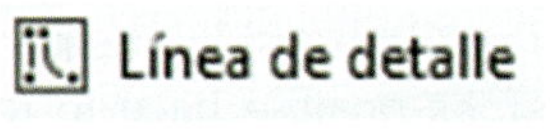

Con la orden Anotar>Líneas de detalle, es posible dibujar líneas 2D exclusivas de esta vista, usando cualquiera de los bocetos disponibles (línea, arco, círculo, rectángulo o *spline*, entre otros).

Las líneas de detalle se ven solo en la vista donde se han creado, a diferencia de las Líneas de modelo, que se ven en cualquier vista, incluso una vista 3D. Revit brinda la opción de convertir un tipo de línea en el otro, y viceversa: solo hay que seleccionar las líneas e ir a Cinta de opciones>Convertir líneas.

TRUCO:

Si se selecciona una mezcla de líneas de modelo y detalle antes de ejecutar la orden, Revit nos preguntará si queremos convertirlas todas a líneas de modelo o a líneas de detalle.

Con las líneas podemos elegir un estilo de líneas (líneas finas – líneas ocultas – etc.) para grafiar lo que necesitamos. Por ejemplo, con líneas ocultas podemos representar la malla de fibra de vidrio que se coloca en el enfoscado, en el ámbito del frente del forjado, o marcar el recorrido que sigue la impermeabilización del muro en contacto con el terreno.

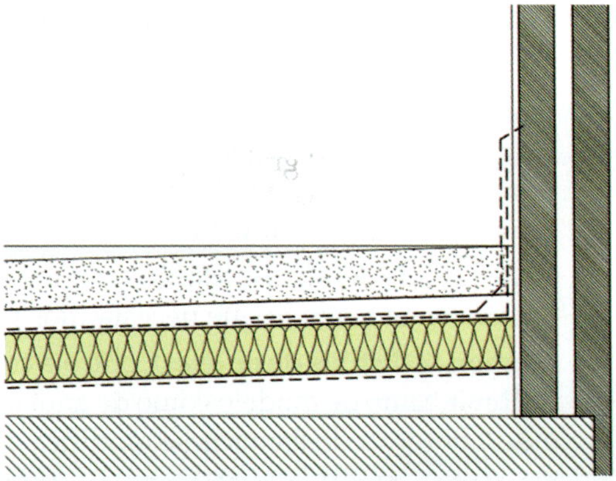

Figura 28.6. Líneas de detalle como impermeabilización.

Estilos de línea y patrones de línea

Un estilo de línea en Revit es la combinación de un patrón, un color y un grosor. Por tanto, si creamos un estilo de línea llamado accesibilidad, de Color>azul, Grosor>1 y Patrón de línea>Líneas ocultas, podremos utilizarlo siempre que queramos, tanto en líneas de modelo como de detalle.

Empecemos, pues, creando un patrón de línea. Para ello, vamos a Gestionar>Configuración adicional>Patrones de línea. Si seleccionamos uno nuevo, tras ponerle un nombre veremos que hay una casilla donde comenzar nuestro patrón con un trazo o un punto. Hay que indicar en la casilla de la derecha la longitud real impresa de dicho trazo, en milímetros (si es un punto no hay que poner ningún valor). Seguidamente podremos poner un espacio, con una distancia concreta, y así sucesivamente. Es decir, con Revit haremos los tipos de línea que siempre hemos deseado, de la forma más fácil imaginable.

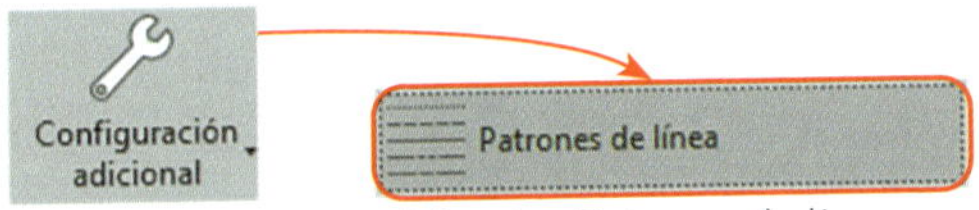

Configuración adicional + Patrones de línea

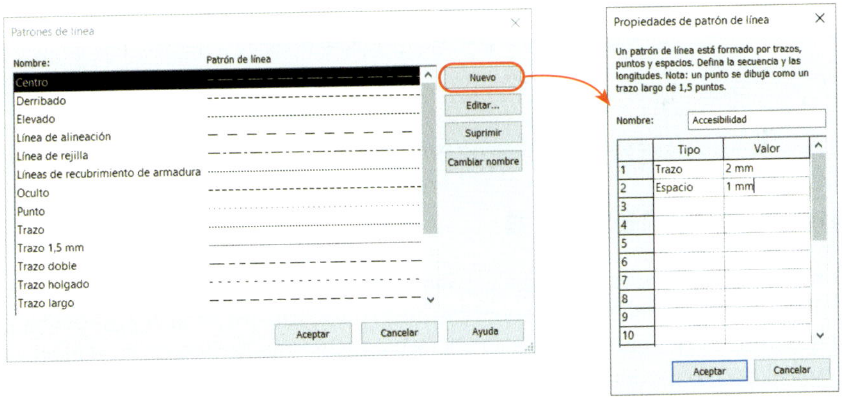

Creamos un nuevo patrón de línea y especificamos sus dimensiones

Figura 28.7. Proceso para crear patrones de línea.

Para crear un estilo de línea, iremos a Gestionar>Configuración adicional>Estilos de línea. En el botón Nuevo designaremos un nombre, y pondremos un grosor, un color y uno de los patrones de línea que hay en Revit. De todos los estilos de línea que aparecen, los que están entre corchetes son estilos de sistema, y no se pueden eliminar.

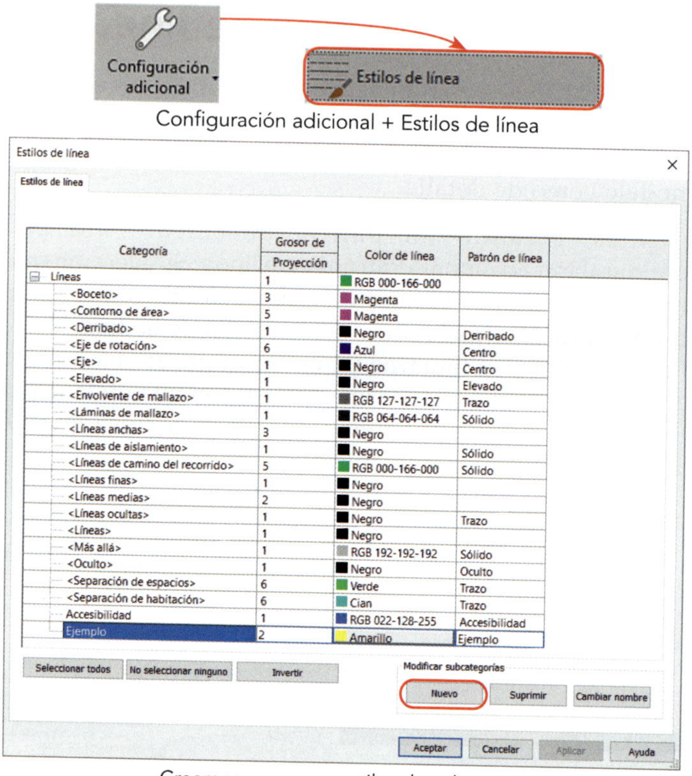

Categoría	Grosor de Proyección	Color de línea	Patrón de línea
Líneas	1	RGB 000-166-000	
<Boceto>	3	Magenta	
<Contorno de área>	5	Magenta	
<Derribado>	1	Negro	Derribado
<Eje de rotación>	6	Azul	Centro
<Eje>	1	Negro	Centro
<Elevado>	1	Negro	Elevado
<Envolvente de mallazo>	1	RGB 127-127-127	Trazo
<Láminas de mallazo>	1	RGB 064-064-064	Sólido
<Líneas anchas>	3	Negro	
<Líneas de aislamiento>	1	Negro	Sólido
<Líneas de camino del recorrido>	5	RGB 000-166-000	Sólido
<Líneas finas>	1	Negro	
<Líneas medias>	2	Negro	
<Líneas ocultas>	1	Negro	Trazo
<Líneas>	1	Negro	
<Más allá>	1	RGB 192-192-192	Sólido
<Oculto>	1	Negro	Oculto
<Separación de espacios>	6	Verde	Trazo
<Separación de habitación>	6	Cian	Trazo
Accesibilidad	1	RGB 022-128-255	Accesibilidad
Ejemplo	2	Amarillo	Ejemplo

Figura 28.8. Proceso para crear un estilo de línea.

Región de máscara

El siguiente nivel en la documentación del detalle es Anotar>Región de máscara. Consiste en hacer un boceto de un contorno poligonal continuo y cerrado que, una vez aceptado, ocultará lo que hay dentro de él. Equivale en CAD a la orden Cobertura (o *wipeout*, en inglés). Además, si editamos el boceto, podemos cambiar el estilo de las líneas del contorno de la región de máscara. Por ejemplo, el estilo Líneas invisibles hará que las líneas no aparezcan. Con Región de máscara se puede dibujar y documentar, por ejemplo, un rodapié para el pavimento en un detalle constructivo, sin tener que modelar todos los rodapiés del proyecto.

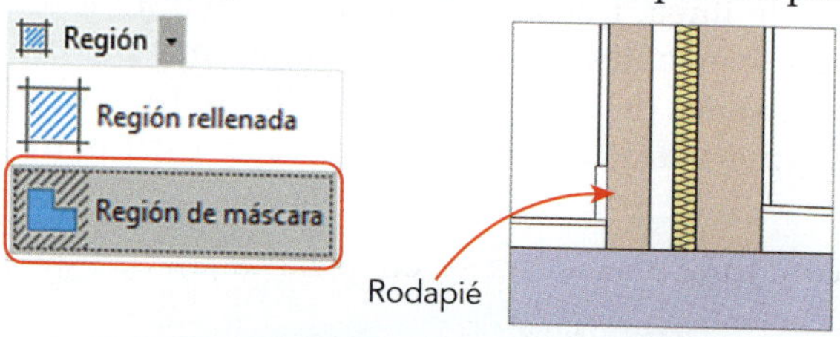

Figura 28.9. Rodapié con región de máscara.

Ordenar elementos

A partir de dibujar elementos de detalle, es posible establecer un orden de impresión, muy similar a como se realizaba en CAD. Una vez seleccionado un elemento de detalle, marcaremos Poner en primer plano o Enviar al fondo, por ejemplo. Los elementos de detalle siempre aparecerán por encima de los de modelo.

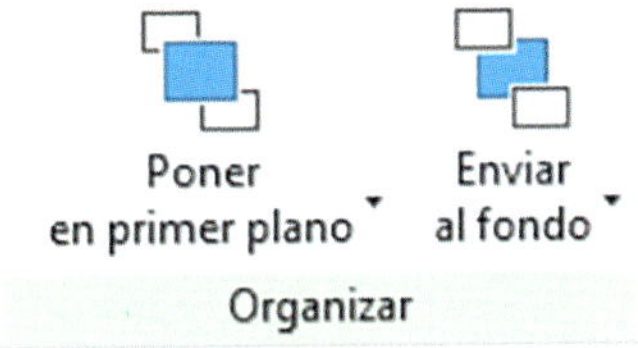

Figura 28.10. Ordenar elementos.

Región rellenada

Muy similar a la Región de máscara, Anotar>Región rellenada tiene la particularidad de utilizar sombreados, y cuenta con estas tres opciones:

- El patrón de sombreado que llevará dentro.
- El color de ese patrón de sombreado.
- Si el patrón es opaco o transparente.

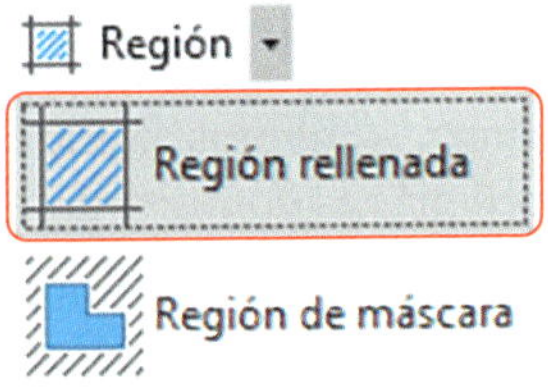

Figura 28.11. Región rellenada.

Con la región rellenada podremos dibujar, por ejemplo, un dintel prefabricado para la ventana. Del mismo modo que en la región de máscara, las líneas de contorno adquieren el estilo que deseemos.

Aislamiento

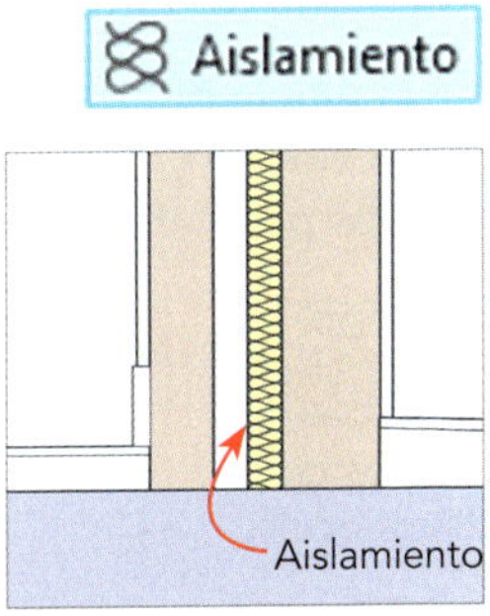

Figura 28.12. Aislamiento.

Para simular el grafismo americano de una capa de aislamiento, con Anotar>Aislamiento lo haremos sin esfuerzo; es un detalle basado en línea que solo obedece a estos factores:

- Línea de ubicación; a centro, lado cercano o lejano.
- Anchura del aislamiento.
- Relación de curvatura (a número más alto, malla más densa).

Perfil de corte

Vista>Perfil de corte sirve para modificar, aparentemente (y solo en una vista), el contorno de una cara de un elemento. Por ejemplo, para que una albardilla rectangular tenga dos aguas o un goterón, seleccionamos la orden y tocamos el elemento; debemos dibujar un contorno continuo que empiece y acabe en la línea de contorno de la cara (que ahora está de color naranja). La flecha indica hacia qué lado estará la parte «sólida».

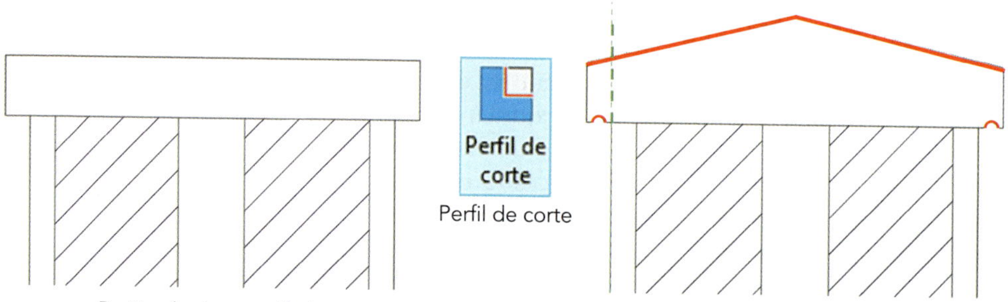

Figura 28.13. Proceso para simular una albardilla (en una vista) partiendo de un muro apilado.

Líneas ocultas

Tanto si hemos tapado parte de nuestro proyecto mediante regiones de máscara o rellenadas como si un elemento de modelo está tapando otro y nos interesa indicar su existencia (por ejemplo, una encimera tapando el componente de una lavadora), la orden Vista>Mostrar líneas ocultas es lo que necesitamos. Hacemos clic en la orden, en el elemento tapador y finalmente en el elemento que queremos ver, y así se visualizarán las líneas ocultas. El paso inverso es la orden Vista>Eliminar líneas ocultas.

Las líneas ocultas que se muestran obedecen a un estilo definido. En la orden Gestionar>Estilos de objeto aparecen todas las categorías de modelo y, al desplegarlas, la subcategoría Líneas ocultas contará con un color, un grosor y un patrón de línea asignado, configurable y modificable.

En la paleta Propiedades de vista, se controla la visibilidad de líneas ocultas por defecto y hay varias opciones: Por disciplina, Todo o Ninguno. Si ponemos Por disciplina, estarán ocultas por defecto en las disciplinas o Coordinación, y visibles en el resto.

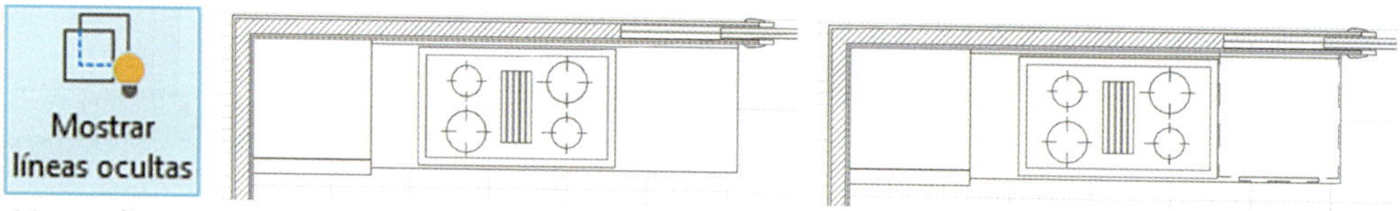

Figura 28.14. Líneas ocultas.

Tipo de línea

Esta orden se halla en la pestaña Modificar, y es en extremo potente. Su nombre en inglés me parece muy acertado y descriptivo de lo que hace: *linework* o «trabajo de líneas». Se usa para la valoración de líneas. Al seleccionar la orden, es posible elegir un estilo de líneas y aplicarlo a las líneas que vayamos seleccionando; incluso contamos con Líneas invisibles si no queremos que se muestre.

Para dejar las líneas de nuevo en su categoría, con la misma orden y gracias a Estilo de línea>Por categoría, Revit dejará las líneas como estaban antes. Con esta orden eliminamos ciertas líneas no deseadas o, por ejemplo, cambiamos una línea continua de una capa de cubierta a una discontinua para indicar que por ahí hay una lámina geotextil.

Otra utilidad interesante de la orden Tipo de línea es la de ver líneas en proyección superior. Por ejemplo, grafiar en planta baja la proyección de las líneas de un balcón en planta primera o indicar la posición de un hueco de doble altura. Para ello:

- Desde la vista en planta, colocamos como subyacente el nivel en el que se verían las líneas que queremos grafiar (si ponemos como subyacente el mismo nivel, Revit se encarga de poner la orientación de techo de forma automática).
- Con la orden Tipo de línea, marcamos el estilo que deseamos y seleccionamos una a una las líneas que queremos que se vean. En cada una de ellas, activamos los pinzamientos para conseguir que la modificación afecte a solo una parte.
- Desactivamos el subyacente; Revit mantiene las líneas que hemos modificado. Además, esas líneas no son elementos de detalle independientes, sino que hacen referencia directa al balcón o elemento real, con lo que, si se cambia el original, de forma automática se modificarán aquí también.

Figura 28.15. Proceso para representar las líneas de proyección superior.

Componentes de detalle

Del mismo modo que en CAD insertamos bloques concretos, como un ladrillo hueco o una vigueta, en Revit se insertan Componentes o Elementos de detalle, desde Anotar> desplegando Componente>Componente de detalle, y en la Cinta de opciones>Cargar familia>Elementos de detalle. Estos detalles están a escala real —igual que nuestro dibujo de Revit—, de manera que no nos preocuparemos nunca por la escala: se insertarán correctamente.

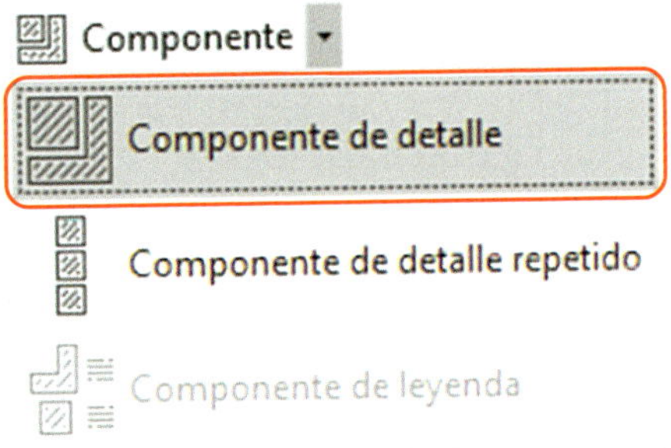

Figura 28.16. Componente de detalle.

Son muy útiles para insertar un sumidero de cubierta o un falso techo más detallado que las meras dos líneas que definen el nuestro, un perfil de ventana o incluso un ladrillo hueco para representar toda la fachada con él.

Si el detalle que queremos no está, lo haremos nosotros. Y este es el procedimiento: Archivo>Nuevo> Familia>Elemento de detalle métrico. Dentro de esta ventana dibujaremos en milímetros, sin olvidar que la intersección de los dos planos de referencia es el punto de inserción de nuestro elemento de detalle (o, según la nomenclatura de CAD, nuestro bloque). Podremos hacer uso de todas las técnicas que hemos aprendido hasta ahora (como regiones de máscara o rellenadas, para hacer detalles opacos o con textura) e incluso insertar líneas desde CAD, si fuera necesario. Al terminar, guardamos el elemento de detalle (con nombre apropiado) y lo cargamos en el proyecto.

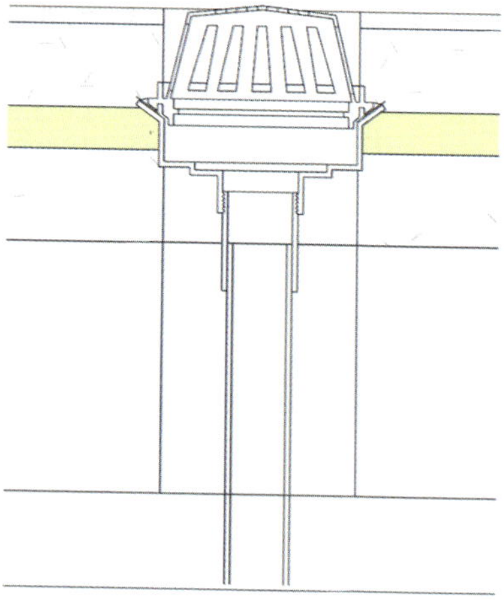

Figura 28.17. Ejemplo de componente de detalle.

Componente de detalle repetido

Si hemos generado un componente de detalle susceptible de ser repetido muchas veces (como, por ejemplo, un ladrillo hueco de 7 cm que nos interesa que se repita por toda la sección de la fachada, o una combinación de vigueta más bovedilla que debe recorrer todo el forjado), en Anotar>desplegando Componente de detalle>Componente de detalle repetido, encontraremos la solución.

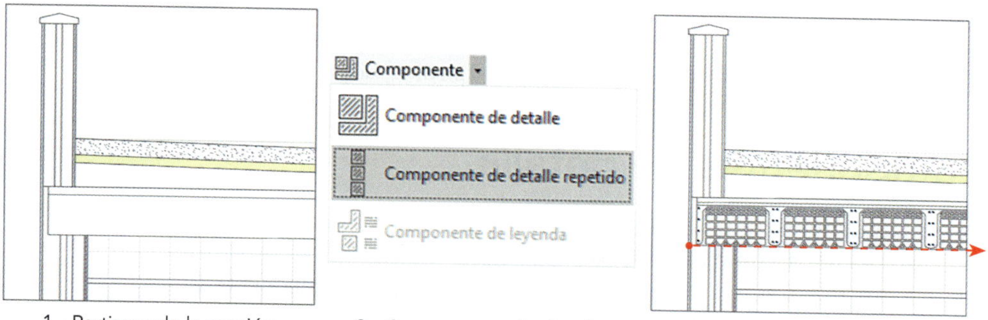

1.- Partimos de la sección

2.- Componente de detalle repetido

3.- Clic en el punto inicial y clic en el punto final

Figura 28.18. Proceso para simular un forjado con viguetas y bovedillas en detalle.

Esta orden funciona del mismo modo que las líneas de aislamiento, pero genera detalles repetidos a partir de los nuestros. Las opciones de tipo (que duplicaremos para crear todos los que necesitemos) constan de:

- **Detalle.** Elemento de detalle base para repetir.
- **Rotación de detalle.** Define la orientación: ninguno, 90° izquierda o derecha.
- **Diseño** (reglas de colocación).
    - **Rellenar espacio disponible** (seguidos uno detrás de otro; el que utilizaremos para ladrillo más junta).
    - **Distancia fija** (cada x cm; es el que recomendado para vigueta más bovedilla, por ejemplo).
    - **Espaciado máximo** (reparte los detalles para que la distancia entre ellos sea menor de x cm; por ejemplo, para los tirantes de un falso techo).
    - **Número fijo** (reparte x detalles en la línea que dibujemos).
- **Interior.** Si está marcado, el último detalle repetido aparece solo si la línea lo alberga entero. Si no está marcado, Revit inserta el siguiente elemento repetido tan pronto como sobre un poco de línea.

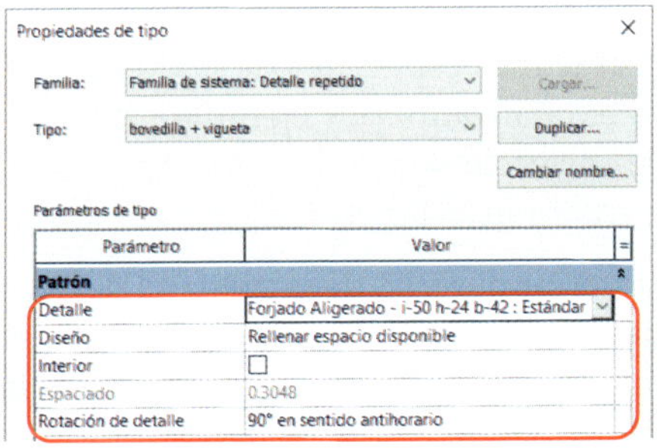

Figura 28.19. Propiedades de tipo de los elementos de detalle repetidos.

Con esta orden rellenamos, muy fácilmente, cualquier ámbito del plano que de otra manera sería tedioso y muy largo:

- Frente de forjado con vigueta, bovedilla e incluso la parrilla de armado superior.
- Ladrillos de diferentes métricas.
- Tirantes de los falsos techos.
- Perfil de un forjado reticular con casetones (esto no es posible hacerlo con la herramienta de Plataforma estructural porque debemos ver el mismo en ambos lados y además controlar cuándo se representa macizado por los pilares).

Textos y directrices

Mediante la orden Anotar>Texto generamos textos para cualquier tipo de anotación manual que se deba añadir. Por ejemplo, si hemos dibujado un rodapié o la línea de malla de fibra de vidrio, es buena opción describirlo mediante un texto.

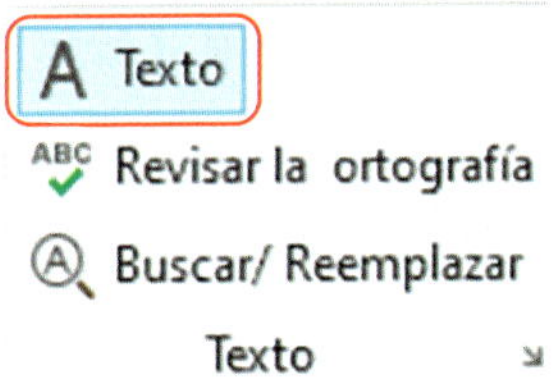

Figura 28.20. Texto.

Los textos incorporan la posibilidad de usar directrices, para indicar a qué elemento hace referencia nuestra anotación. Estas directrices se pueden colocar desde el principio o si se selecciona un texto ya colocado y se hace clic sobre cualquiera de los botones de añadir directriz de la Cinta de opciones. De un mismo texto pueden salir una directriz o varias, tanto rectas como en arco, hacia ambos lados.

Figura 28.21. Ejemplos de tipos de directrices en texto.

Es posible organizar correctamente la posición de la directriz respecto al texto: centrada, alineada por su parte superior o por la inferior.

Hay más información sobre cómo funcionan las directrices en Revit en el capítulo 25, «Etiquetar y anotar».

Caracteres especiales

Para insertar símbolos o caracteres especiales de texto en Revit (como los símbolos de diámetro o una elevación al cuadrado, por ejemplo), iremos a la aplicación Mapa de caracteres de Windows. Ahí seleccionamos de entre todos los que hay disponibles el que nos interese y lo copiamos, para insertarlo en nuestro texto.

Si nos fijamos en la parte inferior derecha de la ventana del Mapa de caracteres, cuando un carácter concreto está seleccionado, nos indica con qué combinación de teclas podríamos copiar esto siempre que queramos. Siempre es la tecla Alt (a la izquierda de la barra espaciadora) y cuatro dígitos (en el teclado numérico de la derecha, no de los números «normales»). A modo de ejemplo:

- Cuadrado Alt-0178>^{2} (también Alt-253)
- Cubo Alt-0179>^{3} (también Alt-252)
- Diámetro Alt-0216>Ø (en minúsculas con Alt-0248>ø)
- *Copyright* Alt-0169>©
- Marca reg. Alt-0174>®
- Por mil Alt-0137>‰
- Más menos Alt-0177>±

Buscar y reemplazar texto

Lo realizaremos desde la Cinta de opciones>Anotar>Texto> Buscar y reemplazar texto. Es muy útil para modificar uno o varios textos sin importar en qué vista o plano se hallen. Por ejemplo, para revisar o reemplazar cualquier «m2» de nuestro proyecto por un «m^2».

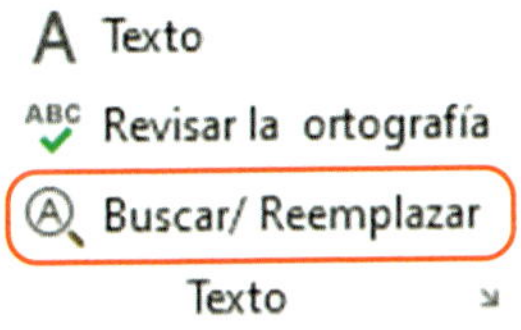

Buscar/Reemplazar

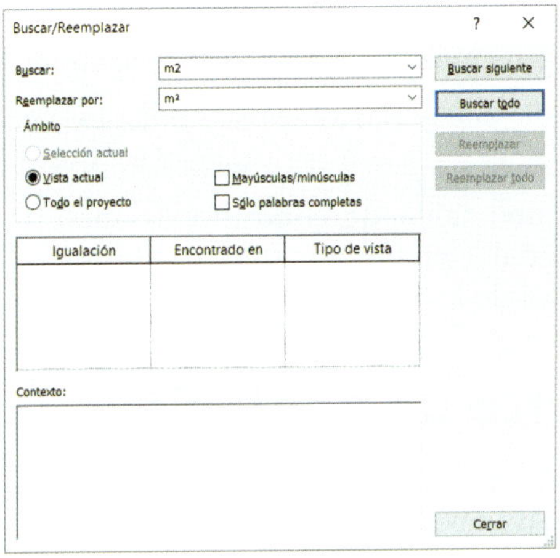

Indicar la palabra a buscar, por cuál reemplazarla y el ámbito

Figura 28.22. Proceso para reemplazar palabras.

Etiquetas de material

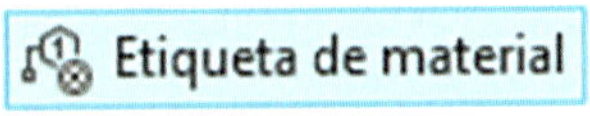

Las etiquetas de material son un elemento muy interesante que utilizamos para completar nuestros detalles. Al editar —o crear— una etiqueta para que presente el campo deseado del material (nombre – descripción – marca), podemos generar detalles perfectamente documentados.

Para editar una etiqueta de material, la seleccionamos y hacemos clic sobre Editar familia en la Cinta de opciones. Desde aquí dentro se editan los textos de etiqueta y se indica qué campo nos interesa que aparezca.

TRUCO:

Las líneas dibujadas en el origen de la etiqueta de material que viene por defecto en la plantilla arquitectónica tienen la función de conseguir que la directriz y el hombro sean horizontales. Para no verlas, las seleccionamos y desmarcamos Visible.

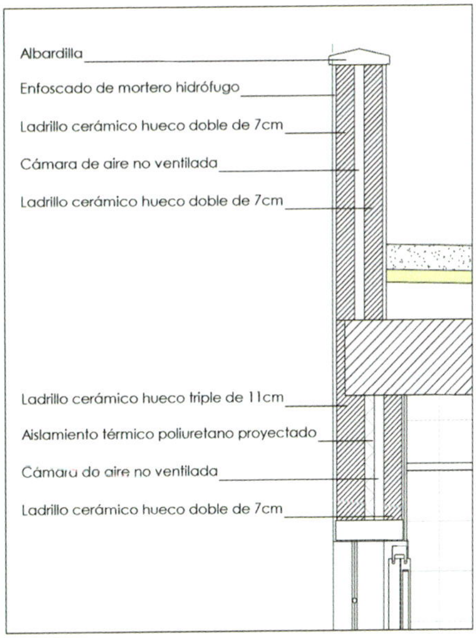

Figura 28.23. Detalle con etiquetas de material.

Al ir colocando las etiquetas, algunas de ellas aparecerán con un símbolo «?» porque el valor no está introducido en el material. Podemos introducirlo de tres maneras:

- Con clic-pausa-clic sobre cada símbolo «?» y escribiendo el valor o descripción.
- Dentro de Gestionar>Materiales>Pestaña Identidad, rellenando los campos.
- Con una tabla de cómputo de materiales y los campos correspondientes (material – nombre; material – descripción; o material – marca, entre otros) y rellenando los valores desde la tabla.

Recorte de anotación

Al recortar una vista con recorte, es posible que algunos textos o etiquetas sobresalgan de la zona de dibujo. Controlaremos si deseamos que esos textos se vean o no: activaremos en la paleta de Propiedades>casilla Recorte de anotación.

El recorte de anotación es una región complementaria: recorta exclusivamente elementos de anotación:

- No mostrará anotaciones de los elementos de modelo que estén ocultos.
- No mostrará anotaciones que intersequen con la región de recorte de anotación.
- Se mostrarán anotaciones que estén completamente dentro de dicha región.

Se puede establecer numéricamente el tamaño de la región de recorte y de la región de recorte de anotación con la orden Tamaño de recorte en la Cinta de opciones al tener la región seleccionada.

La región de recorte de anotación no es exclusiva de los detalles constructivos, pero se ha colocado en este capítulo por entender que, por lo general, son las vistas con mayor número de detalles y anotaciones.

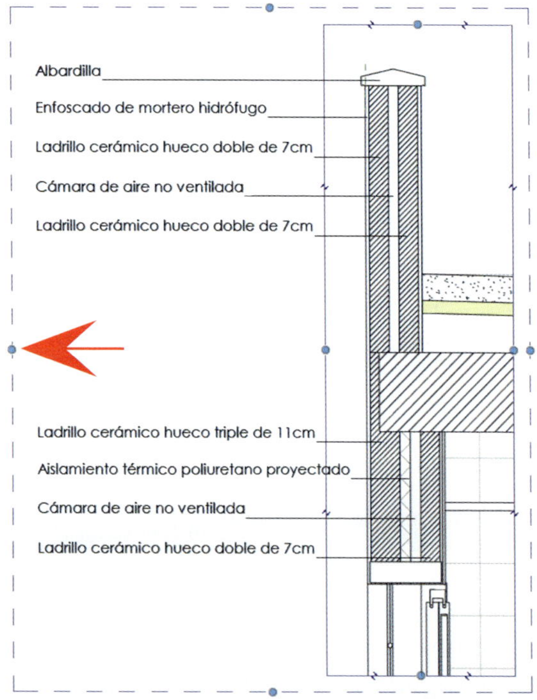

Figura 28.24. Recorte de anotación.

Vistas de diseño

Es posible que tengamos una biblioteca extensa de detalles tipo en CAD, bien sea de los tipos de cubierta más usuales o de la documentación de un fabricante de placas de cartón yeso o de carpintería, con un nivel de definición perfecto. ¿Qué hacer con estos detalles en CAD? Desde luego, aprovecharlos.

Para detalles que no estén relacionados con el modelo 3D (como los de tipo de encuentros de placas de cartón yeso), iremos a Vista>Vista de diseño. Dentro de estas vistas hay un espacio en blanco para dibujar (o insertar) lo que deseemos.

Incluso, si nuestros detalles tipo se corresponden con exactitud con partes del modelo 3D, haremos una vista de detalle nueva que, en vez de ir a una vista de detalle «real», haga referencia a la vista de diseño que nos interese.

Con la orden Insertar>Insertar desde archivo se insertan vistas de diseño de otros dibujos. Si importamos un detalle constructivo desde CAD, es posible que no nos interesen tanto los colores de las capas como los grosores de impresión. Al importar estos detalles, contamos con la opción de marcar los colores como Blanco y negro y, además, desde el botón de flecha de la configuración de importación de grosores de línea de CAD, establecemos el grosor de cada color empleado en CAD.

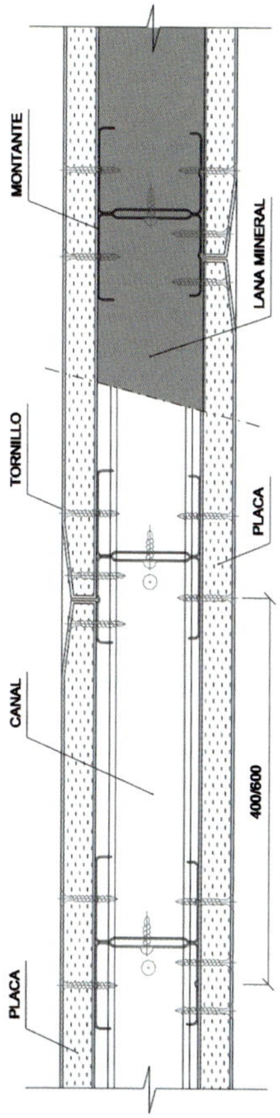

Figura 28.25. Ejemplo de vista de diseño con un archivo importado desde CAD.

Parte 5

Representación avanzada

29

Render

En este capítulo aprenderás a:

- Colocar cámaras.
- Configurar el sol y las luces artificiales.
- Renderizar con un tamaño y calidad correctos.
- Reconocer los materiales y sus ediciones.
- Colocar una imagen como textura de material.
- Trabajar con texturas procedurales.
- Alinear patrones de superficie y renderizado.
- Usar las órdenes Dividir cara y Pintura.

Un render es una imagen realista de nuestro proyecto. Con Revit es posible llegar a un nivel de render digno, sin necesidad de contar con motores de render externo. La ventaja de renderizar desde Revit es que no requiere apenas trabajo adicional sobre nuestro modelo terminado. Pero vayamos por partes.

La calidad de un render depende de varios factores. Los más importantes, y en este orden, son:

- **El modelado.** Nuestro render será tan bueno como lo sea nuestro modelado. Si no hemos modelado los rodapiés, si hemos dejado un interior «vacío» (sin apenas mobiliario o decoración) o un exterior desnudo, sin aceras, papeleras, farolas y demás elementos urbanos, el render se verá muy básico, con poco interés.
- **La iluminación.** Es el efecto fundamental en un render. Tanto si la luz es diurna como artificial, o una combinación de ambas, la elección correcta de la iluminación condiciona el render de manera determinante.
- **La cámara.** Un punto de vista adecuado es necesario para apreciar correctamente el espacio. Para representación arquitectónica, dan mejor resultado las cámaras a vista de peatón que las que son a vuelo de pájaro, porque las primeras las identificamos mejor con nuestra propia percepción del espacio.
- **Los materiales.** No están en el «último» puesto de la lista, sino que es el cuarto elemento a tener en cuenta para conseguir un render potente. Que una pared aporte relieve o que un suelo de madera laminada refleje en su justa medida aumenta mucho la calidad de la imagen final.

Creación de cámaras

Para crear y colocar una cámara en nuestro modelo, desde una planta debemos ir a Vista>desplegar Vista 3D>Cámara. En la barra de opciones aparece la altura de mira, que para resultados realistas deberá oscilar entre 1,60 y 1,85 m. El primer clic definirá el punto del observador y el segundo clic mostrará hacia dónde está mirando. Con esta sencilla operación hemos creado una vista 3D en perspectiva, que se agrupará dentro de Vistas 3D en nuestro Navegador de proyectos.

En Revit se ve cualquier vista 3D en proyección ortogonal (por defecto) o en perspectiva: bien cambiando el parámetro Modo de proyección en las Propiedades de vista o bien desplegando el ViewCube y eligiendo perspectiva.

Figura 29.1. Puntos para modificar la región de recorte.

Para cambiar el ángulo de visión de una cámara ya creada, lo realizaremos de distintas maneras:

- **Seleccionando y estirando la región de recorte.** Si tenemos simultáneamente un mosaico con la planta y la vista en perspectiva, veremos que cualquier modificación del ángulo de visión en la perspectiva se refleja en la planta. Sin embargo, si abrimos demasiado el ángulo, se empezarán a producir fugas muy forzadas y la imagen perderá realismo, así que debemos manejarlo con cuidado.
- **Orden Tamaño de recorte con la región de recorte seleccionada.** En la ventana que aparece, modificamos con precisión el tamaño vertical y horizontal de la cámara. También puedes desactivar el icono de Recortar vista en la barra inferior de controles de vista para ocupar toda la pantalla.

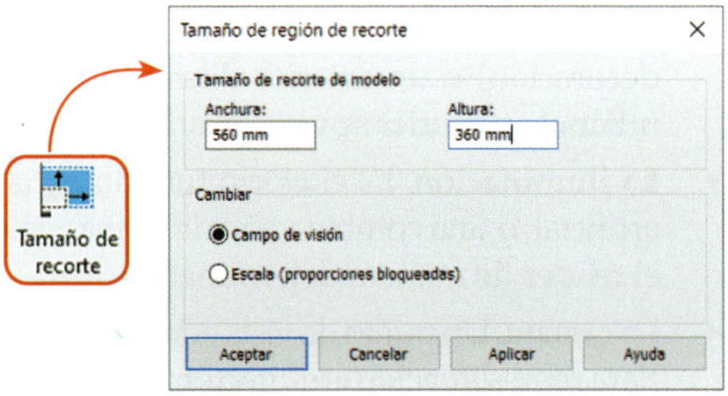

Figura 29.2. Tamaño de recorte.

- **Modificando la distancia focal.** El parámetro fotográfico de distancia focal controla, por un lado, el ángulo de visión y, paralelamente, la intensidad de las fugas. En Revit es posible aumentar o disminuir la distancia focal de dos maneras:
    - **Mediante la rueda de navegación completa de la barra de navegación** y, dentro de ella, en el desplegable, Aumentar o reducir distancia focal.

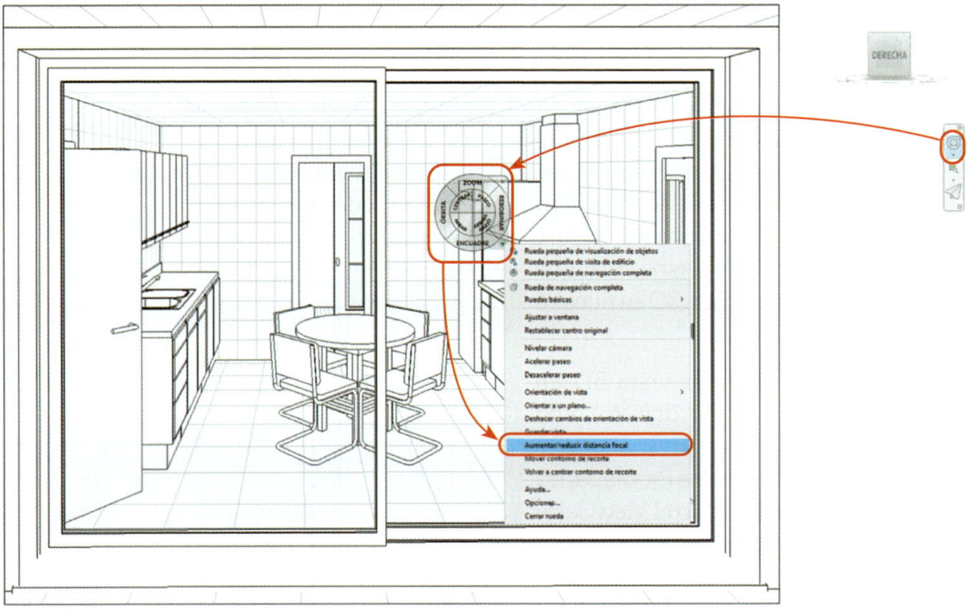

Figura 29.3. Proceso para modificar el tamaño mediante la distancia focal: rueda de navegación, clic en desplegable de la rueda de navegación, Aumentar/Reducir distancia focal.

- **Moviendo el bloque completo de la cámara en planta.** Lo hacemos seleccionando la línea que une punto observador con punto destino. Esto alejará o acercará la cámara y suavizará las fugas. Al combinar lo anterior con estirar la región de recorte, dispondremos de la percepción deseada.

Además del ángulo de visión, existe la posibilidad de variar la posición y objetivo de la cámara:

- Desde la propia perspectiva, mediante el comando Órbita, con el ratón modificaremos el punto del observador.
- Si seleccionamos la Región de recorte en la perspectiva, veremos la cámara en el resto de vistas y podremos modificar no solo el punto del observador, sino también el objetivo.
- Si no queremos en mosaico la vista 3D y la planta, con el botón derecho sobre el nombre de la vista 3D en el Navegador de proyectos, seleccionamos Mostrar cámara y aparecerá en la planta.

En la paleta de Propiedades se hallan los parámetros Altura del ojo y Altura de destino; si establecemos ambos a la misma altura, evitaremos que las líneas verticales fuguen.

La profundidad de vista indica hasta dónde se representa la vista 3D. Es un parámetro de ejemplar que está en la paleta Propiedades. Si el parámetro Delimitación lejana activada está marcado, podemos escribir debajo una distancia límite (o también mover el pinzamiento azul hueco de la cámara en planta) para indicar hasta dónde grafiar la vista 3D. Si desmarcamos el parámetro, la cámara no tiene delimitación lejana: representará todo el espacio.

Configuración de sol

Una vez elegido uno o varios puntos de vista, es hora de definir el sol y la ubicación de proyecto. Esto se hace desplegando el icono de Camino de sol, en la barra de controles de vista, y seleccionando Configuración de sol.

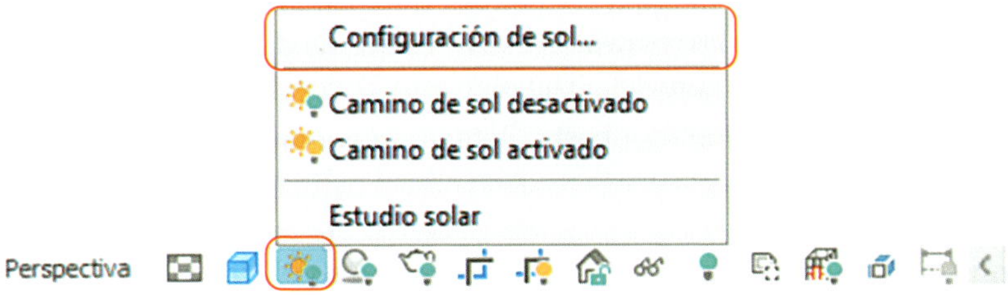

Figura 29.4. Configuración de sol.

La configuración correcta para una imagen fija es Estático, y en la parte derecha especificaremos la ubicación de nuestro proyecto, la fecha y la hora. Si hemos modelado un emplazamiento o hay una topografía del terreno, es recomendable desmarcar la casilla Plano de suelo en nivel para que no genere unas sombras imaginarias en el plano del nivel indicado.

Cada vista 3D puede tener una configuración de sol diferente. Así representamos, por ejemplo, una vista de amanecer desde la habitación principal, un 3D exterior a mediodía o un atardecer desde el salón comedor.

El botón Camino de sol activado representa en la vista correspondiente una carta solar e indica la posición en 3D del sol y su trayectoria durante el día. Esta carta solar se puede hacer más o menos grande si se modifica en la pantalla de Propiedades el valor del porcentaje entre 100 y 500; y es un complemento interesante para estudios previos o concursos donde se quiera hacer hincapié en el análisis de soleamiento.

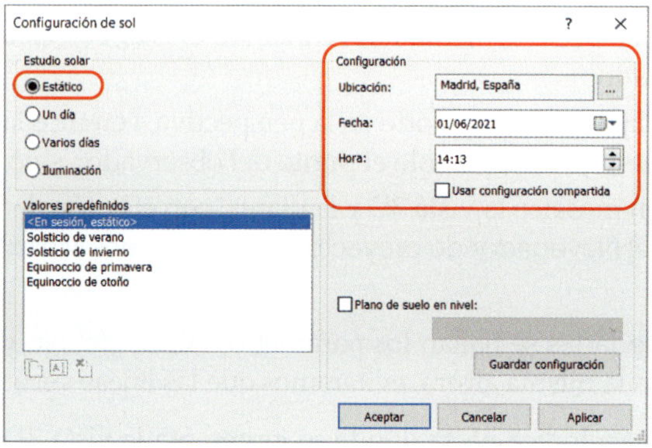

Figura 29.5. Configuración de iluminación estática.

Render

Antes de entrar a detallar los materiales, es interesante ver cómo queda nuestro render. Para ello, solo clicamos en el botón de Renderización en la Barra de controles de vista o en la pestaña Vista>Renderizar, y configuramos las opciones básicas; que, por otro lado, son bien sencillas.

1. **Región.** Aparece un rectángulo rojo cuyas dimensiones se estiran con los pinzamientos para indicar a Revit que renderice solo una parte. Sirve para previsualizar algo muy concreto.
2. **Configuración.** Desde Borrador hasta Óptima, contamos con varias configuraciones. Cada una tiene más calidad y, por tanto, más tiempo de render.
3. **Resolución.** Si ponemos Pantalla, se renderizará con las dimensiones en píxeles de la pantalla. Esto es válido para hacer pruebas, pero no para exportar una imagen definitiva. Debemos seleccionar Impresora y configurar un tamaño de render correcto. Más abajo se explica el proceso de cómo elegir el tamaño de render.
4. **Esquema de iluminación.** Es exterior o interior, para estimar la sensibilidad ISO de la cámara e indicar si se usa el sol o no, con luces artificiales o no.

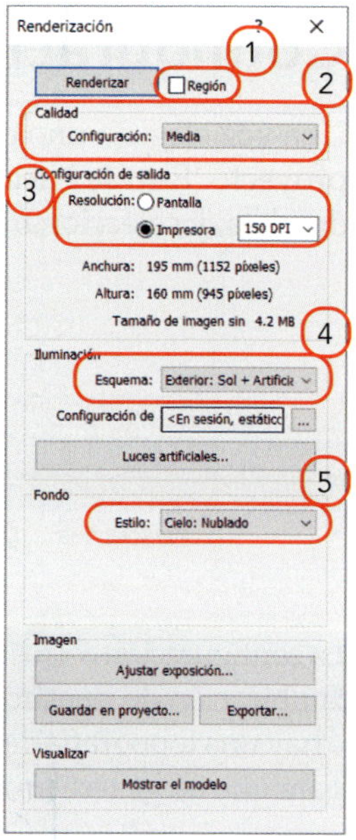

Figura 29.6. Propiedades de Render.

5. **Fondo de cielo.** Solo es útil en caso de no saber retocar el resultado con un programa de edición como Gimp o Photoshop®. No afecta al render, y podemos optar desde un cielo con más o menos nubes, un color plano, una imagen o el fondo transparente.

Una vez terminado el render, se ajustan los valores de exposición sin volver a renderizar. Con la orden Ajustar exposición activada, cambiamos los siguientes parámetros y aplicamos cada vez para ver el resultado:

- **Valor de exposición.** Iluminación general de la escena. Un valor alrededor de 9 es para una escena interior diurna y un valor de 14 para una exterior. Estos valores son orientativos: si nuestro interior es acristalado, el valor de exposición correcto será casi como el de una escena exterior.
- **Resaltes.** Solo afecta a las partes muy iluminadas. Es posible oscurecerlo para intentar paliar un deslumbramiento o zonas quemadas, por ejemplo.
- **Sombras.** Aclara u oscurece las zonas en penumbra.
- **Punto blanco.** También llamado balance de blancos, determina la calidez o frialdad de la escena. 6500 es un punto neutro; menos de 4500 se verá muy frío y más de 8000, muy cálido.
- **Saturación.** Cantidad de color en la escena; por lo general, se consiguen resultados más creíbles con un valor un poco por debajo de 1.Cuando la imagen ya se ha ajustado, hay dos caminos:
  - **Guardar en proyecto.** Crea una categoría en el Navegador de proyectos que se llama Renderizaciones, y así no dependemos de insertar la imagen para colocarla en una lámina; estará siempre a mano. Recomendable si no vamos a posproducir nada. Guardar en proyecto estará desactivado si el tipo de fondo elegido es Transparente.
  - **Exportar.** Se emplea para guardar la imagen como un archivo externo, para enviarla a un cliente por *mail*, posproducirla o insertarla en un panel realizado con otro programa. JPEG ocupa menos, pero tiene pérdida de definición; PNG es un muy buen formato; TIFF también (pero tiene menos compatibilidad con visores automáticos) y BMP debería evitarse porque el archivo es muy pesado.

Figura 29.7. Control de exposición.

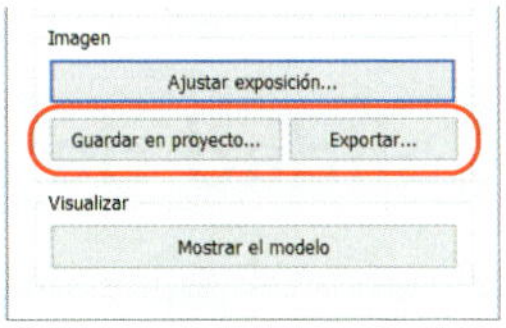

Figura 29.8. Guardar o Exportar render.

Tamaño de render correcto

Para elegir un tamaño de render correcto, tendremos claro cuál es el tamaño de impresión. Si sabemos cuál será el tamaño de render impreso que queremos para una escena, tocamos el borde de la vista y activamos la orden Tamaño de recorte. En la ventana que aparece, seleccionamos Cambiar escala y escribimos el valor de impresión de nuestra imagen en milímetros.

A la hora de hacer el render, en la ventana de opciones veremos que el render en Configuración de salida, cuando está seleccionada Impresora, marcará las dimensiones que hemos pedido. Es posible cambiar la resolución en DPI entre las predeterminadas o borrar todo (incluidas las letras) e introducir una resolución acorde a lo que necesitemos (por ejemplo, 200 DPI).

Aparte de este proceso, bastante fácil, es posible comprender qué operaciones hay «detrás» de estas decisiones, para un control total.

- Supongamos que la imagen de render ocupará un A4 de aproximadamente 30 x 20 cm.
- Si queremos una resolución de 300 ppp, calcularemos en pulgadas nuestra imagen (dividiendo entre 2,54). 30 / 2,54 = 11,81".
- Para que tenga 300 píxeles por pulgada, 11,81 x 300 = 3561 píxeles en el lado largo.
- Este valor, aunque correcto, es un poco alto, y aumenta mucho los tiempos de render. Es posible bajar la resolución a 200 o 150, de manera que el render se haga en la cuarta parte de tiempo. No es lo mismo un render que una fotografía: la cantidad de detalle e información es mucho más alta en las fotografías, así que no habrá una merma perceptible de calidad.

El área de un render de 200 x 200 píxeles es cuatro veces mayor que el área de un render de 100 x 100 píxeles, así que tardará cuatro veces más en renderizar. Esta reflexión es para no hacer el render excesivamente grande porque afectará a nuestros tiempos de trabajo.

Por otro lado, si hacemos un render de un tamaño pequeño, al aumentarlo se verá pixelado y sin calidad: no cumplirá su función y la percepción será negativa.

Si hacemos un render mucho más grande del tamaño necesario, aparte del tiempo que perderemos renderizando, al reducirlo se pierden detalles finos que se ven más difuminados. Por eso, es —muy— importante establecer el valor correcto. A partir de 2000 píxeles en el lado largo se pueden hacer renders de tamaño y calidad aceptable para cubrir un A4.

Calidad de render personalizada

Se personaliza la calidad del renderizador mediante Configuración de calidad>Editar. Por un lado, definiremos la precisión de luz y materiales entre Simplificada y Avanzada. Por otro, estableceremos cuánto debe demorarse Revit en el render:

- Un número por nivel (entre 1 y 40).
- Una duración máxima del render.

- «Hasta que sea satisfactoria». Con esta configuración, el render hace pasadas iterativas sin final y nosotros decidiremos cuándo pausar el render al comprobar que el nivel de ruido o grano en la escena es aceptable o ha desaparecido. Muy interesante para renders definitivos, ya que la calidad Alta no suele ser suficiente para un render interior.

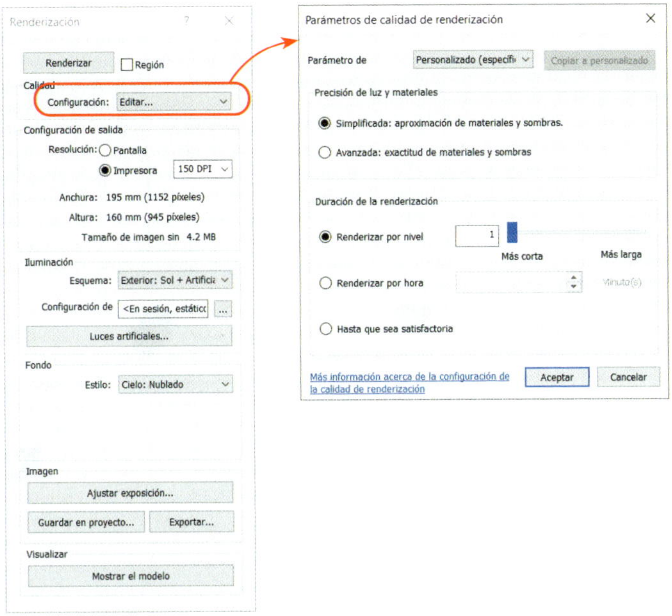

Figura 29.9. Calidad del render personalizada.

Luces artificiales

En Revit no hace falta insertar elementos abstractos que hagan las veces de luminarias artificiales, sino que por norma general se corresponden con los propios componentes de iluminación (categoría Luminarias) que se insertan para documentar el modelo (halógenos, lámparas de pie o de mesa, etc.). Eso persigue una triple coherencia:

- Documentar el dibujo de forma detallada en las diferentes vistas.
- La renderización muestra cómo se iluminará realmente esa configuración.
- Los análisis lumínicos de los espacios se realizan partiendo de los elementos insertados.

Las luminarias se insertan desde Insertar>Cargar familia de Autodesk>Iluminación. Combinan la geometría visible del modelo (la «lámpara», por decirlo así) con el «origen de luz», que es el elemento emisor. Cada luminaria tendrá un tipo de anfitrión diferente, y es necesario prestar mucha atención a esto; en la barra de estado se indica qué tipo de elemento está esperando Revit que seleccionemos para alojar la luminaria: muros para apliques de pared, techos para halógenos o ejemplares libres (en cualquier cara).

TRUCO:

Cuando Revit espera un «techo», no sirve la cara inferior de un forjado: eso es un «suelo». Hay que colocarla, necesariamente, en un techo.

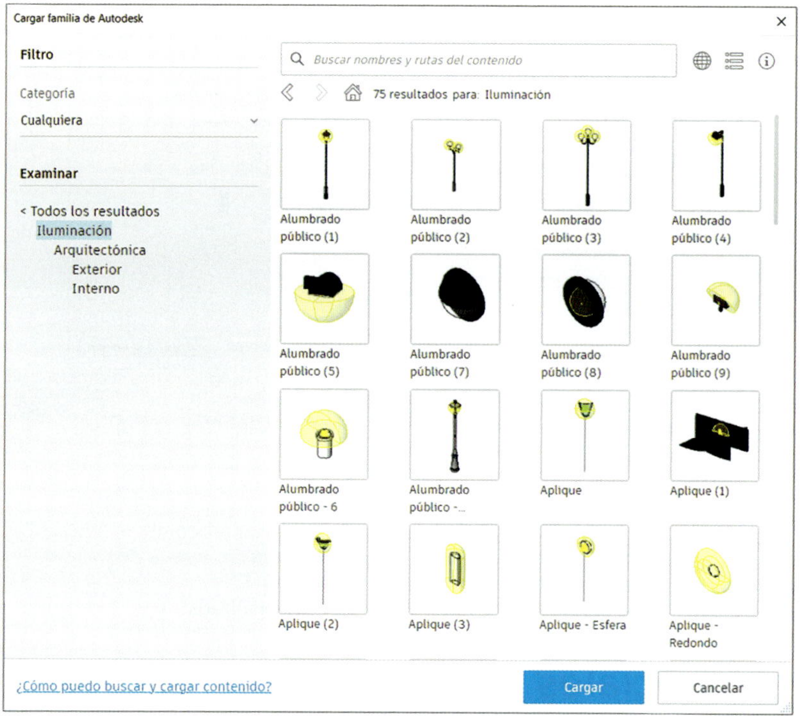

Figura 29.10. Familias de Iluminación.

Según la familia, también se especificará un desfase sobre el nivel (por ejemplo, en los apliques de pared). Es muy posible que Revit nos indique que «Ninguno de los elementos es visible en la vista x». Recordemos que el plano de corte en una vista de planta suele ser a 1,20 m, y en una vista de techos a 2,30 m; cualquier luminaria (o cualquier otro elemento) que se coloque entre estas dos medidas podrá verse mejor en una vista de sección (o al variar el Rango de vista correspondiente).

Al editar el tipo de cualquier luminaria, aparecen dos valores principales a configurar:

- **Intensidad inicial.** Selecciona la intensidad lumínica que tendrá nuestro emisor, que se mide en vatios, lúmenes, candelas o luxes.
- **Color inicial.** Se abre la ventana de selección de la temperatura de color, en grados kelvin; con una serie de valores predeterminados y sus correspondientes previsualizaciones, permite elegir sin duda el valor adecuado.

Si el tipo de Origen de luz es un foco, además de estos valores, son modificables:

- **Ángulo de inclinación del foco.**
- **Ángulo de enfoque.** Zona de máxima luminosidad.
- **Ángulo de campo de foco.** Zona totalmente iluminada.

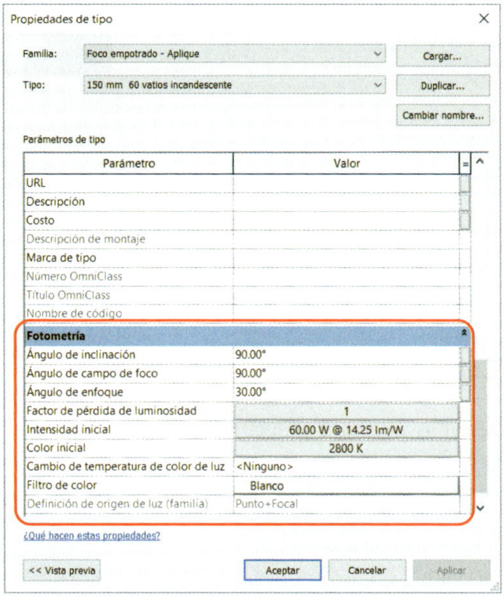

Figura 29.11. Propiedades tipo de una luminaria.

Para modificar el tipo de Origen de luz, editamos la familia de la luminaria. Dentro del Editor de familias, si seleccionamos el Origen de luz y hacemos clic sobre Editar origen de luz (tanto en la Cinta de opciones como en la paleta de Propiedades), es posible modificar, en primer lugar, la geometría del emisor:

- **Puntual.** Para simular cualquier tipo de bombilla.
- **Lineal.** Para luces tipo tubo fluorescente o tira de LED.
- **Rectangular.** Para paneles.
- **Círculo.** Emisores de forma circular.

Y, en segundo lugar, la distribución de luz:

- **Esférica.** Como una bombilla.
- **Hemisférica.** Para orientar la luz solo en una mitad.
- **Focal.** Para simular un haz de luz.
- **Red fotométrica.** Permite importar un archivo .IES que define la distribución lumínica de exactamente la fuente de luz seleccionada y así ofrece mucho mayor realismo.

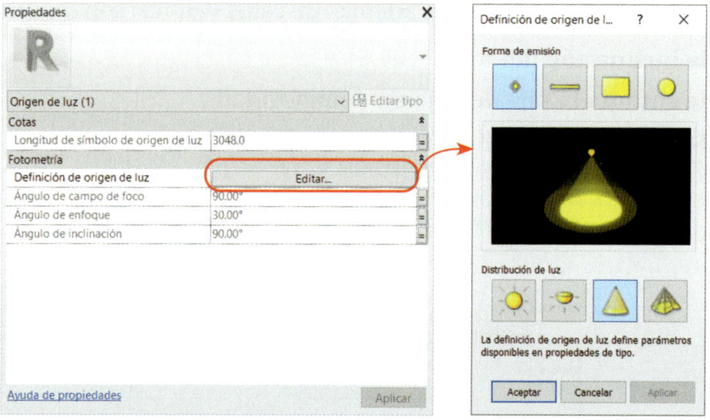

Figura 29.12. Modificación del origen de la luz: desde la familia - propiedades - definición de origen de luz.

Render nocturno

La mejor manera de hacer un render nocturno es desactivando la luz solar (desde la configuración de render, Esquema de iluminación Solo artificial). También es posible colocar Sol+Artificial y establecer una hora donde apenas haya luz.

Para saber la hora de salida o puesta del sol en nuestro proyecto, seleccionamos, en la Configuración de sol, Un día, y clicamos del amanecer al anochecer, para ver los valores de ese día en concreto. Un render nocturno lleva más tiempo que uno diurno, porque los emisores lumínicos tienen que rebotar muchas más veces para llegar a toda la geometría de la escena. Cuantos más emisores de luz, más tardará el render.

Figura 29.13. Ejemplo de render diurno y nocturno.

Grupos de luces artificiales y atenuación de luces

Si hemos documentado todo nuestro proyecto, aunque se trate de una mera vivienda unifamiliar, Revit ha de lidiar con muchas luces a la hora de hacer un render y tendrá muy bajo rendimiento. Pero incluso aunque solo modelásemos una estancia para sacar un render, es posible que no queramos que todas las luces artificiales estén encendidas. Revit permite, dentro de la ventana de Renderización>Luces artificiales, marcar o desmarcar cuáles emitirán luz en cada caso.

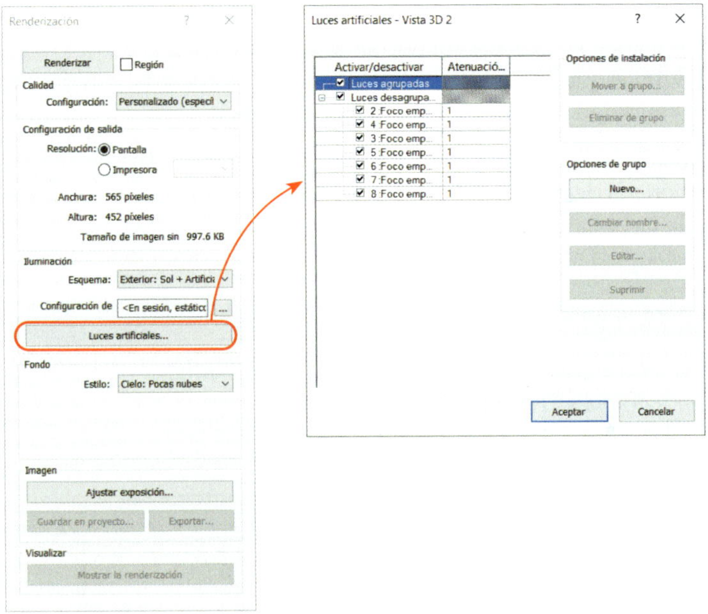

Figura 29.14. Luces artificiales.

Para identificar de forma rápida y efectiva las luces de una estancia, podemos crear Grupos de luces. Un grupo de luz se crea o edita seleccionando una luminaria. En la barra de opciones está el desplegable de Grupos de luces, donde seleccionaremos el correcto, o bien haremos clic sobre Editar / nuevo para crear nuevos grupos de luces.

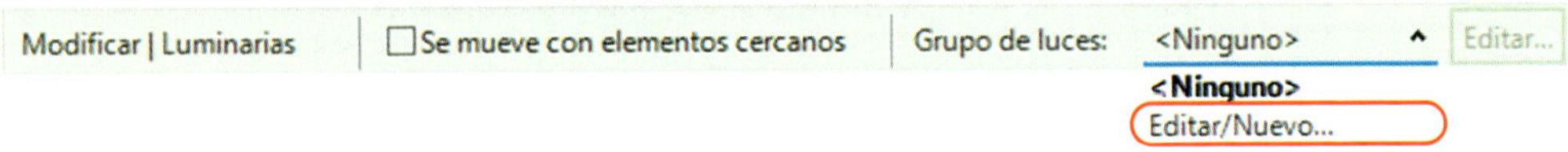

Figura 29.15. Grupo de luces.

Dentro de esta ventana también se mueven luminarias a los grupos. Una estrategia interesante consiste en hacer un grupo por cada estancia de la vivienda: así resultan fácilmente identificables, y es recomendable apagar las luminarias de las estancias que no se van a renderizar cada vez para ahorrar tiempo de cálculo.

Otra cosa más que nos ofrece esta ventana es la posibilidad de atenuar cada luz con un valor entre 0 (desactivada) y 1 (activada al 100 %), de manera que podremos jugar y hacer escenas con una ambientación más trabajada.

Texto modelado

Esta orden de modelado no está necesariamente vinculada al render, pero sí que es verdad que su uso suele aparecer cuando se empieza a ajustar el modelo para renderizado. Lo único que hará será generar unas letras corpóreas, con tipo de letra, altura, profundidad y material definido por nosotros.

Es más que probable que al insertarla tengamos que dejarla sobre el plano de nivel, pero podemos seleccionarla después, marcar Seleccionar nuevo anfitrión y colocarla entonces, por ejemplo, sobre la fachada de nuestro edificio. Si se coloca invertida, no tendremos más que usar la orden Rotar para alinearla correctamente.

TRUCO:

Para hacer una letra en bajorrelieve, le daremos una profundidad negativa, la uniremos al muro anfitrión y después la ocultaremos.

Figura 29.16. Ejemplo de texto modelado en una vista 3D.

Twinmotion

El software de renderizado externo Twinmotion ofrece resultados de muy alto nivel y, gracias a un acuerdo con Autodesk, tiene una integración con Revit. En una vista 3D, desde Vista>Twinmotion, se configura la interacción entre ambos programas y se obtienen imágenes de nivel superior con muy poco esfuerzo adicional.

- **Abrir en Twinmotion.** Inicia Twinmotion y ofrece dos flujos de trabajo posibles: crea un proyecto nuevo y establece un vínculo con el modelo de Revit.
- **Sincronización automática.** Activa o desactiva la sincronización automática de los cambios del modelo de Revit activo.
- **Sincronizar.** Sincroniza manualmente la última geometría de la vista 3D activa.
- **Conexiones.** Muestra la información sobre todas las conexiones de enlace directo activas.
- **Exportar archivo de Datasmith.** Exporta la información del modelo 3D a un archivo externo en formato Datasmith, que puede importarse manualmente en Twinmotion, Unreal Engine y otras aplicaciones.
- **Mensajes de exportación.** Muestra la ventana con el registro de mensajes de las exportaciones realizadas.
- **Configuración de exportación.** Permite indicar el punto de inserción (a elegir entre Por defecto, Punto base y Punto de reconocimiento), el nivel de triangulación (para aumentar la precisión del modelo exportado) y los elementos a filtrar.

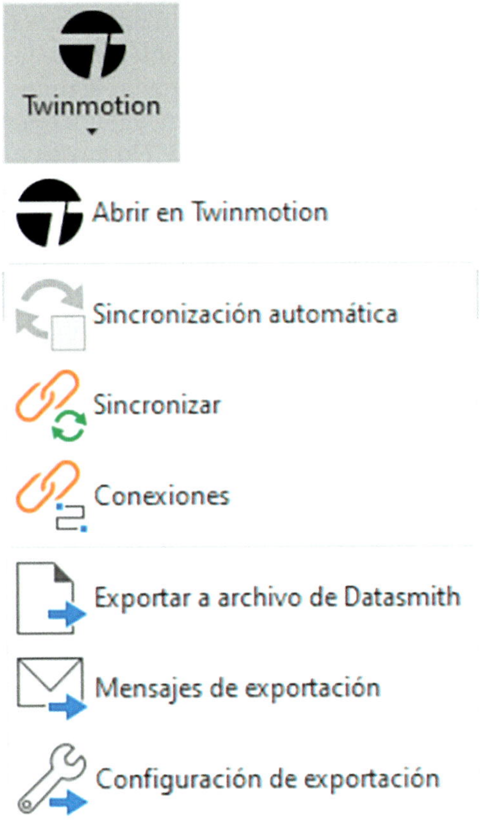

Figura 29.17. Twinmotion.

Materiales para renderizado

Quizá la parte más potente en cuanto a renderizado en Revit es la simplificación extrema que han conseguido con los materiales, de manera que incluso un usuario que no esté familiarizado con la renderización es capaz de lograr resultados muy interesantes. Este apartado se escribe considerando un total desconocimiento por parte del lector con respecto a la configuración de materiales de render.

Debemos ir a Gestionar>Materiales para abrir el explorador de materiales. La tercera pestaña, Apariencia, es la que determinará cómo se muestra el material en el render. Además, si cambiamos el modo de visualización de la vista a Realista, veremos una aproximación en pantalla antes de renderizar, lo que nos servirá de comprobación para evitar algunos errores.

En la pestaña Apariencia aparece nuestro material y una previsualización, que es posible hacer más grande o más pequeña deslizando arriba o abajo la línea inferior de la previsualización. También existe la opción de cambiar el aspecto de esta ventana si la flecha inferior derecha y elegimos una de las diferentes escenas (forma de la geometría básica que previsualizaremos) y entornos (esquemas de iluminación) predeterminados de Revit. No hay una mejor que otra, sino que, según el material que estemos configurando, la previsualización tendrá más o menos sentido para nosotros.

Si el material que estamos modificando no se ajusta a lo que nosotros queremos, o simplemente estamos explorando nuevas posibilidades, vamos a la orden Sustituye este elemento en la esquina superior derecha de la ventana. Esto abrirá una ventana nueva que contiene todos los materiales con los que Revit cuenta en memoria, listos para que los usemos. En esta ventana, debemos desplegar Biblioteca de apariencias (en la parte izquierda) e ir navegando por las diferentes categorías. Desde pinturas de muro hasta maderas para el suelo o diferentes tipos de hormigón, Revit alberga muchísimos materiales listos para usar.

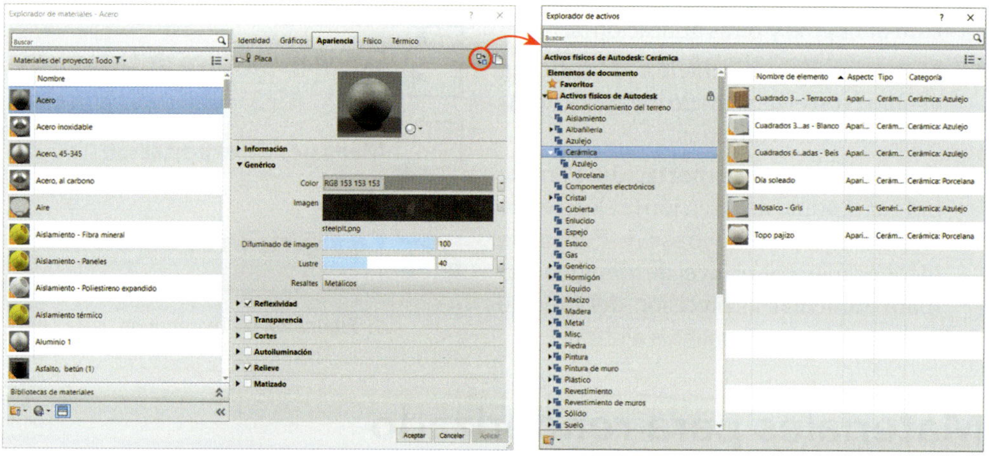

Figura 29.18. Sustituir un material por otro de la biblioteca de Autodesk.

Hay dos tipos de materiales en Revit: los «originales» (o *legacy*, en inglés) —que se incorporaron en la versión 2019— y los «nuevos». Los «originales» se identifican con un símbolo de exclamación en un triángulo naranja ubicado en la esquina inferior izquierda de la miniatura del material. La diferencia entre ambos materiales radica en los parámetros y algoritmos internos del programa para su cálculo, y se traduce en mayor calidad de renderizado en los nuevos materiales. En total, la biblioteca de materiales de Revit dispone de más de 1200 materiales «originales» repartidos en 22 categorías y unos 550 materiales «nuevos».

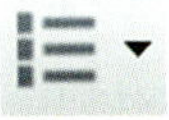

Para facilitar la visualización de los materiales, en la esquina superior derecha de la ventana hay un botón que, al desplegarlo, ofrece la posibilidad de escoger el tamaño de la miniatura y brinda tres listados de los materiales: por vista de miniatura (es mi favorita, con hasta 256 px de tamaño), por lista y por texto.

Una vez seleccionada la apariencia que nos interesa, clicaremos sobre el botón de dos flechas horizontales cruzadas para asignar esa apariencia de renderizado al material que estábamos editando.

Materiales por defecto originales

Aún con más de 1200 materiales originales, es posible que ninguno sea exactamente como queremos. En este caso, incidiremos un poco más y aprenderemos a editar —al menos en líneas generales— el material.

Revit distingue, dentro de los materiales originales, 14 tipos de materiales predefinidos, pensados para que su manejo y edición sean en extremo sencillos. Estos materiales cuentan con propiedades personalizadas cada uno, acordes con el material correspondiente. Aprendamos cómo se editan cada uno de ellos, pues es probable que tengamos que modificar algún material que se haya generado a partir de estos.

- **Agua.** Es uno de los más sencillos, perfecto para piscinas o volúmenes de agua.
    - Cinco subtipos automáticos (piscina, piscina reflectante, corriente/río, mar/océano, estanque/lago).
    - Altura de las ondas para darle más o menos sensación de viento y movimiento al agua.
- **Albañilería bloques de hormigón.** Es un material muy simple para hacer bloques de hormigón vistos. Se controlan básicamente:
    - Bloque de hormigón / albañilería (poca diferencia aparente).
    - Color.
    - Acabado (mate – brillante – sin acabado).
    - Patrón de relieve.

- **Cerámica.** Este material es idóneo para sanitarios o elementos de decoración, así como para hacer azulejos o porcelánico.
  - Cerámica/porcelana (más brillo en cerámica).
  - Acabado (brillo alto – satinado – mate).
  - Relieve de acabado ondulado —o personalizado— con más o menos fuerza.
  - Patrones de relieve (procedurales o mediante imagen).
- **Cristal sólido.** Para representar objetos de vidrio macizo. Controlamos:
  - Color (además de los 6 predeterminados, podemos elegir el nuestro).
  - Reflectancia (para conseguir un vidrio altamente reflectante o no).
  - Índice de refracción del material (para diferenciar entre cristal, agua, aire o cuarzo, por ejemplo).
  - Aspereza (irregularidades de la superficie: desde 0 —plano— hasta 1).
  - Patrón de relieve.
- **Cristalera.** Para vidrios en general.
  - Color (6 más el personalizado).
  - Cantidad de reflexión (reflectancia).
  - Número de láminas de cristal (matices muy sutiles).
- **Espejo.**
  - Podemos controlar el color base del espejo.
- **Hormigón.**
  - Color.
  - Sellador. Controla la cantidad de reflejo.
  - Relieves de acabado, cuatro más el personalizado. Se aprecian mejor con sellador-ninguno.
  - Deslustre. Aplica variación tonal al hormigón.
- **Madera noble.**
  - Imagen. Permite cargar una textura de madera a nuestro gusto.
  - Tinte. Matiza un poco el color de la madera.
  - Acabado. Cantidad de reflexión.
  - Uso. Mobiliario es más mate que solado.

    - Patrón de relieve. Se basa en la imagen de la madera y la usa para simular un relieve, lo que sirve para ajustar la intensidad de relieve.
- **Metal.**
    - Tipo. 8 metales predefinidos con su color correspondiente.
    - Acabado. Define el acabado del metal: desde pulido a bruñido.
    - Patrón de relieve. Para simular una plancha metálica antideslizante o moleteada, además de poder añadir nuestra imagen personalizada y controlar cantidad y escala.
    - Cortes. Para mallas perforadas, con 6 tramas predefinidas más la nuestra.
- **Piedra.**
    - Acabado. Controla la reflexión.
    - Relieve de acabado. Tres relieves predefinidos más el personalizado.
    - Patrón de relieve.
- **Pintura de muro.**
    - Color.
    - Acabado. 6 valores que determinan reflexión.
    - Aplicación. Matizan la reflexión (matices muy sutiles).
- **Pintura metalizada.**
    - Color.
    - Extensión de resalte. Pureza del color en reflexiones oblicuas.
    - Motas. Irregularidad o huellas sobre la superficie, controlables en tamaño y color.
    - Efecto perlado o tornasolado con un segundo color.
    - Recubrimiento superior. Controla la reflexión y el relieve.
- **Plástico vinilo.**
    - Plástico sólido/vinilo (poca utilidad) o transparente.
    - Acabado, con tres niveles de reflexión.
    - Color.
    - Relieves de acabado y patrones de relieve, ambos personalizados.

En todos los materiales aparece una opción de matizado, cuya única función es tintar el color base del material.

Materiales por defecto nuevos

Los nuevos materiales por defecto (o materiales de base) desde Revit 2019 son:

- **Opaco.** El más genérico. Los campos se agrupan en áreas que pueden activarse:
  - Parámetros.
    - Imagen / Color. Textura o color base.
    - Reflectancia (0,00 a 0,08).
    - Aspereza (0,10 a 1,00).
  - Traslucidez.
    - Profundidad (0 a 10 mm).
    - Grosor (Color).
  - Emisividad.
    - Luminancia.
    - Color.
- **Metal.** El más sencillo. Solo tiene dos parámetros: Color y Aspereza.
- **Cristalera.**
  - Parámetros: Aspereza.
  - Apartado específico Cristalera.
    - Color de transmisión.
    - Rugosidad de transmisión (0 - 1).
    - Color de reflexión.
- **Transparente.** Parámetros:
  - Color.
  - Distancia de absorción (desde 1 mm).
  - Índice de refracción.
  - Aspereza.
- **En capas.** Formado por un color base, unos resaltes base (con color, aspereza, grosor) y con recubrimiento superior (reflectancia y aspereza).

Todos los materiales de base tienen unos grupos en común:

- Corte, que hace una máscara o transparencia en función de la imagen aportada.
- Patrón de relieve.
- Controles avanzados de resaltes:
  - Anisotropía (0 - 1).
  - Orientación (0 - 180º).
  - Color.
  - Forma (difuminación larga o corta).

En el caso de los materiales de base en capas, el relieve y los controles avanzados aparecen tanto en resalte base como en recubrimiento superior.

Imagen como textura de material

En todos los materiales, siempre podemos desplegar la flecha derecha y elegir una imagen para nuestra textura navegando por las carpetas del ordenador. Si la imagen ya está insertada, veremos una previsualización y, con un clic sobre ella, abrimos la ventana del Editor de texturas. Los valores que vale la pena cambiar desde aquí son muy sencillos:

1. Cambiar la imagen. No es fácil de encontrar, pero en Origen – nombre de la textura se hace clic sobre el nombre y se cambia la imagen por otra.
2. Rotación de imagen.
3. Escala. Marcaremos el tamaño de la textura. Aunque muchas texturas profesionales están hechas para que funcionen correctamente con un tamaño de 1 x 1 m, habrá que hacer pruebas o reglas de tres para dar con la escala perfecta.
4. Al cambiar las dimensiones de una textura, no olvidaremos cambiarlas en todos los campos (si variamos el tamaño de la imagen, modificaremos también el tamaño del Relieve, para que siga coincidiendo). Dentro del editor de texturas, la casilla Vincular transformaciones de texturas permite sincronizar estos cambios. No obstante, hay que revisar siempre.

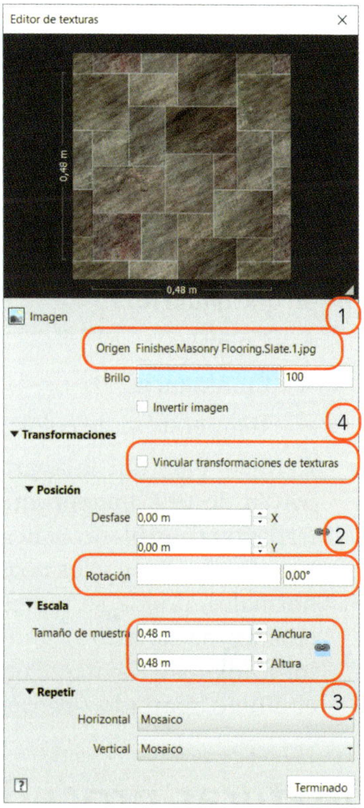

Figura 29.19. Edición de imagen dentro del editor de texturas.

Material genérico original

En esta sección veremos cómo insertar una imagen y cambiar su tamaño, y cómo funcionan los relieves. Para ello, estudiaremos el decimocuarto tipo de material: Genérico.

- **Color.** Define el color de material.
- **Imagen.** Permite insertar una imagen como textura del material. Descrito más adelante.
  - Difuminado. Valores menores que 100 mezclarán proporcionalmente la imagen con el color.
  - Lustre. En combinación con Reflexividad, define la nitidez del reflejo, de 0 a 100.
  - Resaltes. Fuerza de la imagen frente al reflejo. Más imagen en Metálicos.

- **Reflexividad.** Directa y oblicua: cantidad de reflexión en los ángulos centrales o tangentes a la vista, respectivamente.
- **Transparencia.** Conjunto de parámetros para definir la transparencia del material.
  - Cantidad (0 a 100).
  - Imagen.
  - Difuminado.
  - Translucidez. Para ver los objetos que están detrás con o sin nitidez.
  - Refracción. Controla el índice de refracción del material.
- **Cortes.** Para generar zonas transparentes (ver Metal).
- **Autoiluminación.** Ilumina el material para dar la sensación de que emite luz.
  - Color.
  - Luminancia.
  - Temperatura de color.
- **Relieve.** Para dar la apariencia de una superficie rugosa a través de una imagen que puede ser de relieve (o *bump*) tradicional, en blanco y negro, donde los valores más blancos significan relieve y los negros son planos; o bien de mapa de normales, donde se representa en tonos azules / verdes / rosados no la altura, sino la inclinación del plano normal. Indicaremos a Revit qué tipo de mapa estamos usando desde el último apartado Avanzado, dentro del Editor de texturas.

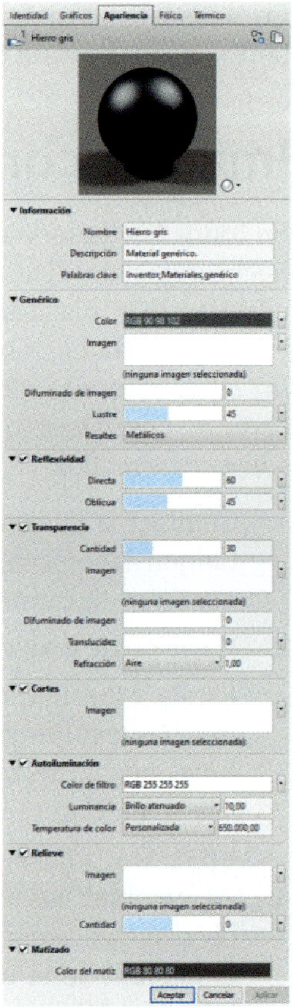

Figura 29.20.
Propiedades del material genérico original.

Texturas procedurales

Las texturas procedurales son texturas definidas matemáticamente, muy sencillas de utilizar de cara al usuario, y que ahorran mucho tiempo de trabajo. Para entender cómo funciona una textura procedural, pongamos un ejemplo: nos dan dos rotuladores de colores y una hoja cuadriculada, y nos dicen «pinta los cuadrados de forma alterna». Ya contamos con toda la información que necesitamos para saber cómo pintar la hoja. Bien, pues esa es la textura procedural Cuadros de Revit. Nosotros le indicamos los dos colores y el tamaño de los cuadrados; y Revit se encarga del resto.

Repasemos a las texturas procedurales que Revit pone a nuestra disposición en los materiales «originales», ya que hay algunas muy útiles e interesantes.

1. **Cuadros.** Indicamos tamaño de los cuadros y ambos colores. También existe la opción Suavizado para difuminar los bordes entre los colores.
2. **Ruido.** Genera un patrón difuso de dos colores alternos. Ideal para relieves suaves (gotelé, tierra o piel de naranja, entre otros).
3. **Moteado.** Dibuja manchas aleatorias de tamaño configurable. Interesante para mármol blanco, acero corten o para añadir variación de color a un hormigón.
4. **Azulejos.** Potentísimo procedural para distribuir azulejos de cualquier forma, aparejo y tamaño.
   - 7 tipos de aparejos estándar predefinidos.
   - Dimensiones y color de azulejo y junta (lechada).
   - Variación aleatoria del color de azulejo (gresite, por ejemplo).
5. **Madera.** Simula madera (poca utilidad).
6. **Ondas.** (Poca utilidad).
7. **Degradado.** Para simular un degradado de color (poca utilidad).
8. **Mármol.** Simula un patrón de mármol (poca utilidad).

Estas texturas procedurales pueden usarse en los materiales «originales» tanto como imagen o como relieve.

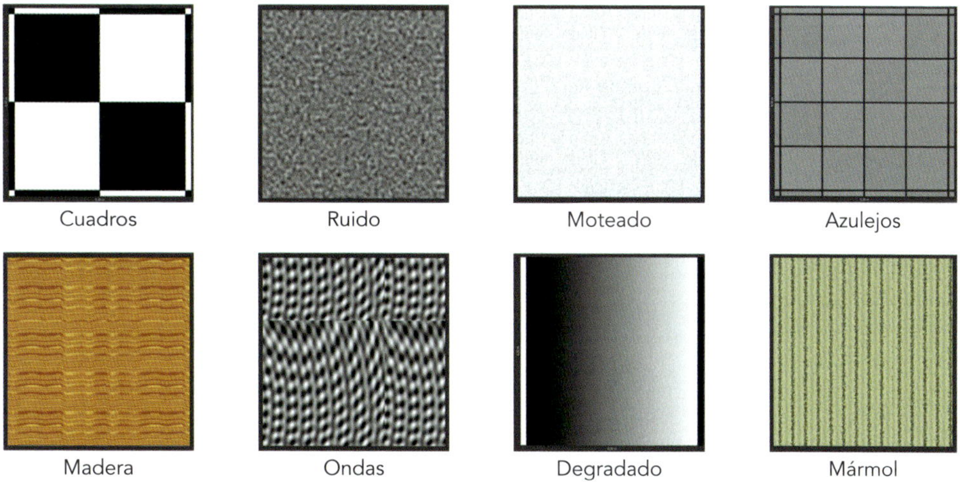

Figura 29.21. Texturas procedurales.

Alinear patrón de superficie y renderizado

Si hemos invertido un tiempo en alinear los patrones de superficie de nuestros suelos y paramentos para que coincidan, en la medida de lo posible, con los extremos, y así tener un despiece controlado, nos gustará que los materiales de render también estén alineados. Esto lo controlamos de forma muy sencilla desde Gestionar>Materiales>Gráficos> Alineación de textura. Aparecerán superpuestos el patrón de superficie y la imagen de render, con unas flechas de desplazamiento para ajustar la colocación. Así, sabremos que el pavimento laminado está orientado en el render igual que en los planos o que el despiece del azulejo de la cocina coincide en su posición con el que nosotros hemos trabajado antes.

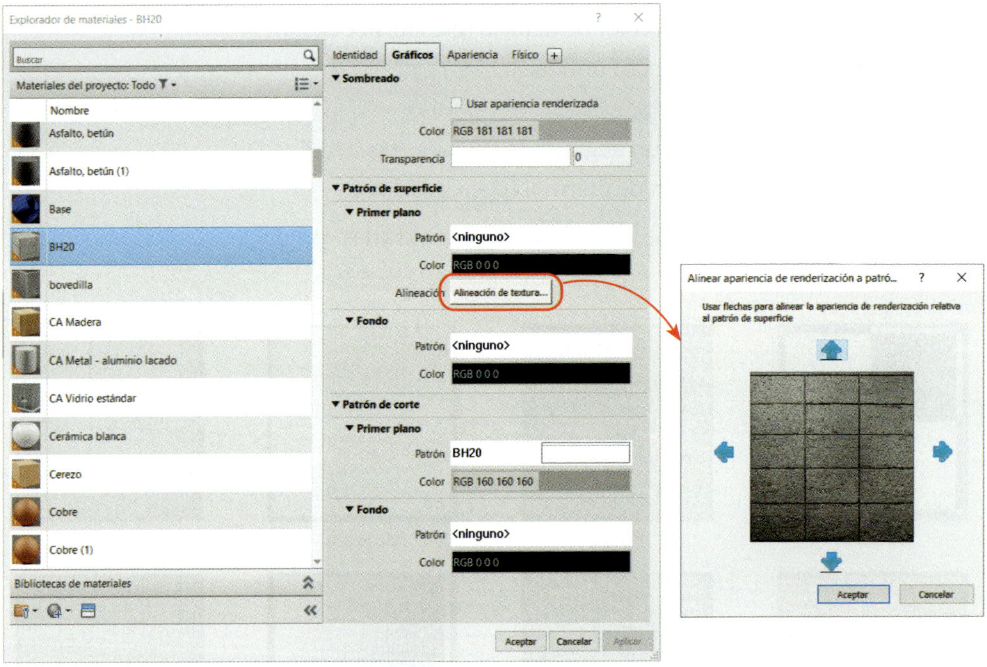

Figura 29.22. Alineación de textura.

Pintura: dividir una cara en varios materiales

Representar una cenefa, pintar una pared de un color diferente, cambiar el color del azulejo en el ámbito del lavabo o la ducha o marcar unas piezas especiales en el pavimento... son todos ejemplos reales de cómo a veces es necesario diferenciar un acabado a nivel de presentación, pero no necesariamente a nivel de proyecto.

Figura 29.23. Añadir pintura.

Para conseguir esta diferenciación, existe la orden Modificar>Pintura. Aparece una ventana con los materiales del modelo, se elige uno y se aplica sobre la cara deseada de un elemento. Automáticamente la apariencia de esa cara se ve modificada. El proceso inverso es desplegar la orden y optar por Eliminar pintura, seleccionando de nuevo la cara.

A efectos de mediciones, Revit contempla tanto el material que se ha superpuesto como el que hay «debajo». Para facilitar la extracción de datos, uno de los parámetros de los materiales es Como pintura. Si utilizamos esta clasificación en una tabla, sabremos qué materiales están «pintados» como revestimiento de otros.

Para aplicar una pintura a una parte concreta de una cara, primero usamos la orden Modificar>Dividir cara y entonces dibujamos un contorno cerrado interior (o dividimos la cara en dos partes separadas). Así, al utilizar Pintura, solamente afectará al ámbito seleccionado y no a toda la cara del material.

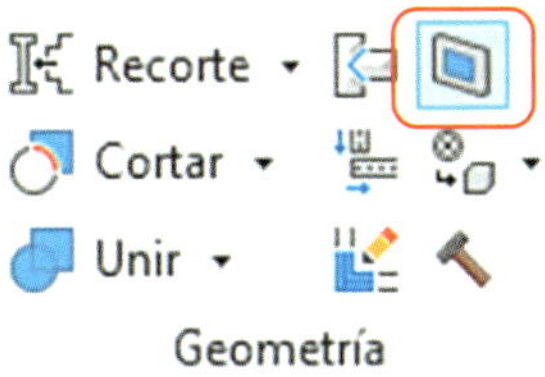

Figura 29.24. Dividir cara.

Figura 29.25. Ejemplo de dividir una cara con varios materiales.

Por último, si lo que deseamos es insertar una imagen plana en una parte de la cara (por ejemplo, un póster en una pared), iremos a Insertar>Colocar estampado. Esto colocará la imagen que seleccionemos en la cara que nos interese y así cambiaremos su tamaño. Solamente será visible en modo Realista y, por supuesto, renderizado.

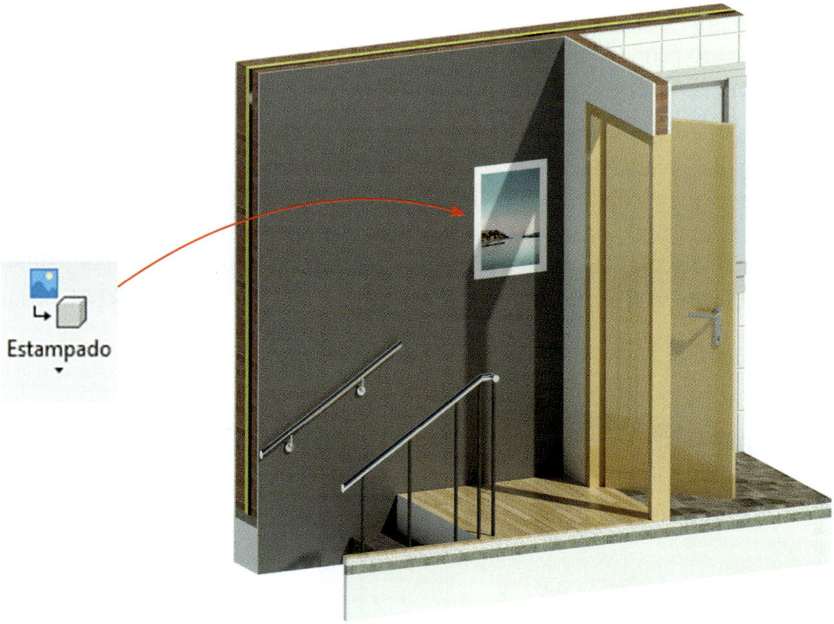

Figura 29.26. Ejemplo de un póster colocado mediante la orden Estampado.

30

Otras vistas 3D

En este capítulo aprenderás a:

- Hacer un estudio solar en Revit, explosionados 3D y secciones fugadas.
- Generar recorridos y editarlos.
- Modificar la visualización de los 3D y hacer anotaciones en ellos.
- Usar el modo vuelo.

Estudio solar interactivo

Un estudio solar en Revit es la simulación del recorrido del sol en un ámbito de tiempo concreto. Podemos hacer estudios solares desde una hora hasta todo un año, si nos situamos sobre una vista 3D y en la barra de controles de vista clicamos en Camino de sol desactivado>Estudio solar. En la barra de herramientas tendremos el estudio solar interactivo, desde donde elegir los valores más interesantes:

- **Tipo de estudio.** Imagen fija, único día, varios días, estudio de iluminación.
- **Controles de reproducción.** Están disponibles para los estudios de uno o varios días, y con la tecla de reproducción veremos el recorrido del sol durante el ámbito seleccionado.
- **Controles de visualización.** Variaremos la intensidad de la luz solar y de la sombra, así como, en los estudios de uno o varios días, la velocidad de reproducción.
- **Valores predefinidos y datos.** Según el tipo de estudio, configuraremos valores como la fecha y la hora, o los valores de altura e inclinación de la iluminación (acimut y altitud de sol).

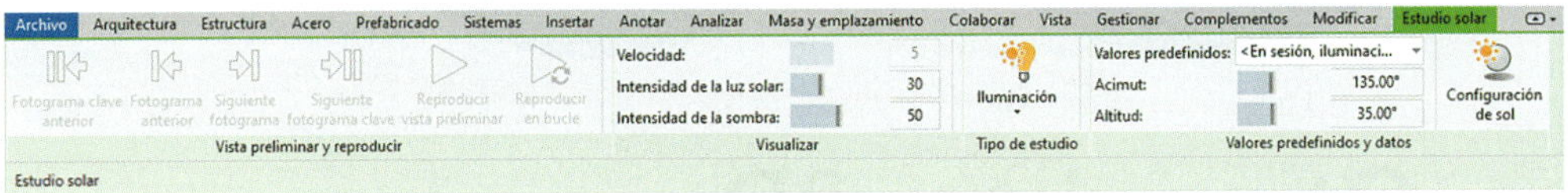

El resto de parámetros detallados se configuran desde el botón de Configuración de sol, que también es accesible desde el icono inferior de Camino de sol>Configuración de sol. Dentro de esta ventana se configuran todos los estudios solares. Al margen de los valores predefinidos del tipo de estudio de iluminación, con el resto de estudios veremos en la parte derecha de la ventana:

- **Ubicación de proyecto.**
- **Datos de inicio y final** (fecha y hora).
- **Del amanecer al anochecer.** (Solo en el estudio de varios días). Al marcarlo, Revit calcula la hora de salida y puesta del sol para esa ubicación y esa fecha.
- **Intervalo de tiempo.** Indica la frecuencia de actualización, desde 15 segundos hasta un mes. Por ejemplo, el estudio solar de un día es interesante marcarlo cada 15 minutos, mientras que el de un año se puede hacer día a día o semana a semana.
- **Plano de suelo en nivel.** Si tenemos generado un emplazamiento, conviene desmarcarlo; si no, proyecta unas sombras sobre un plano imaginario a la altura del nivel que hayamos indicado.

El estudio solar se exporta desde Revit>Exportar>Imágenes y animaciones>Estudio solar. Configuraremos:

- **Fotogramas por segundo.** (Cuantos menos fotogramas, más tiempo tendrá el vídeo).
- **Estilo visual.** El modo Realista hará tantos renders como fotogramas tenga el estudio solar, lo que demorará mucho el resultado.

- **Dimensiones del vídeo.** A efectos orientativos, los vídeos en YouTube se miden por el lado vertical; y van desde 144 píxeles hasta 2160 (resolución 4K). Según la finalidad del vídeo, un valor de 480 puede ser suficiente.
- **Compresión de vídeo.** Al aceptar la ventana anterior e indicar nombre y ubicación del vídeo, Revit nos preguntará por la compresión. Si no estamos seguros, mejor aplicar Fotogramas completos sin comprimir porque, aunque el vídeo ocupará más, no tendrá pérdida de calidad.

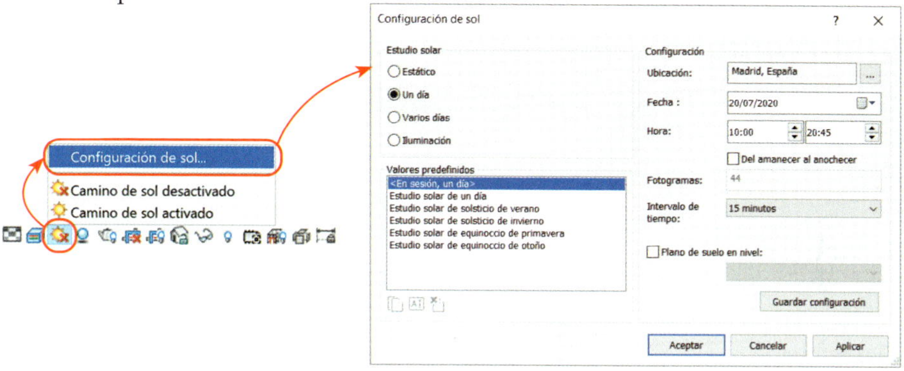

Figura 30.1. Configuración del sol.

Un estudio solar tiene muchas utilidades; no hay que plantearlo solamente como una herramienta de venta accesoria, sino como un instrumento de proyecto:

- Ubicación idónea de la piscina para que no reciba sombras.
- Dimensión mínima de un voladizo para proyectar sombras.
- Disposición de una pérgola y su entrevigado para controlar el sombraje.
- Colocación de especies vegetales alrededor de la edificación.
- Orientación, separación y profundidad óptima de unas lamas verticales para tamizar el sol.

Recorridos

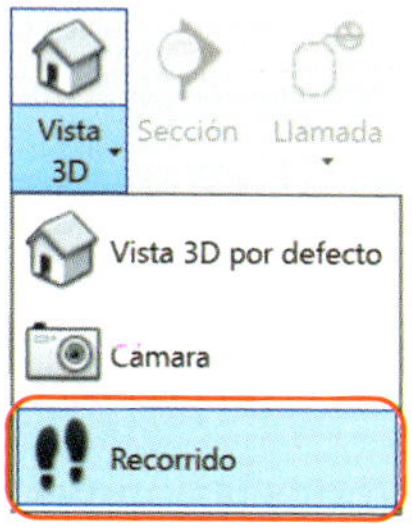

Un recorrido es una animación a través de nuestro edificio. Aunque es posible hacer recorridos largos y complejos, entrando y saliendo de habitaciones, nos centraremos en recorridos cortos y elegantes, que podemos combinar posteriormente en un único vídeo más largo y atractivo (con un programa externo de gestión de vídeos).

Para hacer un recorrido, desde una vista en planta (por comodidad, no por obligación) vamos a Vista>desplegamos Vista 3D>Recorrido. Ahora clicamos en los puntos clave de nuestro recorrido: por ejemplo, para un recorrido lineal, será suficiente con un clic en el inicio y uno en el final; si buscamos un recorrido en arco, necesitaremos al menos tres puntos. Antes de finalizar el recorrido con un clic sobre Aceptar en la Cinta de opciones, podemos ajustar la altura de la cámara en la barra de opciones. Creado el recorrido, aparece su categoría en el Navegador de proyectos.

Del mismo modo que ocurre con las vistas en perspectiva, la forma de mostrar el recorrido en una vista de planta o de alzado es:

- Con un mosaico de ventanas, seleccionar la región de recorte del recorrido.
- Con el botón derecho sobre la vista del recorrido en el Navegador de proyectos> Mostrar cámara.

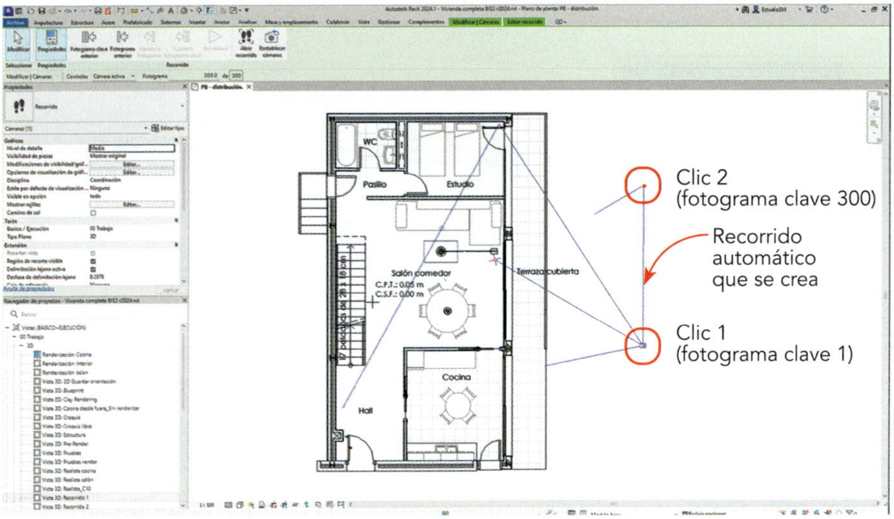

Figura 30.2. Ejemplo de creación de un recorrido en línea recta con 300 fotogramas.

Editar un recorrido

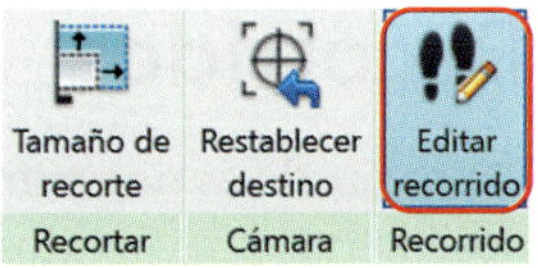

Este procedimiento es fundamental. Tanto si queremos modificar el punto de vista del observador como el punto de destino o simplemente previsualizar el vídeo, seleccionaremos el recorrido y haremos clic en la Cinta de opciones>Editar recorrido. Dentro del modo de edición existen dos tipos de fotograma:

- **Los fotogramas clave.** Son los «importantes», los que hemos creado con un clic con el ratón al definir el recorrido.
- **Los fotogramas normales.** Son interpolaciones que Revit hace entre fotogramas clave para generar la animación correspondiente.

Todas las operaciones de edición de un recorrido deben hacerse desde un fotograma clave. En la Cinta de opciones>Pestaña Editar recorrido, se navega entre fotogramas y fotogramas clave. Las opciones de edición son las siguientes, todas seleccionables desde la barra de opciones:

- **Cámara activa.** Cambiar el punto de destino de la cámara: el objetivo. Si pasamos a una vista de alzado podremos hacer que la cámara se oriente hacia arriba o abajo.
- **Camino.** Modifica la posición del observador de cualquier fotograma clave. Desde una vista de alzado o sección se modifica la altura del observador.
- **Añadir / eliminar fotograma clave.** Sirve para añadir más fotogramas claves y mejorar la precisión de nuestro recorrido. Sin embargo, para ampliar la longitud del recorrido, lo haremos dentro del camino que ya hemos creado y luego desplazamos los fotogramas clave finales.

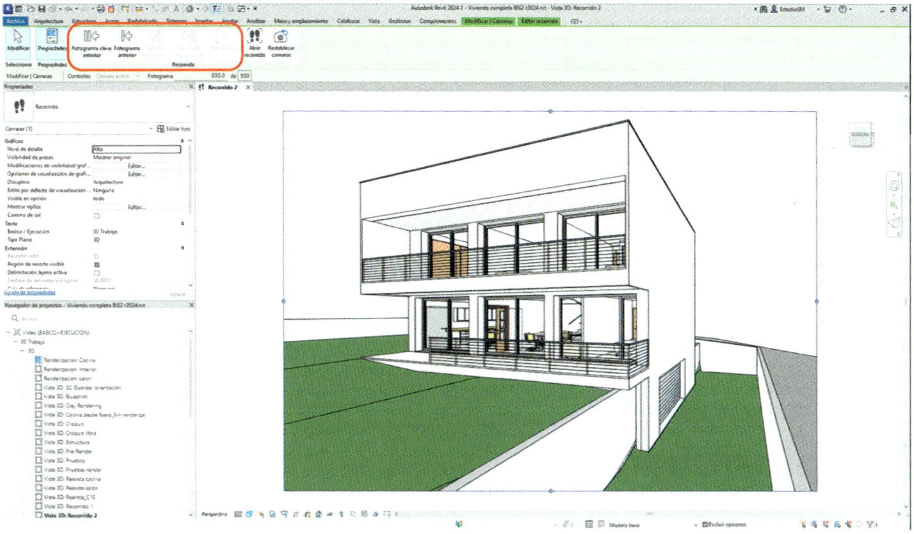

Figura 30.3. Parámetros para reproducir el recorrido, dentro de editar recorrido y seleccionando la ventana.

Desde dentro de Edición de recorrido, si tenemos activa la vista del recorrido y estamos en un fotograma que no sea el último, es posible Reproducir el recorrido. Si va muy rápido o muy lento, aumentaremos o reduciremos el número de fotogramas totales, desde la barra de opciones, con un clic sobre el número total de fotogramas (por defecto 300).

Dentro del menú de fotogramas de recorrido establecemos los fotogramas/segundo e incluso desactivamos la casilla de Velocidad uniforme para acelerar o decelerar cada tramo. La casilla indicadores en la parte inferior izquierda permite visualizar, a lo largo del recorrido, una secuencia de fotogramas marcados según el incremento que definamos.

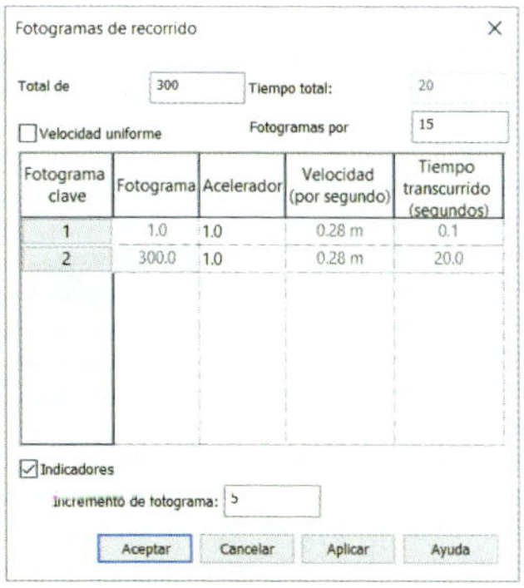

Figura 30.4. Menú de fotogramas de recorrido.

Para exportar un recorrido, haremos un procedimiento análogo al descrito al exportar un estudio solar.

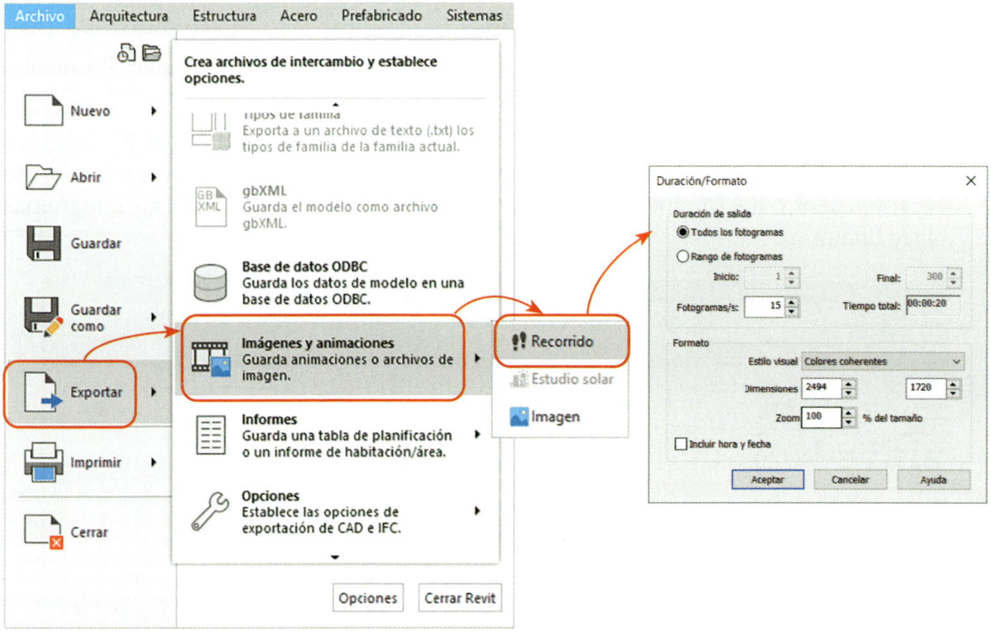

Figura 30.5. Proceso para exportar un recorrido.

3D explosionada

Una vista explosionada es aquella que está dividida en varias partes para que se aprecien mejor sus componentes. En arquitectura, los «componentes» serán normalmente las plantas del edificio. Desde una vista 3D, podemos seleccionar una planta completa (por ejemplo, con el ViewCube para orientarla en alzado y coger toda una planta con una ventana) y clicar sobre la orden Modificar>Desplazar elementos.

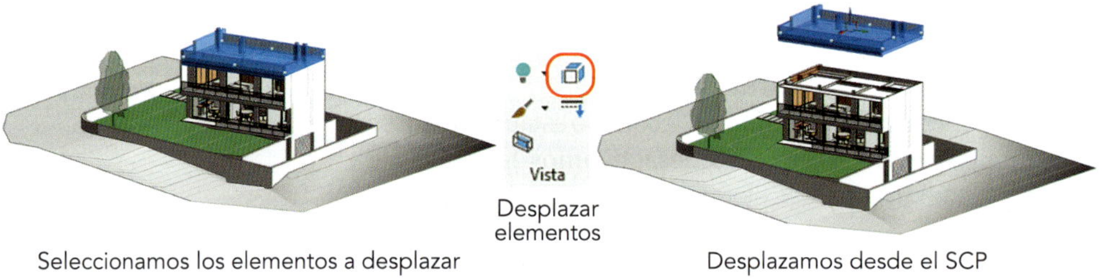

Figura 30.6. Proceso para crear un 3D explosionado.

Esta operación ha agrupado estos objetos y ahora se llama Conjunto de desplazamiento; y muestra un símbolo tradicional de SCP 3D de CAD, con el que es posible desplazar en los tres ejes ese conjunto. Para realizar un desplazamiento concreto, en la paleta de Propiedades les damos valores numéricos precisos.

Estos desplazamientos solo se producen en la vista actual: no estamos desmembrando nuestro proyecto, así que procedamos sin ningún miedo.

Es normal que en algún momento nos demos cuenta de que hemos cogido más elementos de la cuenta o de que nos faltan algunos por añadir a nuestro conjunto de desplazamiento. Seleccionamos el conjunto y vamos a Cinta de opciones>Editar>Añadir / eliminar de la ventana flotante que aparece.

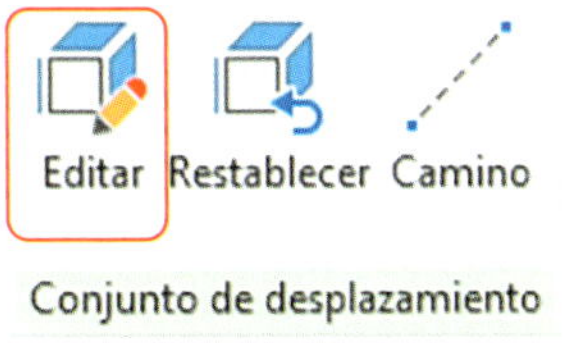

TRUCO:

Si un elemento pertenece a un conjunto de desplazamiento y nos interesa que esté en otro conjunto, primero lo eliminamos del conjunto inicial y solo entonces lo añadimos al nuevo conjunto.

Para eliminar un conjunto de desplazamiento y dejar los elementos donde estaban, seleccionamos el conjunto y clicamos sobre Restablecer en la Cinta de opciones.

También otra opción es generar líneas de camino que conectan la posición actual de un elemento con la posición original. Se hacen con el botón Camino que aparece en la Cinta de opciones teniendo seleccionado un conjunto de desplazamiento, y luego marcando cada punto del que queremos que nazca una línea de camino. En las propiedades de ejemplar decidimos si es una línea recta o con recodo (solo es válido para desplazamientos oblicuos). Para personalizar el color y patrón de las líneas de camino recurriremos a VV o a Estilos de objeto, en Anotación>Camino de desplazamiento.

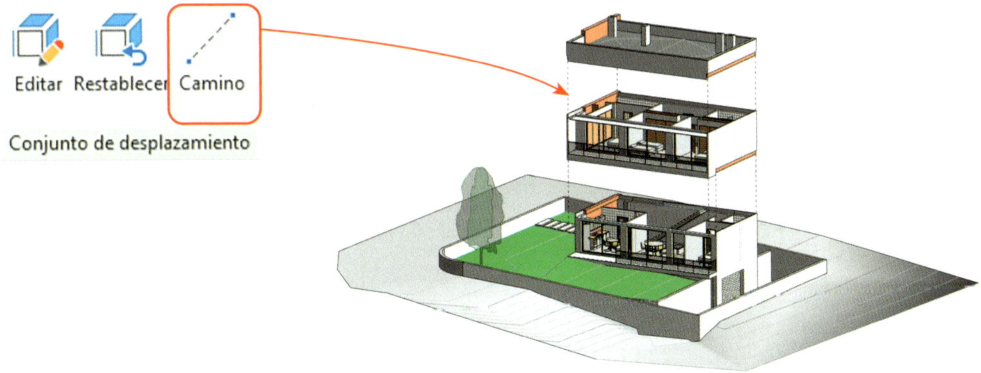

Figura 30.7. Líneas de camino en un 3D explosionado.

Opciones de visualización de gráficos

Dentro del botón que controla los estilos visuales, la primera opción es la orden Opciones de visualización de gráficos. Dentro de ella se personaliza el grafismo de una vista aún más en profundidad.

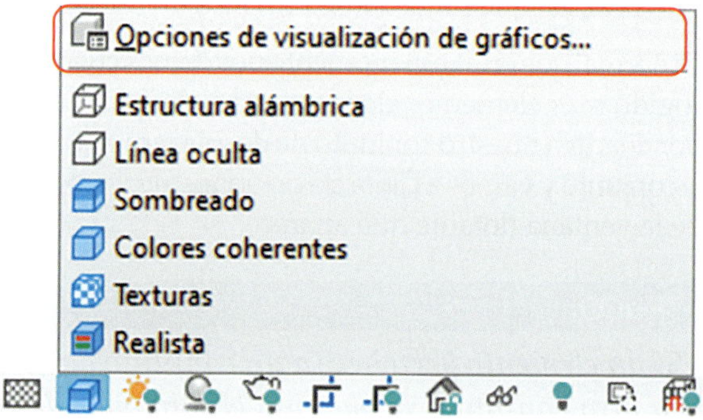

Figura 30.8. Opciones de visualización de gráficos.

- **Mostrar aristas.** Solo en modos sombreado y realista.
- **Suavizar líneas con antialiasing.** Elimina el efecto de dientes de sierra en las líneas inclinadas.
- **Transparencia.** Aplica un porcentaje de transparencia a toda la vista.
- **Siluetas.** En las líneas de contorno o siluetas, establece un estilo de línea diferente: solamente se aprecia con el grosor de línea activado.
- **Sombras.** Activa o desactiva las sombras normales, y también las sombras ambientales, también llamado efecto de oclusión ambiental, que oscurece las esquinas o las caras en contacto con otros elementos, lo que aporta mayor sensación de profundidad, pero ralentiza la navegación del modelo.

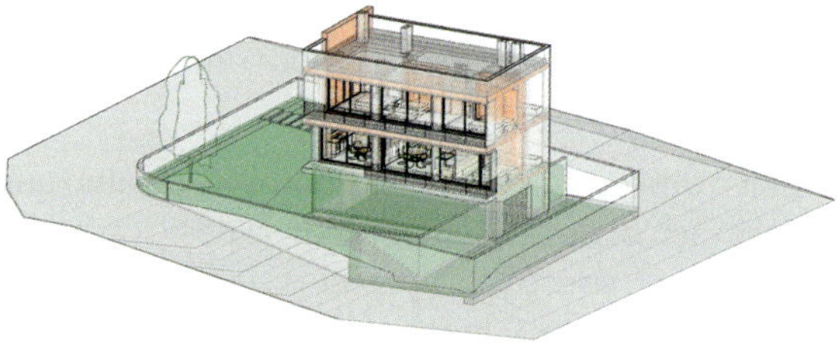

Figura 30.9. Vista con la transparencia activada.

- **Líneas de croquis.** Añade fluctuación y extensión a las líneas para dar un efecto de croquizado a nuestra vista.
- **Atenuación lejana.** Aclara líneas en tonos de gris en función de su distancia solo en vistas de planos.

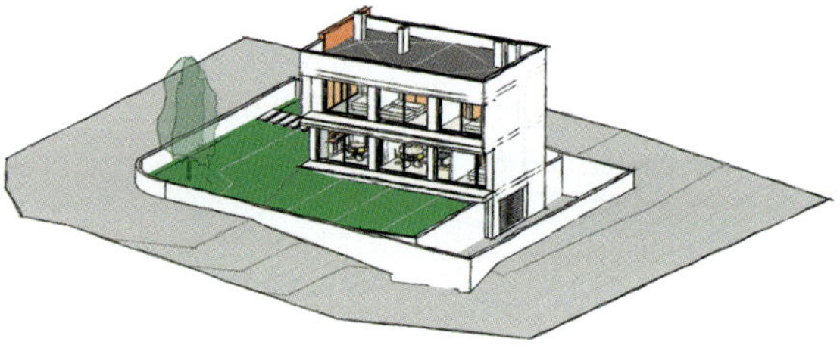

Figura 30.10. Vista con las líneas de croquis activadas.

- **Iluminación.** Controla la intensidad de la luz.
  - Sol. Para las zonas iluminadas.
  - Iluminación ambiental. Luz global de la escena.
  - Sombras. De 0 a 100, sombras transparentes hasta sombras negras.

- **Realista.** Solo en modo realista. Permite controlar la exposición de la imagen de forma manual o automática.
- **Fondo.** Para cambiar el fondo estándar blanco.
  - Cielo o imagen (no recomendados).
  - Degradado (la más versátil).

Figura 30.11. Vista con realista activado.

Render con líneas

Para mostrar la intención de nuestro proyecto no siempre necesitamos generar un render, sino que el propio motor de visualización de Revit se posiciona como más que suficiente para mostrar, en tiempo real, las bondades de nuestra propuesta. Veamos estas propuestas, todas ellas desde Opciones de visualización de gráficos.

- **Pre-render.** Realista – No mostrar aristas – Antialiasing – Sombras y sombras ambientales – iluminación ambiental al 40 % – sombras al 25 % – fondo degradado de azules poco saturados hacia blanco.
- **Clay Rendering.** Líneas ocultas – Antialiasing – Sombras y sombras ambientales – iluminación ambiental al 40 % – sombras al 25 %.
- **Blueprint.** Líneas ocultas – Antialising – fondo con degradado azul oscuro (RGB 0-0-160) en los tres valores. Visibilidad/Gráficos>todas líneas de proyección color blanco, patrones de superficie con relleno uniforme en color azul oscuro (RGB 0-0-160).

Todos estos estilos de visualización, y los adicionales que cada uno cree en su ordenador, se pueden guardar como plantilla de vista para aplicar en nuevos proyectos automáticamente.

Figura 30.12. Pre-render.

Figura 30.13. Clay Rendering.

Figura 30.14. Blueprint.

Bloquear una vista 3D y anotar

Para bloquear la orientación de una vista 3D, vamos a barra de controles de vista>Guardar orientación y bloquear vista. El proceso inverso es seleccionar la orden y hacer clic sobre Desbloquear vista. La utilidad de bloquear una vista 3D es doble:

- No perder la posición y destino de una cámara o una vista 3D que me interesa.
- Poder anotar con cotas, texto o etiquetas una vista (si no es perspectiva).

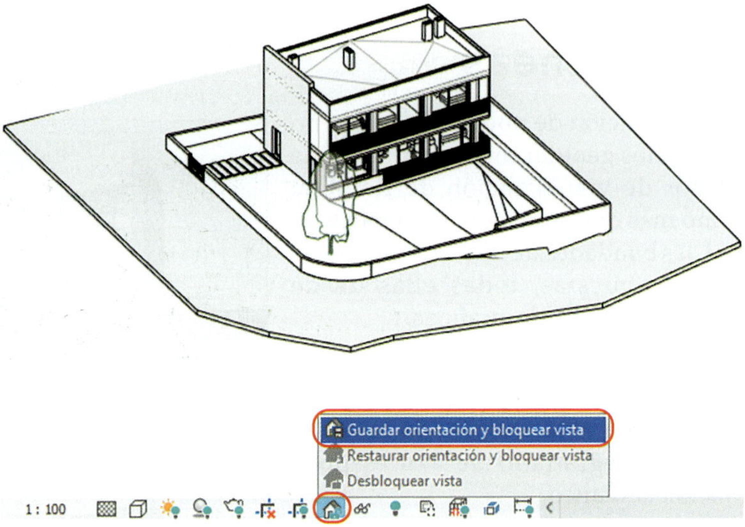

Figura 30.15. Guardar orientación y bloquear vista.

Secciones fugadas

Una de las cosas que, a veces, mejor ayudan a comprender un proyecto, es una sección fugada. Puedes hacerla de la siguiente manera:

- Genera, desde una planta, la sección que quieres ver en perspectiva y la nombras.
- Duplica una vista 3D y dale el nombre deseado.
- Desde Viewcube, clic en triángulo desplegable>orientación de vista>secciones>nombre de sección.
- Despliega de nuevo el Viewcube y elige la proyección perspectiva en lugar de ortogonal.

Si, además, deseas acentuar o suavizar la fuga de la sección:

- Activa la región de recorte de vista en la vista 3D y selecciónala.

- En la vista de planta, verás la cámara. Si arrastras desde la línea que une observador y destino, aumentarás o disminuirás la fuga de la vista.

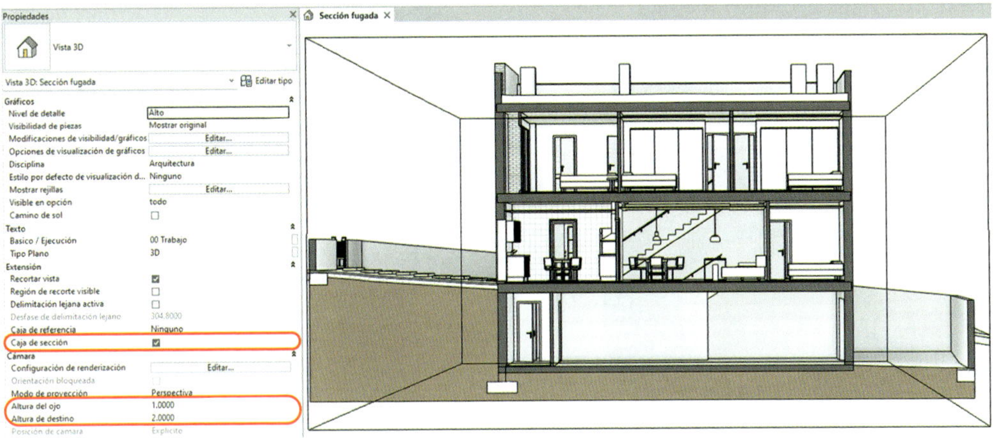

Figura 30.16. Sección fugada.

Modo vuelo

El Modo vuelo en las vistas 3D en perspectiva se acciona desde la barra de navegación (que se muestra u oculta desde Vista>Interfaz de usuario); ahí hallamos el icono de avión de papel que representa el modo vuelo. Desde este momento y hasta que pulsemos ESC, nos permite movernos por nuestro proyecto de una forma muy similar a como lo haríamos en un videojuego.

A partir de este momento, los botones izquierdo y derecho del ratón solo sirven para mover la cabeza girando a uno u otro lado. Para controlar el movimiento hacia adelante, atrás, izquierda o derecha, tenemos las flechas del teclado y, además, las teclas WASD. Asimismo, podemos controlar la velocidad con la que nos movemos manteniendo pulsado Mayús, y moviendo arriba y abajo la rueda del ratón; desde la barra de estado en la esquina inferior izquierda de la pantalla iremos viendo cómo la velocidad del paseo aumenta o disminuye. También es posible cambiar la altura desde la que estamos viendo nuestro proyecto si utilizamos las teclas Q y E para subir y bajar nuestra elevación, respectivamente.

31

Fases de proyecto

En este capítulo aprenderás a:

- Trabajar con fases de Revit.
- Modificar el grafismo de las fases.

Las fases de proyecto nos permiten documentar proyectos que se ven modificados en el tiempo.

Dos ejemplos muy sencillos de su utilidad pueden ser:

- Promoción inmobiliaria donde se ejecutan los bloques en diferentes momentos en el tiempo.
- Reforma o rehabilitación de una vivienda.

Por su mayor sencillez, nos centramos en el caso de una reforma. Actualmente, con CAD, debemos dibujar varias plantas (estado actual y estado reformado) y hay que duplicar constantemente todo el trabajo: cada alzado o cada sección hay que desarrollarlo tanto para el «estado actual» como para el «estado reformado».

Revit, sin embargo, ha desarrollado una metodología muy interesante para dar respuesta a este tipo de proyectos. No tiene una dificultad alta, pero son apenas cuatro conceptos nuevos que sí es necesario explicar.

- **Concepto de fase.** Del mismo modo que podemos ver fotografías del «antes y ahora» de una plaza, una calle o un paraje natural, donde el elemento diferenciador es el tiempo, en Revit podemos configurar «Momentos en el tiempo». Estos momentos se llaman Fases. Para el ejemplo de una rehabilitación, podríamos contar con «Estado actual» y «Reforma» o incluso intercalar una tercera fase que fuese «Demoliciones», aunque no es necesario.
- **Cada vista pertenece a una fase.** Cada una de las vistas que hagamos en Revit se ubica, a nuestra elección, en una fase (fotografiada en un «momento en el tiempo» concreto). De esta manera, es posible disponer de un plano de planta en la fase «estado actual» y otro en la fase «estado reformado».
- **Los elementos se crean y se derriban.** Cada elemento de Revit cuenta con una «fase de creación» (cuándo se construye ese elemento) y una «de derribo» (cuándo se demuele ese elemento; puede ser fase Ninguno para indicar que nunca se derriba).

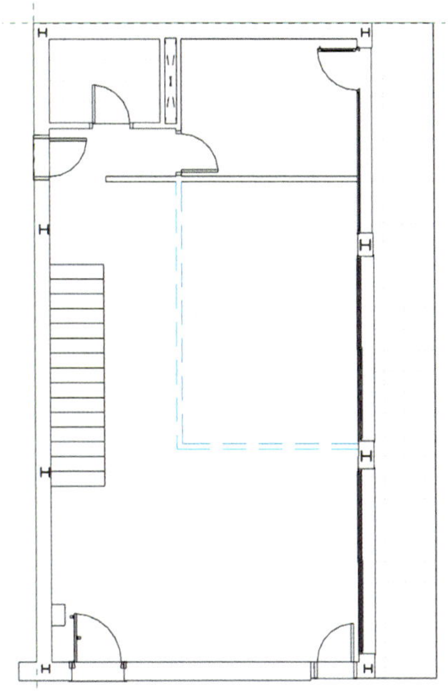

Figura 31.1. Plano de demolición, donde se muestra el estado actual del inmueble y en líneas discontinuas los muros a demoler.

TRUCO:

Combinando los dos puntos anteriores conseguimos, por ejemplo, que en una vista de planta de «estado actual» no se vean los muros generados en la fase «estado reformado».

- **El contenido de las vistas se filtra según nuestro interés.** Dentro de cada vista es posible establecer un Filtro de vista, que indica si los elementos deben mostrarse o no, en función de cuándo fueron creados o derribados. Por ejemplo, tanto el plano de demoliciones como el plano de estado reformado se hallan en la fase «reforma». Sin embargo:
  - En Demoliciones, queremos marcar los tabiques que se demuelen, pero no mostrar los tabiques que se levantarán al final de la reforma.
  - En estado reformado, veremos la distribución final, pero no los tabiques demolidos.

Metodología detallada

Partimos del ejemplo de una reforma de vivienda. Veamos el proceso para trabajar correctamente con fases.

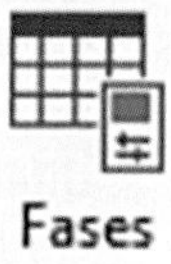

- **Definición de fases.** En Gestionar>Fases, definimos las fases que necesitamos para nuestro proyecto. En la plantilla arquitectónica están creadas por defecto las fases «Existente» y «Nueva construcción». Para nuestro ejemplo de una reforma de vivienda, es perfectamente correcto seguir trabajando con ellas, pero también es posible renombrar o insertar nuevas fases antes o después mediante los botones concretos.
- **Creación de vistas.** Duplicamos la vista de planta tantas veces como necesitemos; por ejemplo, una vista para «Planta – Estado actual», una para «Planta – Estado reformado» y otra para «Planta – Demoliciones».
- **Fase de cada vista.** Seleccionamos cada una de las tres vistas y, en la paleta de Propiedades, indicamos en qué fase (momento en el tiempo) están contenidas. La vista Estado actual pertenece a la fase Existente, mientras que las otras dos vistas pertenecen a la fase Nueva construcción.
- **Fase de creación.** En la vista de Estado actual, empezamos a dibujar el estado actual de la vivienda. Si ya hubiéramos dibujado la planta, probablemente se hayan generado en «Nueva construcción». Entonces iríamos a la vista correspondiente, seleccionamos todos los elementos de modelo y, en la paleta de Propiedades, marcamos Fase de creación>Existente. Los elementos cambiarán a un grafismo agrisado bastante poco atractivo, que ya modificaremos en su momento.

- **Fase de derribo.** En la vista que deseemos, seleccionamos los elementos que van a demolerse en la fase Nueva construcción y, en la paleta de Propiedades, marcamos como Fase de derribo>Nueva construcción. Asimismo, es posible hacerlo desde el icono de Derribar de en la pestaña Modificar (figura 31.2).
- **Definir Filtros.** En Gestionar>Fases>Pestaña Filtros de fase, creamos tres filtros, para seleccionarlos de manera inequívoca en cada vista y controlar a la perfección la visibilidad de cada elemento. Los filtros que crearemos son los de la figura 31.3.

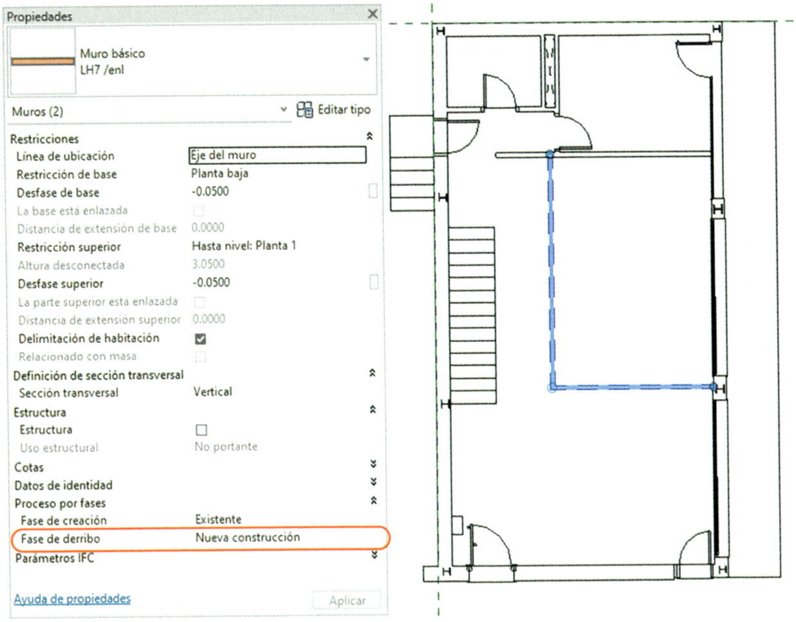

Figura 31.2. Indicar las fases de creación y derribo de cada elemento.

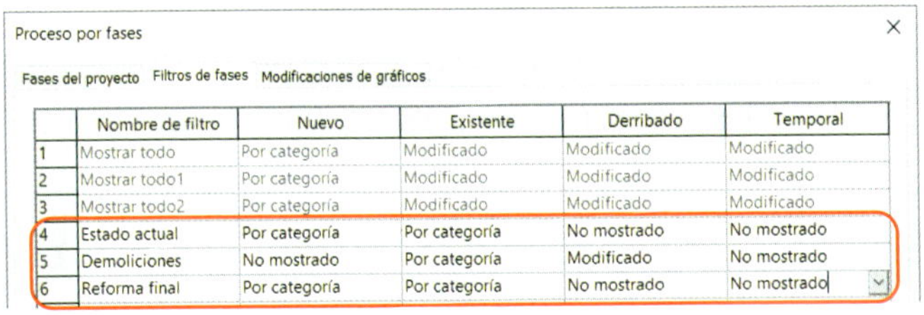

	Nombre de filtro	Nuevo	Existente	Derribado	Temporal
1	Mostrar todo	Por categoría	Modificado	Modificado	Modificado
2	Mostrar todo1	Por categoría	Modificado	Modificado	Modificado
3	Mostrar todo2	Por categoría	Modificado	Modificado	Modificado
4	Estado actual	Por categoría	Por categoría	No mostrado	No mostrado
5	Demoliciones	No mostrado	Por categoría	Modificado	No mostrado
6	Reforma final	Por categoría	Por categoría	No mostrado	No mostrado

Figura 31.3. Filtros de grafismo según fases de proyecto.

- **Aplicar Filtros.** En cada una de las vistas, en la paleta Propiedades seleccionamos el filtro adecuado para cada una.
- **Dibujar reforma.** En este momento es muy cómodo dibujar la propuesta de reforma de nuestro proyecto, pues ya desaparece la tabiquería antigua y se representa todo de forma correcta.
- **Modificar grafismo.** En Gestionar>Fases>Pestaña Modificaciones de gráficos, configuramos cuál será el grafismo de los elementos según su estado de fase. El que vamos a modificar es Derribado, que es el único al que hemos puesto el valor Modificado en los filtros de fase anteriores. Además de cambiar los estilos de línea y patrones de relleno, es posible editar el material. Si no queremos que se vea en rojo, borramos de la columna Material el valor, para que el material no se modifique. Si nos parece buena idea que sea un material diferente, pero no nos gusta el que Revit tiene, editamos el grafismo del Material – Derribo.

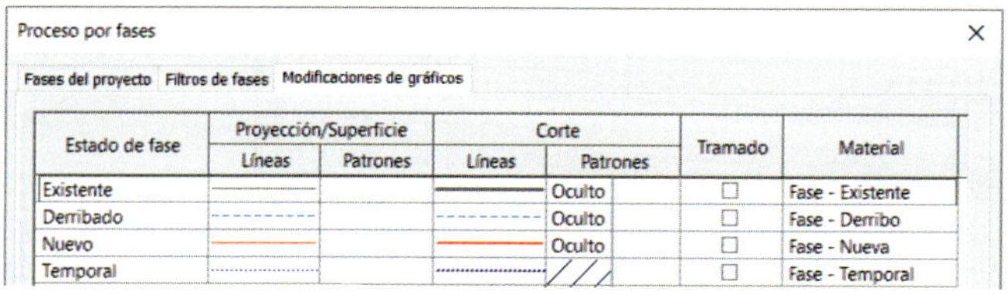

Figura 31.4. Controlar el grafismo de los elementos según fase y estado.

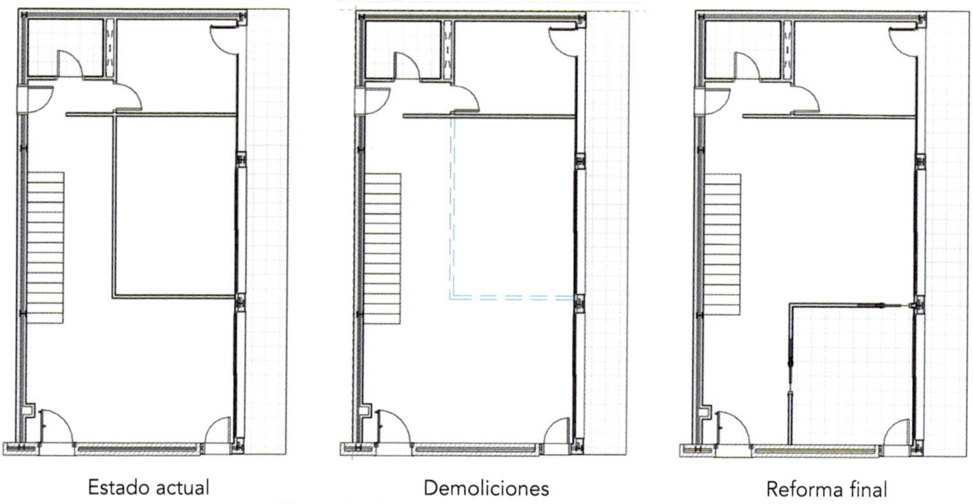

Figura 31.5. Fases de un proyecto de reforma.

Extender al resto del proyecto el trabajo por fases

- **Habitaciones.** Si generamos habitaciones en una vista de fase existente y en una vista de fase de nueva construcción, estamos superficiando en momentos diferentes del tiempo.
- **Tablas.** Desde cómputos de materiales como planificación de suelos, muros o carpinterías o incluso tablas de superficies de habitaciones, todo lo relacionado con tablas de planificación es sensible a las fases de proyecto: en la paleta Propiedades indicamos en qué fase estamos realizando la tabla, y mediante filtros es posible diferenciar según la fase de creación o de derribo de cada elemento.
- **Vistas 3D.** Cualquier vista 3D, ya sea en perspectiva o no, responderá a las fases. Esto es muy útil para conseguir ciertas cosas:
  - Vista 3D de las demoliciones como esquema clarificador en el plano.
  - Perspectiva del antes y después de una zona concreta.
  - Vista 3D de la vivienda antes y después de la reforma.

32

Opciones de diseño

En este capítulo aprenderás a:

- Conocer los conceptos básicos de las opciones de diseño.
- Saber modificar las opciones de visualización.
- Trabajar con opciones de diseño en vistas 3D, tablas de planificación y habitaciones.

El desarrollo de un proyecto es un proceso iterativo en el que inevitablemente surgen variaciones y modificaciones no previstas. Del mismo modo, suelen aparecer propuestas alternativas para ámbitos concretos del proyecto:

- **Diseño interior.** Diferentes modos de enfocar el amueblamiento de un espacio (por ejemplo, organización de un local comercial con sus diferentes recorridos, expositores o, en el caso de un local de restauración, las posibles ubicaciones de las mesas).
- **Distribución.** Distribuciones alternativas en zonas concretas del proyecto (quizá haya diversas soluciones para el paquete de habitación principal + vestidor + baño principal).
- **Materialidad.** Experimentación con materiales o sistemas de fachada (utilizando en uno o varios paños de fachada un muro enfoscado o de ladrillo caravista o de piedra, para lograr un aspecto estético concreto).
- **Estética y función.** Alternativas de disposición de huecos en fachada (proponiendo bien ventanas corridas horizontales, ventanas individuales, muro cortina o ventanales...).

Todas estas alternativas se resolvían en CAD copiando la planta a un lado y desarrollando paralelamente ambas opciones; al final, había duplicidad de información —y de trabajo—, zonas menos desarrolladas del proyecto y el riesgo permanente de perder coherencia interna al hacer cualquier variación general del proyecto en una de las opciones y no recordar trasladarla a todas las demás.

En Revit se ha desarrollado un sistema muy inteligente para tratar las alternativas de diseño: se llama Opciones de diseño. Exige mucho orden en su aplicación y, en general, ser meticuloso en el trabajo; por esto, es una de las partes más avanzadas del programa.

Para ilustrar el funcionamiento de las Opciones de diseño, desarrollaremos dos casos: uno más sencillo, que pretende sentar las bases de la operativa general, y después uno más elaborado, con más alternativas, para explotar aún más las posibilidades que nos brinda.

Conceptos básicos

Antes de comenzar a describir el proceso de forma exhaustiva, debemos conocer cuatro conceptos fundamentales.

- **Conjunto de opciones.** Un Conjunto de opciones agrupa todas las posibilidades de una decisión de proyecto. Si tuviéramos que decidir el uso de una estancia, el tipo de ventanas de una fachada y la materialidad de la cubierta, cada una de estas decisiones sería un Conjunto de opciones diferente. En este ejemplo sencillo solo habrá un conjunto de opciones de distribución.
- **Opciones.** Dentro de cada Conjunto de opciones, existen diferentes posibilidades (llamadas opciones). Por ejemplo, en el caso del tipo de ventanas, tendríamos una opción que serían las ventanas corridas, otra opción que serían unos ventanales, y otra más que serían ventanas abatibles estándar. No hay un mínimo ni un máximo de opciones disponibles dentro de un conjunto.

- **Opción primaria.** Dentro de todas las opciones, la «primaria» no es otra cosa que la opción «favorita» o, exponiéndolo de otra forma, la opción primaria es aquella que pensamos que será la definitiva.
- **Modelo base.** Son los elementos comunes a todas las opciones y a todos los conjuntos de opciones. Por ejemplo, si solo estamos pensando alternativas de diseño interior, toda la envolvente será del modelo base, porque no se altera. Sin embargo, si en un Conjunto de opciones estamos modificando las ventanas, tanto las ventanas como el propio muro ya no son comunes a todo: no estarían en el modelo base.

Tabla 32.1. Ejemplo de conjuntos y opciones de un conjunto.

CONJUNTO	OPCIONES	
Uso de la estancia	Vent. corridas	Opción primaria
Tipo de ventanas →	Ventanales	
Materialidad de la cubierta	Ventanas abatibles estándar	

Caso 1. Diseño interior

Una vez conocidos los términos más importantes de esta funcionalidad de Revit, desarrollemos todo el proceso de trabajo.

Partimos de una estancia sencilla (rectangular de 5 x 4 m, por ejemplo) donde pretendemos explorar diferentes posibilidades de amueblamiento. Supongamos que es una habitación «extra» de una gran vivienda, y sus dueños quieren darle uso, pero tienen varias alternativas entre las que decidir:

- Sala de juegos, con un billar, y una zona de sofás y TV para videojuegos.
- Zona de estudio, con dos mesas de trabajo individuales y una mesa de grupo para trabajos colectivos o juegos de mesa.
- Salita de estar adicional con dos sofás y TV, y una mesa de comedor.

El proceso de desarrollo detallado es:

- Gestionar>Opciones de diseño.
- En la ventana que aparece, marcamos Nuevo Conjunto de opciones.
- Seleccionamos el Conjunto de opciones 1 que se ha creado y cambiamos el nombre a «Diseño interior estancia».

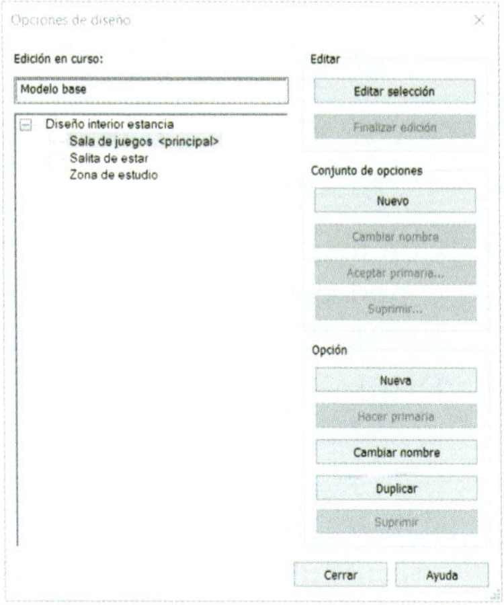

Figura 32.1. Opciones de diseño.

- Dentro de «Diseño interior estancia» aparece la Opción 1 (primaria). Para añadir más opciones, hacemos clic en Opción>Nueva, dos veces más.
- Seleccionando cada opción, es posible Cambiar nombre para su identificación. No es recomendable dejarlo como Opción 1, 2 y 3 porque no siempre recordaremos cuál es cada una. Pongamos, por ejemplo:
    - Sala de juegos.
    - Zona de estudio.
    - Salita de estar.
- Cuando tengamos todas las opciones claras, hacemos clic en Cerrar.
- A partir de este momento, ya no es necesario volver a la pestaña Gestionar para seguir modificando o añadiendo opciones: en la Barra de estado localizamos una versión pequeña del icono de Opciones de diseño y, al lado, el mismo desplegable al que teníamos acceso desde Gestionar.

TRUCO:

Es posible mostrar u ocultar esta información en la barra de estado, activando o desactivando la casilla de verificación desde Vista>Interfaz de usuario>Barra de estado - opciones de diseño.

- Si clicamos en el desplegable, veremos que tenemos varias líneas:
    - Modelo base.
    - En gris, «Diseño interior estancia», que indica que es un Conjunto de opciones y que las líneas por debajo son las siguientes opciones de este:
        - Sala de juegos.
        - Zona de estudio.
        - Salita de estar.

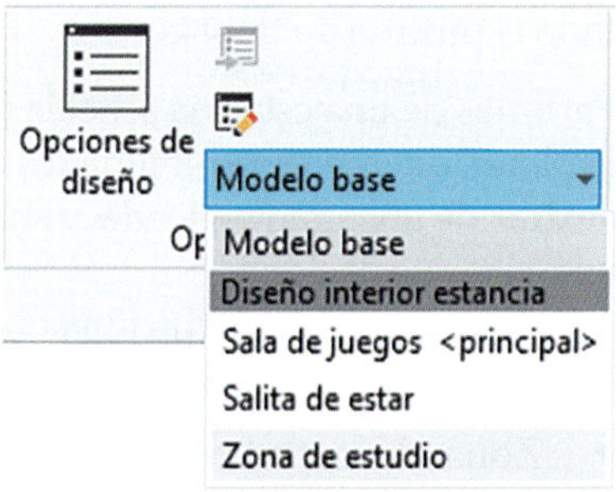

Figura 32.2. Pestaña de opciones de diseño.

- Con un clic sobre alguna de las líneas del desplegable, entramos en esa opción y podremos dibujar cualquier elemento dentro de ella. Lo normal es estar trabajando siempre desde el Modelo base.
- Dentro de cada opción, insertamos los componentes correspondientes para amueblar la estancia.

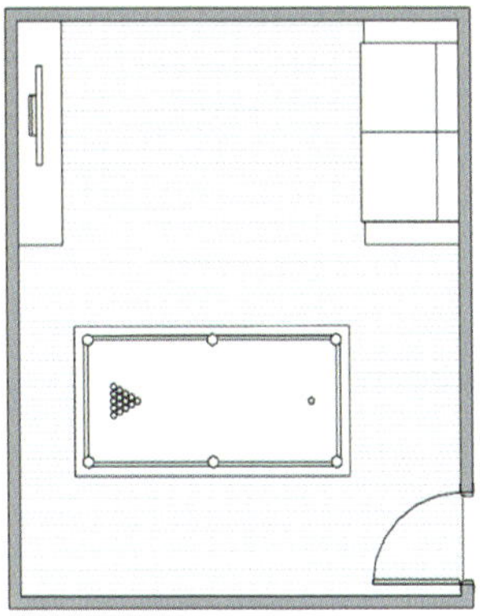

Figura 32.3. Opción - Sala de juegos.

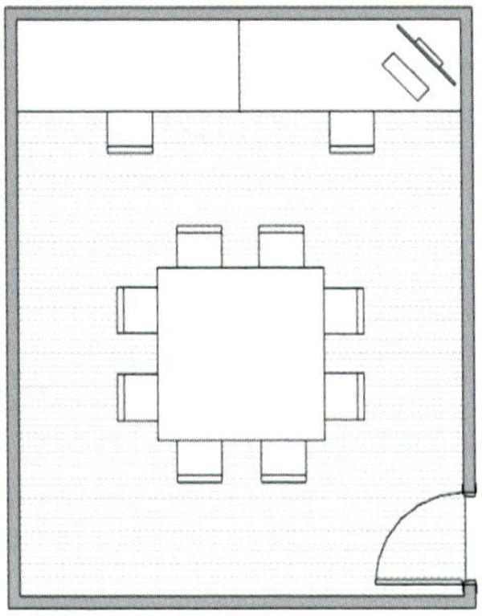

Figura 32.4. Opción - Zona de estudio.

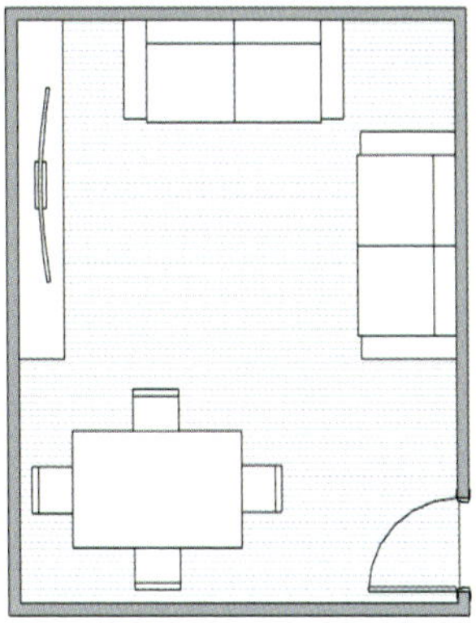

Figura 32.5. Opción - Salita de estar.

- Observaremos varias cosas interesantes de visualización:
  - Si estamos dentro de una opción, no es posible ver la información de las otras; es como si no existieran.
  - Si estamos en el modelo base, aparece la información dibujada en la opción primaria.
  - Otra posibilidad es cambiar la opción primaria con un clic sobre la orden de Opciones de diseño, seleccionar la opción deseada y marcar Hacer primaria.
- También observaremos una serie de cosas en cuanto a selección:
  - Si estamos dentro de una opción, no es posible seleccionar elementos del modelo base.
  - Si estamos dentro del modelo base, no se seleccionan elementos de la opción primaria, aunque la estemos viendo.

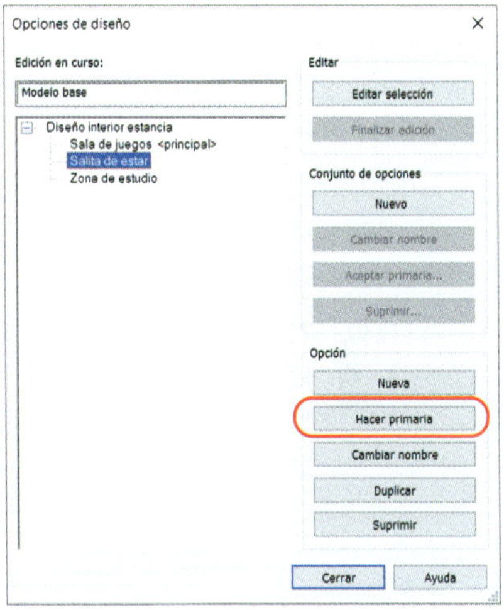

Figura 32.6. Hacer primaria.

TRUCO:

Esto es reversible marcando o desmarcando la casilla de verificación Solo activas en la barra de estado.

- Si hemos dibujado, bien por error o bien porque ya teníamos una distribución hecha, algunos elementos de componentes en el modelo base, la forma más sencilla de pasarlos a una de las opciones es:
  - Seleccionar los elementos.
  - Ctrl-X (o Cinta de opciones>Cortar a portapapeles).
  - Entrar en la opción deseada.
  - Modificar>desplegar Pegar>Alineado en el mismo sitio.

No obstante, además de la forma «sencilla», está la forma «oficial».

- Seleccionar los elementos.
- Gestionar>añadir a conjunto.
- Seleccionar a qué conjuntos se mueve nuestra selección.

Vistas en Opciones de diseño

Después de creadas todas las opciones (no es necesario que tengan todos los elementos insertados y terminadas), se pueden crear vistas que muestren la opción de diseño deseada. Para ello:

- Duplicaremos la vista tantas veces como queramos.
- Dentro de cada una de ellas, con Visibilidad/Gráficos iremos a la pestaña de la derecha: Opciones de diseño.
- A cada Conjunto de opciones se le puede asignar la opción que queremos ver. Si se deja en Automática, aparecerá siempre la que sea Primaria.

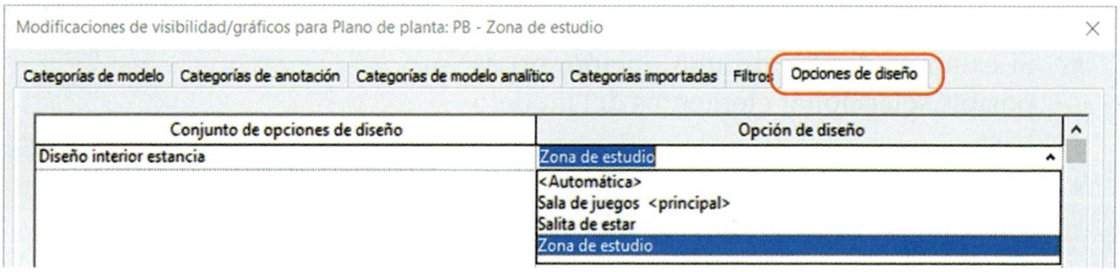

Figura 32.7. Vista en opciones de diseño.

Caso 2. Distribución

Un caso más complejo, partiendo de que ya nos hemos familiarizado con los procesos en el caso sencillo, es cuando existen diferentes opciones de diseño, y entran en juego otros factores como las habitaciones y las tablas de planificación. En esta ocasión planteamos una vivienda muy sencilla, de planta rectangular, donde trabajaremos con los siguientes Conjuntos de opciones:

- **Salón comedor y Cocina**
  - Clásico. Dos estancias cerradas y un pasillo.
  - Abierto. Una única estancia con cocina office.
  - Semiabierta. Dos estancias separadas por la isla central de la cocina.
- **Número de habitaciones**
  - 2 habitaciones y un baño.
  - 3 habitaciones, baño y aseo.
  - 4 habitaciones y dos baños.
- **Fachada de comedor - cocina**
  - Cerramiento estándar con ventanas de 1,20 x 1,20 m.
  - Cerramiento estándar con ventanales de 1,80 x 2,20 m.
  - Cerramiento con muro cortina.

Una vez creados todos los conjuntos de opciones y sus correspondientes opciones, habremos dibujado dentro de cada una de ellas los elementos necesarios. Como elementos del modelo base solo estarán los cerramientos exteriores, excepto el cerramiento del salón comedor con la cocina.

TRUCO:

Es posible que Revit nos lance algún aviso de muros que no se unen correctamente al cambiar una opción primaria por otra, pero esto no nos debe preocupar de momento.

Generamos todas las vistas necesarias con la opción Visibilidad/Gráficos para hacer las combinaciones que nos parezcan más interesantes: no tiene sentido hacer las 27 combinaciones posibles. Quizá 4 o 5 de ellas sean más que suficientes para que nosotros mismos, o nuestro cliente, decidamos cuál es la mejor.

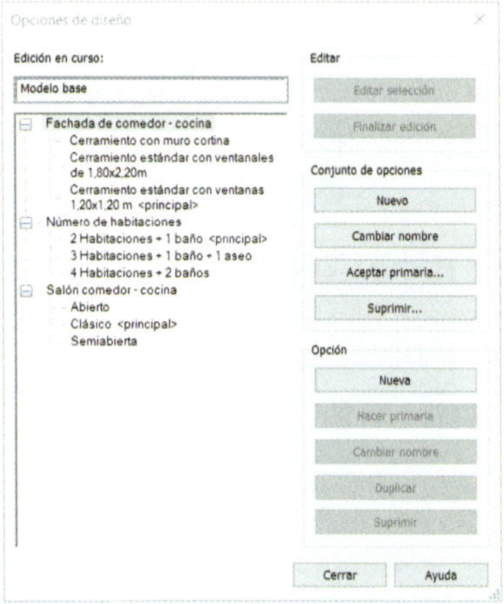

Figura 32.8. Opciones de diseño.

Habitaciones

Para explotar más el uso de las Opciones de diseño, el primer paso es colocar habitaciones para así superficiar todos los espacios y conocer las dimensiones y la superficie útil de cada combinación.

El procedimiento es muy sencillo: desde DENTRO de una opción de diseño, SOLO superficiar las estancias que dependen de ella. Es decir, dentro de la opción de dos habitaciones y un baño, superficiar exactamente eso: las dos habitaciones y el baño. No el pasillo, ni la cocina, ni nada.

Cuando hay espacios abiertos dentro de una opción que se delimitan por muros contenidos en otras opciones (por ejemplo, el pasillo de la vivienda está delimitado por el muro de las habitaciones, que pertenece a otro Conjunto de opciones), es más que probable que Revit nos indique que hay un Conflicto de opciones al intentar superficiar la estancia. Para resolver esto de una forma muy rápida, podemos colocar una línea de separación de habitación, dentro de la opción, ignorando las advertencias de Revit de que existe un muro debajo.

Para etiquetar las estancias en todas las vistas que hemos ido generando, con las combinaciones correspondientes, bastará con entrar en la vista e ir a Cinta de opciones>Anotar>Etiquetar todo>Habitaciones>Aplicar.

Vistas 3D

Tanto si pensamos en una vista 3D ortogonal como en una cámara en perspectiva, utilizar las Opciones de diseño es un plus muy interesante con estas órdenes, ya que podemos mostrar exactamente la misma escena con diferentes combinaciones. Esto, que mediante cualquier programa CAD o 3D supondría volver a modelar todo y reamueblar cada estancia y cada combinación, en Revit se hace de forma casi automática y ofrece mucho más de cara a valorar las distintas alternativas.

Se configuran las opciones del mismo modo que con las tablas: con un clic en paleta Propiedades>Modificaciones de visibilidad/Gráficos>Botón Editar.

Figura 32.9. Vistas 3D de una misma estancia con diferentes opciones de diseño.

Tablas de planificación

Independientemente del tipo de tabla de planificación que estemos realizando, es posible filtrar a partir de las opciones de diseño que queramos. Para ello, dentro de la vista de la tabla, vamos a la paleta Propiedades>Modificaciones de visibilidad/Gráficos>Botón Editar. Esto permite, por ejemplo, confeccionar láminas o planos donde se representen diferentes opciones de distribución con sus superficies respectivas; o conocer la cantidad estimada de materiales, carpintería o tabiquería necesarios en cada opción, para valorarlos económicamente.

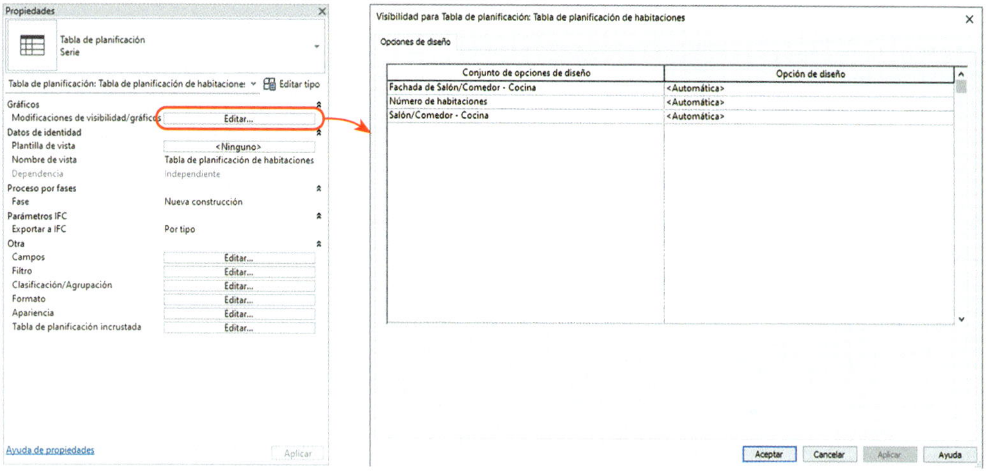

Figura 32.10. Opciones de diseño en una tabla de planificación.

Eliminar o aceptar opciones

Conforme el progreso del proyecto va continuando, hay opciones que se descartan hasta que, eventualmente, el proyecto es solo uno, y no hay alternativas: es una combinación concreta la que se va a visar y llevar a obra.

Debemos, pues, eliminar las opciones descartadas y, luego, los Conjuntos de opciones. Hay tres flujos diferentes, todos dentro de la ventana de Opciones de diseño.

- **Eliminar una o varias opciones que ya no nos interesen.** Revit nos avisará de que todas las vistas y tablas que dependan de esas opciones también serán suprimidas.
- **Aceptar la opción primaria de un Conjunto de opciones.** Si tenemos clara cuál es la opción definitiva de un Conjunto de opciones, la convertimos en primaria (si no lo es ya) y, seleccionando el Conjunto de opciones, hacemos clic en Aceptar primaria. Revit eliminará el conjunto y todas las opciones dentro de él, moviendo al modelo base los elementos que estuvieran en la opción primaria.
- **Eliminar un Conjunto de opciones.** Esto borrará todos los elementos de todas las opciones, sin trasladar ningún objeto al modelo base.

Índice alfabético

D

E

F

G

H

I

L

M